INDUSTRY AND INFORMATION TECHNOLOGY TRAINING PLANNING MATERIALS

SENSOR TECHNOLOGY IN INTERNET OF THINGS

工业和信息化人才培养规划教材

物联网传感器技术与应用

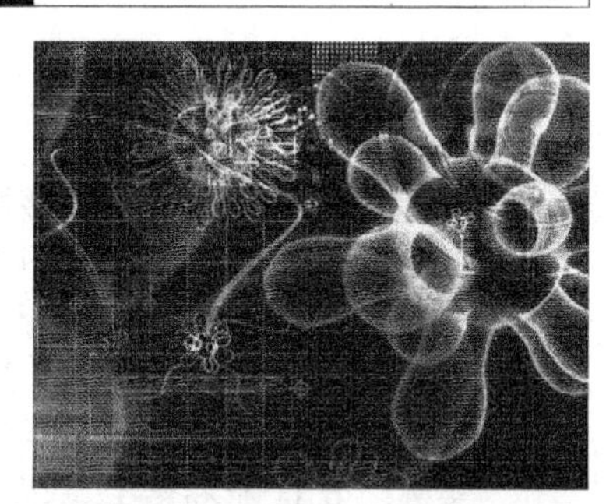

Sensor Technology in Internet of Things

黄玉兰 ◎ 编著

人民邮电出版社

北京

图书在版编目（CIP）数据

物联网传感器技术与应用 / 黄玉兰编著. -- 北京 ：
人民邮电出版社，2014.9
工业和信息化人才培养规划教材
ISBN 978-7-115-35731-1

Ⅰ. ①物… Ⅱ. ①黄… Ⅲ. ①互联网络－应用－教材
②智能技术－应用－教材③传感器－教材 Ⅳ.
①TP393.4②TP18③TP212

中国版本图书馆CIP数据核字(2014)第138686号

内 容 提 要

本书系统地介绍了传感器的基础知识，详细讲解了各类传感器的工作原理，简要介绍了传感器微型化、集成化、智能化和网络化的发展方向，清晰地阐明了传感器的终极目标是构建物联网。全书共分 12 章，第 1 章为物联网与传感器概述；第 2 章为传感器的一般特性；第 3 章～第 10 章详细介绍了电阻式、电容式、电感式、热电式、压电式、磁电式、光电式（包括光电效应、红外、CCD、光纤）、化学（包括离子敏、气敏、湿敏）和生物传感器的转换原理、结构组成、特性分析、测量方法和应用实例；第 11 章和第 12 章介绍了传感器的数字化、集成化、智能化和网络化。本书内容丰富，具有可读性、知识性和完整性，不仅全面介绍了传感器的基本理论，也介绍了现代传感器所涉及的微机电系统、智能传感器、多传感器信息融合、无线传感器网络和物联网等内容。为便于学习，书中每章均配有例题、小结、思考题和习题。

本书面向应用型人才的培养，适合作为高等院校物联网、电子信息、自动化、计算机应用、机电一体化、测控技术、仪器仪表及相关专业学生的教材。本书对于从事物联网传感器工作的工程师来说也是一本很好的参考书。

◆ 编　　著　黄玉兰
　责任编辑　王　威
　责任印制　杨林杰

◆ 人民邮电出版社出版发行　　北京市丰台区成寿寺路 11 号
　邮编　100164　　电子邮件　315@ptpress.com.cn
　网址　http://www.ptpress.com.cn
　固安县铭成印刷有限公司印刷

◆ 开本：787×1092　1/16
　印张：16.25　　　　2014 年 9 月第 1 版
　字数：406 千字　　　2024 年 7 月河北第 17 次印刷

定价：44.00 元

读者服务热线：(010) 81055256　印装质量热线：(010) 81055316
反盗版热线：(010) 81055315

前言 PREFACE

传感器是一种检测装置，能够感受到被测量（包括物理量、化学量和生物量等）的信息，并能将检测到的信息变换成其他形式的信号（一般为电信号），是实现自动检测的首要环节。传感器技术是关于传感器设计、制作、测量和应用的综合技术。传感器技术、通信技术和计算机技术并列为信息技术的三大支柱，它们构成了信息系统的“感官”、“神经”和“大脑”，分别用于完成信息的采集、传输和处理。传感器是现代信息系统的源头，如果没有先进的传感技术，通信技术和计算机技术就成了无源之水、无本之木。

物联网的英文名称为 The Internet of Things。由该名称可见，物联网就是“物与物相连的互联网”。这里有两层意思，第一，物联网的基础仍然是互联网，是在互联网基础之上延伸和扩展的一种网络；第二，其用户端延伸和扩展到了任何物体，在物体之间进行信息的交换和通信。

现代传感器技术已经使信息的获取从单一化逐渐向集成化、智能化和网络化的方向发展，特别是微机电系统（MEMS）、智能传感器、多传感器信息融合和无线传感器网络等的出现，将传感器逐步带入了物联网的时代。随着物联网时代的到来，世界开始进入“物”的信息时代。传感器可以获取“物”的准确信息，是实现物联网的基石。

关于本书

随着高等教育对人材培养模式的转变，要求学生注重知识的基础性、完整性和应用性。因此，本书加强了传感器基础知识的阐述和基本理论的讲解，强调了从传统传感器到现代传感器知识体系的完整性，并以技术为主线突出了传感器系统在各个领域的应用实例。

本书内容组织方式

本书通过 12 章内容全面介绍了传感器技术与应用，并体现出传感器的终极目标是实现物联网。本书第 1 章概述了物联网与传感器的系统架构；第 2 章讨论了传感器的一般特性；第 3 章～第 10 章详细讲解了各类传感器的转换原理、结构组成、特性分析、测量方法和应用实例；第 11 章介绍了数字化传感器；第 12 章介绍了集成化、智能化和网络化传感器。

本书特色

- 本书初衷明确，既讨论传统的传感器，又介绍现代传感器的发展方向。
- 本书架构清晰，按“物联网传感器系统架构-各类传感器详细分析-传感器数字化、集成化、智能化、网络化”展开全书。
- 本书视角全面，覆盖了电阻式、电容式、电感式、热电式、压电式、磁电式、光电式（包括光电效应、红外、CCD、光纤）、化学（包括离子敏、气敏、湿敏）和生物传感器。
- 本书面向应用型人才培养，注重物理概念的诠释、工作原理的讲解、测量方法的介绍和应用实例的阐述，避免较深的理论内容和繁杂的公式推导，突出技术的应用性，并保持与现代信息技术发展同步。

本书作者

本书由黄玉兰教授编写。中国科学院西安光学精密机械研究所的博士生夏璞协助完成了本书的资料收集、插图和校对工作，在此表示感谢。夏岩提供了一些物联网和传感器的资料，他在西门子公司工作多年，实践经验丰富，在本书的编写中给出了一些建议，在此表示感谢。

由于编者水平有限，书中难免会有不足之处，敬请广大专家和读者予以指正。电子邮件地址：huangyulan10@sina.com。

编　者

2014 年 3 月

于西安邮电大学

目　录　CONTENTS

第1章　物联网与传感器概述　1

第2章　传感器的一般特性　16

第3章　电阻式传感器　36

第 4 章　电容式传感器　59

第 5 章　电感式传感器　74

第 6 章　热电式传感器　97

第 7 章　压电式传感器　114

第 8 章 磁电式传感器 130

第 9 章 光电式传感器 150

第 10 章 化学传感器和生物传感器 192

第 11 章 传感器数字化 208

第 12 章 传感器集成化、智能化和网络化 228

参考文献 252

PART 1

第1章 物联网与传感器概述

物联网是在互联网的基础上，将用户端延伸和扩展到任何物体，进行信息交换和通信的一种网络。物联网被称为继计算机、互联网之后世界信息产业的第三次浪潮。物联网的技术特征是全面感知、互通互连和智慧运行，在物联网中，传感器对物理世界具有全面感知的能力。传感器技术、通信技术和计算机技术并列为信息技术的三大支柱，它们构成了信息系统的"感官"、"神经"和"大脑"，分别用于完成信息的采集、传输和处理。随着现代传感器技术的发展，信息的获取从单一化逐渐向集成化、智能化和网络化的方向发展，众多传感器相互协作组成网络，又推动了无线传感器网络的发展。传感器的网络化将帮助物联网实现信息感知能力的全面提升，传感器本身也将成为实现物联网的基石。

1.1 物联网与传感器的概念

物联网需要对物体具有全面感知的能力，对信息具有互通互连的能力，并对系统具有智慧运行的能力，从而形成一个连接人与物体的信息网络。传感器是物联网的感觉器官，可以感知、探测、采集和获取目标对象各种形态的信息，是物联网全面感知的主要部件，是信息技术的源头，也是现代信息社会赖以存在和发展的技术基础。

1.1.1 物联网的概念

物联网的定义是，通过射频识别（RFID）、传感器、全球定位系统、激光扫描器等信息传感设备，按照约定的协议，把任何物体与互联网连接起来，进行信息交换和通信，以实现智能化识别、定位、跟踪、监控和管理的一种网络。

物联网的英文名称为 The Internet of Things。由该名称可见，物联网就是"物与物相连的互联网"。这里有两层意思，第一，物联网的核心和基础仍然是互联网，是在互联网基础之上延伸和扩展的一种网络；第二，其用户端延伸和扩展到了任何物体，在物体之间进行信息的交换和通信。

物联网概念的问世，在某种程度上打破了之前对信息与通信技术固有的看法。在物联网的时代，人类在信息与通信的世界里将获得一个新的沟通维度，从人与人之间的沟通和连接，扩展到人与物、物与物之间的沟通和连接。

根据国际电信联盟（ITU）的描述，世界上的万事万物，小到手表、钥匙，大到汽车、楼房，只要嵌入一个微型传感装置，把它变得智能化，这个物体就可以"自动开口说话"。再借助无线网络技术，人就可以和物体"对话"，物体和物体之间也能"交流"。物联网搭上互联网这个桥梁，在世界的任何一个地方，人类都可以即时获取万事万物的信息。IT 产业下一阶段的任务，就是把新一代的 IT 技术充分运用到各行各业之中，地球上的各种物体将被普遍连接，形成物联网。

1.1.2 传感器的概念

通常将能把被测物理量、化学量或生物量转换为与之有对应关系的电量输出的装置称为传感器。传感器是一种检测装置，能够感受到被测量的信息，并能将检测到的信息变换成其他形式的信号（一般为电信号），是实现自动检测的首要环节。

中华人民共和国国家标准 GB/T 7665—2005 对传感器（Transducer/Sensor）的定义是：能感受规定的被测量并按照一定的规律转换成可用输出信号的器件或装置，通常由敏感元件和转换元件组成。根据国家标准 GB/T 7665—2005，传感器应从如下 3 个方面理解。

（1）传感器的作用——体现在测量上。获取被测量是应用传感器的目的。

（2）传感器的工作机理——体现在敏感元件上。敏感元件能感受或响应被测量，是传感器技术的核心。

（3）传感器的输出信号形式——体现在电信号上。输出信号需要解决非电量向电信号转换，微弱电信号向可用电信号转换的问题。

传感器应用场合或应用领域的不同，叫法也不同，传感器也称为变换器、换能器、转换器、变送器、发送器或探测器等。例如，传感器在过程控制中称为变送器；在射线检测中称为发送器、接收器或探头。

1.1.3 传感器是物联网全面感知的基石

在物联网全面感知方面，传感器是最主要的部件。人们为了从外界获取信息，必须借助于感觉器官。而单靠人自身的感觉器官研究自然现象和生产规律，显然是远远不够的。传感器可以用于人无法忍受的高温、高压、辐射等恶劣环境，还可以检测出人不能感知的微弱磁、离子、射线等信息。可以说，传感器是人类感觉器官的延长，因此传感器又称为电五官。传感器与人类五大感觉器官的比较见表 1.1。

表 1.1　　传感器与人类五大感觉器官的比较

传 感 器	人的感觉器官
光敏传感器	人的视觉
声敏传感器	人的听觉
气敏传感器	人的嗅觉
化学传感器	人的味觉
压敏、温敏、流体传感器	人的触觉

传感器的应用在现实生活中随处可见。自动门是利用人体的红外波来开关门；烟雾报警器是利用烟敏电阻来测量烟雾浓度；手机的照相机和数码相机是利用光学传感器来捕获图像；电子称是利用力学传感器来测量物体的重量。目前传感器已经渗透到工业生产、宇宙开发、海洋探测、环境保护、资源调查、医学诊断和生物工程等各个领域，从茫茫的太空到浩瀚的海洋，几乎每一个现代化项目都离不开各种各样的传感器。

随着物联网时代的到来，世界开始进入“物”的信息时代，“物”的准确信息的获取，同样离不开传感器，传感器是整个物联网中需求量最大和最为基础的环节之一。传感器不仅可以单独使用，还可以由大量传感器、数据处理单元和通信单元的微小节点构成无线传感器网络。无线传感器网络是传感器技术与嵌入式计算技术、现代网络及通信技术、分布式信息处理技术的交叉融合，兼具感测、运算和网络能力，是一种全新的信息获取平台，是物联网的重要组成部分，将带来信息感知的一场变革。

1.2 传感器的组成和分类

1.2.1 传感器的组成

传感器通常由敏感元件（Sensing Element）和转换元件（Transduction Element）组成，敏感元件是指传感器中能直接感受或响应被测量（一般为非电量）的部分；转换元件是指传感器中能将敏感元件感受或响应的被测量转换成有用输出信号（一般为电信号）的部分。例如，应变式压力传感器由弹性膜片和电阻应变片组成，其中弹性膜片是敏感元件，将压力转换为弹性膜片的应变；电阻应变片是转换元件，弹性膜片的应变施加在电阻应变片上，电阻应变片将其转换成电阻的变化量。这里需要说明的是，并不是所有的传感器都能明显区分出敏感元件和转换元件两个部分，有的是二者合为一体。例如，热电偶是一种感温元件，可以测量温度，被测热源的温度变化可以由热电偶直接转换成热电势输出。

传感器转换元件输出的信号（一般为电信号）都很微弱，传感器一般还需配以测量电路，有时还需要加辅助电源。测量电路是将转换元件输出的信号进行放大和补偿等，以便于传输、处理、显示、记录和控制等。随着集成技术在传感器中的应用，敏感元件、转换元件、测量电路和辅助电源常组合在一起，集成在同一芯片上。

图 1.1 为传感器的组成框图，包括敏感元件、转换元件、测量电路和辅助电源。传感器把某种形式的能量转换成另一种形式的能量，是具有某种信息处理能力的系统。其中，敏感元件直接感受被测量，并输出与被测量有确定关系的物理量；转换元件将敏感元件的输出作为它的输入，将输入物理量转换为电路参量；测量电路将上述电路参量接入，最后以电信号的方式输出。这样，传感器就完成了从感知被测量到输出电信号的全过程。

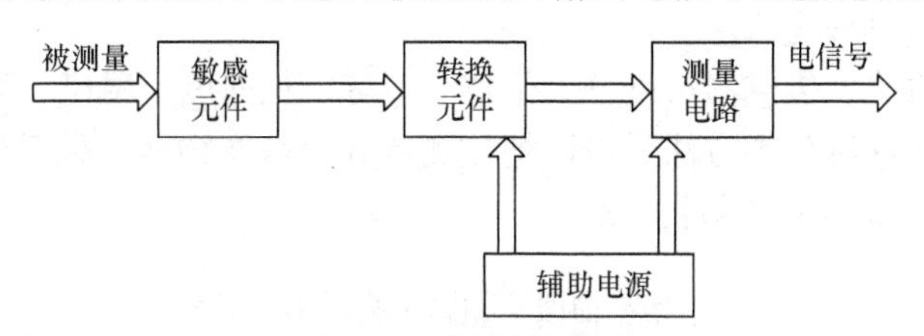

图 1.1　传感器的组成框图

1.2.2 传感器的分类

传感器的品种丰富、原理各异，检测对象几乎涉及各种参数，通常一种传感器可以检测多种参数，一种参数又可以用多种传感器测量。因此，传感器的分类方法非常多，至今为止传感器没有统一的分类方法，人们通常站在不同的角度，突出某一侧面对传感器进行分类。下面是几种常见的传感器分类方法。

1．按工作原理分类

按工作原理的不同，传感器可分为物理型、化学型和生物型三大类，其中，物理型传感

器又分为物性型传感器和结构型传感器，见表 1.2。这种分类方法对传感器的工作原理有比较清楚的分析，类别较少，本书就是按工作原理对传感器进行分类的。

表 1.2　　　　传感器按工作原理分类

传感器分类	物理型传感器	物性型传感器
		结构型传感器
	化学型传感器	
	生物型传感器	

（1）物理型传感器

物性型传感器是利用某些功能材料本身所具有的内在特性及效应，将被测量直接转换为电量的传感器。例如，热电偶制成的温度传感器是物性型传感器，它利用金属导体材料的温差电动势效应和不同导体间的接触电动势效应，实现对温度的测量。这类传感器仅与材料有关，通常具有响应速度快的特点，而且易于小型化、集成化。

结构型传感器是以结构（形状、尺寸等）为基础，在待测量的作用下，结构发生变化，利用某些物理规律，获得与待测非电量成比例关系的电信号输出。例如，电容式压力传感器是结构型传感器，当被测压力作用在电容式敏感元件的极板上时，引起电容极板间隙的变化，导致电容值变化，从而实现对压力的测量。这类传感器与材料的关系不大，仅与“结构变化”有关。

（2）化学型传感器

化学型传感器是利用电化学反应原理，把化学物质的成分、浓度等化学量转化成电信号的传感器。例如，气体传感器和离子传感器都是化学型传感器。

（3）生物型传感器

生物型传感器是利用各种生物效应构成的传感器。例如，酶传感器、微生物传感器、生理量传感器（血液成分、血压等）、免疫传感器等都是生物型传感器。

2．按被测量分类

按被测量（输入量）分类，能方便地表示传感器的功能和用途，便于用户应用。生产厂家和用户都习惯于这种分类方法。

按照这种分类方法，传感器可以分为位移、速度、加速度、温度、光、压力、湿度、浓度和流量传感器等。这种分类方法又可以把被测量分为基本物理量和派生物理量两大类，基本物理量和派生物理量的关系见表 1.3。

表 1.3　　　　基本物理量和派生物理量的关系

被测量（基本物理量）		被测量（派生物理量）
位移	线位移	长度、厚度、应变等
	角位移	旋转角、偏转角等
速度	线速度	速度、振动、流量等
	角速度	转速、角振动等
加速度	线加速度	振动、冲击等
	角加速度	角振动、扭矩等

3．按敏感材料分类

按制造传感器的材料进行分类，可分为半导体传感器、陶瓷传感器、光导纤维传感器和金属传感器等。

4．按能量关系分类

按能量的关系分类，分为有源传感器和无源传感器两大类。有源传感器是能量转换型传感器，将一种能量形式直接转换成另一种能量形式，一般是将非电能量转换为电能量。无源传感器是能量控制型传感器，不能直接转换能量形式，仅对传感器中的能量起到控制或调节的作用。

5．按应用范围分类

按应用范围分类，可分为工业用、民用、医用和军用等。若按具体场合，还可以分为汽车用、飞机用和舰船用等。

1.3 传感器的技术特点和发展趋势

传感器在国外的发展已有近 200 年的历史。到了 20 世纪 80 年代，由于计算机技术的发展，国际上出现了“信息处理能力过剩、信息获取能力不足”的问题，为了解决这一问题，世界各国在同一时期掀起了一股传感器热潮，美国也将 20 世纪 80 年代视为传感器技术的年代。近 20 年来，传感器的发展非常迅速，目前全球传感器的种类已超过 2 万余种。

传感器技术包括传感器的研究、设计、试制、生产、检测和应用等，已经形成相对独立的专门学科。随着现代科学技术的发展，作为“电五官”的传感器远远赶不上作为“大脑”的计算机的发展速度，信息采集技术滞后于信息处理技术。传感器正朝着探索新理论、开发新材料、实现智能化和网络化的方向发展，传感器的研究、开发和应用受到高度重视，传感器技术的发展水平已经成为判断一个国家现代化程度和综合国力的重要标志。

1.3.1 传感器的技术特点

传感器技术是涉及传感器的机理研究与分析、传感器的设计与研制、传感器的性能评估与应用等的综合性技术。传感器技术有如下特点。

1．内容离散，涉及多个学科

传感器的内容离散，涉及物理学、化学、生物学等多个学科。物理型传感器是利用物理性质制成的传感器。例如，“热电偶”是利用金属的温差电动势和接触电动势效应，制成温度传感器；压力传感器是利用压电晶体的正压电效应，实现对压力的测量。化学型传感器是利用电化学反应原理制成的传感器。例如，离子敏传感器是利用电极对溶液中离子的选择性反应，测量溶液的 PH 值；电化学气体传感器是利用被测气体在特定电场下的电离，测量气体的浓度。生物型传感器是利用生物效应制成的传感器。例如，第一个生物传感器将葡萄糖氧化酶固化并固定在隔膜氧电极上，制成了葡萄糖传感器；第二代生物传感器是微生物、免疫、酶免疫和细胞器传感器。

2．种类繁多，彼此相互独立

传感器的种类繁多，被测参数彼此之间相互独立。被测参数包括热工量（温度、压力、流量、物位等）、电工量（电压、电流、功率、频率等）、机械量（力、力矩、位移、速度、加速度、转角、角速度、振动等）、化学量（氧、氢、一氧化碳、二氧化碳、二氧化硫、瓦斯等）、物理量（光、磁、声、射线等）、生物量（血压、血液成分、心音、激素、肌肉张力、气道阻力等）、状态量（开关、二维图形、三维图形等）等。这需要开发多种多样的敏感元件和传感器，以适应不同的应用场合和具体要求。

3．知识密集，学科边缘性强

传感器技术以材料的力、热、声、光、电磁等功能效应和功能形态变换原理为理论基础，并综合了物理学、化学、生物工程、微电子学、材料科学、精密机械、微细加工和试验测量等方面的知识，具有突出的知识密集性。

传感器技术与许多基础学科和专业工程学的关系极为密切，一旦有新的发现，就迅速应用于传感器，具有学科边缘性。例如，超导材料的约瑟夫逊效应发现不久，以该效应为原理的超导量子干涉仪（SQUID）传感器就问世了，可测 10^{-9}Gs 的极弱磁场，灵敏度极高。

4．技术复杂，工艺要求高

传感器的制造涉及了许多高新技术，如集成技术、薄膜技术、超导技术、微细或纳米加工技术、粘合技术、高密封技术、特种加工技术、多功能化和智能化技术等，技术复杂。

传感器的制造工艺难度大、要求高。例如，微型传感器的尺寸小于 1mm；半导体硅片的厚度有时小于 1μm；温度传感器的测量范围为−196℃ ~ 1800℃；压力传感器的耐压范围为 10^{-6}Pa ~ 10^{2}MPa。

5．性能稳定，环境适应性强

传感器要求具有高可靠性、高稳定性、高重复性、低迟滞、宽量程、快响应，做到准确可靠，经久耐用，性能稳定。

处于工业现场和自然环境下的传感器，还要求具有良好的环境适应性，能够耐高温、耐低温、耐高压、抗干扰、耐腐蚀、安全防爆，便于安装、调试和维修等。

6．应用广泛，应用要求千差万别

传感器应用广泛，航天、航空、兵器、船舶、交通、冶金、机械、电子、化工、轻工、能源、环保、煤炭、石油、医疗卫生、生物工程、宇宙开发等领域，甚至人们日常生活的各个方面，几乎无处不使用传感器。例如，阿波罗 10 运载火箭部分使用了 2 077 个传感器，宇宙飞船部分使用了 1 218 个传感器；汽车上有 100 多个传感器，分别使用在发动机、底盘、车身和灯光电气上，用于测量温度、压力、流量、位置、气体浓度、速度、光亮度、干湿度和距离等。

传感器的应用要求千差万别。例如，有的要求通用性强，有的要求专业性强；有的单独使用，有的与主机密不可分；有的要求高精度，有的要求高稳定性。

7．生命力强，不会轻易退出历史舞台

相对于信息技术的其他领域，传感器生命力强，某种传感器一旦成熟，就不会轻易退出历史舞台。例如，应变式传感器已有 70 多年的历史，目前仍然在重量测量、压力测量、微位移测量等领域占有重要地位；硅压阻式传感器也已有 40 多年的历史，目前仍然在气流模型试验、爆炸压力测试、发动机动态测量等领域占有重要地位。

8．品种多样，一种被测量可采用多种传感器

传感器品种多样，一种被测量往往可以采用多种传感器检测。例如，线位移传感器的品种有近 20 种之多，包括电位器式位移传感器、磁致伸缩位移传感器、电感式位移传感器、电容式位移传感器、光电式位移传感器、超声波式位移传感器、霍尔式位移传感器等。

1.3.2 传感器新原理、新材料、新工艺的发展趋势

传感器的工作原理是基于各种物理的、化学的、生物的效应和现象，具有这种功能的材料称为敏感材料。可以看出，发现新原理、开发新材料是新型传感器问世的重要基础。此外，采用新工艺也是传感器的发展趋势。

1．发现新原理

超导材料的约瑟夫逊效应发现不久，以该效应为原理的超导量子干涉仪（SQUID）传感器就问世了。SQUID 的基本原理是建立在磁通量子化和约瑟夫逊效应的基础上的，是一种能测量微弱磁信号的极其灵敏的仪器，而且稳定性极高，不受环境温度（温度变化范围为 1.9K~400K）干扰，无漂移和老化。SQUID 是进行超导、纳米、磁性和半导体等材料磁学性质研究的基本仪器设备，在生物磁测量、大地测量、无损探伤等方面获得了广泛应用，特别是对薄膜和纳米等微量样品是必需的传感器。

日本夏普公司利用超导技术研制成功高温超导磁传感器，是传感器技术的重大突破，其灵敏度比传统的霍尔器件高，仅次于超导量子干涉仪，而其制造工艺远比 SQUID 简单，可用于磁成像技术，具有广泛的推广价值。

2．开发新材料

在传感器领域开发的新材料包括半导体硅材料、石英晶体材料、功能陶瓷材料、光导纤维材料、高分子聚合物材料等。其中，半导体硅材料包括单晶硅、多晶硅、非晶硅等，具有相互兼容的优良电学特性和机械特性；石英晶体材料包括压电石英晶体、熔凝石英晶体等，具有极高的机械品质因数和非常好的温度稳定性；功能陶瓷材料是由不同配方混合、经高精度成型烧结而成，不仅具有半导体材料的特点，而且工作温度远高于半导体；光导纤维材料是随着光纤技术发展起来的，光导纤维传感器具有灵敏度高、结构简单、体积小、耗电量少、耐腐蚀、绝缘性好、光路可弯曲等特点；高分子聚合物材料是指由许多相同的、简单的结构单元通过共价键重复连接而成的高分子量（通常可达 10～106）化合物，具有絮凝性、粘合性、降阻性、增稠性，可以制成湿度传感器等。

3．采用新工艺

微细加工是传感器采用的新工艺。以集成电路制造技术发展起来的微机械加工工艺，可使被加工的敏感结构尺寸达到微米、亚微米级，并可以批量生产，从而制造出微型化、价格便宜的传感器。例如，利用半导体工艺，可制造压阻式传感器；利用晶体外延生长工艺，可制造硅-蓝宝石压力传感器；利用薄膜工艺，可制造快速响应气敏传感器；利用各向异性腐蚀工艺，可制造全硅谐振式压力传感器。

传感器微机械加工工艺主要包括如下 5 个方面。

（1）平面电子加工工艺，如光刻、扩散、沉积、氧化等。

（2）选择性三维刻蚀工艺，如各向异性腐蚀技术、外延技术、牺牲层技术等。

（3）固相键合工艺，如 Si-Si 键合、实现硅一体化结构。

（4）机械切割工艺，如分离切断技术（避免损伤）。

（5）整体封装工艺，将传感器封装于一个合适的腔体内，隔离外界干扰。

1.3.3 传感器微型化、多功能、集成化的发展趋势

微细加工技术的发展使传感器制造技术有了突飞猛进的发展，多功能、集成化传感器成为发展方向，使得既具有敏感功能、又具有控制执行能力的传感器微系统成为可能。

1. 传感器微型化

传感器微型化是指传感器体积小、重量轻，敏感元件的尺寸为微米级，体积、重量仅为传统传感器的几十分之一甚至几百分之一。微米/纳米技术的问世，微机械加工技术的出现，使三维工艺日趋完善，这为微型传感器的研制铺平了道路。利用各向异性腐蚀、牺牲层技术和 LIGA 技术（X 射线深层光刻、电铸成型、注塑工艺的组合），可以制造层与层之间有很大差别的三维微结构，这些微结构与特殊用途的薄膜和高性能的集成电路相结合，已用于制造多种微型传感器和多功能敏感元件阵，实现了压力、力、加速度、角速率、温度、流量、成像、磁场、湿度、pH 值、气体成分、离子浓度等多种传感器。

2. 传感器多功能

传感器多功能是指传感器能检测 2 种以上不同的被测量。例如，使用特殊陶瓷将温度和湿度敏感元件集成在一起，构成温湿度传感器；利用厚膜制造工艺将 6 种不同的敏感材料（ZnO、SnO_2、WO_3、WO_3（Pt）、SnO_2（Pd）、ZnO（Pt））制作在同一基板上，构成同时测量 4 种气体（H_2S、C_8H_{18}、$C_{10}H_{20}O$、NH_3）的传感器；日本将检测 Na^+、K^+、H^+的敏感元件集成在 2.5mm×0.5mm 的芯片上，构成多离子传感器，可直接用导管送到心脏内，检测血液中钠、钾、氢离子的浓度。多功能传感器最成功的典型产品是美国 Honeywell 公司研制的 ST—3000 型智能压力传感器，在 3mm×4mm×0.2mm 的一块基片上，采用半导体工艺，将静压、差压、温度 3 种敏感元件与 CPU、EPROM 集成，工作温度范围为–40℃～110℃、压力量程范围为 0～2.1×10^7Pa，精度高，具有自诊断等功能。

3. 传感器集成化

传感器集成化包含传感器与集成电路（IC）的集成制造技术，以及多参量传感器的集成制造技术，缩小了传感器的体积，提高了抗干扰能力。IC 是采用半导体制作工艺，在一块较小的单晶硅片上制作许多晶体管及电阻器、电容器等元器件，并按照多层布线或遂道布线的方法，将元器件组合成完整的电子电路。

传感器采用敏感元件与检测电路的单芯片集成技术，能够避免多芯片组装时管脚引线带来的寄生效应，改善了器件的性能。传感器单芯片集成技术还可以发挥 IC 技术批量化、低成本的生产优势，将成为现代传感器技术的主流发展方向。

1.3.4 传感器智能化、多融合、网络化的发展趋势

近年来传感器技术得到了较大的发展，同时也有力地推动着各个领域的技术发展与融合，具有感知能力、计算能力、通信能力、协同能力的传感器应用日趋广泛，作为信息技术源头的传感器技术正朝着物联网的方向发展。

1. 传感器智能化

智能传感器（Intelligent Sensor/Smart Sensor）就是将传感器获取信息的基本功能与微处理器信息分析和处理的功能紧密结合在一起，对传感器采集的数据进行处理，并对它的内部进行调节，使其采集的数据最佳。微处理器具有强大的计算和逻辑判断功能，可以方便地对数据进行滤波、变换、校正补偿、存储和输出标准化，可实现传感器自诊断、自检测、自校验和控制等功能。智能传感器由多个模块组成，其中包括微传感器、微处理器、微执行器和接口电路等，它们构成一个闭环微系统，由数字接口与更高一级的计算机控制相连，利用在专家系统中得到的算法，对微传感器提供更好的校正和补偿。近年来传感器领域还提出了模糊传感器、符号传感器等新概念。总之，智能传感器的功能会更多，精度和可靠性会更高，应

用会更广泛。

如今，传感器的发展有一股趋势，这就是摆脱传统的结构与生产，转向优先采用硅材料，以微机械加工技术为基础，以仿真程序为工具，研制各种敏感机理的微型化、集成化、智能化硅微传感器。这种智能化的硅微传感器一旦付诸实施，就将对信息技术众多领域产生重大影响。美国未来学家尼•尼葛洛庞帝预言，未来微型化计算机将无处不在，并在航空航天、遥测遥感、环境保护、工业自动化、生物药学等领域发挥重要作用，人们的日常生活可能嵌满这种计算机芯片。例如，人们可以将含有微计算机的微型传感器，像服药丸一样吞下，从而在体内进行各种检查。

2．多传感器融合

多传感器融合是指多个传感器集成与融合技术。单个传感器不可避免地存在不确定性或偶然不确定性，缺乏全面性，缺乏健壮性，偶然故障就会导致传感器系统失灵。多个传感器融合正是解决这些问题的良方。多个传感器不仅可以描述同一环境特征的多个冗余信息，而且可以描述不同的环境特征，特点是具有冗余性、互补性、及时性和低成本性。多个传感器集成与融合最早用于美国的军事领域，如今已扩展到自动目标识别、自主车辆导航、遥感、生产过程监控、机器人和医疗等，已经成为新一代智能信息技术的核心基础之一。

3．传感器网络化

传感器网络化是由传感器技术、计算机技术和通信技术相结合而发展起来的。传感器网络是由众多随机分布的、同类或异类传感器节点与网关节点构成的无线网络，具有微型化、智能化和集群化的特点，可实现目标数据和环境信息的采集和处理，可在节点与节点之间、节点与外界之间进行通信。每个传感器节点都集成了传感、处理和通信功能，根据需要密布于目标对象的监测部位，进行分散式巡视、测量和集中管理。

当代科学技术发展的一个显著特征是，各个学科在其前沿边缘上相互渗透、相互融合，从而催生出新兴的学科或新的技术。传感器也不例外，它正在不断与其他学科的高技术相融合，孕育出新的技术，并推动着各个领域技术的进步。传感器网络化必将为信息技术的发展带来新的动力和活力，终极目标是实现物联网。

1.4 无线传感器网络

无线传感器网络是由在空间上相互离散的众多传感器相互协作组成的传感器网络系统，它使得分布于不同场所的数量庞大的传感器之间能够实现更加有效、可靠的通信。无线传感器网络是当前备受关注、涉及多个学科的前沿研究领域，综合了传感器技术、嵌入式计算技术、网络与通信技术、分布式信息处理技术等多种技术，体现了多个学科的相互融合。无线传感器网络的发展，将帮助物联网实现信息感知能力、信息互通性和智能决策能力的全面提升，从而使人类全面置身于信息时代。

1.4.1 无线传感器网络的概念

无线传感器网络（WSN）的定义是：由大量、静止或移动的传感器节点，以自组织和多跳的方式构成的无线网络，目的是以协作的方式感知、采集、处理和传输在网络覆盖区域内被感知对象的信息，并把这些信息发送给用户。

传感器节点通常是一个微型的嵌入式系统，具有感知物理环境和处理数据的能力，但它的处理能力、存储能力和通信能力都相对较弱。传感器节点一般由电源、感知部件、处理部件、无线通信收发部件和软件几部分构成。电源为传感器提供正常工作所必需的能源；感知部件用于感知、获取外界的信息，并将其转换为数字信号；处理部件负责对感知部件获取的信息进行必要的处理和保存，控制感知部件和电源的工作模式，协调各节点之间的工作；无线通信收发部件负责传感器节点之间、传感器节点与用户之间的通信；软件为传感器节点提供必要的软件支持，包括嵌入式操作系统或嵌入式数据库系统等。

无线传感器网络以其低功耗、低成本、分布式和自组织的特点带来了信息感知的一场变革。无线传感器网络的任务是利用传感器节点监测节点周围的环境，收集相关数据，然后通过无线收发装置采用多跳的方式将数据发送到汇聚节点，再通过汇聚节点将数据传送到用户端，从而达到对目标区域的监测。无线传感器网络综合了传感器技术、计算技术与通信网络技术，目标是实现物理世界、计算机世界和人类社会的连通。

1.4.2 无线传感器网络的结构和特点

1．无线传感器网络的结构

无线传感器网络通常包括传感器节点（Sensor Node）、汇聚节点（Sink Node）和管理节点，并通过互联网或卫星将汇聚节点和管理节点相连，如图 1.2 所示。

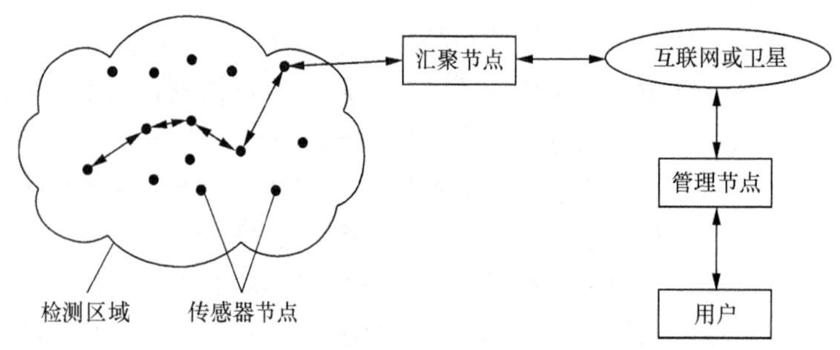

图 1.2 无线传感器网络的结构

从网络功能上看，每个传感器节点既具有传统网络节点的终端功能，又具有路由器的功能，除了进行本地信息收集和数据处理外，还要对其他节点转发来的数据进行存储、管理和融合，并与其他节点协作完成一些特定任务。

大量传感器节点随机部署在检测区域（Sensor Field）的内部或者附近，各个传感器节点的地位相同，通过自组织的方式构成网络。传感器节点将数据沿着其他节点逐跳地进行传输，在传输过程中数据可能被多个节点处理，经过多跳路由后到达汇聚节点。

汇聚节点的处理能力、存储能力和通信能力相对较强，它既连接无线传感器网络，又与 Internet 等外部网络连接，能够实现两种通信协议栈之间的通信协议转换，能够发布管理节点的检测任务，并能够把收集的数据转发到外部网络，是基站管理设备和传感器网络之间的通信员。汇聚节点既可以是一个具有增强功能的传感器节点，有足够的电源能量供给、更多的内存与计算资源；又可以是没有检测功能、仅带有无线通信接口的特殊网关设备。

管理节点一般为普通的计算机系统，充当无线传感器网络服务器的角色。管理节点通过互联网或卫星与汇聚节点相连。用户通过管理节点对传感器网络进行管理和配置，发布检测任务，收集检测数据，监控整个网络的数据和状态。

2．无线传感器网络的特点

无线传感器网络就是由大量廉价、微型的传感器节点，通过无线通信方式形成的一个特殊网络。无线传感器网络借助节点中内置的形式多样的传感器，可以协作地测量所在周边环境中的热、红外、声纳、雷达和地震波等信号，从而探测包括温度、湿度、光强、电磁、压力、地震、土壤成分、物体大小、物体速度等众多环境信息。无线传感器网络自组织、无中心、动态，具有快速展开、抗毁性强等特点。

无线传感器网络的特点如下。

（1）自组织、无中心网络

无线传感器网络是自组织、无中心的网络。无线传感器网络没有控制中心，网络中所有节点的地位是平等的，是一种对等式网络。节点能够随时加入和离开网络，任何节点的故障都不会影响整个网络的运行，具有很强的抗毁性。

相比之下，经常提及的移动通信网络一般都是有中心的，只有基于预设的网络设施才能运行。例如，蜂窝移动通信系统就要有基站的支持。

对于有些特殊场合，有中心的移动网络并不容易建立，需要自组织的无中心网络。例如，战场上部队快速展开和推进，这种场合的通信不能依赖于任何预设的网络设施，而需要一种能够临时快速自动组网的移动网络。

（2）动态性、多跳网络

无线传感器网络具有很强的网络动态性。由于能量、环境等问题，会使传感器节点死亡，或者由于节点的移动性，又会有新的节点加入网络中，使整个网络的拓扑结构发生动态变化。这就要求无线传感器网络能够适应这种变化，使网络具有可调性和重构性。

由于移动终端的发射功率和覆盖范围有限，当终端要与覆盖范围之外的终端进行通信时，需要利用中间节点进行转发。值得注意的是，多跳路由是由普通节点共同协作完成的，而不是由专门的路由设备完成。

（3）硬件资源有限

传感器节点由于受到价格、体积和功耗的限制，在通信能力、计算能力和内存空间等方面比普通计算机要弱很多。通常节点的通信距离一般在几十米到几百米范围内，因此节点只能与它相邻的节点直接通信。如果希望与其射频覆盖范围之外的节点进行通信，则需要通过中间节点进行路由，这样每个节点既可以是信息的发起者，也可以是信息的转发者。另外，由于节点的计算能力受限，传统 Internet 上成熟的协议和算法对无线传感器网络开销太大，因此必须重新设计简单有效的协议。

（4）能量受限

传感器节点由电池供电，电池的容量一般不是很大。由于应用领域的特殊性，不能经常给电池充电或更换电池，一旦电池能量用完，这个节点也就失去了作用（死亡）。因此在无线传感器网络的设计中，技术和协议的使用都要以节能为前提。如何在网络的工作过程中节省能源，最大化网络的生命周期，是无线传感器网络重要的研究课题之一。

（5）大规模网络

为了对一个区域执行高密度的监测、感知任务，无线传感器网络往往将成千上万，甚至更多的传感器节点投放到这个区域，规模较移动通信网络成数量级地提高，甚至无法为单个节点分配统一的物理地址。无线传感器网络的节点分布非常密集，只有这样才能减少监测盲区，提高监测的精确性，但这也要求中心节点必须提高数据的融合能力。因此，无线传感器网络主要不是依靠单个设备来提升能力，而是通过大规模、冗余的嵌入式设备的协同工作来提高系统的可靠性和工作质量。

（6）以数据为中心

在无线传感器网络中，主要关心某个区域的某些观测指标，而不是关心具体某个传感器节点的观测数据，这就是无线传感器网络以数据为中心的特点。相比之下，传统网络传送的数据是与节点的物理地址联系起来的。

以数据为中心的特点，要求无线传感器网络能够脱离传统网络的寻址过程，快速有效地组织起各个节点的感知信息，并融合提取出有用信息，直接传送给用户。

（7）无人值守

传感器节点往往密集地发布于急需监控的物理环境中，由于规模巨大，不可能人工“照顾”到每个节点，所以无线传感器网络往往在无人值守的状态下工作。每个节点只能依靠自带或自主获取的能源（电池、太阳能）供电，由此导致的能源受限，是阻碍无线传感器网络发展及应用的最主要的瓶颈之一。

（8）易受物理环境影响

无线传感器网络与其所在的物理环境密切相关，并随着环境的变化而不断变化。例如，低能耗的无线通信易受环境因素的影响；外界变化导致网络负载和运行规模动态变化。这些时变因素严重影响了系统的性能，因此要求无线传感器网络具有动态环境变化的适应性。

1.4.3 无线传感器网络的发展阶段

无线传感器网络的研究起源于美国的军方。无线传感器网络涉及多个学科的交叉，从传感器的角度分析，无线传感器网络代表了传感器向网络化发展的趋势；从计算机的角度分析，无线传感器网络代表了未来计算设备向小型化发展的趋势。这里将无线传感器网络的发展分为如下 3 个阶段。

1．第一阶段：传统的传感器系统

无线传感器网络的历史最早可追溯到 20 世纪 70 年代，这期间传感器节点只用于探测数据流，没有计算能力，传感器节点之间不能通信。

美国在越战期间，在密林覆盖的“胡志明小道”采用了传感器系统。“胡志明小道”是胡志明部队向南方游击队输送物资的秘密通道，美军对其进行了狂轰滥炸，但效果不大。后来，美军投放了 2 万多个“热带树”传感器，“热带树”传感器实际上是由震动和声响传感器组成的系统，它由飞机投放，落地后插入泥土中，只露出伪装成树枝的无线电天线，因而被称为“热带树”。只要车队经过，“热带树”传感器就探测出目标产生的震动和声响信息，并自动发送到指挥中心，美国飞机立即展开追杀，总共炸毁或炸坏 4.6 万辆卡车。

这一阶段的传感器系统为传统的传感器系统，通常只能捕获单一的信号，传感器节点与外界只能进行简单的点对点通信。

2．第二阶段：传感器节点集成化

第二阶段是 20 世纪 80 年代～90 年代，这期间微型化的传感器节点具备感知能力、计算能力和通信能力。

在这一阶段，无线传感器网络的研究依旧主要在军事领域展开，主要是美军研制的分布式传感器网络系统、海军协同交战能力系统、远程战场传感器系统等。1980 年，美国国防部高级研究计划局（DARPA）的分布式传感器网络项目（DSN），开启了现代传感器网络研究的先河，该项目由 TCP/IP 的发明者、DARPA 信息处理技术办公室主任 Robert Kahn 主持，目的是建立由低功耗传感器节点组成的网络，该网络的节点自主运行，网络节点之间相互协作，将信息发送到需要它们的处理节点。

在这个阶段，传感器节点的特征是微型化、集成化，能够感知、计算和通信。1999年，美国商业周刊将传感器网络列为21世纪最具影响的21项技术之一。

3．第三阶段：多跳自由网

第三阶段是21世纪初至今，这一阶段网络传输自组织、多跳，节点设计低功耗。应用不仅局限于军事领域，在其他领域更是获得了很好的应用。

2001年“9·11”事件之后，美国试图用微型传感器寻找恐怖分子本·拉登。美国设想在本·拉登经常活动的区域投放大量的微型探测传感器，采用无线多跳自组织网络的设计，将发现的信息以类似接力赛的方式，传送给在波斯湾的美国军舰。但这种低功率的无线多跳自组织网络在当时不成熟，因而向科技界提出了应用的需求，由此引发了无线自组织传感器网络的研究高潮。

美国国家科学基金委员会（NSF）开设了大量的与无线传感器网络有关的项目。美国国防部远景计划研究局投资，帮助美国大学进行无线传感器网络项目的研究。美国几乎所有的著名大学都有研究小组从事无线传感器网络的研究，包括加州大学洛杉矶分校、加州大学伯克利分校、康奈尔大学、麻省理工学院等。美国交通部、能源部、国家航空航天局也相继启动了相关的研究项目。此外，加拿大、英国、德国、芬兰、日本、韩国和中国也都先后开展了无线传感器网络的研究。

2002年，美国国家重点实验室橡树岭实验室提出“网络就是传感器”。2003年，美国《技术评论》杂志评出对人类未来生活产生深远影响的十大新兴技术，无线传感器网络名列第一。2006年，我国发布《国家中长期科学与技术发展规划纲要》，在3个信息技术的发展方向中，有2个与传感器网络直接相关，分别是智能感知和自组织技术。2009年，我国开始倡导物联网，无线传感器网络成为物联网感知的最主要技术。

1.4.4 物联网中的无线传感器网络

物联网将网络的触角伸到了物体之上，是互联网的延伸和扩展。无线传感器网络是实现物联网的基石，它通过传感器节点感知、收集和处理物理世界的信息，完成人类对物理世界的理解和监控，为人类和物理世界实现“无所不在”的通信和沟通搭建起一座桥梁。

下面举例说明物联网中的无线传感器网络。

举例1：军事通信

在现代化战场上，由于没有基站等基础设施可以利用，需要借助无线传感器网络进行信息交换。无线传感器网络具有密集型、随机分布等特点，非常适合应用在恶劣的战场环境，能够监测敌军区域内的兵力、装备等情况，能够定位目标、监测核攻击和生物化学攻击等。无线传感器网络为未来的现代化战争设计了一个战场指挥系统，该系统能够集监视、侦查、定位、计算、智能、通信、控制和命令于一体，因而受到军事发达国家的普遍重视。

举例2：精细农业

在精细农业方面，无线传感器网络有良好的应用前景，可以帮助农民及时获取种植农作物所需的各种信息。2002年，英特尔公司率先在美国俄勒冈州建立了世界上第一个无线监管葡萄园，这是一个典型的精准农业、智能耕种的实例，该平台利用无线传感器网络实现了对农田温度、湿度、露点、光照等环境信息的监测。

举例 3：医疗监控

在医疗监控方面，无线传感器网络可以实现对人体生理数据的无线监控、对医护人员和患者的追踪、对药品和医疗设备的监测等。美国英特尔公司目前正在研制家庭护理的无线传感器网络系统，作为美国“应对老龄化社会技术项目”的一项重要内容，无线传感器网络通过在鞋、家具、家用电器等物体中嵌入半导体传感器，可以帮助老龄人士、阿尔茨海默氏病患者以及残障人士接受护理，这样可以减轻护理人员的负担。

举例 4：动物监测

在动物监测方面，无线传感器网络可以用于动物行踪跟踪、环境条件监测、水源质量检测、气象条件研究等方面。2002 年，英特尔的研究小组、加州大学伯克利分校的科学家、大西洋大学的科学家把无线传感器网络用于监视“大鸭岛”海鸟的栖息情况。2005 年，澳洲的科学家把无线传感器网络用于探测北澳大利亚蟾蜍的分布情况。

本章小结

物联网的技术特征是全面感知、互通互连和智慧运行，传感器在物联网中是具有感知能力的主要部件。传感器技术、通信技术和计算机技术并列为信息技术的三大支柱，它们构成了信息系统的“感官”、“神经”和“大脑”。其中，传感器是信息系统的感觉器官，可以探测和采集物理世界的各种信息，是人类感觉器官的延长，被称为电五官。

中华人民共和国国家标准 GB/T 7665—2005 对传感器（Transducer/Sensor）的定义是：能感受规定的被测量并按照一定的规律转换成可用输出信号的器件或装置，通常由敏感元件和转换元件组成。传感器内容离散，涉及物理学、化学、生物学等多个学科；传感器种类繁多，被测量（热工量、电工量、机械量、化学量等）彼此之间相互独立；传感器知识密集，以材料的力、热、声、光、电磁等功能效应为理论基础；传感器技术复杂，涉及集成、薄膜、超导、微细或纳米等技术和工艺；传感器品种多样，被测量可以用多种传感器检测。

传感器向新原理、新材料、新工艺的方向发展。传感器的工作原理基于物理、化学、生物的效应和现象，具有这种功能的材料称为敏感材料，传感器采用某种工艺进行研制，因此，发现新原理、开发新材料、采用新工艺是新型传感器问世的重要基础。传感器向微型化、多功能、集成化的方向发展。微细加工技术的发展、传感器多功能化和集成化，使既具有敏感功能，又具有控制执行能力的传感器微系统成为发展方向。传感器向智能化、多融合、网络化的方向发展。各个领域技术的发展与融合，使具有感知能力、计算能力、通信能力、协同能力的传感器成为现实，作为信息技术源头的传感器正朝着网络化的方向发展。

传感器的网络化推动了无线传感器网络的发展。无线传感器网络的定义是：由大量、静止或移动的传感器节点，以自组织和多跳的方式构成的无线网络，目的是以协作的方式感知、采集、处理和传输在网络覆盖区域内被感知对象的信息，并把这些信息发送给用户。无线传感器网络起源于美国军方的研究，它具有自组织、无中心、动态性、多跳网络、硬件资源有限、能量受限、大规模网络、以数据为中心的特点，综合了传感器技术、嵌入式计算技术、网络与通信技术、分布式信息处理技术等多种技术，体现了多个学科的相互融合。从传感器的角度分析，无线传感器网络代表了传感器向网络化发展的趋势，可以将网络的触角伸到物体之上，是实现物联网的基石。

思考题和习题

1.1 什么是物联网？什么是传感器？为什么说传感器是物联网全面感知的基石？

1.2 简述传感器的组成，并画出框图。

1.3 简述传感器的5种分类方法。

1.4 简述传感器技术的8个特点。

1.5 为什么说发现新原理、开发新材料、采用新工艺是传感器的发展趋势？

1.6 为什么说微型化、多功能、集成化是传感器的发展趋势？

1.7 为什么说智能化、多融合、网络化是传感器的发展趋势？

1.8 什么是无线传感器网络？无线传感器网络为什么体现了多个学科的相互融合？

1.9 简述无线传感器网络的结构和特点。

1.10 简述无线传感器网络的3个发展阶段，举例说明物联网中无线传感器网络的应用方式。

PART 2

第 2 章 传感器的一般特性

传感器是一个系统，传感器的一般特性是指这个系统的输出—输入关系特性。传感器系统可以看成是二端口网络，传感器的一般特性即是系统输出量 y 与输入量 x（被测量）之间的关系，如图 2.1 所示。

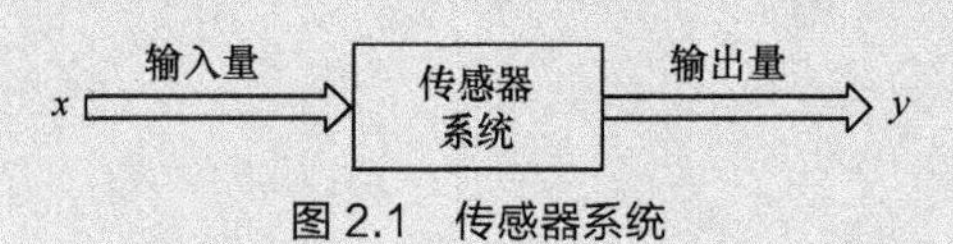

图 2.1　传感器系统

传感器的一般特性分为静态特性和动态特性。如果输入量不随时间变化，称为传感器的静态特性；如果输入量随时间变化，称为传感器的动态特性。下面先建立传感器的数学模型（静态模型和动态模型），然后讨论传感器的一般特性（静态特性和动态特性）。

2.1　传感器的数学模型和特性

2.1.1　静态模型

静态模型是指输入静态信号（输入信号不随时间变化）的情况下，传感器输出量 y 与输入量 x 之间的数学关系。如果不考虑迟滞和蠕变效应，传感器的静态模型可以由下面的方程式表示。

$$y = a_0 + a_1 x + a_2 x^2 + \cdots + a_n x^n \tag{2.1}$$

式（2.1）中，各参量的意义如下。

y——输出量；

x——输入量；

a_0——零位输出；

a_1——传感器的线性灵敏度，常用 K 或 S 表示；

a_2，a_3，…，a_n——传感器的非线性项的待定常数。

2.1.2　静态特性

传感器的静态特性是指当被测量处于稳定状态（$x(t)$=常量）时，传感器输出量与输入量之间的相互关系。也常把输入量作为横坐标，把输出量作为纵坐标，画曲线描述传感器的静态特性。衡量传感器静态特性的技术指标主要有线性度、灵敏度、迟滞、重复性、精度、分辨力、漂移、测量范围和量程等。

1．线性度

传感器输出量与输入量的关系可以分为线性关系和非线性关系，线性度是指传感器输出量与输入量之间的线性程度。

从传感器的性能来看，希望输出量与输入量的关系是线性关系。如果传感器是理想线性的，而且没有零偏（$a_0=0$），由式（2.1）可以得到线性方程

$$y=a_1x$$

实际遇到的传感器大多为非线性的，需要用线性度来说明传感器的非线性程度。线性度是指传感器输出量与输入量之间的实际关系曲线偏离拟合直线的程度，用δ_L表示。

$$\delta_L=\pm\frac{\Delta y_{\max}}{y_{\mathrm{F\cdot S}}}\times 100\% \tag{2.2}$$

式（2.2）中，$\Delta y_{\max}$为实际关系曲线与拟合直线的最大偏差，$y_{\mathrm{F\cdot S}}$为满量程输出。

当传感器为非线性时，实际输出-输入静态特性是条曲线而非直线。而在实际工作中，为使仪表具有均匀刻度的读数，常用一条拟合直线近似地代表实际的特性曲线。拟合直线的选取有多种方法，如图2.2所示。

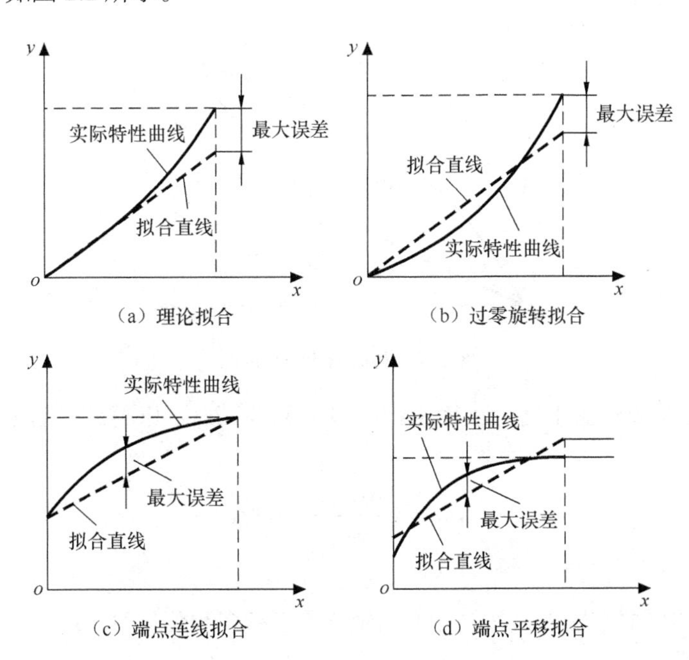

图2.2　实际静态特性曲线和拟合直线

2．灵敏度

灵敏度是传感器在稳态下输出量的增量Δy与输入量的增量Δx的比值，这里用K表示，其表达式为

$$K=\frac{\Delta y}{\Delta x} \tag{2.3}$$

灵敏度是输出-输入特性曲线的斜率。如果传感器的输出-输入之间显线性关系，则灵敏度K是一个常数，由式（2.1）可得灵敏度K为a_1；如果传感器的输出-输入之间显非线性关系，则灵敏度为一个变量。传感器的灵敏度如图2.3所示。

灵敏度的量纲是输出量与输入量的量纲之比。例如，某位移传感器，在位移变化1mm时，

输出电压变化为 200mV，则灵敏度表示为 200mV/mm。当传感器的输出与输入量的量纲相同时，灵敏度可以理解为放大的倍数。

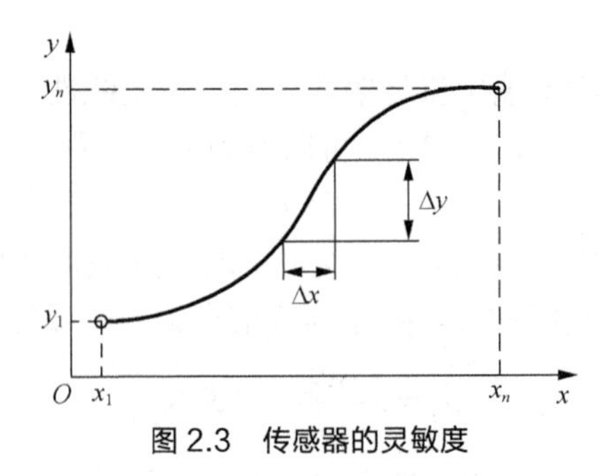

图 2.3 传感器的灵敏度

3．迟滞

传感器在输入量由小到大（正行程）及输入量由大到小（反行程）变化期间，其输出-输入特性曲线不重合的现象称为迟滞，如图 2.4 所示。

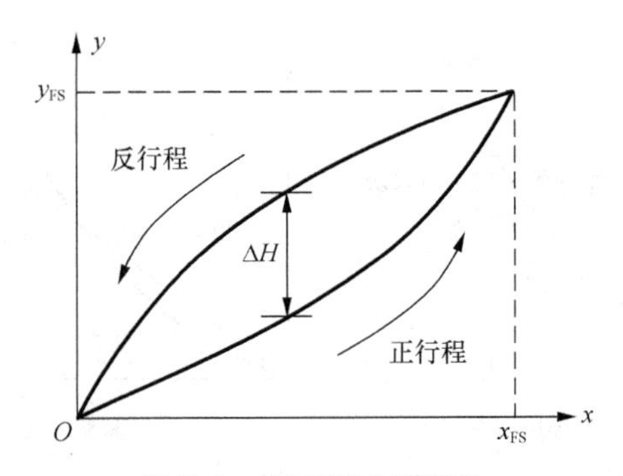

图 2.4 传感器的迟滞特性

迟滞误差 δ_H 以传感器正反行程输出量的最大偏差 ΔH_{max} 与满量程输出值 $y_{F\cdot S}$ 的百分比表示，为

$$\delta_H = \pm\frac{\Delta H_{max}}{y_{F\cdot S}}\times 100\% \tag{2.4}$$

4．重复性

重复性是指传感器在输入量按同一方向做全程连续多次变化时，所得特性曲线不一致的程度，如图 2.5 所示。

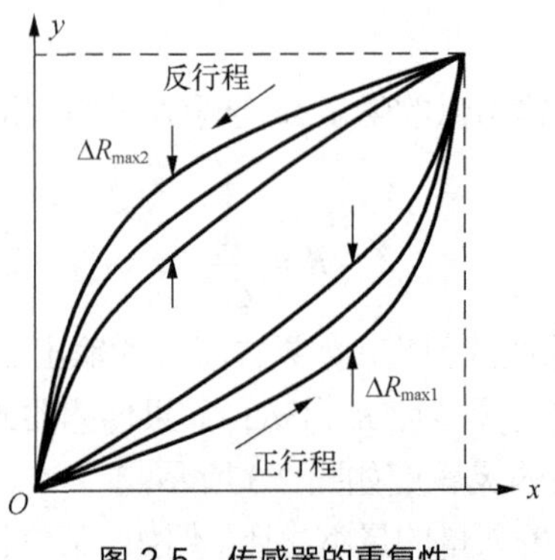

图 2.5 传感器的重复性

重复性误差用测量值正反行程标准偏差σ最大值的2或3倍与满量程输出值$y_{F\cdot S}$的百分比表示，为

$$\delta_R=\pm\frac{2\sigma\sim3\sigma}{y_{F\cdot S}}\times100\% \tag{2.5}$$

式（2.5）中，当误差服从正态分布，σ的系数取2时的置信概率为95%，σ的系数取3时的置信概率为99.73%。

标准偏差σ用贝塞尔公式计算。选择n个测量点，进行m次循环测量。对第i个测量点，m次测量的平均值为

$$\overline{y}_i=\frac{1}{m}(y_{i1}+y_{i2}+\cdots+y_{im}) \tag{2.6}$$

第i个测量点的标准偏差为

$$\sigma_i=\sqrt{\frac{\sum_{j=1}^{m}\left(y_{ij}-\overline{y}_i\right)^2}{m-1}} \tag{2.7}$$

对于全部n个测量点，当等精密性测量时，标准偏差σ为

$$\sigma=\sqrt{\frac{1}{2n}\sum_{i=1}^{n}\left[\left(\sigma_1\right)_i^2+\left(\sigma_2\right)_i^2\right]} \tag{2.8}$$

式（2.8）中，$\left(\sigma_1\right)_i$是正行程第i个测量点的标准偏差；$\left(\sigma_2\right)_i$是反行程第i个测量点的标准偏差。

5．精度

精度是指测量结果的可靠程度，误差越小，精度越高。传感器的精度是量程内最大基本误差与满量程的百分比，为

$$\delta=\frac{\Delta_{max}}{y_{F\cdot S}}\times100\%=\delta_L+\delta_H+\delta_R \tag{2.9}$$

式（2.9）中，Δ_{max}为最大基本误差。传感器的基本误差是由系统误差和随机误差构成的，线性度和迟滞表示的误差为系统误差，重复性表示的误差为随机误差。

在工程技术中，常引入精度等级的概念。精度等级以一系列标准百分比数值分档表示，如0.05、0.1、0.2、0.5、1.0、1.5、2.5等。

6．分辨力

传感器在输入量太小时，有时输出量不会发生变化。只有输入量变化到一定程度时，输出量才会发生变化。分辨力是表示传感器能够检测输入量最小变化的能力，是可观察输出变化的最小输入量变化值。

传感器在最小（起始）测点处的分辨力称为阈值，阈值是使传感器的输出端产生可测变化量的最小输入值。

7．漂移

漂移主要包括零点漂移和灵敏度漂移。零点漂移或灵敏度漂移又分为时间漂移和温度漂移。当传感器的输入和环境温度不变时，输出量随时间变化的现象称为时间漂移，又称“时漂”。由外界温度变化引起的输出量变化的现象称为温度漂移，又称“温漂”。

8．测量范围与量程

传感器所能测量到的最小输入量（被测量）x_{min}与最大输入量（被测量）x_{max}之间的范围，称为传感器的测量范围。传感器测量范围的上限值与下限值之差$x_{max}-x_{min}$，称为传感器的量程。

2.1.3 动态模型

动态模型是指在动态信号（输入信号随时间变化）作用下，传感器输出量 $y(t)$ 与输入量 $x(t)$ 之间的数学关系，通常称为响应特性。动态模型常用微分方程、传递函数和频率特性表示。

1．微分方程

绝大多数传感器都属于模拟系统，描述模拟系统的一般方法是采用微分方程。通常认为可以用线性定常系统描述传感器的动态特性。对于任何一个线性系统，都可以用下面的常系数线性微分方程表示。

$$a_n\frac{\mathrm{d}^n y(t)}{\mathrm{d}t^n}+a_{n-1}\frac{\mathrm{d}^{n-1}y(t)}{\mathrm{d}t^{n-1}}+\cdots+a_1\frac{\mathrm{d}y(t)}{\mathrm{d}t}+a_0y(t)=b_m\frac{\mathrm{d}^m x(t)}{\mathrm{d}t^m}+b_{m-1}\frac{\mathrm{d}^{m-1}x(t)}{\mathrm{d}t^{m-1}}+\cdots+b_1\frac{\mathrm{d}x(t)}{\mathrm{d}t}+b_0x(t) \tag{2.10}$$

式（2.10）中，传感器输出量 $y(t)$ 不仅与输入量 $x(t)$ 有关，还与 $\mathrm{d}x(t)/\mathrm{d}t$ 、$\mathrm{d}^2x(t)/\mathrm{d}t^2$ 等有关；a_n，a_{n-1}，…，a_0 和 b_n，b_{n-1}，…，b_0 由传感器的结构确定，是常数。

线性定常系统有 2 个十分重要的特性，即叠加性和频率保持性。叠加性是指一个系统当有 n 个激励同时作用时，响应为这 n 个激励单独作用的响应之和；频率保持性是指当线性系统的输入为某一频率的信号时，系统的稳态响应也是同一频率的信号。

2．传递函数

式（2.10）是传感器输出量与输入量之间的时域关系。为了求解方便，常采用拉氏变换，并常用传递函数描述传感器的特性。

传感器的传递函数 $H(s)$ 定义为

$$H(s)=\frac{Y(s)}{X(s)} \tag{2.11}$$

式（2.11）中，$Y(s)$ 为输出量 $y(t)$ 的拉氏变换，$X(s)$ 为输入量 $x(t)$ 的拉氏变换。

如果在 $t\leqslant 0$ 时，$y(t)=0$，$y(t)$ 的拉氏变换为

$$Y(s)=\int_0^{\infty}y(t)e^{-st}\mathrm{d}t \tag{2.12}$$

式（2.12）中，$s=\beta+j\omega$。对式（2.10）采用拉氏变换，得到

$$\left(a_ns^n+a_{n-1}s^{n-1}+\cdots+a_1s+a_0\right)Y(s)=\left(b_ms^m+b_{m-1}s^{m-1}+\cdots+b_1s+b_0\right)X(s)$$

则传递函数 $H(s)$ 为

$$H(s)=\frac{Y(s)}{X(s)}=\frac{b_ms^m+b_{m-1}s^{m-1}+\cdots+b_1s+b_0}{a_ns^n+a_{n-1}s^{n-1}+\cdots+a_1s+a_0} \tag{2.13}$$

由式（2.13）可以看出，传递函数 $H(s)$ 与输出量 $Y(s)$ 和输入量 $X(s)$ 无关，只与传感器系统的结构有关，它是传感器特性的一种表达式。

3．频率特性

如果传感器的输入量为正弦信号，常用频率特性描述传感器的特性。用 $j\omega$ 代替传递函数中的 s，可得传感器的频率特性，记为 $H(j\omega)$。

$$H(j\omega)=\frac{Y(j\omega)}{X(j\omega)} \tag{2.14}$$

式（2.14）中，ω为角频率。

$$Y(j\omega)=\int_0^{\infty} y(t)e^{-j\omega t}\mathrm{d}t \tag{2.15}$$

由式（2.13）可以得到，传感器的频率特性$H(j\omega)$为

$$H(j\omega)=\frac{Y(j\omega)}{X(j\omega)}=\frac{b_m(j\omega)^m+b_{m-1}(j\omega)^{m-1}+\cdots+b_1(j\omega)+b_0}{a_n(j\omega)^n+a_{n-1}(j\omega)^{n-1}+\cdots+a_1(j\omega)+a_0} \tag{2.16}$$

式（2.16）中，频率特性$H(j\omega)$是一个复数函数，常写为如下的形式。

$$H(j\omega)=A(\omega)e^{j\psi(\omega)} \tag{2.17}$$

式（2.17）中，$A(\omega)$是传感器输出信号与输入信号的幅度之比，称为传感器的幅频特性；$\psi(\omega)$是传感器输出信号与输入信号的相位差，称为传感器的相频特性。传感器的幅频特性$A(\omega)$与相频特性$\psi(\omega)$合在一起，称为传感器的频率特性。

2.1.4 动态特性

动态特性是指传感器输入量随时间变化时，输出量随时间变化的特性。有良好静态特性的传感器，未必有良好的动态特性。一个动态特性好的传感器，随时间变化的输出曲线能同时再现输入随时间变化的曲线。在输入量动态变化时，输出量一般不会与输入量具有完全相同的时间函数，这种差异就是动态误差。研究传感器的动态特性主要是分析误差产生的原因，并从测量的角度提出改善措施。

传感器的动态特性可以从时域和频域 2 个方面，分别采用瞬态响应法和频率响应法进行研究。由于传感器输入量的时间函数是多种多样的，所以只能通过几种特殊的时间函数，如阶跃函数、脉冲函数和斜坡函数等，研究传感器的瞬态响应特性。在频域内，通常利用正弦函数研究传感器的频率响应特性。

为了便于比较、评价或动态定标，最常用的输入信号为阶跃信号和正弦信号，传感器对应的响应分别为阶跃响应和频率响应，本书只讨论阶跃响应和频率响应。

1．衡量阶跃响应的技术指标

传感器突然加载或突然卸载即属于阶跃输入，这种输入方法既简单易行，又能揭示传感器的动态特性，故常常使用。

当给传感器输入一个单位阶跃函数信号

$$x(t)=\begin{cases}0 & t\leqslant 0\\ 1 & t>0\end{cases} \tag{2.18}$$

时，其输出特性称为阶跃响应特性。传感器输出有失真，衡量传感器阶跃响应特性的几项技术指标如图 2.6 所示。

（1）上升时间t_r

响应曲线到达稳态值的 5%（或 10%）~95%（或 90%）所需的时间。

（2）峰值时间t_p

响应曲线到达第一个峰值所需的时间。

（3）响应时间t_s

响应曲线衰减到与稳态值之差不超过±5%（或±2%）所需的时间。

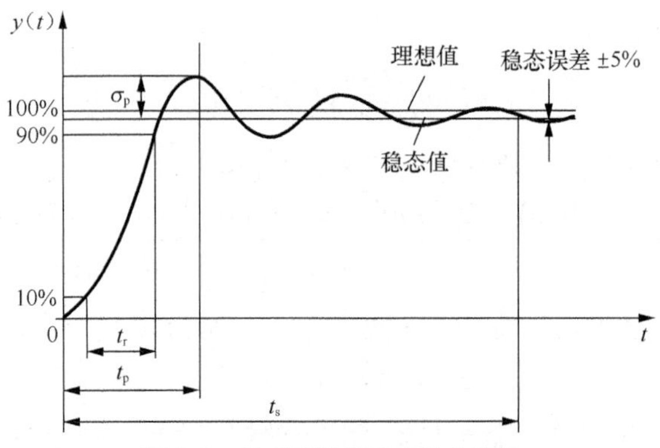

图 2.6　传感器阶跃响应技术指标

（4）超调量 σ_p

响应曲线超出稳态值的最大偏差。

超调量也常用百分比表示为 $\sigma_p = \dfrac{y(t_p)-y(\infty)}{y(\infty)} \times 100\%$。

2．典型的阶跃响应

传感器的阶跃响应可以用式（2.10）的方程描述。当式（2.10）中的 n 和 m 取值不同时，微分方程的阶数也不同，多数传感器的输出-输入关系可以用零阶、一阶或二阶微分方程描述，传感器分别称为零阶传感器、一阶传感器或二阶传感器。

（1）零阶传感器的阶跃响应

由式（2.10）可得，零阶传感器的微分方程为

$$a_0 y(t) = b_0 x(t) \tag{2.19}$$

阶跃响应为

$$y(t) = Kx(t) \tag{2.20}$$

式（2.20）中，$K = b_0 / a_0$ 为传感器的灵敏度。

零阶传感器的阶跃响应如图 2.7（a）所示。可以看出，阶跃响应与输入成正比，这是理想的传感器响应。

（2）一阶传感器的阶跃响应

由式（2.10）可得，一阶传感器的微分方程为

$$a_1 \frac{\mathrm{d}y(t)}{\mathrm{d}t} + a_0 y(t) = b_0 x(t) \tag{2.21}$$

阶跃响应为

$$y(t) = K\left(1 - e^{-\frac{t}{\tau}}\right) \tag{2.22}$$

式（2.22）中，$\tau = a_1 / a_0$ 为一阶传感器的时间常数。

一阶传感器的阶跃响应如图 2.7（b）所示。当 $t = \tau$ 时，$y(t) = 0.63K$；当 $\tau_1 < \tau_2$ 时，τ_1 所在曲线的响应速度比 τ_2 所在曲线快。随着时间的推移，$y(t)$ 越来越接近 K。时间常数 τ 是决定响应速度的重要参数，τ 越小，响应曲线越接近于阶跃曲线。

（3）二阶传感器的阶跃响应

由式（2.10）可得，二阶传感器的微分方程为

$$a_2\frac{d^2y(t)}{dt^2}+a_1\frac{dy(t)}{dt}+a_0y(t)=b_0x(t) \tag{2.23}$$

二阶传感器的固有频率 $\omega_0=\sqrt{\frac{a_0}{a_2}}$ ，阻尼比 $\xi=\frac{a_1}{2\sqrt{a_0a_2}}$ 。当 $\xi<1$ 时称为欠阻尼；当 $\xi>1$ 时称为过阻尼；当 $\xi=1$ 时称为临界阻尼。

二阶传感器的阶跃响应随阻尼比 ξ 而变化，如图 2.7（c）所示。可以看出，只有在 $\xi<1$ 时，阶跃响应才出现过冲，极大值超过了稳态值。

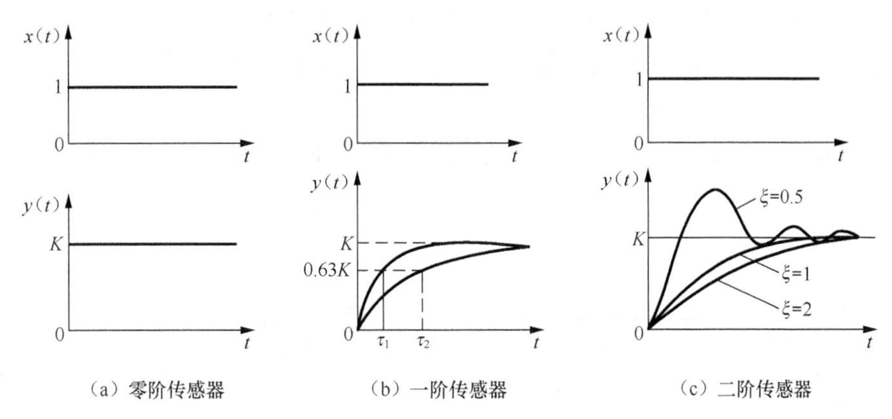

图 2.7　传感器的阶跃响应

3．衡量频率响应的技术指标

传感器的频率特性为

$$H(j\omega)=\frac{Y(j\omega)}{X(j\omega)}=A(\omega)e^{j\psi(\omega)}$$

传感器的频率特性用幅频特性 $A(\omega)$ 和相频特性 $\psi(\omega)$ 表示，分别为

$$A(\omega)=\left|H(j\omega)\right| \tag{2.24}$$

$$\psi(\omega)=\arctan\frac{H_I(\omega)}{H_R(\omega)} \tag{2.25}$$

式（2.25）中，$H_R(\omega)$ 和 $H_I(\omega)$ 分别为复数 $H(j\omega)$ 的实部和虚部。

4．典型的频率响应

（1）零阶传感器的频率响应

零阶传感器的微分方程为 $a_0y(t)=b_0x(t)$ ，利用式（2.16）可以得到零阶传感器的频率特性为

$$H(j\omega)=\frac{b_0}{a_0}=K \tag{2.26}$$

零阶传感器的频率特性如图 2.8（a）所示，输出与输入成正比，与信号频率无关，无幅值和相位失真的问题。因此，零阶传感器具有理想的动态特性。

（2）一阶传感器的频率响应

一阶传感器的微分方程为 $a_1\frac{dy(t)}{dt}+a_0y(t)=b_0x(t)$ ，利用式（2.16）可以得到一阶传感器的频率特性为

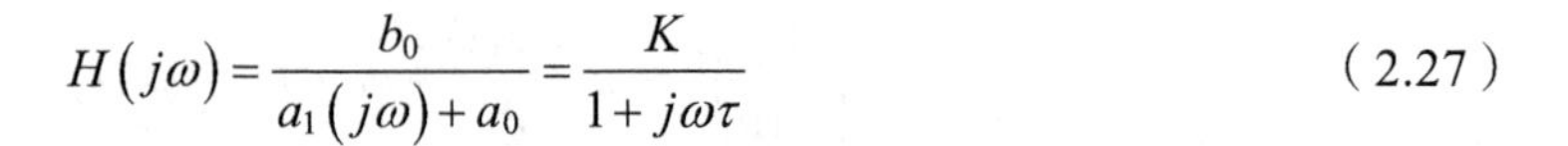

$$H(j\omega)=\frac{b_0}{a_1(j\omega)+a_0}=\frac{K}{1+j\omega\tau} \tag{2.27}$$

一阶传感器的幅频特性为

$$A(\omega)=\frac{K}{\sqrt{1+(\omega\tau)^2}} \tag{2.28}$$

相频特性为

$$\psi(\omega)=\arctan(-\omega\tau) \tag{2.29}$$

一阶传感器的频率特性如图 2.8（b）所示，得到如下结论。

①当 $\omega\tau<<1$时，$A(\omega)=K$，传感器的输出与输入为线性关系，即时间常数τ越小，幅频特性 $A(\omega)$越好。

②当$\psi(\omega)$很小时，$\psi(\omega)\approx-\omega\tau$，传感器输出与输入的相位差$\psi(\omega)$与角频率$\omega$为线性关系，这时测量无失真。

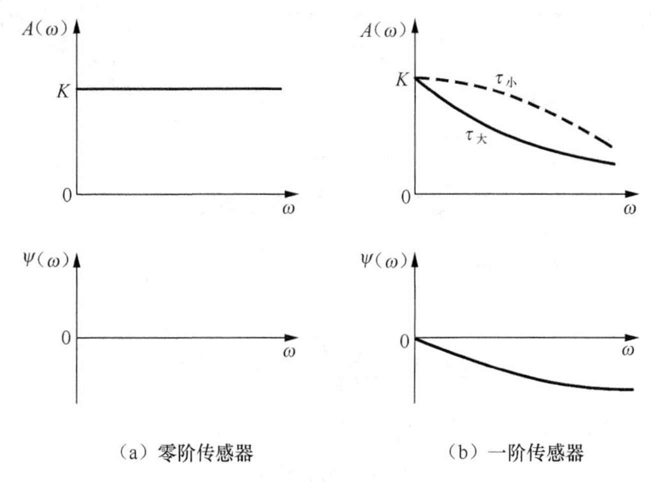

（a）零阶传感器　　（b）一阶传感器

图 2.8　传感器的频率特性

（3）二阶传感器的频率响应

二阶传感器的微分方程为$a_2\frac{\mathrm{d}^2y(t)}{\mathrm{d}t^2}+a_1\frac{\mathrm{d}y(t)}{\mathrm{d}t}+a_0y(t)=b_0x(t)$，利用式（2.16）可以得到二阶传感器的频率特性为

$$H(j\omega)=\frac{b_0}{a_2(j\omega)^2+a_1(j\omega)+a_0}=\frac{K}{\left(\frac{j\omega}{\omega_0}\right)^2+\frac{2j\omega\xi}{\omega_0}+1} \tag{2.30}$$

二阶传感器的幅频特性为

$$A(\omega)=\frac{K}{\sqrt{\left[1-\left(\frac{\omega}{\omega_0}\right)^2\right]^2+4\xi^2\left(\frac{\omega}{\omega_0}\right)^2}} \tag{2.31}$$

相频特性为

$$\psi(\omega)=\arctan\frac{2\xi\omega\omega_0}{\omega^2-\omega_0^2} \tag{2.32}$$

二阶传感器的频率特性如图 2.9 所示。

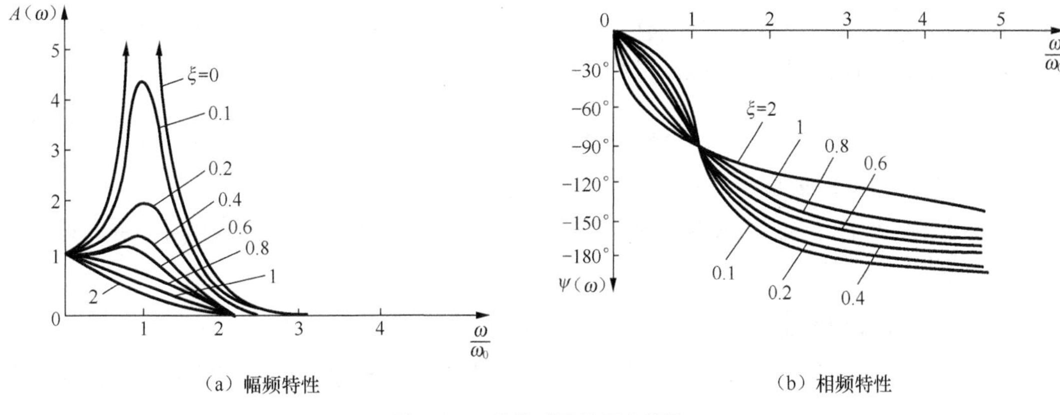

图 2.9 二阶传感器的频率特性

二阶传感器的频率特性如下。

①当 $\omega/\omega_0 << 1$时，$A(\omega) \approx K$，$\psi(\omega) \approx 0$，传感器近似于理想的系统（零阶系统）。

②当 $\omega/\omega_0 >> 1$时，$A(\omega) \to 0$，传感器几乎没有响应了。

③当 $\omega/\omega_0 \to 1$时，$A(\omega)$和$\psi(\omega)$都与阻尼比ξ有明显的关系。当$\xi \to 0$时，$A(\omega) \to \infty$，输出幅值$A(\omega)$严重失真；当$\xi = 0.7$时，$A(\omega)$曲线平坦段最宽，$\psi(\omega)$接近于线性，称为最佳阻尼；当$\xi < 1$时，$A(\omega)$在$\omega/\omega_0 = 1$时出现极大值，产生共振现象；当$\xi \geqslant 1$时，$A(\omega)$是一条递减的曲线，$\xi = 1$称为临界阻尼。

2.2 传感器的标定与校准

对新研制或新生产的传感器进行全面的技术检定，称为标定；将传感器在使用中或存储后进行的性能复测，称为校准。标定与校准的本质相同。

2.2.1 静态标定

传感器的静态特性是通过静态标定或静态校准的过程获得的。静态标定就是在一定的标准条件下，利用一定等级的标定设备，对传感器进行多次往复测试的过程。

1．对环境的要求

静态标定对环境的要求如下。

（1）温度在 15℃～25℃。

（2）相对湿度不大于 85%。

（3）大气压力为 0.1MPa。

（4）无加速度，无振动，无冲击。

2．对标定设备的要求

对同一被测量进行多次重复测量时，若误差固定不变或者按照一定的规律变化，则这种误差称为系统误差。对同一被测量进行多次重复测量时，若误差的大小随机变化、不可预知，则这种误差称为随机误差。

若标定设备和被标定传感器的系统误差较小或可以补偿，只考虑随机误差时，标定设备的随机误差σ_s与被标定传感器的随机误差σ_m应满足如下关系。

$$\sigma_s \leqslant \frac{1}{3}\sigma_m \tag{2.33}$$

若标定设备和被标定传感器的随机误差较小，只考虑系统误差时，标定设备的系统误差 ε_s 与被标定传感器的系统误差 ε_m 应满足如下关系。

$$\varepsilon_s \leqslant \frac{1}{10}\varepsilon_m \tag{2.34}$$

3．对标定过程的要求

在标定的范围内（被测量的输入范围内），选择 n 个测量点，进行 m 次循环测量，总计得到 2mn 个测试数据。

2.2.2　动态标定

动态测试中的设备，如输入信号发生器、动态信号记录设备、数据采集处理设备等，应具有很宽的频带，输入能量足够大，不失真等。

2.2.3　提高传感器性能的方法

提高传感器性能的方法主要有非线性校正、温度补偿、零位法、微差法、闭环技术、平均技术和差动技术等，以及采用屏蔽、隔离和抑制干扰等措施。

2.2.4　传感器测试无失真的条件

1．时域中无失真

若传感器的输出 $y(t)$ 与输入 $x(t)$ 满足下列关系

$$y(t) = A_0 x(t - t_0) \tag{2.35}$$

式（2.35）中的 A_0 和 t_0 都是常数，传感器满足无失真条件。传感器无失真时，输入与输出的波形一致，只是振幅放大了 A_0 倍，时间滞后了 t_0。

2．频域中无失真

若传感器的输出 $Y(j\omega)$ 与输入 $X(j\omega)$ 满足下列关系

$$H(j\omega) = \frac{Y(j\omega)}{X(j\omega)} = A_0 e^{-j\omega t_0} \tag{2.36}$$

式（2.36）中的 A_0 和 t_0 都是常数，则传感器满足无失真条件。传感器无失真时，幅频特性 $A = A_0$，为常数；相频特性 $\psi = -\omega t_0$，是线性的。

2.3　传感器一般特性举例

例 2.1　某压力传感器的标定数据见表 2.1。求：（1）测量范围与量程；（2）正行程平均输出和反行程平均输出；（3）采用端点连线拟合，给出拟合直线的方程；（4）线性度；（5）灵敏度；（6）迟滞。

表 2.1　　某压力传感器的标定数据

行程	输入压力 $x \cdot 10^5$ / Pa	传感器输出电压 y / mV				
		第 1 循环	第 2 循环	第 3 循环	第 4 循环	第 5 循环
正行程	0.2	190.9	191.1	191.3	191.4	191.4
	0.4	382.8	383.2	383.5	383.8	383.8

续表

行程	输入压力 $x \cdot 10^5$ / Pa	传感器输出电压 y / mV				
		第1循环	第2循环	第3循环	第4循环	第5循环
正行程	0.6	575.8	576.1	576.6	576.9	577.0
	0.8	769.4	769.8	770.4	770.8	771.0
	1.0	963.9	964.6	965.2	965.7	966.0
反行程	1.0	964.4	965.1	965.7	965.7	966.1
	0.8	770.6	771.0	771.4	771.4	772.0
	0.6	577.3	577.4	578.1	578.1	578.5
	0.4	384.1	384.2	384.7	384.9	384.9
	0.2	191.6	191.6	192.0	191.9	191.9

解：（1）测量范围为 $0.2\times10^5\text{Pa} \sim 1.0\times10^5\text{Pa}$，量程为 $0.8\times10^5\text{Pa}$。

（2）正行程平均输出和反行程平均输出见表2.2。

表2.2　　正行程和反行程的平均输出

行程	输入压力 $x \cdot 10^5$ / Pa	平均输出电压 $\bar{y}$ / mV
正行程	0.2	（190.9+191.1+191.3+191.4+191.4）/5=191.22
	0.4	（382.8+383.2+383.5+383.8+383.8）/5=383.42
	0.6	（575.8+576.1+576.6+576.9+577.0）/5=576.48
	0.8	（769.4+769.8+770.4+770.8+771.0）/5=770.28
	1.0	（963.9+964.6+965.2+965.7+966.0）/5=965.08
反行程	1.0	（964.4+965.1+965.7+965.7+966.1）/5=965.40
	0.8	（770.6+771.0+771.4+771.4+772.0）/5=771.28
	0.6	（577.3+577.4+578.1+578.1+578.5）/5=577.88
	0.4	（384.1+384.2+384.7+384.9+384.9）/5=384.56
	0.2	（191.6+191.6+192.0+191.9+191.9）/5=191.80

（3）当 $x=0.2\times10^5\text{Pa}$ 时，正行程与反行程的平均输出电压为

$$\bar{y}=\frac{191.22+191.80}{2}=191.51\text{mV}$$

当 $x=1.0\times10^5\text{Pa}$ 时，正行程与反行程的平均输出电压为

$$\bar{y}=\frac{965.08+965.40}{2}=965.24\text{mV}$$

采用图2.2（c）所示的端点连线拟合，拟合直线为

$$\begin{aligned}y&=191.51+\frac{965.24-191.51}{1.0\times10^5-0.2\times10^5}(x-0.2\times10^5)\\&=191.51+\frac{967.16}{10^5}(x-0.2\times10^5)\end{aligned}$$

（4）实际输出（正反行程的平均输出电压）与拟合直线的偏差见表 2.3。

表 2.3　　实际输出与拟合直线的偏差

输入压力 $x\cdot10^5$ / Pa	正反行程的平均输出电压 $\bar{y}$ / mV	拟合直线的输出电压 y / mV	实际输出与拟合直线的偏差 Δy / mV
0.2	（191.22+191.80）/2=191.51	191.51	191.51−191.51=0.00
0.4	（383.42+384.56）/2=383.99	384.94	383.99−384.94=−0.95
0.6	（576.48+577.88）/2=577.18	578.38	577.18−578.38=−1.20
0.8	（770.28+771.28）/2=770.78	771.81	770.78−771.81=−1.03
1.0	（965.08+965.40）/2=965.24	965.24	965.24−965.24=0.00

由表 2.3 可得，实际输出与拟合直线的最大偏差为

$$\Delta y_{\max} = -1.20\text{mV}$$

满量程输出为

$$y_{\text{F}\cdot\text{S}} = 965.24 - 191.51 = 773.73\text{mV}$$

由式（2.2）可得，线性度为

$$\delta_L = -\frac{\Delta y_{\max}}{y_{\text{F}\cdot\text{S}}}\times 100\% = 0.15\%$$

（5）传感器输出量的增量为

$$\Delta y = 965.24 - 191.51 = 773.73\text{mV}$$

输入量的增量为

$$\Delta x = 1.0\times10^5 - 0.2\times10^5 = 0.8\times10^5\,\text{Pa}$$

由式（2.3）可得，灵敏度为

$$K = \frac{\Delta y}{\Delta x} = 967.16\times10^{-5}\text{mV} / \text{Pa}$$

（6）正行程输出量和反行程输出量的偏差见表 2.4。

由表 2.4 可得，正行程输出量和反行程输出量的最大偏差为

$$\Delta H_{\max} = 1.40\text{mV}$$

由式（2.4）可得，迟滞误差为

$$\delta_H = \frac{\Delta H_{\max}}{y_{\text{F}\cdot\text{S}}}\times 100\% = \frac{1.40}{773.73}\times 100\% = 0.18\%$$

表 2.4　　正行程输出量和反行程输出量的偏差

输入压力 $x\cdot10^5$ / Pa	正行程平均输出电压 $\bar{y}$ / mV	反行程平均输出电压 $\bar{y}$ / mV	正反行程输出量的偏差 ΔH / mV
0.2	191.22	191.80	191.80−191.22=0.58
0.4	383.42	384.56	384.56−383.42=1.14
0.6	576.48	577.88	577.88−576.48=1.40
0.8	770.28	771.28	771.28−770.28=1.00
1.0	965.08	965.40	965.40−965.08=0.32

例 2.2 一个电感压力传感器的测量范围为 0～200 mmH_2O，输出电压为 0～400 mV；另一个电容压力传感器的测量范围为 0～150 mmH_2O，输出电压为 0～450 mV。求电感压力传感器和电容压力传感器的灵敏度，哪一个灵敏度大？

解： 由式（2.3）计算，电感压力传感器的灵敏度为

$$K_1 = \frac{\Delta y}{\Delta x} = \frac{400-0}{200-0} = 2\text{mV}/\text{mmH}_2\text{O}$$

电容压力传感器的灵敏度为

$$K_2 = \frac{\Delta y}{\Delta x} = \frac{450-0}{150-0} = 3\text{mV}/\text{mmH}_2\text{O}$$

可以看出，电容压力传感器的灵敏度大。一个被测量经常可以采用多种传感器，但每一种传感器的电参数是不同的。

例 2.3 （1）某温度传感器的量程范围为 600℃～1200℃，校验时最大绝对误差为 3℃，求该温度传感器的精度等级；（2）另一个温度传感器的量程范围为 600℃～800℃，精度等级为 1.0 级，若测量 700℃的温度，上述哪一个温度传感器好？

解：（1）由式（2.9）计算。

$$y_{\text{F}\cdot\text{S}} = 1200 - 600 = 600℃$$

$$\delta = \frac{\Delta_{\max}}{y_{\text{F}\cdot\text{S}}} \times 100\% = \frac{3℃}{600℃} \times 100\% = 0.5\%$$

该温度传感器的精度等级为 0.5 级。

（2）精度等级为 1.0 级的传感器，有如下关系。

$$\frac{\Delta_{\max}}{y_{\text{F}\cdot\text{S}}} \times 100\% = \frac{\Delta_{\max}}{800-600} \times 100\% = 1\%$$

可能出现的最大误差为

$$\Delta_{\max} = 1\% \times (800-600) = 2℃$$

若测量 700℃的温度，可能出现的最大相对误差为

$$\frac{2℃}{700℃} = 0.29\%$$

第一个精度等级为 0.5 级的传感器，可能出现的最大误差为 3℃。若测量 700℃的温度，可能出现的最大相对误差为

$$\frac{3℃}{700℃} = 0.43\%$$

计算结果表明，本题 1.0 级的传感器比 0.5 级的传感器好，示值的相对误差小。因此，在选用仪表时，不能单纯追求高精度，而应兼顾精度等级和量程。

例 2.4 零阶传感器举例。图 2.10 所示的线性电位器是一个零阶传感器，试写出输出电压 U_o 与电刷位移 x 之间的关系式。

解： 输出电压 U_o 与电刷位移 x 之间的关系为

$$U_o = \frac{U}{l}x = Kx \tag{2.37}$$

将式（2.37）与零阶传感器的微分方程式（2.20）比较，U_o 相当于输出量 y。因此，线性电位器是零阶传感器。

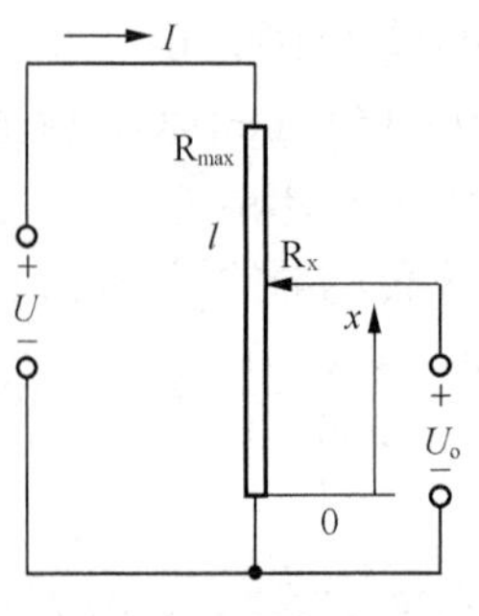

图 2.10　例 2.4 用图

线性电位器的输出电压U_o与电刷位移x成正比，与频率无关。实际上，由于存在寄生电感和寄生电容，所以高频时会引起少量失真，影响动态性能。

例 2.5　一阶传感器举例。不带保护套的热电偶测量温度，如图 2.11 所示，当热电偶接点的温度T_1低于被测介质的温度T_0时，有热流q_{01}进入热电偶。介质与热电偶之间的热阻为R_1，热电偶的比热为C_1，质量为m_1，试写出T_1与T_0之间的关系式。

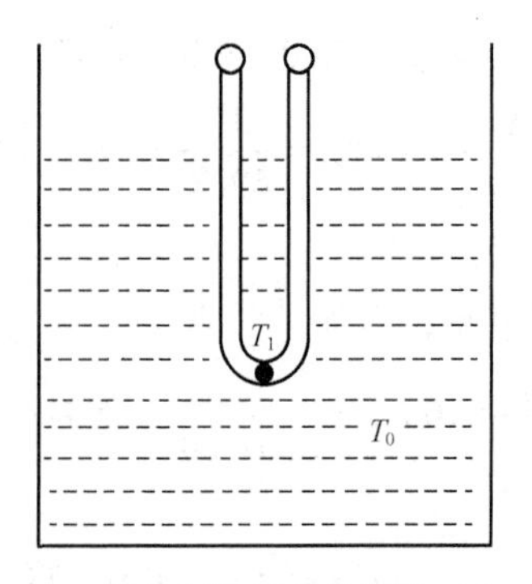

图 2.11　例 2.5 用图

解：根据热力学能量守恒定律，可以列出如下方程组。

$$\begin{cases} m_1C_1\dfrac{\mathrm{d}T_1}{\mathrm{d}t}=q_{01} \\ q_{01}=\dfrac{T_0-T_1}{R_1} \end{cases} \tag{2.38}$$

式（2.38）整理后得到

$$R_1m_1C_1\frac{\mathrm{d}T_1}{\mathrm{d}t}+T_1=T_0 \tag{2.39}$$

将式（2.39）与一阶传感器的微分方程式（2.21）比较，T_1相当于输出量y，T_0相当于输入量x。因此，式（2.39）为一阶传感器的微分方程。

例 2.6　二阶传感器举例。带保护套的热电偶测量温度，如图 2.12 所示，当热电偶接点的温度T_1低于被测介质的温度T_0时，有热流进入热电偶。介质传给管套的热量为q_{02}，管套传给热电偶的热量为q_{01}，T_2为管套的温度，介质与管套之间的热阻为R_2，管套与热电偶之间的热阻为R_1，热电偶的比热为C_1，质量为m_1，管套的比热为C_2，质量为m_2，试写出T_1与T_0之间的关系式。

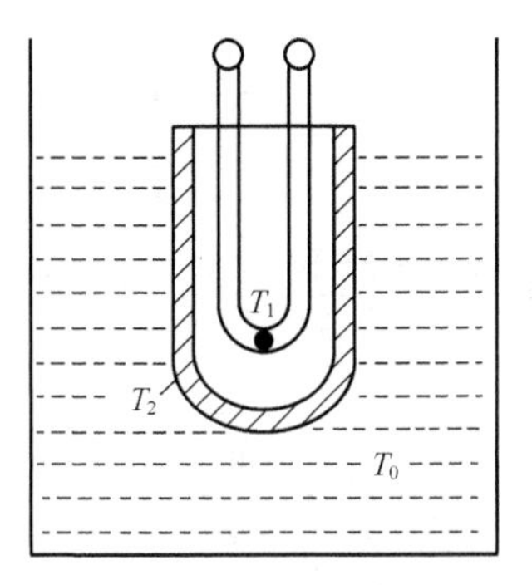

图 2.12　例 2.6 用图

解：根据热力学能量守恒定律，可以列出如下方程组。

$$\begin{cases} m_2C_2\dfrac{\mathrm{d}T_2}{\mathrm{d}t}=q_{02}-q_{01} \\ q_{02}=\dfrac{T_0-T_2}{R_2} \end{cases} \tag{2.40}$$

由于 $R_1>>R_2$，所以 q_{01} 可以忽略。式（2.40）整理后得到

$$R_2m_2C_2\frac{\mathrm{d}T_2}{\mathrm{d}t}+T_2=T_0 \tag{2.41}$$

同理可得

$$R_1m_1C_1\frac{\mathrm{d}T_1}{\mathrm{d}t}+T_1=T_2 \tag{2.42}$$

联立式（2.41）和式（2.42），得到如下方程组。

$$\begin{cases} R_1m_1C_1\dfrac{\mathrm{d}T_1}{\mathrm{d}t}+T_1=T_2 \\ R_2m_2C_2\dfrac{\mathrm{d}T_2}{\mathrm{d}t}+T_2=T_0 \end{cases} \tag{2.43}$$

消去式（2.43）中的变量 T_2，可以得到

$$\tau_1\tau_2\frac{\mathrm{d}^2T_1}{\mathrm{d}t^2}+(\tau_1+\tau_2)\frac{\mathrm{d}T_1}{\mathrm{d}t}+T_1=T_0 \tag{2.44}$$

式（2.44）中 $\tau_1=R_1m_1C_1$，$\tau_2=R_2m_2C_2$。

将式（2.44）与二阶传感器的微分方程式（2.23）比较，T_1 相当于输出量 y，T_0 相当于输入量 x。因此，式（2.44）为二阶传感器的微分方程。

例 2.7　有 2 个传感器测量系统，动态特性分别用如下微分方程描述，试求这 2 个系统的时间常数 τ 和静态灵敏度 K。

（1）$30\dfrac{\mathrm{d}y}{\mathrm{d}t}+3y=1.5\times10^{-5}T$，式中 y 为输出电压（V），T 为输入温度（℃）；

（2）$1.4\dfrac{\mathrm{d}y}{\mathrm{d}t}+4.2y=9.6x$，式中 y 为输出电压（μV），x 为输入压力（Pa）。

解：这 2 个系统均为一阶传感器，其微分方程的基本形式为

$$a_1\frac{\mathrm{d}y(t)}{\mathrm{d}t}+a_0y(t)=b_0x(t)$$

（1）时间常数 τ 为

$$\tau = \frac{a_1}{a_0} = \frac{30}{3} = 10\text{s}$$

静态灵敏度 K 为

$$K = \frac{b_0}{a_0} = \frac{1.5\times10^{-5}}{3} = 0.5\times10^{-5}\,\text{V}/℃$$

（2）时间常数 τ 为

$$\tau = \frac{a_1}{a_0} = \frac{1.4}{4.2} = 0.33\text{s}$$

静态灵敏度 K 为

$$K = \frac{b_0}{a_0} = \frac{9.6}{4.2} = 2.29\mu\text{V}/\text{Pa}$$

例 2.8 某一阶传感器的频率特性为 $H(j\omega) = \frac{1}{1+j\omega\tau}$，其中 $\tau = 0.001\text{s}$。求该传感器输入信号的工作频率范围。

解： 该传感器的幅频特性为

$$A(\omega) = \frac{1}{\sqrt{1+(\omega\tau)^2}}$$

幅频特性如图 2.13 所示。当 $|A(\omega)| \geqslant 0.707$ 时，输出的信号失真较小，$|A(\omega)| = 0.707$ 对应的角频率为 ω，输入信号的角频率的工作范围为 $0 \sim \omega$。实际上，$0.707^2 = 0.5$，为半功率点，在输入信号角频率的工作范围内，幅值大于半功率点。

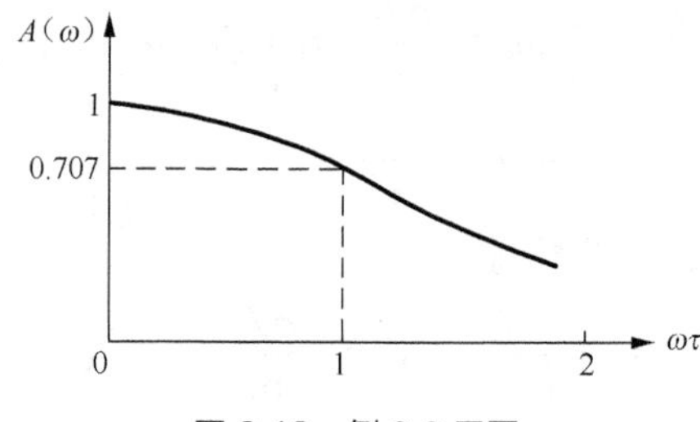

图 2.13　例 2.8 用图

由

$$A(\omega) = \frac{1}{\sqrt{1+(\omega\tau)^2}} = 0.707$$

可得

$$\omega\tau = 1$$

又由于

$$\omega = 2\pi f$$

故

$$f = \frac{\omega}{2\pi} = \frac{1}{2\pi\tau} = \frac{1}{2\pi\times0.001} = 159\text{Hz}$$

因此，输入信号的工作频率范围为 0 ~ 159Hz。

例 2.9 某二阶的力传感器系统，已知固有频率 $f_0 = 800\text{Hz}$、阻尼比 $\xi = 0.14$，用它测试

工作频率 $f=400\text{Hz}$ 的正弦变化的外力时，求幅频特性 $A(\omega)$ 和相频特性 $\psi(\omega)$。若阻尼比 $\xi=0.70$，幅频特性 $A(\omega)$ 和相频特性 $\psi(\omega)$ 如何变化？

解：由式（2.31）可得，二阶传感器的幅频特性为

$$\begin{aligned}A(\omega)&=\frac{K}{\sqrt{\left[1-\left(\frac{\omega}{\omega_0}\right)^2\right]^2+4\xi^2\left(\frac{\omega}{\omega_0}\right)^2}}\\&=\frac{K}{\sqrt{\left[1-\left(\frac{2\times\pi\times400}{2\times\pi\times800}\right)^2\right]^2+4\times0.14^2\times\left(\frac{2\times\pi\times400}{2\times\pi\times800}\right)^2}}\\&=1.31K\end{aligned}$$

由式（2.32）可得，二阶传感器的相频特性为

$$\psi(\omega)=\arctan\frac{2\xi\omega\omega_0}{\omega^2-\omega_0^2}=\arctan\frac{2\times0.14\times(2\pi\times400)\times(2\pi\times800)}{(2\pi\times400)^2-(2\pi\times800)^2}=-10.6$$

若阻尼比 $\xi=0.70$，则二阶传感器的幅频特性为

$$A(\omega)=\frac{K}{\sqrt{\left[1-\left(\frac{2\times\pi\times400}{2\times\pi\times800}\right)^2\right]^2+4\times0.7^2\times\left(\frac{2\times\pi\times400}{2\times\pi\times800}\right)^2}}=0.975K$$

相频特性为

$$\psi(\omega)=\arctan\frac{2\times0.7\times(2\pi\times400)\times(2\pi\times800)}{(2\pi\times400)^2-(2\pi\times800)^2}=-43.0$$

可以看出，当 $\xi=0.70$ 时传感器的幅频特性好，这也是常选 $\xi=0.70$ 的原因。

例 2.10 传感器动态幅值误差定义为

$$\gamma=\frac{|H(j\omega)|-|H(0)|}{H(0)}\times100\%$$

推导出一阶传感器和二阶传感器的 γ。

解：一阶传感器的频率特性为

$$H(j\omega)=\frac{K}{1+j\omega\tau}$$

动态幅值误差为

$$\gamma=\frac{|H(j\omega)|-|H(0)|}{H(0)}\times100\%=\frac{1}{\sqrt{1+(\omega\tau)^2}}-1\tag{2.45}$$

二阶传感器的频率特性为

$$H(j\omega)=\frac{K}{\left(\frac{j\omega}{\omega_0}\right)^2+\frac{2j\omega\xi}{\omega_0}+1}$$

动态幅值误差为

$$\gamma = \frac{|H(j\omega)| - |H(0)|}{H(0)} \times 100\%$$
$$= \frac{1}{\sqrt{\left[1-\left(\frac{\omega}{\omega_0}\right)^2\right]^2 + 4\xi^2\left(\frac{\omega}{\omega_0}\right)^2}} - 1 \tag{2.46}$$

本章小结

传感器的一般特性是指它的输出-输入关系特性。传感器的一般特性分为静态特性和动态特性，如果输入量不随时间变化，则称为传感器的静态特性；如果输入量随时间变化，则称为传感器的动态特性。传感器可以建立数学模型（静态模型和动态模型），在数学模型的基础上再讨论传感器的一般特性（静态特性和动态特性）。

传感器的静态模型用多项式表示。传感器的静态特性是指当被测量处于稳定状态（输入信号不随时间变化）时，传感器输出量与输入量之间的相互关系。传感器的静态特性主要有线性度、灵敏度、迟滞、重复性、精度、分辨力、漂移、测量范围和量程等。

传感器的动态模型常用微分方程、传递函数和频率特性表示。传感器的动态特性是指传感器输入量随时间变化时，输出量随时间变化的特性。传感器的动态特性可以从时域和频域 2 个方面进行研究，最常用的输入信号为阶跃信号和正弦信号，传感器对应的响应分别为阶跃响应和频率响应。衡量阶跃响应的技术指标有上升时间 t_r 、峰值时间 t_p 、响应时间 t_s 、超调量 σ_p 等；衡量频率响应的技术指标有幅频特性 $A(\omega)$ 和相频特性 $\psi(\omega)$ 。多数传感器的输出-输入关系可以用零阶、一阶或二阶微分方程描述，传感器分别称为零阶传感器、一阶传感器或二阶传感器。零阶传感器的输出与输入成正比，是理想的传感器；一阶传感器的响应速度取决于时间常数 τ ， τ 越小响应越好。二阶传感器的响应随阻尼比 ξ 而变化。

传感器需要标定与校准，包括静态特性和动态特性的标定与校准。提高传感器性能的方法主要有非线性校正、温度补偿、零位法、微差法、闭环技术、平均技术和差动技术等。传感器的理想状态是无失真，即输入与输出的波形一致。

思考题和习题

2.1　什么是传感器的静态模型？传感器的静态特性有哪些技术指标？含义分别是什么？用哪些公式表示？

2.2　什么是传感器的动态模型？分别写出微分方程、传递函数和频率特性的表达式。

2.3　分别写出零阶、一阶和二阶传感器的阶跃响应、幅频特性和相频特性。

2.4　什么是标定与校准？什么是随机误差和系统误差？什么是传感器的理想状态？

2.5　对于表 2.1 的标定数据，若拟合直线的方程选为 $y = -2.535 + 967.125x$ ，计算该传感器的线性度 δ_L 。

2.6　对于表 2.1 的标定数据，用贝塞尔公式计算标准偏差，标准偏差 σ 和重复性误差 δ_R 各为多少？

2.7　检验一台精度等级为 1.5 级的压力传感器，该传感器在 50Pa 处误差最大，为 1.4Pa。

已知该传感器的刻度为 0～100Pa，问这台传感器是否合格？

2.8　某玻璃水银温度计的动态特性的微分方程为 $4\frac{\mathrm{d}Q}{\mathrm{d}t}+2Q=2\times10^{-3}T$，式中 Q 为水银柱的高度（m），T 为被测温度（℃）。试求该玻璃水银温度计的时间常数 τ 和静态灵敏度 K。

2.9　某压电式加速度计的动态特性的微分方程为

$$\frac{\mathrm{d}^2q}{\mathrm{d}t^2}+3.0\times10^3\frac{\mathrm{d}q}{\mathrm{d}t}+2.25\times10^{10}q=11.0\times10^{10}a$$

式中，q 为输出电荷量（pC）；a 为输入加速度（$\mathrm{m/s^2}$）。试求该加速度计的静态灵敏度 K、固有频率 ω_0 和阻尼比 ξ。

2.10　已知某二阶传感器系统的固有频率 $f_0=1000\mathrm{Hz}$，阻尼比 $\xi=0.7$，用它测试工作频率 $f=600\mathrm{Hz}$ 的正弦变化的外力时，求幅频特性 $A(\omega)$ 和相频特性 $\psi(\omega)$。

2.11　某一阶传感器的时间常数 $\tau=0.318\mathrm{s}$，测量周期分别为 1s、2s 和 3s 的正弦信号，问幅值相对误差为多少？

2.12　某二阶传感器的固有频率 $f_0=10\mathrm{kHz}$，阻尼比 $\xi=0.1$，若要求传感器的输出幅值误差小于 3%，试确定该传感器的工作频率范围。

2.13　有 2 个二阶传感器，固有频率分别为 800Hz 和 1.2kHz，阻尼比均为 0.4。测量频率为 400Hz 的正弦变化外力，计算 2 个传感器的相对幅度误差，应选用哪一个？

PART 3

第3章 电阻式传感器

电阻式传感器的基本原理是：将被测非电量的变化转换成电阻值的变化，再利用一定的电路测量电阻值的变化，从而实现对非电量的测量。电阻式传感器的历史悠久，是应用最广泛的传感器之一。电阻式传感器的类型很多，常用于几何量和机械量的测量，可测量力、压力、位移、应变、扭矩和加速度等非电量。一般来说，电阻式传感器的结构简单、性能稳定、灵敏度高、使用方便、测量速度快，适合于静态测量和动态测量。

本章首先介绍弹性敏感元件，然后分别讨论电位器式传感器、金属电阻应变式传感器和压阻式传感器，给出它们的基本结构、工作原理、测量电路和应用实例。

3.1 弹性敏感元件

物体在外界载荷（力、力矩或压力等）作用下，其形状和参数将发生变化，这一过程称为物体的变形。当去掉外界载荷后，如果物体变形又能恢复到加载前的状态，则这种变形称为弹性变形。具有弹性变形特性的物体称为弹性元件或弹性体。

传感器一般由敏感元件、转换元件和测量电路组成，其中，敏感元件直接感受被测量，并输出与被测量有确定关系的物理量。在传感器中，通常利用弹性元件直接感受被测量，这样的弹性元件称为弹性敏感元件。弹性敏感元件处于传感器测量过程的最前端，首先将力、力矩或压力等变换成相应的位移或应变，然后配合各种形式的转换元件，将被测力、力矩或压力等变换成电量。弹性敏感元件是传感器、仪器仪表的核心，在传感器技术中占有极其重要的地位。

3.1.1 弹性敏感元件的材料

1．弹性敏感元件材料的一般要求

弹性敏感元件的材料对其性能有极其重要的影响。对弹性材料的一般要求如下。

（1）具有良好的机械性能（强度高、抗冲击、韧性好、疲劳强度高等）；具有良好的机械加工和热处理性能。

（2）具有良好的弹性性能（弹性极限高，弹性滞后、弹性后效和弹性蠕变小）。

（3）具有良好的温度特性（弹性模量的温度系数小且稳定，材料的线膨胀系数小且稳定，材料的热应变系数小且稳定）。

（4）具有良好的化学性能（抗氧化性和抗腐蚀性好）。

2．弹性敏感元件材料的种类

弹性敏感元件材料的种类繁多，一般使用精密合金材料，近年来也出现了性能优良的非金属材料。常用的精密合金材料包括 3J53 铁镍恒弹合金、65Mn 锰弹簧钢、35CrMnSiA 合金结构钢、1Cr18Ni9Ti 不锈钢和 QBe2 铍青铜等；常用的非金属材料包括半导体硅材料、石英晶体材料和精密陶瓷材料等。

以铍青铜为例，这种材料具有弹性好、强度高、弹性滞后小、弹性蠕变小、抗磁性好、耐腐蚀、焊接性好等优良性能，使用温度可达 100℃～150℃，是常用的弹性材料。

3.1.2 弹性敏感元件的结构

弹性敏感元件的结构主要有弹性柱体、轴对称壳体、梁、弹性弦丝、平膜片、波纹膜片、弹簧管和波纹管等。弹性敏感元件既可以是变换力的，也可以是变换压力的。

这里首先介绍应力和应变。应力定义为：力/受力面积。应力作用的结果是使弹性敏感元件产生应变，应变定义为：长度变化/未加应力时原长。

1．变换力的弹性敏感元件

变换力的弹性敏感元件是指输入量为力，输出量为应变或位移的弹性敏感元件，常用的有实心圆柱、空心圆柱、等截面圆环、变形圆环、等截面悬臂梁、等强度悬臂梁和扭转轴等，如图 3.1 所示。

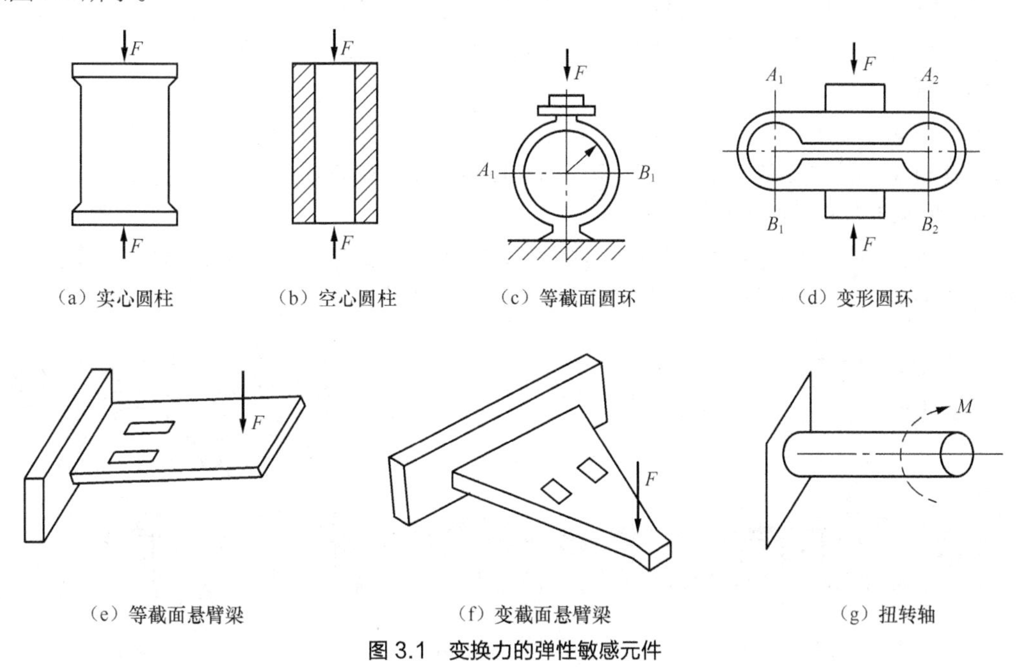

图 3.1 变换力的弹性敏感元件

(1) 实心圆柱

实心圆柱如图 3.1 (a) 所示。在力的作用下，实心圆柱的位移量很小，常用它的应变作为输出量。在实心圆柱的表面粘贴应变片，可以将应变变换为电量。实心圆柱的特点是加工方便，加工精度高，但灵敏度较小，适用于载荷较大的场合。

(2) 空心圆柱

空心圆柱如图 3.1 (b) 所示。空心圆柱可提高抗弯能力，当被测力较小时可用铝合金或铜合金，当被测力较大时可用钢材料。空心圆柱的材料越软，灵敏度越高。

(3) 等截面圆环

环状弹性元件多做成等截面圆环，如图 3.1 (c) 所示。圆环受力后易变形，因而它多用于测量较小的力。

（4）变形圆环

变形圆环如图 3.1（d）所示。变形圆环增加了中间过载保护缝隙，它的线性较好、加工方便、抗过载能力强，其厚度决定灵敏度的大小。

（5）等截面悬臂梁

悬臂梁是一端固定、一端自由的弹性敏感元件。它的特点是灵敏度高，由于在相同力的作用下变形比弹性柱体和圆环都大，因此多用于测量较小的力。它的输出可以是应变，也可以是挠度。挠度是描述弯曲变形时引入的一个物理量，结构构件的轴线或中面由于弯曲引起垂直于轴线或中面方向的线位移称为挠度。

等截面悬臂梁如图 3.1（e）所示。在力的作用下，梁的上表面产生应变，梁的下表面也产生应变，最大应变产生于梁的根部。在实际应用中，常将悬臂梁自由端的挠度作为输出，在自由端装上电感传感器或霍尔传感器，将挠度变为电量。

（6）等强度悬臂梁

等强度悬臂梁如图 3.1（f）所示。等截面悬臂梁在不同部位产生的应变是不同的，在设计传感器时必须精确计算粘贴应变片的位置。等强度悬臂梁则不同，在自由端有力 F 时，沿梁的整个长度上应变处处相等，灵敏度与粘贴应变片的位置无关，实际应用时多采用这种结构。

（7）扭转轴

扭转轴如图 3.1（g）所示。扭转轴用于测量力矩和转矩，其中力矩等于作用力与力臂的乘积；使机械部件转动的力矩称为转矩。用来测量力矩的弹性敏感元件称为扭转轴。

2．变换压力的弹性敏感元件

变换压力的弹性敏感元件经常用于测量气体或液体的压力，常用的有平膜片、波纹膜片、弹簧管、波纹管、薄壁圆筒和薄壁半球等，如图 3.2 所示。

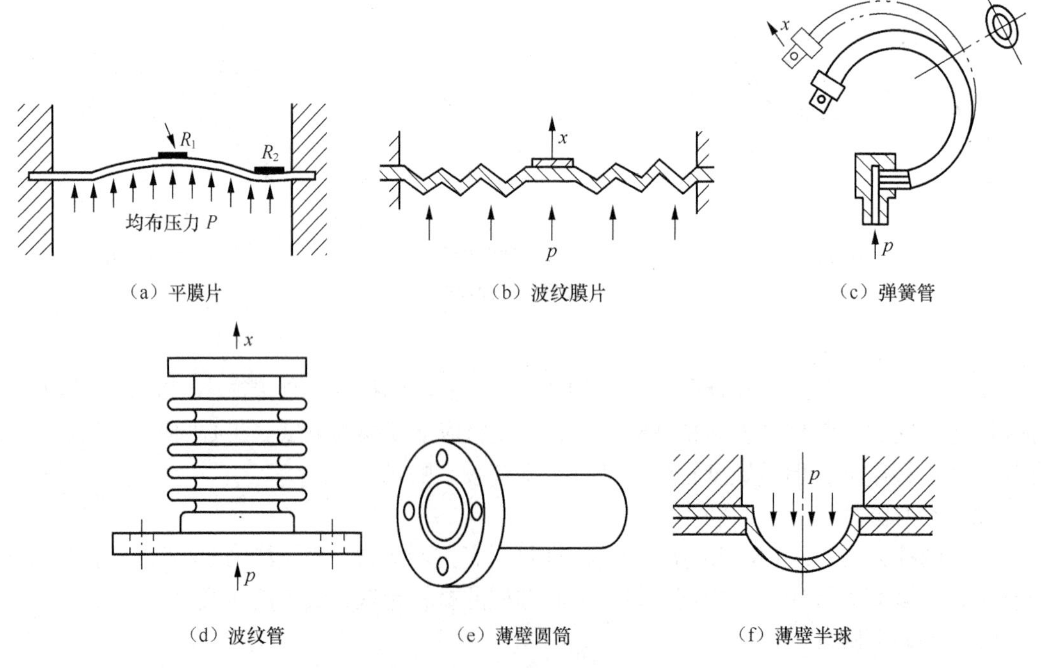

图 3.2　变换压力的弹性敏感元件

（1）平膜片

平膜片是周边固定的圆薄板，如图 3.2（a）所示。将应变片粘贴在平膜片的表面，可以组成电阻应变式压力传感器；利用薄板的位移（挠度），可以组成电容式、霍尔式压力传感器。在平膜片圆心附近及边缘区域应变较大，但符号相反，在圆心附近径向应变ε_R是正的（拉应变），在边缘区域径向应变ε_R是负的（压应变）。

（2）波纹膜片

波纹膜片是压有同心波纹的圆形薄膜，如图 3.2（b）所示。为了便于与传感元件相连接，在膜片中央留有一个光滑的区域，有时还在中心焊接一块圆形金属片，称为膜片的硬心。波纹的形状可以是锯齿波纹，也可以是正弦波纹，波纹的形状对膜片的输出有影响。在一定压力的作用下，正弦波纹膜片给出的位移最大，但线性较差；锯齿波纹膜片给出的位移最小，但线性较好。波纹膜片的厚度通常为 0.05～0.5mm，波纹膜片比平膜片柔软得多，常作为测量较小压力的弹性敏感元件。

（3）弹簧管

弹簧管又叫布尔登管，是弯成各种形状的空心管，它一端固定，一端自由，管子的截面形状有许多种，但使用最多的是 C 形薄壁空心管，如图 3.2（c）所示。

弹簧管能将压力转换为位移，压力 p 通过弹簧管的固定端导入弹簧管的内腔，弹簧管的自由端由盖子与传感元件相连。弹簧管的横截面是圆形截面，当流体压力通过固定端进入弹簧管后，在压力的作用下，截面的短轴力图伸长，使弹簧管趋向伸直，一直伸展到管弹力与压力的作用相平衡为止。这样，弹簧管的自由端就产生了位移，通过测量位移的大小，可得到压力的大小。C 形弹簧管的刚度较大，灵敏度小，但过载能力较强，常作为测量较大压力的弹性敏感元件。

（4）波纹管

波纹管是表面上由许多同心环波纹构成的薄壁圆管，如图 3.2（d）所示。波纹管一端与被测压力相通，另一端密封，在压力作用下可伸长或缩短。波纹管可以将压力变换为位移，它的灵敏度比弹簧钢高得多。

（5）薄壁圆筒

薄壁圆筒如图 3.2（e）所示。薄壁圆筒的厚度一般为直径的 1/20，内腔与被测压力相通，均匀地向外扩张，产生拉伸应力和应变。薄壁圆筒的应变产生在轴向和圆筒方向上，但这 2 个方向上产生的应变是不相等的。

（6）薄壁半球

薄壁半球如图 3.2（f）所示。薄壁半球的应变在轴向和圆筒方向上是相同的。

3.1.3 弹性敏感元件的基本特性

作用于弹性敏感元件上的输入量（力、力矩或压力）与由它引起的输出量（位移、应变）之间的关系，称为弹性敏感元件的基本特性。

1．刚度

刚度是弹性敏感元件在外力作用下变形大小的量度，用公式表示为

$$k = \frac{\mathrm{d}F}{\mathrm{d}x} \tag{3.1}$$

式（3.1）中，F 是作用在弹性元件上的外力，x 是弹性元件产生的变形。当刚度在一定范围内为常数时，表明弹性敏感元件具有线性特性；否则为非线性特性。

2. 灵敏度

弹性敏感元件在单位力作用下产生变形的大小，在弹性力学中称为弹性元件的灵敏度。灵敏度是刚度的倒数，即

$$K = \frac{\mathrm{d}x}{\mathrm{d}F} \tag{3.2}$$

与刚度一样，如果弹性敏感元件的弹性特性为线性，则灵敏度为常数；如果弹性敏感元件的弹性特性为非线性，则灵敏度为变数。

3. 弹性滞后

实际的弹性元件在加载的正行程、卸载的反行程中变形曲线是不重合的，这种现象称为弹性滞后。弹性滞后如图 3.3 所示，曲线 1 是加载曲线，曲线 2 是卸载曲线，曲线 1 和曲线 2 所包围的范围称为滞环。产生弹性滞后的原因主要是弹性敏感元件在工作过程中分子间存在内摩擦，并造成零点附近的不灵敏区。弹性滞后会给测量带来误差。

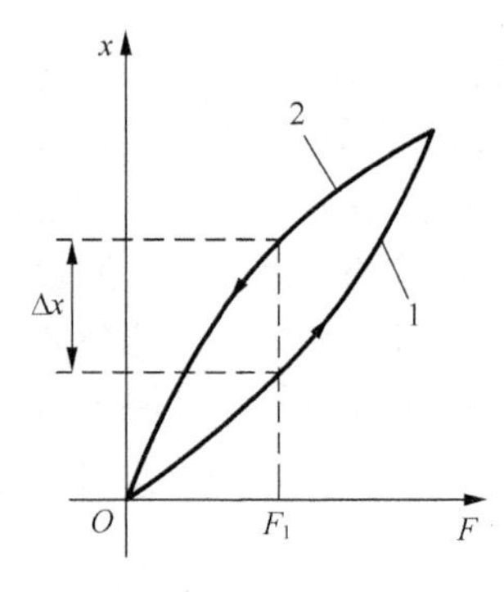

图 3.3　弹性滞后现象

4. 弹性后效

当载荷从某一数值变化到另一数值时，弹性元件不是立即完成相应的变形，而是经过一定的时间间隔后逐渐完成变形，这种现象称为弹性后效。由于弹性后效的存在，弹性敏感元件的变形不能迅速地随作用力的改变而改变。弹性后效造成的结果是，在动态测量时引起测量误差。

5. 固有振荡频率

弹性敏感元件有振荡频率 f_0，在 f_0 会发生共振，影响传感器的动态特性。传感器的工作频率应避开弹性敏感元件的固有振荡频率 f_0，往往希望 f_0 较高。

3.2　电位器式传感器

在传感器中，电位器是一种将机械位移转换为电阻阻值变化的转换元件。电位器的主要优点有：结构简单，参数设计灵活，输出特性稳定，可以实现线性和较为复杂的特性，受环境因素影响小，输出信号强，一般不需要放大就可以直接作为输出，成本低，测量范围宽等。电位器的主要缺点有：触电处存在摩擦和损耗，由于有摩擦和损耗，所以要求电位器有比较大的输入功率，同时电位器的可靠性和寿命也受到影响。

3.2.1 电位器的工作原理

电位器工作原理如图 3.4 所示，将电位器的电刷通过机械传动装置与被测对象相连，便可测量机械位移 x。设电位器两端的输入电压为 U，电阻丝长为 l，滑动端沿着电阻丝滑动，则滑动端输出的电压为

$$U_o = \frac{x}{l}U \tag{3.3}$$

式（3.3）中，设电刷触点的滑动位移量为 x。

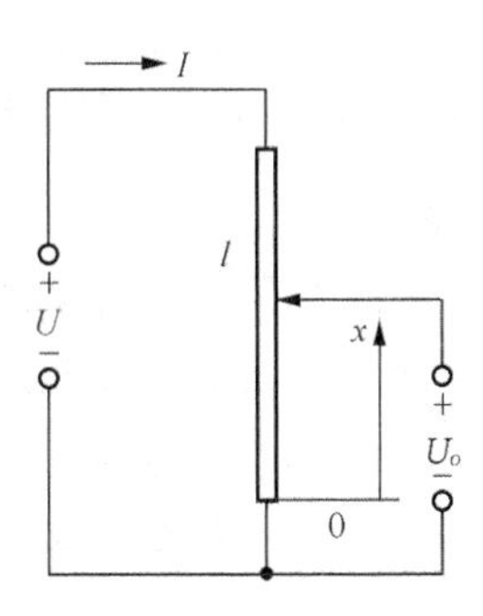

图 3.4 电位器的工作原理

当电位器的输出端接有负载电阻时，其特性称为负载特性。接有负载电阻 R_L 的电位器如图 3.5 所示，电位器的输出电压为

$$U_o = U\frac{\dfrac{R_xR_L}{R_x+R_L}}{\dfrac{R_xR_L}{R_x+R_L}+\left(R_{\max}-R_x\right)} = U\frac{R_xR_L}{R_{\max}R_x+R_{\max}R_L-R_x^2} \tag{3.4}$$

式（3.4）中，$R_{\max}$ 是电位器的总电阻，R_x 是电位器的位移量为 x 时所对应的电阻。

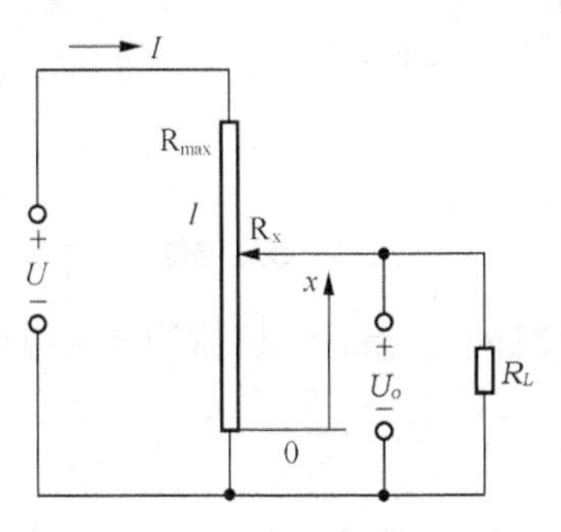

图 3.5 带负载的电位器电路

设电阻的相对变化为 $r = R_x / R_{\max}$，并设 $m = R_{\max} / R_L$ 为负载系数，式（3.4）的负载特性可以写成

$$Y = \frac{U_o}{U} = \frac{r}{1+rm(1-r)} \tag{3.5}$$

若为空载，则有

$$Y = Y_0 = r \tag{3.6}$$

负载特性与空载特性之间产生偏差。不同 m 的负载特性曲线如图 3.6 所示。

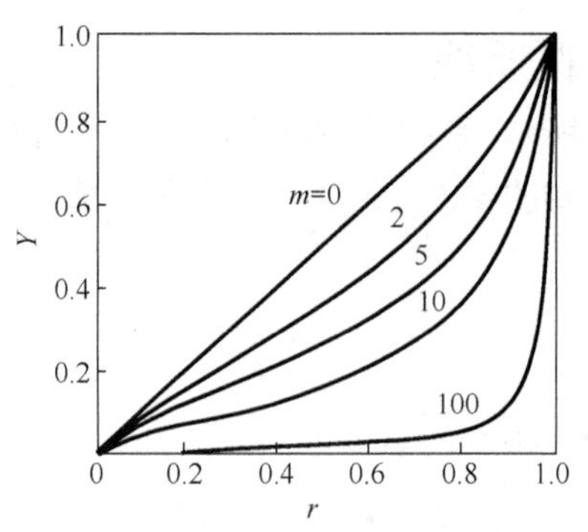

图 3.6　电位器的负载特性曲线

3.2.2　电位器的基本结构

电位器的基本结构非常简单，主要由电阻元件和电刷（滑动触点）构成。电阻元件通常由极细的绝缘导线按照一定规律整齐地绕在一个绝缘骨架上，在电阻丝与电刷接触的部分，去掉绝缘导线表面的绝缘层并抛光，形成一个电刷可以滑动的光滑接触道。电刷通常由具有一定弹性的耐磨金属片制成，接触端处弯曲成弧形。线性电位器分为直线位移电位器和角位移电位器 2 种，如图 3.7 所示。

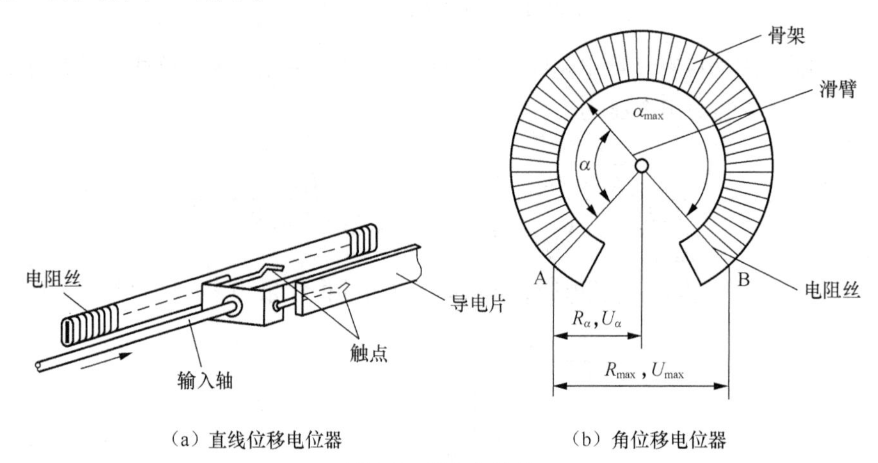

（a）直线位移电位器　　（b）角位移电位器

图 3.7　线性电位器

对于图 3.7（b）所示的角位移电位器，电位器的输出电压 U_α 与旋转角度 α 成正比，为

$$U_\alpha = U_{max}\frac{R_\alpha}{R_{max}} = U_{max}\frac{\alpha}{\alpha_{max}} \tag{3.7}$$

3.2.3　电位器式传感器应用实例

电位器式传感器可以用于测量压力。电位器式压力传感器利用弹性敏感元件（如弹簧管、膜片等）把被测的压力变换为弹性敏感元件的位移，并使此位移转变为电刷触点的移动，从而引起输出电压的变化。测量压力的电位器式传感器如图 3.8 所示。

在图 3.8 中，弹性敏感元件是弹簧管，当被测压力增大时，弹簧管撑直，通过齿条带动齿轮转动，从而带动电位器的电刷产生角位移。这是一个由弹簧管和电位器组成的压力传感器，电位器固定在壳体上，电刷与弹簧管的传动机构相连，当被测压力变化时，弹簧管的自由端位移，通过传动机构带动压力表指针转动，并带动电刷在电位器上滑动，从而将被测压力值转换为电阻变化，通过电路输出与被测压力成正比的电压输出信号。

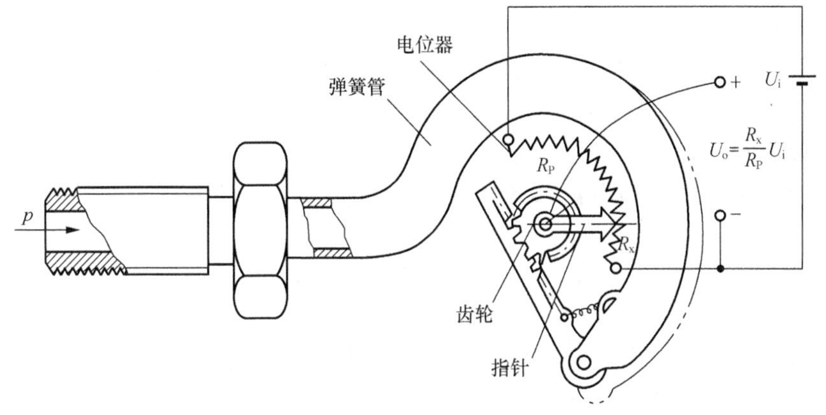

图 3.8 测量压力的电位器式传感器

图 3.8 中的 R_P 是电位器的总电阻，R_x 是电位器有位移时所对应的电阻，电位器两端的输入电压为 U_i，则电位器的输出电压为

$$U_o = \frac{R_x}{R_P}U_i \tag{3.8}$$

3.3 金属电阻应变式传感器

金属电阻应变式传感器的核心元件是金属应变片。应用时，将金属应变片粘贴在各种弹性敏感元件上，当弹性敏感元件在外界载荷的作用下变形时，金属应变片的电阻值将发生变化，再通过测量电路将电阻的改变转换成电压或电流信号输出，可实现对被测量进行测量的目的。金属电阻应变式传感器具有悠久的历史，是应用最广泛的传感器之一，可用于能转化成变形的各种非电物理量（如位移、力、力矩、压力、加速度、质量等）的检测。

金属电阻应变式传感器的优点如下。

（1）精度高，测量范围广。

（2）结构简单，尺寸小，重量轻。

（3）易于小型化、固态化。

（4）可在高低温、高速、高压、强烈振动、强磁场和核辐射等恶劣条件下工作。

（5）价格低廉，品种多样，便于选择。

金属电阻应变式传感器的缺点如下。

（1）在大应变中具有较明显的非线性。

（2）输出信号微弱，抗干扰能力较差。

（3）只能测量一点或应变栅范围内的平均应变，不能显示应力场中应力梯度的变化。

3.3.1 应变效应

金属电阻应变式传感器的工作原理是基于金属材料的电阻应变效应。当金属导体在外力作用下发生机械变形时，其电阻值将相应地发生变化，这称为金属导体的电阻应变效应。导体的电阻值随机械应变而变化的道理很简单：因为导体的电阻与其电阻率和几何尺寸（长度和横截面）有关，当导体受到外力作用时，这些参数会发生变化，所以引起电阻的变化。通过测量电阻值的变化，可以确定外界作用力的大小。

1．金属丝的应变效应

应力定义为力与受力面积之比。应力作用的结果是使金属丝产生应变，应变定义为物体长度的变化与未加应力时的原长之比。

（1）金属丝的应变

设有一根长度为 l、半径为 r、横截面积为 S、电阻率为 ρ 的金属丝，如图 3.9 所示，其电阻为

$$R=\rho\frac{l}{S} \tag{3.9}$$

当金属丝受到拉力的作用时，长度将伸长 Δl，半径将减小 Δr，横截面积将减小 ΔS，电阻率因晶格发生变形等因素而改变 $\Delta\rho$。

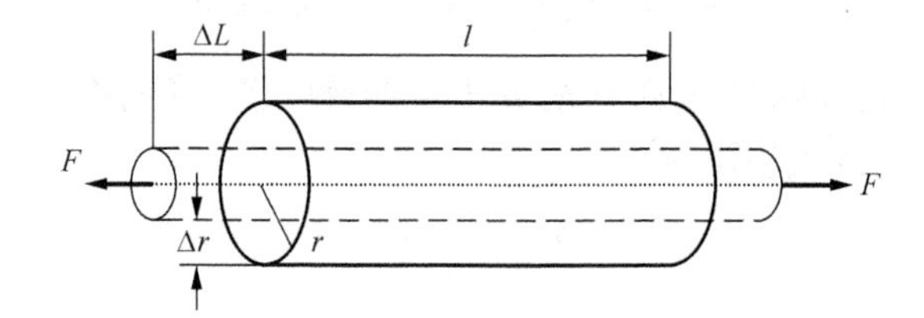

图 3.9　金属丝的应变效应

将式（3.9）两边取对数，可得

$$\ln R=\ln\rho+\ln l-\ln S$$

将上式两边微分，得到

$$\begin{aligned}\frac{\mathrm{d}R}{R}&=\frac{\mathrm{d}\rho}{\rho}+\frac{\mathrm{d}l}{l}-\frac{\mathrm{d}S}{S}\\&=\frac{\mathrm{d}\rho}{\rho}+\frac{\mathrm{d}l}{l}-2\frac{\mathrm{d}r}{r}\end{aligned} \tag{3.10}$$

式（3.10）中，各项的含义如下。

① $\frac{\mathrm{d}R}{R}$——电阻的相对变化。

② $\frac{\mathrm{d}\rho}{\rho}$——电阻率的相对变化。

③ $\frac{\mathrm{d}l}{l}$——金属丝长度的相对变化，称为金属丝的轴向应变，用 $\varepsilon=\frac{\mathrm{d}l}{l}$ 表示。

④ $\frac{\mathrm{d}r}{r}$——金属丝半径的相对变化，称为金属丝的径向应变，用 $\varepsilon_r=\frac{\mathrm{d}r}{r}$ 表示。

金属丝的应变 ε 很小，常采用的单位为 $\mu\varepsilon$，$1\mu\varepsilon=10^{-6}\mathrm{mm/mm}$。

（2）泊松比

由《材料力学》知道，金属丝在弹性范围内沿长度伸长时，径向尺寸缩短；反之亦然。即轴向应变 ε 与径向应变 ε_r 存在如下关系。

$$\varepsilon_r=-\mu\varepsilon \tag{3.11}$$

式（3.11）中，μ 称为金属材料的泊松比。金属材料在弹性变形范围内，泊松比 μ=0.2～0.4。

2．应变灵敏系数

金属丝的应变效应用应变灵敏系数表示。应变灵敏系数 K_S 定义为：金属丝发生单位轴向

应变引起的电阻相对变化，K_S 为

$$K_S = \frac{\mathrm{d}R}{R} / \frac{\mathrm{d}l}{l} \tag{3.12}$$

利用式（3.10）和式（3.11），式（3.12）为

$$K_S = (1+2\mu) + \frac{\Delta\rho/\rho}{\varepsilon} \tag{3.13}$$

由式（3.13）可以看出，金属丝的应变灵敏系数 K_S 受 2 个因素的影响：其一是受力后材料的几何尺寸变化引起的，即 $(1+2\mu)$ 项；其二是受力作用后材料的电导率变化引起的，即 $\frac{\Delta\rho/\rho}{\varepsilon}$ 项。对金属材料来说，$\frac{\Delta\rho/\rho}{\varepsilon}$ 项比 $(1+2\mu)$ 项小得多；但对于半导体材料来说，$\frac{\Delta\rho/\rho}{\varepsilon}$ 项比 $(1+2\mu)$ 项大得多。

大量实验证明，在应变极限内，金属材料电阻的相对变化与应变成正比，即

$$\frac{\Delta R}{R} = K_S \varepsilon \tag{3.14}$$

金属或合金的 K_S 一般为 1.8 ~ 4.6。例如，康铜的 K_S =1.9 ~ 2.1；镍铬合金的 K_S =2.1 ~ 2.3；卡玛合金的 K_S =2.4 ~ 2.6；镍铬铁合金的 K_S =3.2；铂的 K_S =4.6。

3．应力与应变的关系

应力与应变的关系为

$$\sigma = E\varepsilon \tag{3.15}$$

式（3.15）中，σ 是应力，E 是材料的弹性模量，ε 是应变。可以看出，应力 σ 正比于应变 ε。也就是说，应力 σ 正比于电阻的相对变化 $\Delta R/R$，通过测量 $\Delta R/R$ 可以得到应力 σ，这就是电阻应变片的工作原理。

3.3.2 金属电阻应变片

1．金属应变片的结构

金属应变片主要由敏感栅、基片、覆盖层和引线构成，如图 3.10 所示。敏感栅为金属栅；基片用于保持敏感栅、引线的几何形状和相对位置；覆盖层既要保持敏感栅、引线的形状和相对位置，还要保护敏感栅。图中 l 为应变片的栅长（敏感栅沿轴向的长度）；b 为应变片的栅宽（敏感栅的宽度）。

2．金属应变片的类型

敏感栅是金属应变片最重要的组成部分。根据敏感栅材料形状和制造工艺的不同，金属应变片有 3 种类型，分别为丝式、箔式和薄膜式。

（1）金属丝式应变片

金属丝式应变片使用最早。制作时，将金属电阻丝粘贴在基片上，上面覆盖一层薄膜，使它们变成一个整体。敏感栅由金属细丝绕成栅形，如图 3.11 所示。

这种应变片的金属丝直径一般为 0.015 ~ 0.05mm，栅长 l 有 0.2mm、0.5mm、1mm、100mm、200mm 等各种规格。应变片测得的应变为栅长和栅宽所在面积内的平均轴向应变量。

敏感栅的材料对应变片的性能影响很大。敏感栅的材料应满足如下条件：应变灵敏系数大，在所测的应变范围内能保持为常数；电阻率高且稳定，便于制造小栅长应变片；电阻温度系数小；抗氧化能力强，耐腐蚀能力强；在工作温度范围内能保持足够的抗拉强度；加工

性能良好，易于拉成细丝；易于焊接，对引线材料的热电势小。常用的敏感栅材料有康铜、镍铬合金、卡玛合金、伊文合金、铁铬铝合金、铂、铂合金、铂钨等。

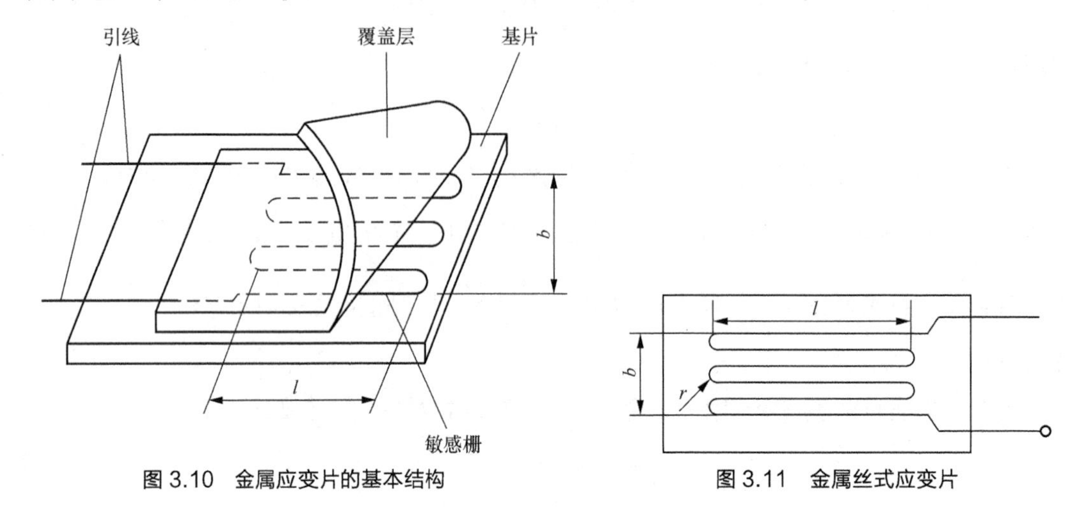

图 3.10　金属应变片的基本结构

图 3.11　金属丝式应变片

（2）金属箔式应变片

金属箔式应变片的工作原理与金属丝式应变片基本相同，但它的敏感栅是薄金属箔栅。金属箔式应变片是利用光刻、腐蚀等工艺制成的一种很薄的金属箔栅，如图 3.12 所示。金属箔的厚度一般为 0.003 ~ 0.010mm，粘贴在基片上，基片厚度一般为 0.03 ~ 0.05mm。

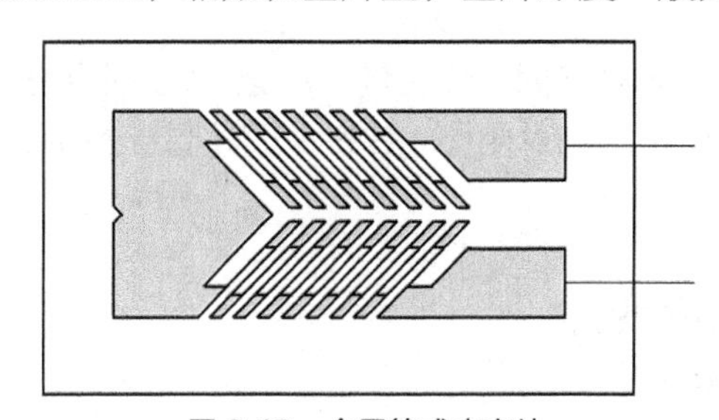

图 3.12　金属箔式应变片

金属箔式应变片的优点是：金属箔栅很薄，所感受的应力状态与试件表面的应力状态更为接近；箔材表面积大，散热条件好，因此允许通过的电流较大，可以输出较大的信号，提高了测量的灵敏度；尺寸准确、均匀，能制成任意形状；便于批量生产。

金属箔式应变片的缺点是：生产工序较为复杂；不适于高温环境下测量；价格较贵。

（3）金属薄膜式应变片

金属薄膜式应变片是薄膜技术发展的产物，它采用真空蒸镀的方法，在薄的基底材料上制成一层金属电阻材料薄膜，以形成应变片。这种应变片有较高的灵敏系数，工作温度范围较广，便于批量生产。

3．金属应变片的主要特性

（1）应变片电阻

应变片电阻是指不受外力作用的情况下，室温条件测定的电阻值。应变片电阻值有 60Ω、120Ω、200Ω、350Ω、600Ω、1000Ω等各种规格，其中 120Ω最为常用。

（2）绝缘电阻

敏感栅与基底之间的电阻值，一般应大于 10^{10}Ω。

（3）允许电流

允许电流是应变片允许通过的最大电流。为保证测量精度，允许电流一般为 25mA。在动态测量时，允许电流可达 75～100mA。

（4）灵敏系数 K

由式（3.12）可知，金属丝的应变灵敏系数 K_S 定义为金属丝发生单位轴向应变引起的电阻相对变化。金属应变片的灵敏系数 K 与金属丝的应变灵敏系数 K_S 不同，需要由实验重新测定。实验表明，金属应变片的电阻相对变化 $\Delta R/R$ 与轴向应变 ε 在很宽的范围内为线性关系，即应变片的灵敏系数 K 为

$$K=\frac{\Delta R}{R}/\varepsilon \tag{3.16}$$

实验测得，金属应变片的灵敏系数 K 小于金属丝的应变灵敏系数 K_S，原因是横向效应。

（5）横向效应

金属应变片既受轴向应变影响，又受横向应变影响而引起的电阻变化现象，称为横向效应。

（6）机械滞后

应变片粘贴在试件上，当温度恒定时加载及卸载过程中的灵敏系数应一样，否则会出现灵敏系数的误差。然而实验表明，在加载及卸载的机械应变过程中，对同一机械应变，应变片指示的应变值不同，此差值即为机械滞后。

（7）零点漂移和蠕变

应变片粘贴在试件上，当温度恒定时，即使被测试件未承受应力，应变片的指示应变也会随时间增加而逐渐变化，这一变化就是应变片的零点漂移。

当应变片承受恒定的机械应变量，应变片的指示应变却随时间而变化，这种特性称为蠕变。

（8）应变极限

理想情况下，应变片的灵敏系数应为常数，但这种情况只能在一定的应变范围内才能保持，当试件表面的应力超过某一数值时，这个关系将不再成立。当应变不断增加时，将产生非线性误差，当相对误差达到规定值时的真实应变，称为应变极限。

（9）动态特性

当被测应变值随时间变化的频率较高时，需考虑应变片的动态特性。实际应用时，只需考虑应变沿应变片轴向传播时的动态响应即可。

例 3.1 将 120Ω 的金属电阻应变片贴在弹性试件上，该试件受力横截面积 $S=0.5\times10^{-4}\,\mathrm{m}^2$，弹性模量 $E=2\times10^{11}\,\mathrm{N/m}^2$。如果 $F=3\times10^4\,\mathrm{N}$ 的拉力引起应变电阻变化 0.9Ω，求该应变片所受应力、应变和灵敏系数。

解：该应变片所受应力为

$$\sigma=\frac{F}{S}=6\times10^8\,\mathrm{N/m}^2$$

由式（3.15）可得，应变为

$$\varepsilon=\frac{\sigma}{E}=\frac{6\times10^8}{2\times10^{11}}=0.003$$

该应变片的电阻相对变化量为

$$\frac{\Delta R}{R}=\frac{0.9\Omega}{120\Omega}=0.0075$$

应变片灵敏系数为

$$K = \frac{\Delta R}{R} / \varepsilon = \frac{0.0075}{0.003} = 2.5$$

3.3.3 测量电路

通常的测量中，应变ε很小，常用10^{-6}作单位，称为微应变，以“$\mu\varepsilon$”表示。例如，$\varepsilon = 0.001$，就可以表示为$1000\mu\varepsilon$，称为 1000 微应变。要把应变片的微小应变引起的微小电阻值变化测量出来，还要把电阻的相对变化转换为电压或电流，这就需要设计专门的测量电路。

常用的测量电路是直流电桥和交流电桥，下面主要讨论直流电桥。电桥中的电阻可以采用应变片，图 3.13 为测量电路中应变片的示意图。

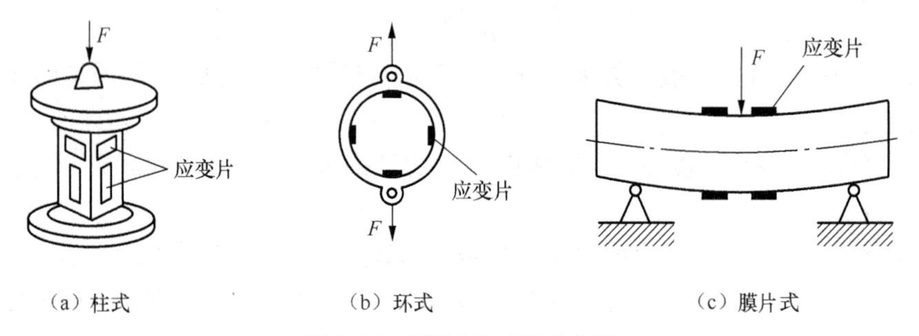

图 3.13 测量电路中的应变片

1．直流电桥

直流电桥电路如图 3.14 所示。直流电桥电路的 4 个桥臂由电阻R_1、R_2、R_3和R_4组成，其中 a、c 两端接直流电压U_i，b、c 两端为输出端，输出电压为U_o。

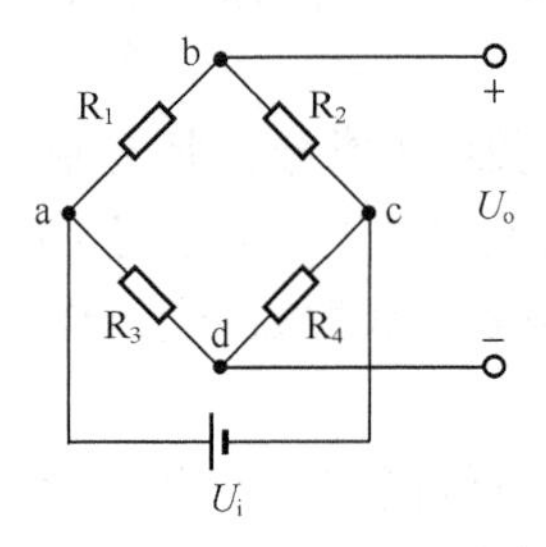

图 3.14 直流电桥电路

（1）电桥平衡条件

当电桥的负载电阻为无限大时，电桥输出电压为

$$U_o = U_i \left(\frac{R_1}{R_1 + R_2} - \frac{R_3}{R_3 + R_4} \right) \tag{3.17}$$

在测量前，取

$$R_1 R_4 = R_2 R_3 \tag{3.18}$$

式（3.18）为电桥平衡条件，此时输出电压为$U_o = 0$。

（2）等臂电桥输出电压

当电桥各臂的电阻均有相应的增量ΔR_1、ΔR_2、ΔR_3、ΔR_4时，4 个桥臂的电阻分别为$R_1 + \Delta R_1$、$R_2 + \Delta R_2$、$R_3 + \Delta R_3$、$R_4 + \Delta R_4$，电桥的输出电压为

$$U_o = U_i \left(\frac{R_1 + \Delta R_1}{R_1 + \Delta R_1 + R_2 + \Delta R_2} - \frac{R_3 + \Delta R_3}{R_3 + \Delta R_3 + R_4 + \Delta R_4} \right) \tag{3.19}$$

等臂电桥是指4个桥臂的电阻相等，即 $R_1 = R_2 = R_3 = R_4$，实际应用时往往采用等臂电桥，等臂电桥满足电桥平衡条件。对于等臂电桥，省略式（3.19）中的高阶微量，输出电压可写为

$$U_o = \frac{U_i}{4}\left(\frac{\Delta R_1}{R} - \frac{\Delta R_2}{R} - \frac{\Delta R_3}{R} + \frac{\Delta R_4}{R}\right) \tag{3.20}$$

利用式（3.16），式（3.20）成为

$$U_o = \frac{U_i}{4}K\left(\varepsilon_1 - \varepsilon_2 - \varepsilon_3 + \varepsilon_4\right) \tag{3.21}$$

式（3.20）和式（3.21）对分析输出电压十分重要。

（3）等臂电桥工作方式

根据可变电阻在电桥电路中的分布不同，电桥有单臂电桥、双臂电桥和全桥电桥3种工作方式，如图3.15所示。应变片为等臂电桥中的可变电阻。

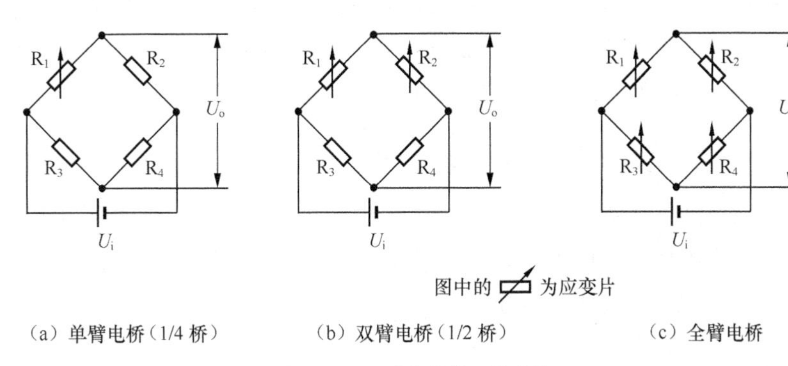

图3.15　3种电桥的工作电路

①单臂电桥

单臂电桥只有电阻 R_1 是应变片，如图3.15（a）所示。也就是说，传感器应变片输出的电阻变化量 ΔR 只接入电桥的1个臂中（即 $\Delta R_1 = \Delta R$），电桥其余3个电阻的阻值没有变化（即 $\Delta R_2 = \Delta R_3 = \Delta R_4 = 0$）。由式（3.20）和式（3.21）可得，单臂电桥的输出电压为

$$U_o = \frac{U_i}{4}\frac{\Delta R_1}{R} = \frac{U_i}{4}K\varepsilon \tag{3.22}$$

可以看出，单臂电桥的输出电压与电阻的相对变化成正比，但与电桥各臂的电阻大小无关；单臂电桥的输出电压与供桥电压成正比。

单臂电桥的实际特性曲线与理想线性特性曲线有偏差，存在非线性误差。如果计入式（3.19）中的高阶微量，单臂电桥的相对非线性误差为

$$\delta \approx \frac{1}{2}K\varepsilon \tag{3.23}$$

由于金属的灵敏系数 K 一般小于4.6，相对非线性误差 δ 较小。如果应变片采用半导体，由于半导体的灵敏系数 K 一般较大，例如 $K = 150$，所以相对非线性误差 δ 较大。

例 3.2　已知康铜丝应变片的灵敏系数为 $1.9 < K < 2.1$，允许测试的最大应变值为 $\varepsilon = 5000\mu\varepsilon$，测量电路为全等臂单臂电桥（$R_1 = R_2 = R_3 = R_4$，$\Delta R_1 \neq 0$，$\Delta R_2 = \Delta R_3 = \Delta R_4 = 0$）。求：康铜丝应变片的最大相对非线性误差 δ。

解： 由式（3.23）计算。

$K = 1.9$ 时，最大相对非线性误差 δ 为

$$\delta = \frac{1}{2}K\varepsilon = \frac{1}{2}\times 1.9\times 5000\times 10^{-6} = 0.48\%$$

$K = 2.1$时，最大相对非线性误差δ为

$$\delta = \frac{1}{2}K\varepsilon = \frac{1}{2}\times 2.1\times 5000\times 10^{-6} = 0.53\%$$

即康铜丝应变片的最大相对非线性误差δ为$0.48\% \sim 0.53\%$。

②双臂电桥

双臂电桥的桥臂电阻R_1和R_2是应变片，如图 3.15（b）所示。也就是说，传感器应变片输出的电阻变化量只接入电桥的 2 个臂中（$\Delta R_1 \neq 0$，$\Delta R_2 \neq 0$），电桥其余 2 个电阻的阻值没有变化（$\Delta R_3 = \Delta R_4 = 0$）。

双臂电桥应使一个应变片受拉，另一个应变片受压，$|\Delta R_1| = |-\Delta R_2| = \Delta R$，这种接法称为双臂差动工作电桥。由式（3.20）和式（3.21）可知，当相邻两个桥臂的应变极性不一致时（一个受拉，一个受压），输出电压为两者之和，即双臂差动工作电桥的输出电压为

$$U_o = \frac{U_i}{2}\frac{\Delta R}{R} = \frac{U_i}{2}K\varepsilon \tag{3.24}$$

将式（3.24）与式（3.23）比较，可以看出双臂差动工作电桥的灵敏度比单臂电桥提高了一倍。另外，双臂差动工作电桥无非线性误差，还能起到温度补偿的作用。由于具有上述优点，所以实际应用中常采用双臂差动工作电桥。

③全桥电桥

全桥电桥的桥臂电阻R_1、R_2、R_3和R_4都是应变片，如图 3.15（c）所示。也就是说，传感器应变片输出的电阻变化量接入电桥的 4 个臂中（$\Delta R_1 \neq 0$，$\Delta R_2 \neq 0$，$\Delta R_3 \neq 0$，$\Delta R_4 \neq 0$）。

全桥电桥应使 2 个应变片受拉，2 个应变片受压，$|\Delta R_1| = |-\Delta R_2| = |-\Delta R_3| = |\Delta R_4| = \Delta R$，这种接法称为全桥差动工作电桥。由式（3.20）和式（3.21）可知，全桥电桥的输出电压为 4 项之和，即全桥差动工作电桥的输出电压为

$$U_o = U_i\frac{\Delta R}{R} = U_i K\varepsilon \tag{3.25}$$

将式（3.25）与式（3.22）比较，可以看出全桥差动工作电桥的灵敏度提高到单臂电桥的 4 倍。另外，全桥差动工作电桥无非线性误差，还能起到温度补偿的作用，这一点与双臂差动工作电桥一致。由于具有上述优点，实际应用中也常采用全桥差动工作电桥。

2．交流电桥

直流电桥的优点是输出是直流量，精度高，不会引起分布参数，实现预调平衡时电路简单。但直流电桥也存在缺点，容易产生零点漂移。

实际应用中也常采用交流电桥。交流电桥的电路结构与直流电桥相似，具体实现上有 2 点不同：一是激励电源是交流电压源或电流源；二是电桥的桥臂可以是纯电阻，也可以包含电容和电感。交流电桥将在第 4 章介绍。

3．传感器的测量电路

由应变片构成的全桥电桥的输出信号一般较小，还需要将信号进行放大。图 3.16 为测力传感器常用的一种测量电路，通过调整 Rg 可使电路满量程输出为 0~10V。

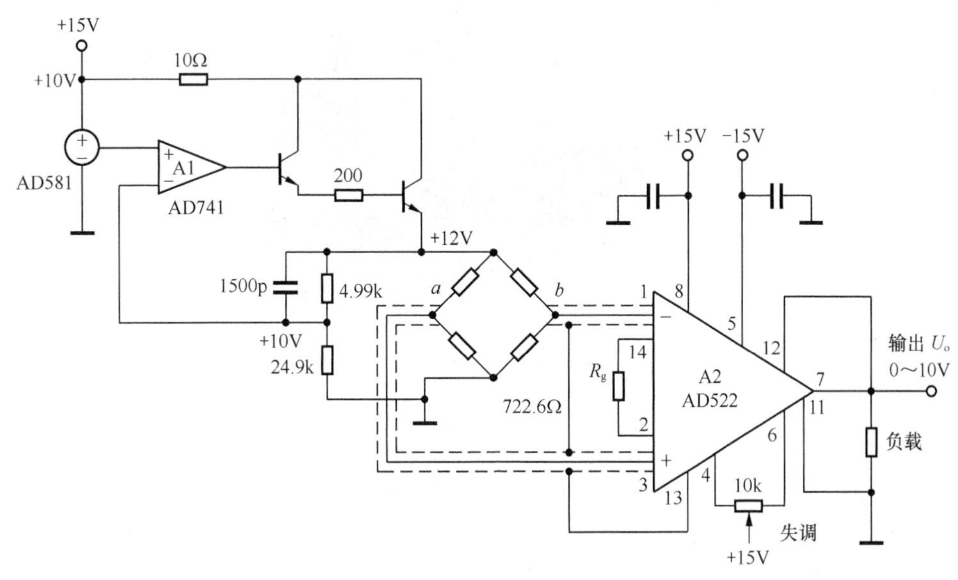

图 3.16 测力传感器的测量电路

3.3.4 金属电阻应变式传感器应用实例

金属电阻应变式传感器包括 3 个部分：一是弹性敏感元件，利用它将被测物理量（如力、压力、加速度等）转换为弹性体的应变值；二是金属应变片，金属应变片可直接贴在弹性敏感元件上，金属应变片作为转换元件将应变转换为电阻值的变化；三是测量电路，测量电路一般采用直流电桥或交流电桥。

按照用途的不同，金属电阻应变式传感器可分为应变式测力传感器（如柱式测力和载荷传感器、商用电子称）、应变式压力传感器（如平膜片式压力传感器）、应变式加速度传感器（如梁式加速度传感器）等。

1．柱式测力和载荷传感器

应变式传感器经常应用于测力和载荷领域。柱体测力和载荷传感器的弹性元件可以采用实心柱体或空心柱体，结构简单、紧凑，可以承受很大的载荷。

柱体测力和载荷传感器将应变片粘贴在柱体上。一般在轴向布置一个或几个应变片，在圆周方向布置同样数目的应变片，后者取符号相反的横向应变，从而构成差动对。

电子汽车秤称重传感器如图 3.17 所示，其中图 3.17（a）为电子汽车秤称重系统；图 3.17（b）为柱体传感器；图 3.17（c）为柱体传感器的柱面展开图；图 3.17（d）为全桥电桥测量电路，电路中的可变电阻为应变片。

对于图 3.17（b）所示的柱体传感器，轴向应变片感受的应变为

$$\varepsilon=\frac{F}{SE} \tag{3.26}$$

式（3.26）中，F 是载荷，S 是弹性元件横截面积，E 是杨氏模量（弹性模量）。圆周方向应变片感受的应变为

$$\varepsilon_r=-\mu\varepsilon=-\mu\frac{F}{SE} \tag{3.27}$$

式（3.27）中，μ 为弹性元件的泊松比。应变转换为应变片电阻的相对变化，为

（a）电子汽车秤称重系统

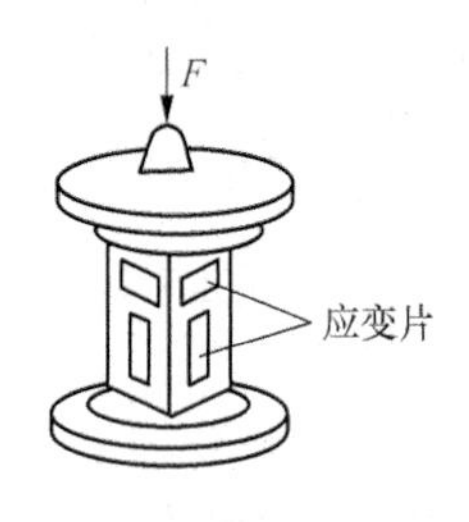

（b）柱体传感器

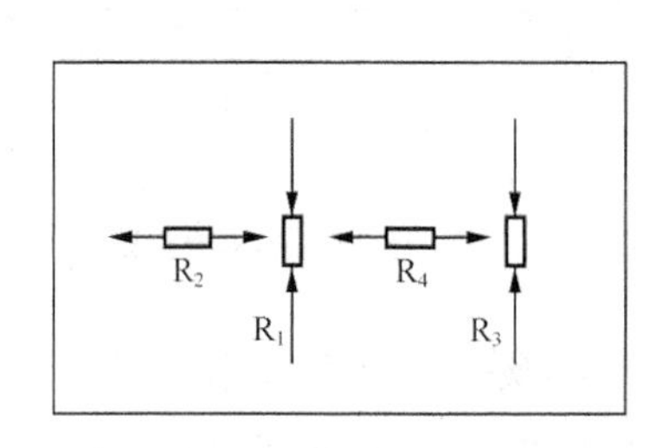

（c）柱面展开图

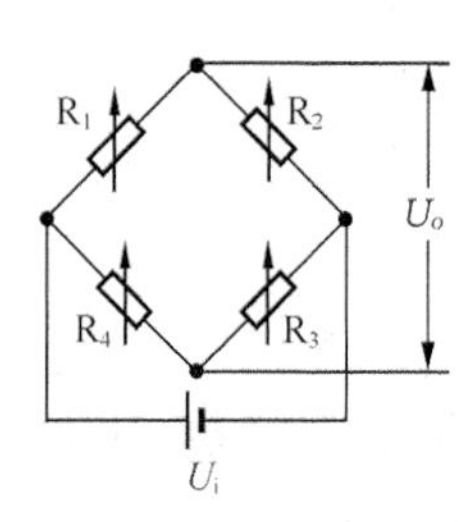

（d）全桥电桥

图 3.17　电子汽车秤称重传感器

$$\frac{\Delta R}{R} = K\varepsilon = K\frac{F}{SE} \tag{3.28}$$

由式（3.28）可以看出，柱体传感器应变电阻的相对变化与外力 F 成正比，与横截面积 S 成反比。要提高柱体传感器的灵敏度，必须减小柱体传感器的横截面积 S，但这将使传感器的抗弯能力减弱。因此，当测量较小的力 F 时，常采用空心圆柱。

例 3.3　将 4 片相同的应变片（$K=2$）粘贴在实心柱体传感器上，柱体传感器如图 3.17（b）所示。已知力 $F=1000\text{kg}$，横截面积 $S=3.14\text{cm}^2$，杨氏模量 $E=2\times10^7\text{N/cm}^2$，泊松比 $\mu=0.3$。求：（1）各应变片的电阻相对变化量 $\Delta R/R$；（2）若供电桥压 $U_i=6\text{V}$，求全桥电桥的输出电压 U_o。

解：（1）应变片 1 和应变片 3 为沿轴向，应变片 2 和应变片 4 为沿圆周方向，如图 3.17（c）所示。由式（3.26）和式（3.27）可得，4 片应变片的应变为

$$\varepsilon_1=\varepsilon_3=\frac{F}{SE}=\frac{1000\times9.8}{3.14\times2\times10^7}=1.56\times10^{-4}=156\mu\varepsilon$$

$$\varepsilon_2=\varepsilon_4=-\mu\frac{F}{SE}=-0.3\times\frac{1000\times9.8}{3.14\times2\times10^7}=-0.47\times10^{-4}=-47\mu\varepsilon$$

4 片应变片的电阻相对变化量为

$$\frac{\Delta R_1}{R_1}=\frac{\Delta R_3}{R_3}=K\varepsilon_1=2\times1.56\times10^{-4}=3.12\times10^{-4}$$

$$\frac{\Delta R_2}{R_2}=\frac{\Delta R_4}{R_4}=K\varepsilon_2=-2\times0.47\times10^{-4}=-0.94\times10^{-4}$$

（2）由于 4 片应变片相同，所以 $R_1=R_2=R_3=R_4$。由式（3.20）可得，全桥电桥的输出

电压为

$$
\begin{aligned}
U_o &= \frac{U_i}{4}\left(\frac{\Delta R_1}{R}-\frac{\Delta R_2}{R}-\frac{\Delta R_3}{R}+\frac{\Delta R_4}{R}\right)\\
&=\frac{6}{4}\left(3.12\times10^{-4}+0.94\times10^{-4}+3.12\times10^{-4}+0.94\times10^{-4}\right)\\
&=1.22\text{mV}
\end{aligned}
$$

2．梁式称重传感器

梁式称重传感器可以用于商用电子称。商用电子秤的外形如图 3.18（a）所示，内部结构如图 3.18（b）所示。梁式称重传感器一般载荷量较小，适于测量 5kg 以下的载荷。

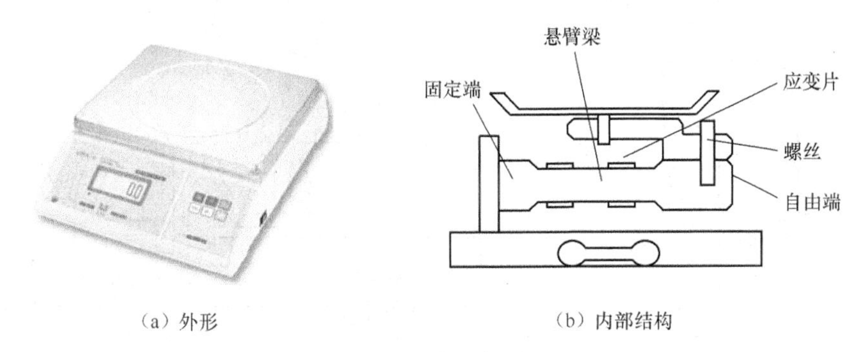

（a）外形　　（b）内部结构

图 3.18　商用电子秤

在商用电子秤的悬臂梁上，有上下对称粘贴的 4 片应变片，2 片应变片受拉、2 片应变片受压，分别得到大小相等、方向相反的应变，形成了等臂的全桥电桥测量电路。由式（3.25）可得，全桥电桥的输出电压为

$$U_o = U_i\frac{\Delta R}{R}$$

全桥电桥既提高了测量的灵敏度，又达到了温度补偿的作用。

3．平膜片式压力传感器

压力传感器主要用于测量气体或液体的压力。测量气体或液体压力的平膜片式传感器如图 3.19 所示。

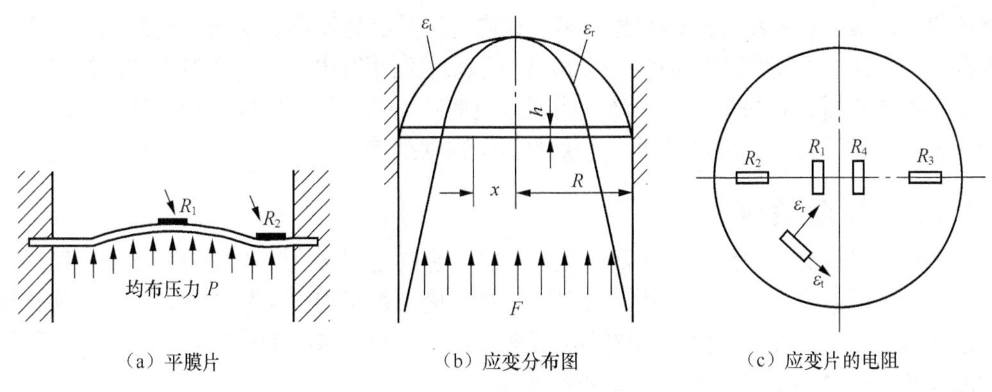

（a）平膜片　　（b）应变分布图　　（c）应变片的电阻

图 3.19　平膜片压力传感器

在压力的作用下，平膜片将弯曲变形。设径向应变为 ε_r，切向应变为 ε_t。ε_r 和 ε_t 沿膜片半径的变化规律如图 3.19（b）所示。在平膜片的圆心处沿切向粘贴 R_1、R_4 两个应变片，在边

缘处沿径向粘贴 R_2、R_3 两个应变片，如图 3.19（c）所示。要求 R_2、R_3 和 R_1、R_4 产生的应变大小相等，极性相反，以便接成差动全桥测量电路。当气体或液体的压力作用于平膜片上时，平膜片变形，粘贴在平膜片另一侧的应变片随之变形，并改变电阻值，这时测量电路中电桥的平衡被破坏，产生输出电压。

4．梁式加速度传感器

应变式传感器能够测量物体的加速度。梁式加速度传感器由应变片、弹性悬臂梁和基座组成，质量块置于弹性悬臂梁上，如图 3.20（a）所示。

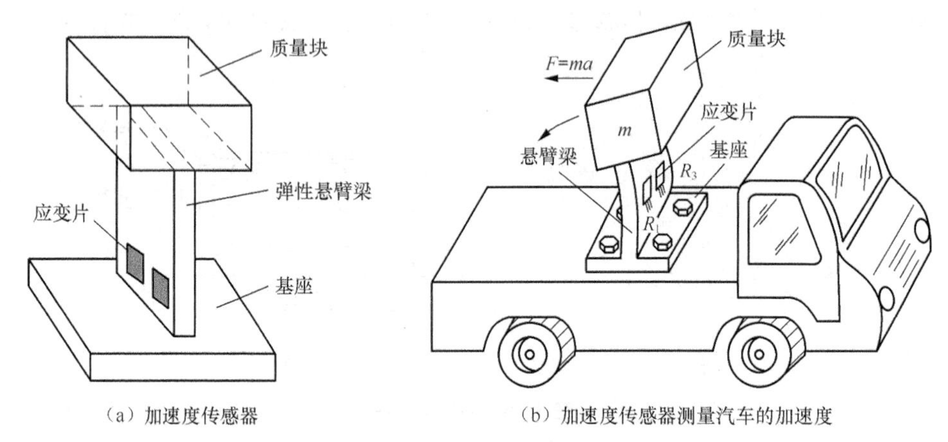

（a）加速度传感器　　（b）加速度传感器测量汽车的加速度

图 3.20　梁式加速度传感器

加速度传感器测量汽车的加速度如图 3.20（b）所示。测量加速度经常采用悬臂梁式传感器，梁的一端固定，当被测物体以加速度 a 运动时，质量块 m 受到一个与加速度方向相反的惯性力 $F = ma$ 作用，使悬臂梁变形。当梁的振动频率小于传感器的固有振动频率时，悬臂梁的应变量与加速度成正比，由此可以测量质量块的加速度。

3.4　压阻式传感器

利用硅的压阻效应和微电子技术可以制成压阻式传感器。早期的压阻式传感器是利用半导体应变片制成的粘贴型压阻传感器，半导体应变片具有体积小、灵敏度高的优点，但其温度系数大，应变时非线性严重。20 世纪 70 年代以后，利用微电子技术和微细加工技术研制出扩散型压阻传感器，它易于批量生产，能够方便地实现微型化、集成化和智能化。压阻式传感器的发展非常迅速，已经成为重点开发的新型物性型传感器。

3.4.1　压阻效应

对半导体材料施加一定的载荷而产生应力时，它的电阻率会发生变化，这种物理现象称为半导体的压阻效应。实际上，所有材料在某种程度上都呈现出压阻效应，但半导体材料的这种效应特别显著，能直接反映出微小的应变。由于半导体材料的压阻效应显著，半导体应变片的灵敏度比金属电阻应变片高 2 个数量级。

半导体压阻效应可解释为：由应变引起能带变形，使能带中的载流子迁移率及浓度也相应地发生变化，因此导致电阻率变化，从而引起电阻变化。

对半导体压阻元件而言，仍可应用与金属丝在外力作用下电阻发生变化的相同方程描述。

由式（3.13）和式（3.14），有

$$\frac{\Delta R}{R}=(1+2\mu)\varepsilon+\frac{\Delta\rho}{\rho} \tag{3.29}$$

式（3.29）中，由压阻效应引起的第二项比由材料几何变形引起的第一项大得多，半导体电阻的变化率主要由第二项决定，即

$$\frac{\Delta R}{R}\approx\frac{\Delta\rho}{\rho} \tag{3.30}$$

由半导体理论可知，立方晶系的硅和锗的纵向电阻率的相对变化为

$$\frac{\Delta\rho}{\rho}=\pi_L E\varepsilon=\pi_L\delta \tag{3.31}$$

式（3.31）中，π_L为半导体单晶的纵向压阻系数（与晶向有关），E为半导体单晶的弹性模量（与晶向有关）。因此，半导体单晶的应变灵敏系数为

$$K_B=\frac{\Delta R/R}{\varepsilon}=\left(1+2\mu\right)+\pi_L E\approx\pi_L E \tag{3.32}$$

半导体应变片的灵敏系数比金属应变片的灵敏系数大得多。以半导体硅为例，硅的参数如下。

$$\pi_L=(40\sim80)\times10^{-11}\mathrm{m^2/N}$$

$$E=1.67\times10^{11}\mathrm{N/m^2}$$

$$K_B=\pi_L E=50\sim100$$

例 3.4 用弹性模量$E=187\times10^9\mathrm{N/m^2}$的 P-Si 半导体材料做成半导体应变片，已知 P-Si 的纵向压阻系数$\pi_L=9.35\times10^{-10}\mathrm{m^2/N}$，求半导体应变片的灵敏系数。

解：由式（3.32）可得，半导体应变片的灵敏系数为

$$K_B=\pi_L E=187\times10^9\times9.35\times10^{-10}=175$$

该结果与例 3.1 相比较（$K=2.5$），半导体应变片的灵敏系数比金属电阻应变片的灵敏系数高 70 倍。

3.4.2 半导体应变片

1．半导体应变片的类型

半导体应变片有 2 种类型，分别为体型半导体应变片和扩散型半导体应变片。

（1）体型半导体应变片

将半导体按所需晶向切割成片或条，粘贴在基片上，制成单根状敏感栅，称为体型半导体应变片，如图 3.21 所示。

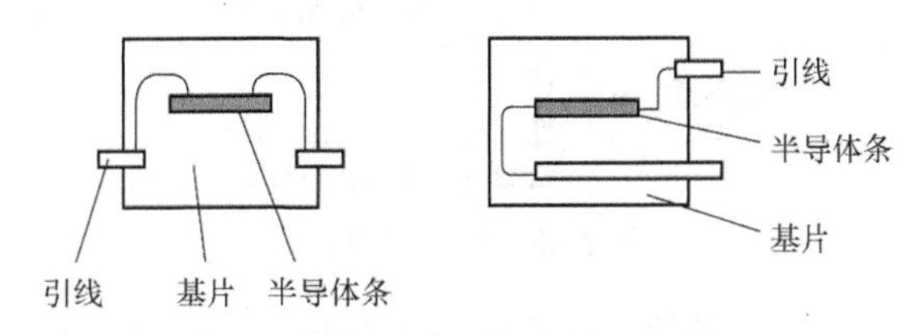

图 3.21 体型半导体应变片

（2）扩散型半导体应变片

最常用的半导体材料有硅和锗，掺入杂质可形成 P 型或 N 型半导体。如果将 P 型杂质扩散到 N 型硅片，形成极薄的导电 P 型层，焊上引线就形成了扩散型半导体应变片。

2．半导体应变片的特点

（1）灵敏度高

半导体应变片的灵敏度比金属电阻应变片的灵敏度高 50～100 倍，因而输出信号也大，可以不需要放大器直接与记录仪器相连，使测量系统简化。

（2）体积小

半导体应变片的尺寸小，耗电少。

（3）机械滞后小

半导体应变片的横向效应和机械滞后都小，可测量静态应变和低频应变等。

（4）温度性能差

半导体应变片的缺点是温度稳定性差。压阻器件的阻值和灵敏度系数受温度影响较大，会产生零位温度漂移和灵敏度温度漂移。

3.4.3 压阻式传感器应用实例

压阻式传感器是基于半导体材料的压阻效应，在半导体材料基片上选择一定的晶向位置，利用集成电路工艺制成扩散电阻，做成压阻式传感元件。压阻式传感器主要用于测量压力和加速度等。

1．压阻式传感器的工作原理

压阻式传感器是利用集成电路工艺，在圆形硅片上扩散 4 个阻值相等的 P 型电阻，构成平衡电桥。当不受力的作用时，电桥处于平衡状态，无电压输出；当受到力的作用时，电桥失去平衡状态，输出与应力成正比的电压。

在弹性形变的限度内，硅的压阻效应是可逆的，即在应力作用下电阻发生变化，而当应力除去时，硅的电阻又恢复到原来的数值。

2．压阻式传感器应用实例

压阻式压力传感器广泛应用于流体压力、差压和液位的测量。图 3.22 为投入式液位计，在半导体应变片的上部是低压腔，通常与大气相通；其下部是与被测系统相连的高压腔。在被测压力 p 的作用下，半导体应变片产生应力和应变，半导体应变片的电阻值也发生相应的变化。

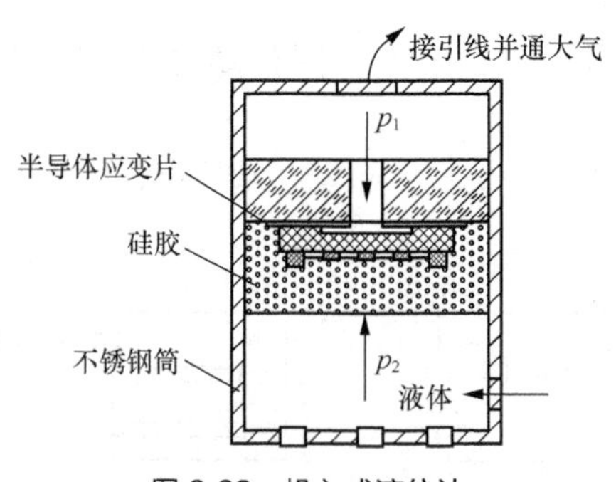

图 3.22 投入式液位计

压阻式压力传感器还可以微型化，已有直径为 0.8mm 的压力传感器，在生物医学上可以测量血管内压、颅内压等。压阻式压力传感器在耐腐蚀、耐高温、高精度、智能化等方面也发展很快。例如，用多晶硅、尖晶石和蓝宝石等作基底制成的应变片，工作温度可提高至 300℃，包括压敏电桥、温度补偿电路、差分放大及感温元件在内的集成式压力传感器早已问世，具有压力测量、数据采集和存储等功能。

本章小结

电阻式传感器是将被测非电量的变化转换成电阻值的变化，再利用一定的电路测量电阻值的变化，从而实现对非电量的测量。电阻式传感器常用于几何量和机械量的测量，可测量力、压力、位移、应变、扭矩和加速度等非电量。电阻式传感器的结构简单、性能稳定、灵敏度高、使用方便、测量速度快，适合于静态测量和动态测量。

在传感器中，通常利用弹性元件直接感受被测量，这样的弹性元件称为弹性敏感元件。弹性敏感元件处于传感器测量过程的最前端，将被测量变换成相应的位移或应变，然后配合各种形式的转换元件，将被测量变换成电量。弹性敏感元件要求具有良好的机械性能、弹性性能、温度特性和化学性能。弹性敏感元件的材料一般使用精密合金材料，近年来也出现了性能优良的非金属材料。弹性敏感元件的结构主要有弹性柱体、轴对称壳体、梁、弹性弦丝、平膜片、波纹膜片、弹簧管和波纹管等。作用于弹性敏感元件上的输入量（力、力矩或压力）与由它引起的输出量（位移、应变）之间的关系，称为弹性敏感元件的基本特性，弹性敏感元件的基本特性由刚度、灵敏度、弹性滞后、弹性后效和固有振荡频率等表示。

在电位器传感器中，电位器是一种将机械位移转换为电阻阻值变化的转换元件。电位器的基本结构非常简单，主要由电阻元件和电刷（滑动触点）构成，电阻元件通常是极细的绝缘导线，电刷通常由具有一定弹性的耐磨金属片制成。线性电位器分为直线位移电位器和角位移电位器 2 种，可以用于测量力和压力等。

金属电阻应变式传感器的核心元件是金属应变片。将金属应变片粘贴在弹性敏感元件上，当弹性敏感元件在外界载荷的作用下变形时，金属应变片的电阻值将发生变化，由此可实现对被测量的测量。金属电阻应变式传感器的工作原理是基于金属材料的电阻应变效应，金属导体的电阻应变效应为：当金属导体在外力作用下发生机械变形时，其电阻值将相应地发生变化。金属丝的应变效应用应变灵敏系数 K_S（$K_S = \frac{\mathrm{d}R}{R} / \frac{\mathrm{d}l}{l}$）表示，在应变极限内，金属材料电阻的相对变化与应变成正比（$\frac{\Delta R}{R} = K_S \varepsilon$），应力与应变的关系为 $\sigma = E\varepsilon$。金属应变片由敏感栅、基片、覆盖层和引线构成，金属应变片有丝式、箔式和薄膜式 3 种类型。直流电桥是常用的测量电路，当电桥平衡时，输出电压 $U_o = 0$；当电桥不平衡时，等臂电桥的输出电压 $U_o = \frac{U_i}{4}\left(\frac{\Delta R_1}{R} - \frac{\Delta R_2}{R} - \frac{\Delta R_3}{R} + \frac{\Delta R_4}{R}\right)$。等臂电桥有单臂电桥、双臂电桥和全桥电桥 3 种工作方式，其中单臂电桥只有电阻 R_1 是应变片，输出电压 $U_o = \frac{U_i}{4}\frac{\Delta R_1}{R} = \frac{U_i}{4}K\varepsilon$，相对非线性误差 $\delta \approx \frac{1}{2}K\varepsilon$；双臂电桥 R_1 和 R_2 是应变片，双臂差动工作电桥的输出电压 $U_o = \frac{U_i}{2}\frac{\Delta R}{R} = \frac{U_i}{2}K\varepsilon$；全桥电桥 R_1、R_2、R_3 和 R_4 都是应变片，全桥差动工作电桥的输出电压 $U_o = U_i\frac{\Delta R}{R} = U_i K\varepsilon$。

压阻式传感器是利用硅的压阻效应和微电子技术制成。对半导体材料施加一定的载荷而产生应力时，它的电阻率会发生变化，这种物理现象称为半导体的压阻效应。由于半导体材料的压阻效应显著，半导体应变片的灵敏度比金属电阻应变片高 2 个数量级。半导体应变片有 2 种类型，分别为体型半导体应变片和扩散型半导体应变片。半导体应变片的优点是灵敏度高、体积小、机械滞后小，缺点是温度性能差。

思考题和习题

3.1　什么是弹性敏感元件？对弹性敏感元件材料的一般要求是什么？写出5种弹性敏感元件材料的名称。

3.2　写出7种变换力的弹性敏感元件的名称，它们各有什么特点？写出6种变换压力的弹性敏感元件的名称，它们各有什么特点？

3.3　什么是弹性敏感元件的刚度、灵敏度、弹性滞后、弹性后效、固有振荡频率？

3.4　说明电位器式传感器的工作原理，给出电位器的基本结构，并举出1个电位器式传感器的应用实例。

3.5　什么是应力？什么是应变？什么是金属材料的电阻应变效应？什么是金属材料的泊松比？什么是金属丝的应变灵敏系数？什么是材料的弹性模量？给出金属或合金应变灵敏系数的取值范围。

3.6　简述金属应变片的结构、类型和主要特性。

3.7　画出直流电桥电路，写出电桥平衡条件。电桥平衡时有输出电压吗？

3.8　画出单臂电桥、双臂电桥和全桥电桥电路。这3种电桥各用几个应变片？哪一种工作方式存在相对非线性误差？哪一种工作方式灵敏度最大？

3.9　举例说明柱式测力和载荷传感器、商用电子称、平膜片式压力传感器、梁式加速度传感器的工作原理。

3.10　什么是半导体的压阻效应？为什么半导体应变片的灵敏度比金属电阻应变片的灵敏度高？大约高多少？

3.11　半导体应变片有哪几种类型？半导体应变片有什么特点？

3.12　举例说明投入式液位计的工作原理。举例说明压阻式压力传感器的微型化和集成化发展趋势。

3.13　将 100Ω的金属电阻应变片粘贴在弹性试件上，该试件的受力横截面积 $S=0.5\times10^{-4}\text{m}^2$，弹性模量 $E=2\times10^{11}\text{N}/\text{m}^2$。如果 $F=5\times10^4\text{N}$ 的拉力引起应变电阻变化 1Ω，求：该应变片的应变和灵敏系数。

3.14　应变片的电阻 $R=100\Omega$，灵敏系数 $K=2.05$，应变 $\varepsilon=800\mu\text{m}/\text{m}$。求：（1）$\Delta R/R$；（2）若电源电压 $U_i=3\text{V}$，求电桥的输出电压 U_o。

3.15　已知金属应变片的灵敏系数为 $K=2$，要求非线性误差 $\delta<1\%$，测量电路为全等臂单臂电桥。求：允许测试的最大应变值 $\varepsilon_{\max}$。

3.16　已知铁铬铝合金丝应变片的灵敏系数为 $2.4<K<2.6$，允许测试的最大应变 $\varepsilon=5000\mu\varepsilon$，测量电路为全等臂单臂电桥。求：铁铬铝合金丝应变片的非线性误差。

3.17　4片相同的应变片粘贴在实心柱体重力传感器上，应变片1和应变片3为沿轴向，应变片 2 和应变片 4 为沿圆周方向。已知柱体的横截面积 $S=0.00196\text{m}^2$，弹性模量 $E=2\times10^{11}\text{N}/\text{m}^2$，泊松比 $\mu=0.3$，$R_1=R_2=R_3=R_4=120\Omega$，灵敏系数 $K=2$，供电桥压 $U_i=2\text{V}$，输出电压 $U_o=2.6\text{mV}$。求：（1）横向应变和纵向应变各为多少；（2）重物力 F 为多少。

PART 4

第4章 电容式传感器

电容式传感器是将被测量的变化转换成电容量变化的一种传感器，可用于压力、压差、厚度、位移、振动、加速度、角度、液位和料位等的测量。电容式传感器的优点是结构简单、灵敏度高、测量范围大、动态响应时间短、机械损耗小、适应性强等；缺点是寄生电容影响较大、变间隙式测量时具有非线性输出。随着材料、工艺、测量电路和半导体集成技术的发展，电容式传感器的缺点被不断解决，使其优点得以充分发挥。

4.1 电容式传感器的工作原理

这里以平行板电容器为例，说明电容式传感器的工作原理。由两个导电的平行极板组成的平行板电容器如图4.1所示，其中两个极板是电极。

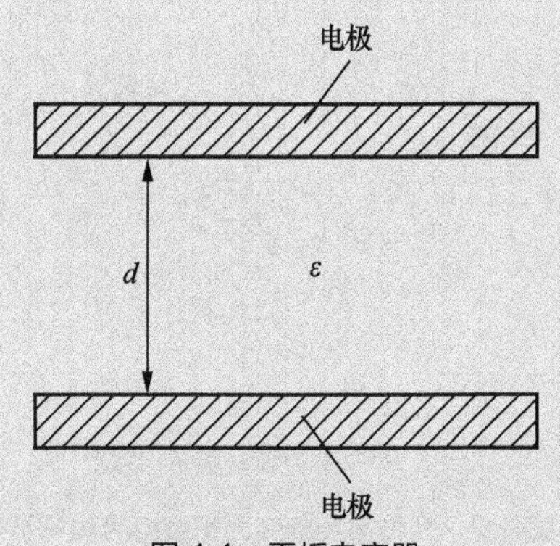

图4.1 平板电容器

若不考虑边缘效应，平行板电容器的电容量为

$$C=\frac{\varepsilon S}{d}=\frac{\varepsilon_0\varepsilon_r S}{d} \tag{4.1}$$

式（4.1）中，各参量的意义如下。

C——电容器的电容量，单位为 F（$1\text{F}=10^6\mu\text{F}=10^{12}\text{pF}$）；

ε——电容器两个极板之间介质的介电常数（$\varepsilon=\varepsilon_0\varepsilon_r$），单位为F/m；

ε_0——真空或空气的介电常数，$\varepsilon_0=\frac{10^{-9}}{36\pi}\text{F/m}$；

ε_r——电容器极板之间介质的相对介电常数；

S——平行板电容器的极板面积；

d——平行板电容器的极板间距。

式（4.1）表明，当被测量的变化使得 ε、S 或 d 变化时，电容器的电容量也随之变化，这就是电容式传感器的工作原理。一般保持 ε、S 或 d 中的 1 个参数改变，而另 2 个参数不变，这样就可以把该参数的单一变化转换为电容量的变化，再通过配套的测量电路，就可以将电容的变化量转换为电信号输出。

4.2　电容式传感器的类型和特点

根据电容式传感器参数（S、d 或 ε）的变化特性，电容式传感器可分为变面积型（面积 S 改变）、变极距型（极板间距 d 改变）和变介质型（极板之间介质的介电常数 ε 改变）3 种类型。电容式传感器的电极形状主要有平板形、圆柱形和球面形 3 种，其中平板形和圆柱形的使用较为广泛。

4.2.1　变面积型电容传感器

变面积型电容传感器工作时，极板的间距（d）和极板间的介质（ε）保持不变，被测量的变化使电容器的极板面积（S）发生改变，从而使电容量 C 发生变化。变面积型电容传感器大多用来检测位移或角度等参数。

1．变面积型电容传感器的结构

几种常用的变面积型电容传感器如图 4.2 所示，其中图 4.2（a）为平面极板线位移型，图 4.2（b）为平面极板角位移型，图 4.2（c）为圆柱极板线位移型。在变面积型电容传感器的 2 个极板中，一个是固定不变的，称为定极板；另一个是可移动的，称为动极板。

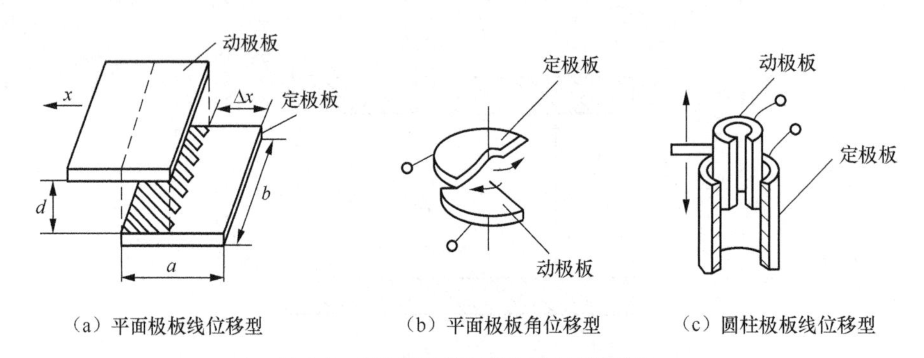

（a）平面极板线位移型　　（b）平面极板角位移型　　（c）圆柱极板线位移型

图 4.2　几种常用的变面积型电容传感器

2．变面积型电容传感器的特性

用图 4.2（a）所示的结构图讨论变面积型电容传感器的特性。电容器的两个极板长为 b，宽为 a，间距为 d。当动极板移动 Δx 后，电容器的电容量随之改变，如果忽略电容器的边缘效应，电容器的电容量 C_x 为

$$C_x=\frac{\varepsilon b\left(a-\Delta x\right)}{d}=\frac{\varepsilon ba-\varepsilon b\Delta x}{d}=C_0-\frac{\varepsilon b}{d}\Delta x \tag{4.2}$$

式（4.2）中，$C_0=\dfrac{\varepsilon ba}{d}$ 为电容器的初始电容。

$$\Delta C=C_x-C_0=-\frac{\varepsilon b}{d}\Delta x \tag{4.3}$$

式（4.3）中，ΔC 为移动极板产生的电容变化量。

图 4.2（a）所示的电容传感器的灵敏度为

$$K = -\frac{\Delta C}{\Delta x} = \frac{\varepsilon b}{d} = \frac{C_0}{a} \qquad (4.4)$$

由式（4.4）可得，在忽略电容器边缘效应的前提下，灵敏度 K 为一个常数。由此可知，变面积型电容传感器的输出特性是线性的。

4.2.2 变极距型电容传感器

变极距型电容传感器工作时，极板的面积（S）和极板间的介质（ε）保持不变，被测量的变化使电容器的极板间距（d）发生改变，从而使电容量 C 发生变化。变极距型电容传感器适合测量较小的位移或差压等。

1．变极距型电容传感器的结构

变极距型电容传感器的结构示意图如图 4.3（a）所示，图中 1 为定极板；2 与被测物体相连，为动极板。

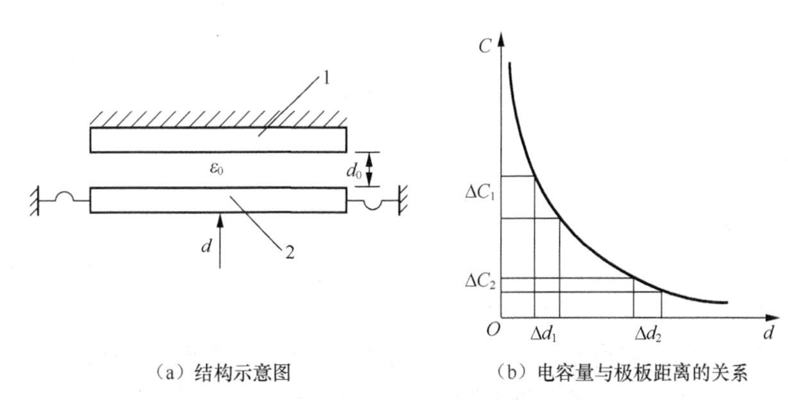

（a）结构示意图　　（b）电容量与极板距离的关系

图 4.3　变极距型电容传感器

2．变极距型电容传感器的特性

设电容器的极板面积为 S，初始的极板间距为 d_0，极板间的介质为空气（ε_0），电容器的初始电容为

$$C_0 = \frac{\varepsilon_0 S}{d_0} \qquad (4.5)$$

当动极板移动，使极板的间距减小 Δd 后，电容器的电容量也随之改变。如果忽略电容器的边缘效应，这时电容器的电容量 C_x 为

$$C_x = \frac{\varepsilon_0 S}{d_0 - \Delta d} \qquad (4.6)$$

电容器的电容增量为

$$\Delta C = C_x - C_0 = \frac{\varepsilon_0 S}{d_0}\frac{\Delta d}{d_0 - \Delta d} = C_0\frac{\Delta d}{d_0 - \Delta d} \qquad (4.7)$$

由式（4.7）可以看出，电容增量 ΔC 与 Δd 不是线性关系，如图 4.3（b）所示。

当 $\Delta d << d_0$ 时，电容的相对变化量为

$$\frac{\Delta C}{C_0} = \frac{\Delta d}{d_0 - \Delta d} = \frac{\Delta d}{d_0}\frac{1}{1-\dfrac{\Delta d}{d_0}} \approx \frac{\Delta d}{d_0}\left(1+\frac{\Delta d}{d_0}\right) \approx \frac{\Delta d}{d_0} \qquad (4.8)$$

由式（4.8）可以看出，电容的变化量ΔC与Δd近似是线性关系。一般取$\Delta d / d_0$=0.02～0.1。电容的非线性误差（线性度）为

$$\delta_L = \frac{\left(\frac{\Delta d}{d_0}\right)^2}{\frac{\Delta d}{d_0}} = \frac{\Delta d}{d_0} \tag{4.9}$$

例如，当$\Delta d / d_0 = 0.1$时，线性度为$\delta_L = 10\%$，可见非线性误差较大。

这种传感器的灵敏度为

$$K = \frac{\Delta C}{\Delta d} = \frac{\varepsilon_0 S}{d_0^2} \tag{4.10}$$

由式（4.10）可得，灵敏度K是极板间距d_0的函数，d_0越小，灵敏度越高。

例 4.1 对于变极距型电容传感器，当$d_0 = 1\text{mm}$时，若要求线性度为0.1%，求极板间距允许的最大变化量是多少。

解：由式（4.9）可得，线性度为

$$\delta_L = \frac{\Delta d}{d_0} = 0.1\%$$

由于$d_0 = 1\text{mm}$，所以

$$\Delta d = 0.001\text{mm}$$

3．差动式结构

由式（4.10）可知，d_0越小，灵敏度越高；但由式（4.9）可知，d_0越小，非线性误差越大。为解决上述矛盾，常采用差动式结构。

差动式电容传感器的结构如图4.4所示，图中1和3为定极板，2为动极板。极板1和极板2形成电容C_1，极板2和极板3形成电容C_2。当动极板2上下移动时，电容C_1和电容C_2发生变化，其中一个电容增加，一个电容减小，C_1和C_2为差动变化。

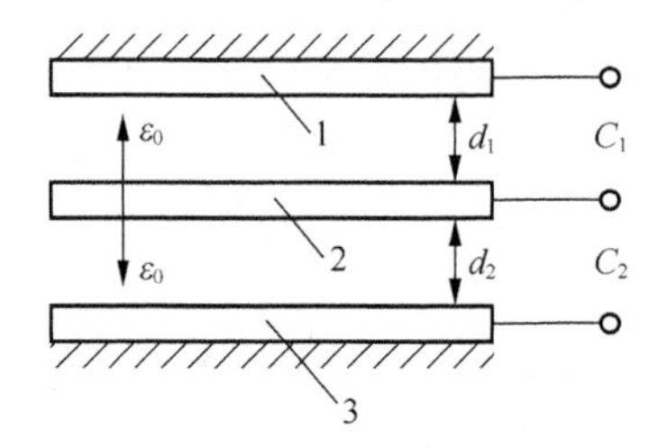

图4.4　差动式电容传感器的结构

设动极板2向上移动Δd，$d_1 = d_0 - \Delta d$，$d_2 = d_0 + \Delta d$。若$\Delta d << d_0$，有

$$C_1 = \frac{\varepsilon_0 S}{d_0 - \Delta d} = C_0 \frac{d_0}{d_0 - \Delta d} \approx C_0 \left[1 + \frac{\Delta d}{d_0} + \left(\frac{\Delta d}{d_0}\right)^2 + \left(\frac{\Delta d}{d_0}\right)^3\right] \tag{4.11}$$

$$C_2 = \frac{\varepsilon_0 S}{d_0 + \Delta d} = C_0 \frac{d_0}{d_0 + \Delta d} \approx C_0 \left[1 - \frac{\Delta d}{d_0} + \left(\frac{\Delta d}{d_0}\right)^2 - \left(\frac{\Delta d}{d_0}\right)^3\right] \tag{4.12}$$

式（4.11）和式（4.12）中，$C_0 = \varepsilon_0 S / d_0$。差动式电容传感器输出为

$$\Delta C = C_1 - C_2 \tag{4.13}$$

忽略高次项，输出的相对变化量近似为

$$\frac{\Delta C}{C_0} \approx 2\frac{\Delta d}{d_0} \tag{4.14}$$

非线性误差为

$$\delta = \frac{\left(\frac{\Delta d}{d_0}\right)^3}{\frac{\Delta d}{d_0}} = \left(\frac{\Delta d}{d_0}\right)^2 \tag{4.15}$$

由式（4.14）可以看出，电容的变化量 ΔC 与 Δd 近似是线性关系，而且灵敏度增加了一倍；由式（4.15）可以看出，电容的非线性误差降低了一个数量级。这就是差动式电容传感器的优点。

4.2.3 变介质型电容传感器

变介质型电容传感器工作时，极板的面积（S）和极板的间距（d）保持不变，被测量的变化使电容器的极板间介质（ε）发生改变，从而使电容量 C 发生变化。变介质型电容传感器可用于测量极板之间介质参数的变化，如介质厚度、液位、料位和位移等。

1．变介质型电容传感器的结构

几种常用的变介质型电容传感器如图 4.5 所示，其中图 4.5（a）为厚度传感器，图 4.5（b）为液位传感器，图 4.5（c）为线位移传感器。

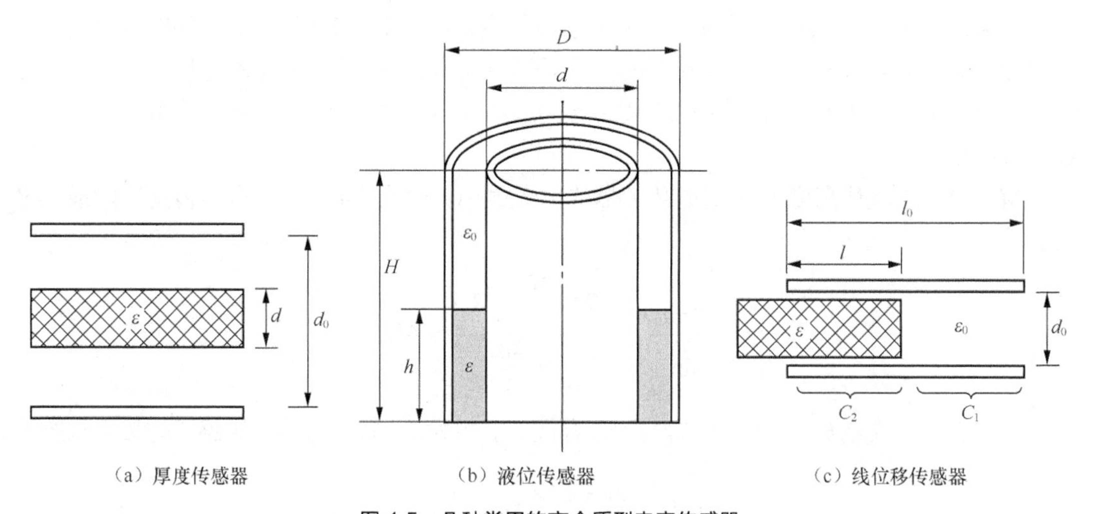

（a）厚度传感器　（b）液位传感器　（c）线位移传感器

图 4.5 几种常用的变介质型电容传感器

2．变介质型电容传感器的特性

（1）厚度传感器

图 4.5（a）所示的传感器可以测量物体的厚度。设电容器的极板面积为 S，极板间距为 d_0，极板间为空气（ε_0）。当厚度为 d 的介质（$\varepsilon = \varepsilon_0\varepsilon_r$）插入极板间隙时，如果忽略电容器的边缘效应，电容器的电容为

$$C = \frac{\varepsilon S}{(d_0 - d)\varepsilon_r + d} \tag{4.16}$$

（2）液位传感器

图 4.5（b）所示的传感器可以测量液体的高度。设电容器极板的直径分别为 D 和 d，极板间上部为空气（ε_0），极板间下部为液体（ε）。当液体高度为 h 时，如果忽略电容器的边缘效应，电容器的电容为

$$C=\frac{2\pi\varepsilon_0\left(H-h\right)}{\ln\frac{D}{d}}+\frac{2\pi\varepsilon h}{\ln\frac{D}{d}}=A+Kh \tag{4.17}$$

式（4.17）中，$A=\frac{2\pi\varepsilon_0 H}{\ln\frac{D}{d}}$，$K=\frac{2\pi\left(\varepsilon-\varepsilon_0\right)}{\ln\frac{D}{d}}$。由式（4.17）可以看出，液位传感器的电容量 C 与被测液位的高度 h 为线性关系。

（3）线位移传感器

图 4.5（c）所示的传感器可以测量物体的线位移。设电容器的极板长度和宽度分别为 l_0 和 b_0，极板间距为 d_0，极板间为空气（ε_0）。当介质（ε）插入极板间隙时，如果忽略电容器的边缘效应，电容器的电容为

$$C=C_1+C_2=\frac{\varepsilon_0 b_0\left(l_0-l\right)}{d_0}+\frac{\varepsilon b_0 l}{d_0}=\frac{\varepsilon_0 b_0}{d_0}\left[\left(\varepsilon_r-1\right)l+l_0\right] \tag{4.18}$$

由式（4.18）可以看出，电容量 C 与被测介质的线位移 l 为线性关系。

例 4.2 液位传感器由变介质型电容传感器构成，如图 4.5（b）所示。已知电容器极板的直径分别为 $D=40\text{mm}$ 和 $d=8\text{mm}$，极板间下部的液体 $\varepsilon_{r1}=2.1$。液体罐也是圆柱体，半径 $R=50\text{cm}$，高 $H=1.2\text{m}$。计算：（1）传感器的最小电容；（2）传感器的最大电容；（3）传感器的灵敏度。

解：（1）当液体高度 $h=0$ 时，传感器的电容最小。由式（4.17）可得，传感器的最小电容为

$$C=\frac{2\pi\varepsilon_0 H}{\ln\frac{D}{d}}=\frac{2\pi\times\frac{10^{-9}}{36\pi}\times1.2}{\ln\frac{40}{8}}=41.4\text{pF}$$

（2）当液体高度 $h=H$ 时，传感器的电容最大。由式（4.17）可得，传感器的最大电容为

$$C=\frac{2\pi\varepsilon H}{\ln\frac{D}{d}}=\frac{2\pi\times2.1\times\frac{10^{-9}}{36\pi}\times1.2}{\ln\frac{40}{8}}=86.9\text{pF}$$

（3）液体罐的容积为

$$V=\pi R^2 H=\pi\left(0.5\right)^2\times1.2=0.94\text{m}^3$$

传感器的灵敏度为

$$K=\frac{C_{\max}-C_{\min}}{V}=\frac{86.9-41.4}{0.94}=48.4\text{pF}/\text{m}^3$$

4.3 电容式传感器的等效电路和测量电路

前面对各种类型的电容式传感器的讨论，都是将电容式传感器视为纯电容，这在大多数情况下是允许的。但是，在某些条件下，电容器的损耗和电感效应不可忽略，电容式传感器需要讨论等效电路的问题。

电容式传感器的电容值一般都很小，为几皮法至几十皮法，这样微小的电容量不便于直接显示或记录，需要借助于测量电路检测出微小的电容变量，并将其转换为电压、电流或其他电信号。电容式传感器的测量电路种类较多，本节将讨论交流电桥、运算放大器、二极管T型网络和差动脉冲宽度调制方式的测量电路。

4.3.1 电容式传感器的等效电路

电容式传感器在环境温度不是很高、湿度较低、频率较低时，可以视为一个纯电容。但严格来说，电容式传感器的等效电路如图4.6（a）所示，图中 C 为电容器的电容；R_P 为电容器的并联电阻，它包括了极板间的介质和气隙损耗的等效电阻；L 为传感器各连线的总电感；R_S 为引线电阻、金属接线柱电阻和电容极板电阻的总和。因此，电容式传感器应该是一个复阻抗 Z，如图4.6（b）所示。

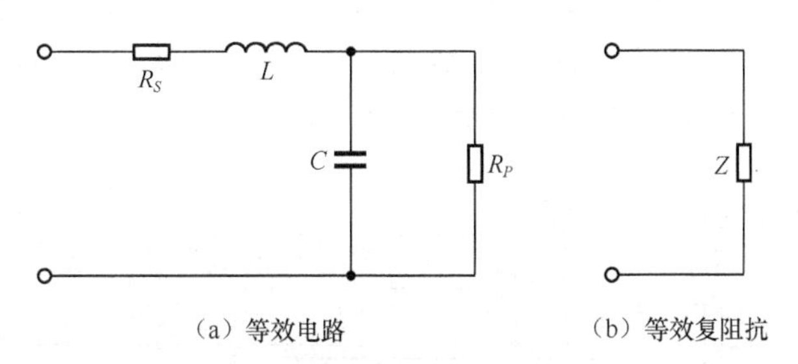

（a）等效电路　　（b）等效复阻抗

图4.6　电容式传感器的等效电路

当电源的频率较低，或处于高温、高湿环境中时，并联电阻 R_P 的影响较大；当电源的频率较高，达到几兆赫兹时，R_P 的影响可以忽略。当电源的频率较低时，电感 L 的影响较小；当电源的频率较高时，电感 L 的影响较大。串联电阻 R_S 一般较小，可以忽略。

电容式传感器的等效电路有一个谐振频率，一般为几十兆赫兹，只有在低于谐振频率（通常为谐振频率的1/3～1/2）时，电容器才能正常工作。

改变供电频率或改变引线电缆的长度，都会改变电容式传感器的等效电路。因此，测量时应与标定时采用相同的条件，包括供电频率相同、引线电缆长度相同。

4.3.2 交流电桥方式的测量电路

交流电桥的桥臂可以是电阻或阻抗元件，图4.7（a）是交流电桥的一般形式。当交流电桥平衡时，$Z_1Z_4 = Z_2Z_3$，电桥的输出电压 $\dot{U}_o = 0$。

测量电路可以采用交流电桥，通过电桥将电容的变化转换成电桥输出电压的变化。电容式传感器接入交流电桥，作为电桥的1个臂或2个臂，其他臂可以是电阻、电感和电容，如图4.7（b）、图4.7（c）和图4.7（d）所示，图中的可变电容为电容式传感器。当电容式传感器的电容值发生变化时，电桥的输出电压 $\dot{U}_o \neq 0$。

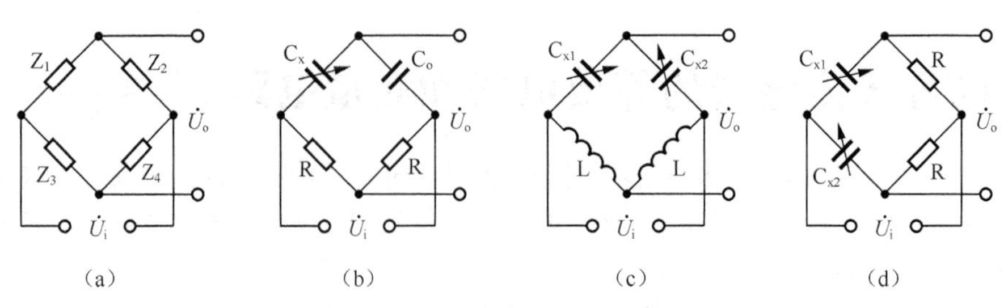

图 4.7　电容式传感器构成的交流电桥

例 4.3　差动式电容传感器如图 4.7（d）所示，初始电容 $C_{x1}=C_{x2}=100\text{pF}$，交流信号源 $\dot{U}_i=6\text{V}$，频率 $f=100\text{kHz}$。计算：（1）输出电压灵敏度最高时，电桥的电阻 R；（2）当传感器电容的变化量为 ±10pF 时，桥路的输出电压。

解：（1）输出电压灵敏度最高时，电桥 2 个臂的电阻为

$$R=\left|\frac{1}{j\omega C}\right|=\frac{1}{2\pi\times100\times10^3\times100\times10^{-12}}=15.9\text{k}\Omega$$

（2）桥路的输出电压为

$$\dot{U}_o=\dot{U}_i\frac{\Delta C}{C}=6\times\left(\pm\frac{10}{100}\right)=\pm0.6\text{V}$$

测量电路中的交流电桥还可以利用变压器，如图 4.8 所示。变压器的 2 个二次绕组 L_1 和 L_2 与差动电容传感器的 2 个电容 C_{x1} 和 C_{x2} 作为电桥的 4 个桥臂，由高频稳幅的交流电源为电桥供电。经放大、相敏检波和滤波后，获得被测量的输出。

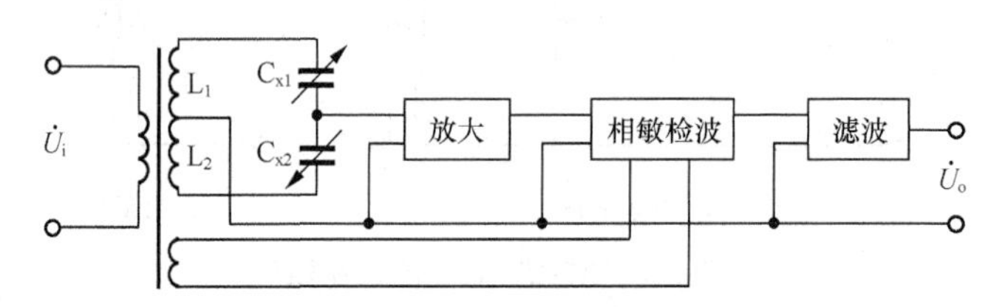

图 4.8　变压器式交流电桥

4.3.3　运算放大器方式的测量电路

运算放大器方式的测量电路常在变极距型电容传感器的测量中采用，这种电路的最大特点是能克服变极距型电容传感器的非线性，而使其输出电压与输入位移（传感器极板的间距的变化）有线性关系。运算放大器方式的测量电路如图 4.9 所示，图中的可变电容 C_x 为电容式传感器。

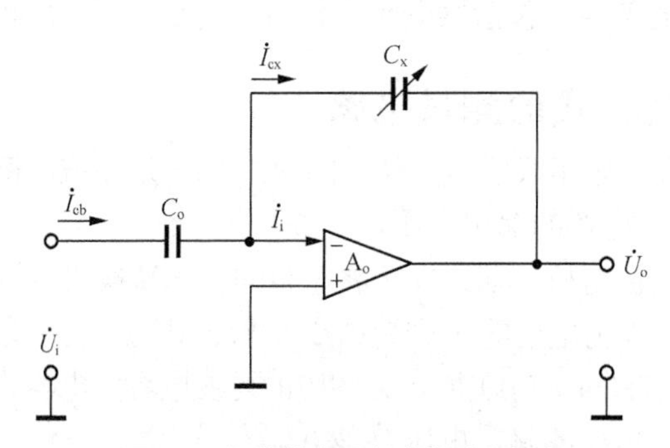

图 4.9　运算放大器方式的测量电路

由运算放大器的工作原理可知，当运算放大器的输入阻抗很高、增益很大时，认为运算放大器的输入电流 $\dot{I}_i = 0$ ，有如下关系：

$$\dot{U}_o = -\dot{U}_i \frac{\frac{1}{j\omega C_x}}{\frac{1}{j\omega C_0}} = -\dot{U}_i \frac{C_0}{C_x} \tag{4.19}$$

对于平行板电容器，$C_x = \frac{\varepsilon_0 S}{d}$，代入式（4.19），得到

$$\dot{U}_o = -\dot{U}_i \frac{C_0}{\varepsilon_0 S} d \tag{4.20}$$

由式（4.20）可知，输出电压 $\dot{U}_o$ 与极板间距 d 为线性关系，这就从原理上解决了变极距型电容传感器的非线性问题。需要注意的是，这里是假设放大器的增益 $A_o \to \infty$，放大器的输入阻抗 $Z_i \to \infty$，实际上仍存在一定的非线性误差，但在增益 A_o 和输入阻抗 Z_i 较大时，这种误差相当小。

4.3.4 二极管 T 型网络方式的测量电路

二极管 T 型网络（又称为双 T 电桥）是利用电容器的充放电原理组成的电路，如图 4.10（a）所示。图中，e 是高频电源，提供幅值为 E、占空比为 50%的电压方波；C_1 和 C_2 为差动电容传感器；D_1 和 D_2 为理想二极管；R_1 和 R_2 为固定电阻，且 $R_1 = R_2 = R$；R_L 为负载电阻。

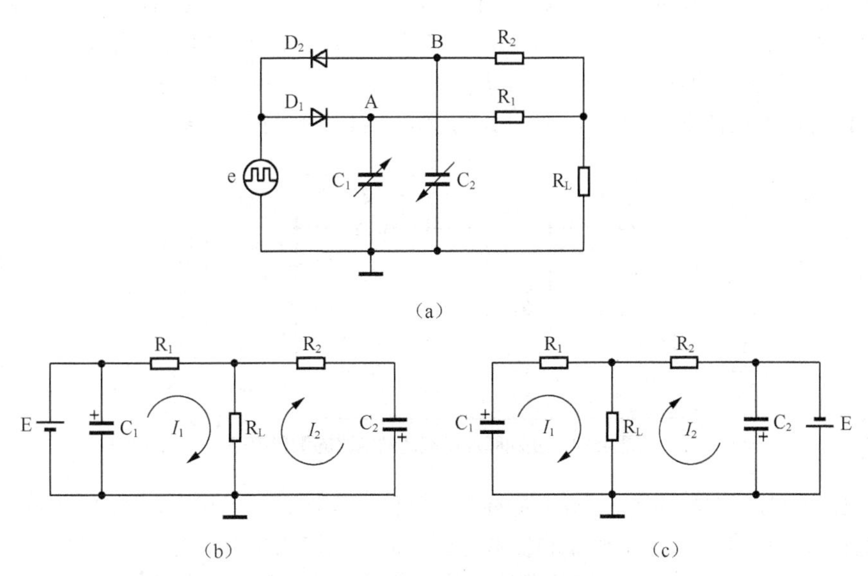

图 4.10 二极管 T 型网络的测量电路

二极管 T 型网络的工作原理为：当电源 e 为正半周时，二极管 D_1 导通、D_2 截止，等效电路如图 4.10（b）所示，此时电容 C_1 很快充电至 E；电源 e 经 R_1 以电流 I_1 向负载 R_L 供电；电容 C_2 经 R_2 和 R_L 放电，放电电流为 I_2；经过负载 R_L 的电流为 $I_L = I_1 + I_2$ 。当电源 e 为负半周时，二极管 D_1 截止、D_2 导通，等效电路如图 4.10（c）所示，此时电容 C_2 很快充电至 E；电源 e 经 R_2 以电流 I_2' 向负载 R_L 供电；电容 C_1 经 R_1 和 R_L 放电，放电电流为 I_1'；经过负载 R_L 的电流为 $I_L' = I_1' + I_2'$。当 $C_1 = C_2$ 时，I_L 和 I_L' 大小相等，极性相反，负载 R_L 上无信号输出；当 $C_1 \neq C_2$ 时，负载 R_L 上有信号输出。

$$I_L'(t)=\frac{E}{R+R_L}\left(1-e^{-t/\tau_1}\right) \tag{4.21}$$

式（4.21）中，τ_1为电容C_1的放电时间常数。

$$I_L(t)=\frac{E}{R+R_L}\left(1-e^{-t/\tau_2}\right) \tag{4.22}$$

式（4.22）中，τ_2为电容C_2的放电时间常数。

输出电流的平均值$\overline{I}_L$为

$$\overline{I}_L(t)=\frac{1}{T}\int_0^T\left[I_L'(t)-I_L(t)\right]\mathrm{d}t$$

输出电压的平均值$\overline{U}_o$为

$$\overline{U}_o=E\frac{RR_L(R+2R_L)}{(R+R_L)^2}f(C_1-C_2)=2kEf\Delta C \tag{4.23}$$

式（4.23）中，$k=\dfrac{RR_L(R+2R_L)}{(R+R_L)^2}$为常数，$f$为频率，$\Delta C$为电容传感器。可以看出，输出电压的平均值$\overline{U}_o$与电容的变化量$\Delta C$是线性关系。

4.3.5　差动脉冲宽度调制方式的测量电路

差动脉冲宽度调制电路利用对传感器电容的充放电，使电路输出脉冲的宽度随传感器电容量的变化而变化，然后通过低通滤波器得到对应被测量变化的直流信号。差动脉冲宽度调制电路如图4.11所示，由2个比较器（A_1和A_2）、双稳态触发器和电容充放电回路组成。图中，C_1和C_2为传感器的差动电容，D_1和D_2为理想二极管，$R_1=R_2=R$，U_R为比较器的参考电压，双稳态触发器的2个输出端A和B为差动脉冲宽度调制电路的输出。

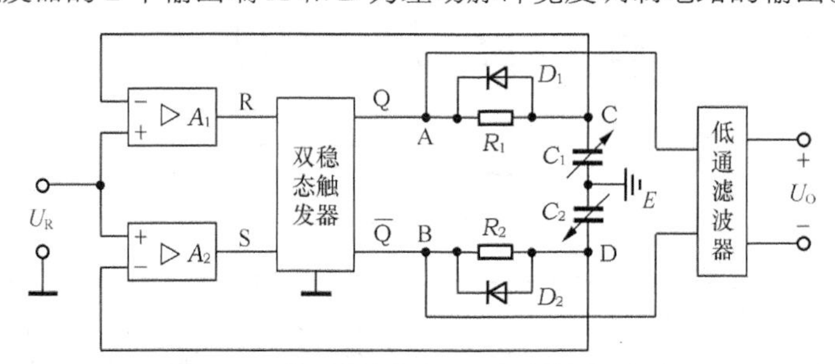

图4.11　差动脉冲宽度调制电路的测量电路

设电源接通时，双稳态触发器的A端为高电位，B端为低电位，因此A点通过R_1对C_1充电，直至C点的电位等于比较器的参考电压U_R时，比较器A_1产生脉冲，触发双稳态触发器翻转，则A点呈现低电位，B点呈现高电位。此时C点电位经二极管D_1迅速放电至0，同时B点的高电位经R_2向C_2充电，当D点电位等于比较器的参考电压U_R时，比较器A_2产生脉冲，使触发器又翻转一次，则A点呈现高电位，B点呈现低电位。如此周而复始，在双稳态触发器的2个输出端，各产生一个宽度受C_1和C_2调制的方波脉冲。

下面讨论方波脉冲宽度与C_1、C_2的关系。电路的初始条件为$C_1=C_2=C_0$，线路上各点的电压波形如图4.12（a）所示，A、B两点间的平均电压为0，经低通滤波器后，输出的直流电压$U_o=0$。当$C_1\neq C_2$时，C_1和C_2充放电的时间常数不同，若$C_1>C_2$，线路上各点的电压波形如图4.12（b）所示，A、B两点间的平均电压不再为0，经低通滤波器后，输出直流电压$U_o>0$。

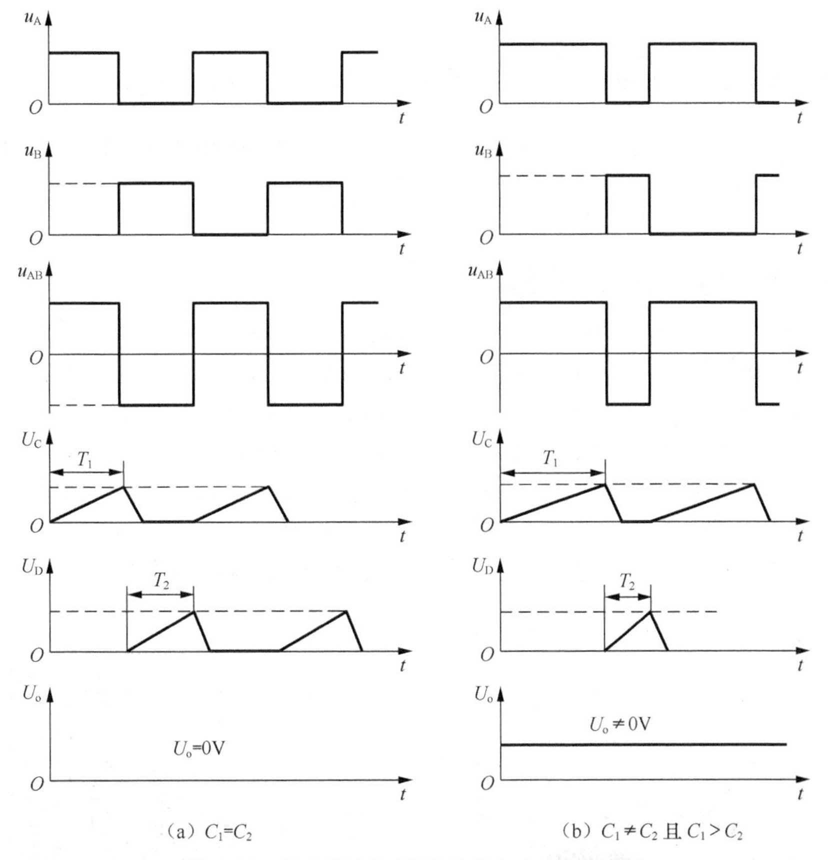

（a）$C_1=C_2$ （b）$C_1 \neq C_2$ 且 $C_1 > C_2$

图 4.12 差动脉冲宽度调制电路各点的电压波形

由电路知识可知

$$U_{AE} = \frac{T_1}{T_1+T_2}U_1,\quad U_{BE} = \frac{T_2}{T_1+T_2}U_1$$

输出直流电压为

$$U_o = \bar{U}_{AB} = U_{AE} - U_{BE} = \frac{T_1-T_2}{T_1+T_2}U_1 \tag{4.24}$$

式（4.24）中，U_1 为触发器输出的高电平，它是固定值；T_1 是 C_1 的充电时间；T_2 是 C_2 的充电时间。

$$T_1 = R_1C_1\ln\frac{U_1}{U_1-U_R} \tag{4.25}$$

$$T_2 = R_2C_2\ln\frac{U_1}{U_1-U_R} \tag{4.26}$$

将式（4.25）和式（4.26）代入式（4.24），可得

$$U_o = \frac{C_1-C_2}{C_1+C_2}U_1 = \frac{\Delta C}{C_1+C_2}U_1 \tag{4.27}$$

式（4.27）表明，直流电压输出 U_o 正比于电容 C_1 和 C_2 差值。

差动脉冲宽度调制电路采用直流电源，只要求直流电源的电压稳定性较高，由于低通滤波器的作用，对输出波形纯度要求不高，这比其他测量线路中要求稳频、稳幅的交流电源易于做到。

4.4 电容式传感器应用实例

电容式传感器可直接测量物体位移、材料厚度、面积变化和介电常数等量。电容式传感器不但广泛用于测量位移、厚度、角度、振动等机械量，还用于测量力、压力、差压、流量、成分、湿度、液位和料位等参数。

4.4.1 电容式差压传感器

电容式差压传感器是 20 世纪 70 年代的产品，它具有结构简单、小型轻量、精度高（可达 0.25%）、动态响应时间短（0.2～15s）、互换性强等优点，广泛用于工业生产中。

电容式差压传感器如图 4.13 所示。图 4.13（a）为实物图，图中有 1 个高压侧进口和 1 个低压侧进口，电容式差压传感器能检测出压力差。图 4.13（b）为内部结构图，其中外壳、过滤器和凹形玻璃各有 2 个通孔，分别通入 p_H 和 p_L 的压力；凹形玻璃的表面蒸镀一层金属镀层，作为 2 个定电极；金属膜片是弹性膜片，作为动电极，与 2 个凹形玻璃表面的金属镀层构成两室结构的电容式差压传感器；左右两室中充满硅油，硅油的不可压缩性和流动性可以传递压力。

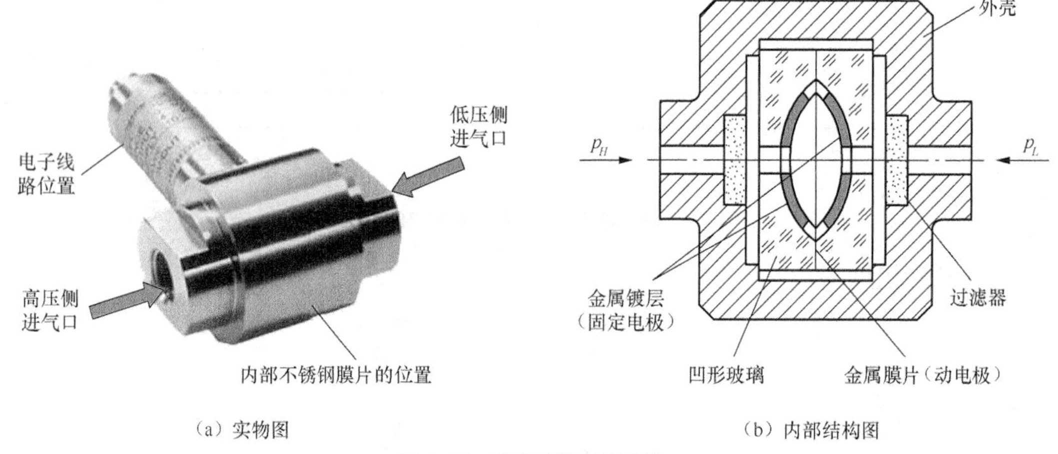

（a）实物图　　（b）内部结构图

图 4.13　电容式差压传感器

金属膜片在圆周方向张紧。当差压 $\Delta p = p_H - p_L = 0$ 时，金属膜片（动电极）十分平整，与 2 个定电极构成的电容相等，即电容 $C_H = C_L$；当差压 $\Delta p = p_H - p_L > 0$ 时，金属膜片（动电极）变形，使电容 $C_L > C_H$。这就是电容式差压传感器的工作原理。如果将 C_L 和 C_H 接入图 4.8 所示的差动电桥，输出电压为

$$\dot{U}_o = \frac{\dot{U}_i}{2}\frac{C_L - C_H}{C_L + C_H} = \frac{\dot{U}_i}{2}K\Delta p \qquad (4.28)$$

式（4.28）中，K 是由传感器结构决定的常数。

4.4.2 电容测厚仪

电容测厚仪用来测量金属带材在轧制过程中的厚度。电容测厚仪的工作原理如图 4.14 所示，在被测金属带材的上下两边各置一块面积相等、与带材距离相同的电容极板，这样电容极板与带材就形成了 2 个电容器（C_1 和 C_2）。把 2 个电容极板用导线连接起来，成为一个极板，而带材则是电容器的另一个极板，其总电容为 $C = C_1 + C_2$。

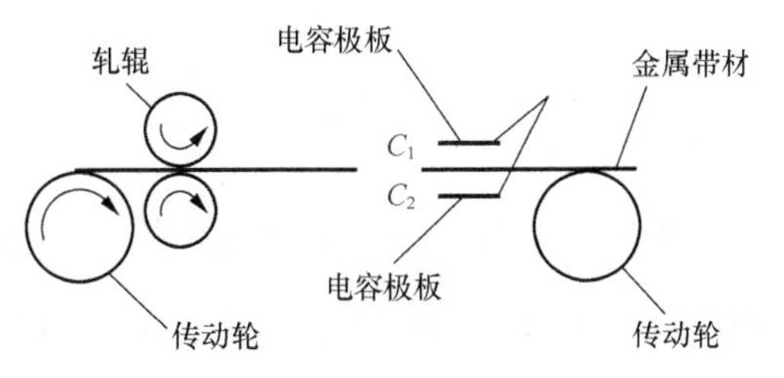

图 4.14 电容测厚仪的工作原理

金属带材在轧辊的轧制过程中，不断被传动轮向前送进，如果带材的厚度发生变化，将引起带材与 2 个电容极板间距的变化，从而引起总电容量 C 的变化。如果将总电容量 C 当做交流电桥的一个桥臂，总电容量的变化 ΔC 将引起电桥不平衡输出，经过放大、检波和滤波后，可以测出带材的厚度。

带材在传动轮向前送进中会产生振动，振动使电容 C_1 和 C_2 一个增大，另一个减小。由于 $C = C_1 + C_2$，所以电容测厚仪的优点是带材的振动不影响测量精度。

4.4.3 电容式料位传感器

电容式料位传感器可用来测量块状、颗粒状及粉料等非导电固体的料位。电容式料位传感器如图 4.15 所示，其中图 4.15（a）为实物图；图 4.15（b）为安装示意图；图 4.15（c）为传感器结构图。电容式料位传感器的金属电极棒是电容器的一个电极，储罐的罐壁是电容器的另一个电极，当罐内放入物料时，由于物料介电常数的影响，传感器的电容量将发生变化，电容量变化的大小与被测物料在罐内的高度有关，且成线性变化。

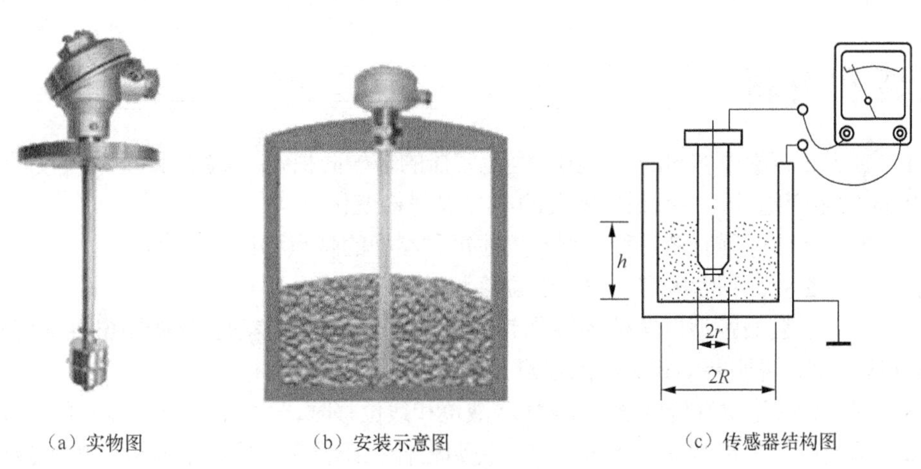

（a）实物图　（b）安装示意图　（c）传感器结构图

图 4.15 电容式料位传感器

传感器的电容量 C 随物料高度 h 的变化关系为

$$C = \frac{2\pi(\varepsilon - \varepsilon_0)h}{\ln\frac{R}{r}} \tag{4.29}$$

式（4.29）中，R 是储罐的半径，r 是金属电极棒的半径，ε_0 是空气介电常数，ε 是被测物料的介电常数。

电容式料位传感器结构简单，使用方便，$\varepsilon - \varepsilon_0$ 值越大，仪表越灵敏。该装置也可以连续测量水池、水塔等液体的液位。

本章小结

电容式传感器是将被测量的变化转换成电容量变化的一种传感器。电容器的电容量 $C=\frac{\varepsilon S}{d}$，当被测量的变化使 ε、S 或 d 变化时，C 也随之变化，再通过测量电路，就可以将电容的变化量转换为电信号输出，这就是电容式传感器的工作原理。电容式传感器可用于压力、压差、厚度、位移、振动、加速度、角度、液位和料位等的测量。

根据电容式传感器参数（S、d 或 ε）的变化特性，电容式传感器可分为变面积型（面积 S 改变）、变极距型（极板间距 d 改变）和变介质型（极板之间介质的介电常数 ε 改变）3 种类型。变面积型电容传感器的输出特性是线性的，平行板电容器的灵敏度 K 为常数。变极距型电容传感器的电容增量 ΔC 与 Δd 不是线性关系，有非线性误差（线性度 δ_L），因此常采用差动式结构。变介质型电容传感器可用于测量极板之间介质参数的变化，可测量介质厚度、液位、料位和位移等。

严格来说，电容式传感器的等效电路不是纯电容，电容器的损耗和电感效应不可忽略。电容式传感器的电容值一般都很小，为几皮法至几十皮法，这样微小的电容量需要借助测量电路进行检测。电容式传感器的测量电路种类较多，主要有交流电桥、运算放大器、二极管 T 型网络和差动脉冲宽度调制等。

电容式传感器可直接测量物体位移、材料厚度、面积变化和介电常数等量。本章给出了电容式差压传感器、电容测厚仪和电容式料位传感器的应用实例。

思考题和习题

4.1　画出平行板电容器的结构图。当电容器的极板面积 S、极板间距 d 或极板间介质的介电常数 ε 发生变化时，平行板电容器的电容 C 怎样变化？

4.2　电容式传感器有哪几种类型？简述每种类型的特点和适用场合。

4.3　为什么变面积型电容传感器的位移测量范围较大？

4.4　为什么变极距型电容传感器具有非线性输出？推导差动变极距型电容式传感器的灵敏度和线性度，说明差动式结构的优点。

4.5　用变介质型电容传感器测量厚度、液位和线位移时，分别推导出电容 C 的计算公式。

4.6　画出电容式传感器的等效电路，说明在什么条件下电容器的损耗和电感效应不可忽略。

4.7　交流电桥的 4 个臂可以是哪种类型？如何配置交流电桥才能达到初始平衡？

4.8　为什么运算放大器方式的测量电路经常用于变极距型电容传感器？

4.9　差动脉冲宽度调制方式的测量电路采用哪种电源？有什么优点？

4.10　简述电容式差压传感器、电容测厚仪和电容式料位传感器的工作原理。

4.11　变面积型电容传感器如题图 4.1 所示，极板长 $b=4\text{mm}$，宽 $a=4\text{mm}$，间距 $d=0.5\text{mm}$，极板间为空气。求：（1）电容传感器的灵敏度；（2）当电容器的动极板移动 $\Delta x=2\text{mm}$ 后，电容器的电容量。

4.12　同心圆筒电容传感器如题图 4.2 所示，定极板的内直径为 10mm，动极板的外直径为 9.8mm，极板间为空气，极板相互遮盖的高度为 1mm。计算：（1）传感器的电容量；（2）当电源频率为 $f = 60\text{kHz}$ 时，电容器的容抗值。

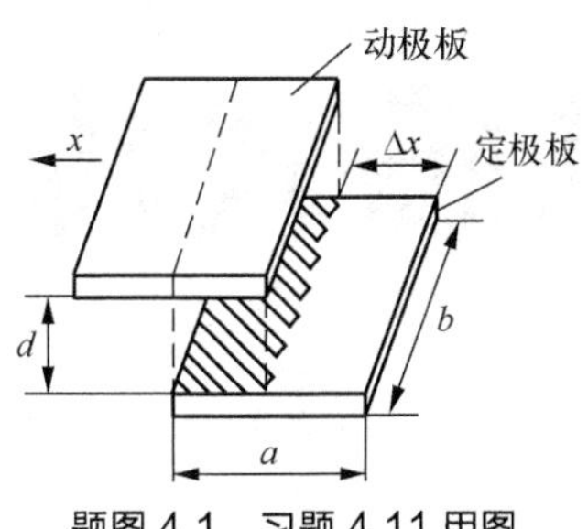

题图 4.1　习题 4.11 用图

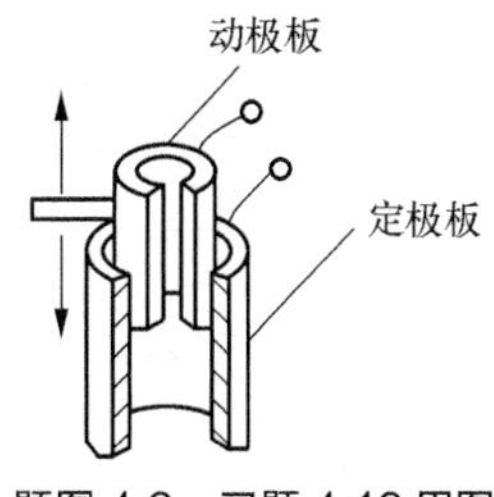

题图 4.2　习题 4.12 用图

4.13　变极距型电容传感器的面积 $S = 8\times10^{-4}\text{m}^2$，极板间距 $d_0 = 1\text{mm}$，极板间为空气。计算该传感器的灵敏度。

4.14　电容器的极板面积 $S = 625\pi\text{mm}^2$，极板间距 $d_0 = 0.2\text{mm}$，极板间为空气。把厚度为 $d = 0.1\text{mm}$ 的云母片（ $\varepsilon_r = 7$ ）插入极板的间隙，如题图 4.3 所示。求：云母片插入前和插入后，电容器的电容值。

4.15　将电容式传感器接入交流测量电桥中，如题图 4.4 所示。（1）若初始电容 $C_{x1} = C_{x2} = 110\text{pF}$，频率 $f = 80\text{kHz}$，如何配置其他桥臂，才能达到初始平衡？（2）交流信号源 $\dot{U}_i = 5\text{V}$，当传感器电容的变化量为 $\pm10\text{pF}$ 时，求桥路的输出电压 $\dot{U}_o$。

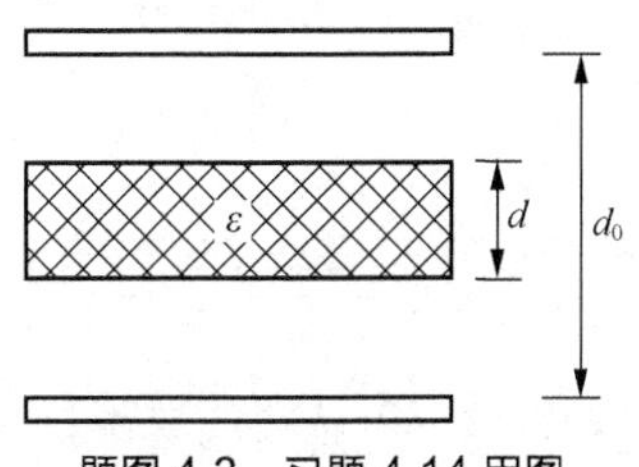

题图 4.3　习题 4.14 用图

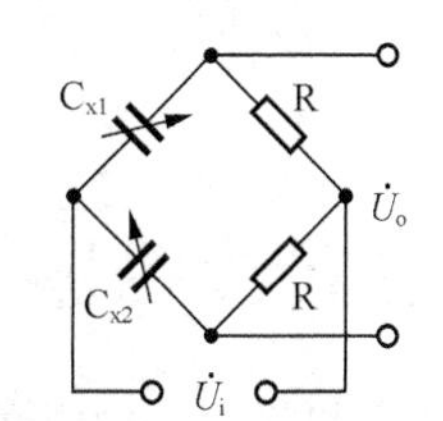

题图 4.4　习题 4.15 用图

PART 5 第5章 电感式传感器

电感式传感器是基于电磁感应原理，利用线圈的自感或互感的变化实现非电量测量的一种装置，可用于位移、振动、压力、应变、流量和比重等的测量。电感式传感器的优点是结构简单、工作可靠、分辨率高（能测量0.1μm的位移变化）、灵敏度高（电压灵敏度可达几百mV/mm）、输出功率大、测量力小（能测量10^{-4}N的力变化）、线性度好（非线性误差可达0.05%）、零点稳定（漂移最小可达0.1μm）、重复性好；缺点是频率响应较低、不宜用于快速动态信号的测量、存在交流零位信号。

本章首先介绍自感式传感器，给出气隙型和螺管型2种结构；然后介绍互感式传感器，主要介绍螺管型差动变压器；最后介绍电涡流式传感器，给出高频反射式和低频透射式2种类型。本章将分别讨论上述传感器的工作原理、基本结构、测量电路和应用实例。

5.1 自感式传感器

电感是闭合回路的一种属性，电感分为自感和互感。电感可由导电材料（例如铜线）盘绕磁芯制成，也可把磁芯去掉或者用铁磁性材料代替。比空气的磁导率高的芯材料可以把磁场更紧密地约束在电感元件周围，因而增大了电感。

自感只有1个闭合的导体回路，自感是这个闭合回路自己本身的属性。自感式传感器通过自感的变化，再配合测量电路，就可以将自感的变化量转换为电信号输出。

5.1.1 自感的定义

闭合线圈C自身电流变化而激发电动势的现象称为自感现象。当1个闭合的导体线圈C中有电流通过时，线圈的周围就会产生磁感应强度$\boldsymbol{B}$。磁感应强度$\boldsymbol{B}$通过曲面S的磁通用Φ表示。

$$\Phi = \int_S \boldsymbol{B} \cdot \mathrm{d}\boldsymbol{S} \tag{5.1}$$

式（5.1）中，线圈C包围的面积为S。当通过线圈C中的磁通Φ发生变化时，可使线圈自身产生感应电动势（感生电动势），这就是自感，如图5.1所示。

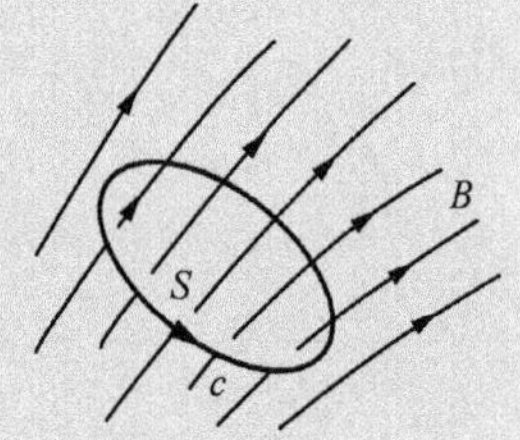

图5.1 线圈的自感

若线圈的匝数为N，线圈中的电流为I，每匝线圈产生的磁通为Φ，自感定义为

$$L = \frac{N\Phi}{I} \tag{5.2}$$

电感（自感和互感）的单位是 H（亨）。

在传感器技术中，自感常用磁路的方法描述。由磁路的基本知识，若线圈的匝数为 N，磁通 Φ 还可以表示为

$$\Phi = \frac{NI}{R_M} \tag{5.3}$$

式（5.3）中，R_M 为磁路的磁阻。因此，自感还可以表示为

$$L = \frac{N^2}{R_M} \tag{5.4}$$

一般情况下，电感就是上面所说的自感。

5.1.2　气隙型电感传感器

气隙型电感传感器是利用电磁感应原理，通过气隙型自感线圈的衔铁位移，将被测的非电量转换成线圈自感的变化，再通过测量电路，将被测量转换为电压、电流或频率信号输出。气隙型电感传感器的工作原理如图 5.2 所示。

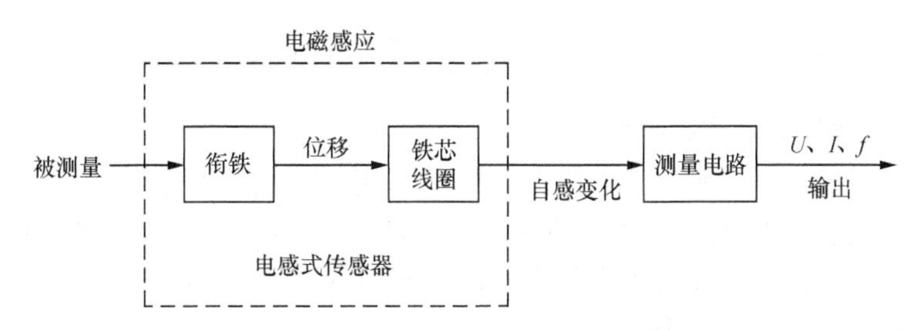

图 5.2　气隙型电感传感器的工作原理

1．气隙型自感线圈

气隙型自感线圈如图 5.3 所示，主要由线圈、铁芯和衔铁构成。线圈有 N 匝，绕在铁芯上；铁芯固定不动，称为定铁芯；衔铁可以移动，称为动衔铁。铁芯与衔铁之间有空气隙（气隙），随着衔铁的移动，气隙发生变化。

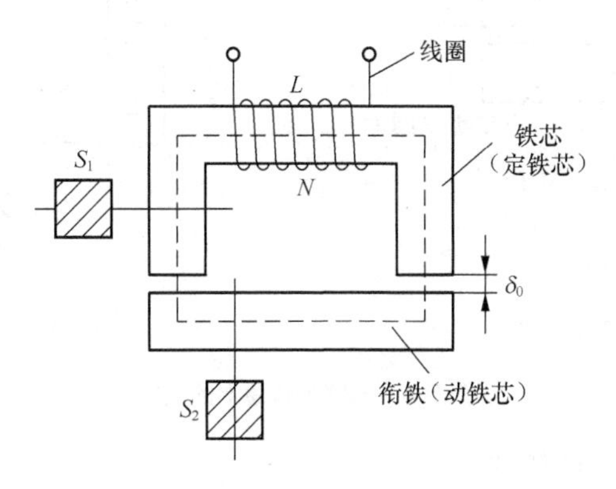

图 5.3　气隙型自感线圈

图 5.3 中的虚线表示磁路，磁路的总磁阻为

$$R_M = \frac{l_1}{\mu_1 S_1} + \frac{l_2}{\mu_2 S_2} + \frac{2\delta_0}{\mu_0 S_0} \tag{5.5}$$

式（5.5）中，各参量的意义如下。

l_1——铁芯的磁路总长；

S_1——铁芯的横截面积；

μ_1——铁芯的磁导率；

l_2——衔铁的磁路总长；

S_2——衔铁的横截面积；

μ_2——衔铁的磁导率；

δ_0——气隙的厚度（一般较小，为 0.1 ~ 1mm）；

S_0——气隙的横截面积；

μ_0——气隙（空气）的磁导率。

由于铁芯和衔铁的磁导率远大于空气的磁导率（一般 $\mu_1 > 1000\mu_0$，$\mu_2 > 1000\mu_0$），式（5.5）近似为

$$R_M \approx \frac{2\delta_0}{\mu_0 S_0} \tag{5.6}$$

将式（5.6）代入式（5.4），可得气隙型自感线圈的电感为

$$L \approx \frac{N^2 \mu_0 S_0}{2\delta_0} \tag{5.7}$$

2．气隙型传感器的结构和特性

气隙型传感器工作时，衔铁通过测杆与被测工件相连，被测工件的移动会带动衔铁移动，从而使传感器的电感发生变化。气隙型传感器的结构如图 5.4 所示，其中图 5.4（a）为变隙式电感传感器，衔铁的移动使气隙 δ_0 发生变化；图 5.4（b）为变截面式电感传感器，衔铁的移动使气隙的横截面积 S_0 发生变化。

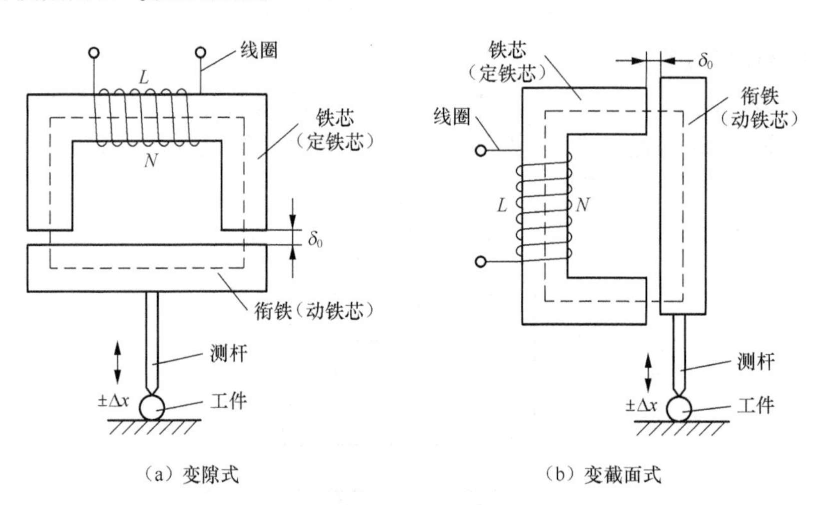

图 5.4　气隙型传感器的结构

（1）变截面式电感传感器的特性

变截面式电感传感器保持气隙 δ_0 不变，衔铁的移动使气隙的横截面积 S_0 发生变化。由式（5.7）可知，这种传感器的特性（电感 L ~ 横截面积 S_0 的关系曲线）为线性。

（2）变隙式电感传感器的特性

变隙式电感传感器保持气隙的横截面积 S_0 不变，衔铁的移动使气隙 δ_0 发生变化。由式（5.7）可知，这种传感器的特性（电感 L ~ 气隙 δ_0 的关系曲线）为非线性。

传感器的初始电感量为

$$L_0 \approx \frac{N^2 \mu_0 S_0}{2\delta_0} \tag{5.8}$$

当衔铁向下移动 $\Delta\delta$ 时，气隙的厚度为 $\delta_0 + \Delta\delta$ ，此时传感器的电感量减小 ΔL_1 。

$$\Delta L_1 = L - L_0 = \frac{N^2 \mu_0 S_0}{2(\delta_0 + \Delta\delta)} - \frac{N^2 \mu_0 S_0}{2\delta_0} \tag{5.9}$$

电感量的相对变化为

$$\frac{\Delta L_1}{L_0} = -\frac{\Delta\delta}{\delta_0} + \left(\frac{\Delta\delta}{\delta_0}\right)^2 - \left(\frac{\Delta\delta}{\delta_0}\right)^3 + \cdots \tag{5.10}$$

同理，当衔铁向上移动 $\Delta\delta$ 时，电感量增大 ΔL_2 ，电感量的相对变化为

$$\frac{\Delta L_2}{L_0} = \frac{\Delta\delta}{\delta_0} + \left(\frac{\Delta\delta}{\delta_0}\right)^2 + \left(\frac{\Delta\delta}{\delta_0}\right)^3 + \cdots \tag{5.11}$$

由式（5.10）和式（5.11）可知，电感量的变化（ ΔL_1 和 ΔL_2 ）与气隙的变化 $\Delta\delta$ 不是线性关系，而且 $\Delta\delta$ 引起的电感变化 ΔL_1 和 ΔL_2 不相等（ $\Delta L_2 > \Delta L_1$ ）。因此，变隙式电感传感器只能工作在很小的区域，即只能用于微小位移的测量。

若忽略高次项，则 ΔL_1 和 ΔL_2 与 $\Delta\delta$ 为线性关系，有

$$\frac{\Delta L}{L_0} = \pm\frac{\Delta\delta}{\delta_0} \tag{5.12}$$

传感器的灵敏度为

$$K = \left|\frac{\Delta L}{\Delta\delta}\right| = \frac{L_0}{\delta_0} \tag{5.13}$$

传感器的线性度为

$$\delta_L = \frac{\Delta\delta}{\delta_0} \tag{5.14}$$

例 5.1 气隙型自感线圈如图 5.3 所示，激励的线圈匝数 $N = 2500$ ，气隙的横截面积 $S_0 = 4 \times 4\text{mm}^2$ ，气隙的厚度 $\delta_0 = 0.4\text{mm}$ ，衔铁的最大位移 $\Delta\delta = \pm 0.08\text{mm}$ 。求：（1）初始时传感器的电感值；（2）传感器电感的最大变化量；（3）传感器的灵敏度。

解：（1）由式（5.8）可得，初始时传感器的电感值为

$$L_0 = \frac{N^2 \mu_0 S_0}{2\delta_0} = \frac{2500^2 \times 4\pi \times 10^{-7} \times 4 \times 4 \times 10^{-6}}{2 \times 0.4 \times 10^{-3}} = 157\text{mH}$$

（2）当衔铁的最大位移 $\Delta\delta = 0.08\text{mm}$ 时，电感值为

$$L_1 = \frac{N^2 \mu_0 S_0}{2(\delta_0 + \Delta\delta)} = \frac{2500^2 \times 4\pi \times 10^{-7} \times 4 \times 4 \times 10^{-6}}{2 \times (0.4 + 0.08) \times 10^{-3}} = 131\text{mH}$$

当衔铁的最大位移 $\Delta\delta = -0.08\text{mm}$ 时，电感值为

$$L_2 = \frac{N^2 \mu_0 S_0}{2(\delta_0 - \Delta\delta)} = \frac{2500^2 \times 4\pi \times 10^{-7} \times 4 \times 4 \times 10^{-6}}{2 \times (0.4 - 0.08) \times 10^{-3}} = 196\text{mH}$$

传感器电感的最大变化量

$$\Delta L = L_2 - L_1 = 65\text{mH}$$

（3）由式（5.13）可得，传感器的灵敏度为

$$K = \frac{L_0}{\delta_0} = \frac{157}{0.4} = 0.39\text{H/mm}$$

3. 差动式电感传感器

这里以变隙式电感传感器为例。由于变隙式电感传感器的非线性，实际测量时常采用差动式电感传感器。差动式电感传感器是 2 个线圈共用 1 个衔铁，2 个线圈完全一样，如图 5.5 所示。图中线圈 L_1 和 L_2 分别绕在铁芯 A_1 和 A_2 上，B 是共用的衔铁。

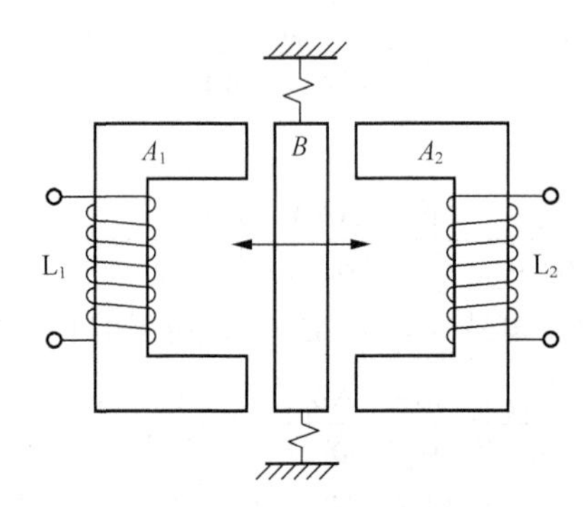

图 5.5 差动式变隙电感传感器

当衔铁未移动时，气隙的厚度都为 δ_0，电感 $L_1 = L_2 = L_0$。当衔铁移动 $\Delta\delta$ 时，气隙的厚度分别为 $\delta_0 + \Delta\delta$ 和 $\delta_0 - \Delta\delta$，2 个电感的变化量 $\Delta L = L_1 - L_2$，电感量的相对变化为

$$\frac{\Delta L}{L_0} = \frac{L_1 - L_2}{L_0} = 2\left[\frac{\Delta\delta}{\delta_0} + \left(\frac{\Delta\delta}{\delta_0}\right)^3 + \left(\frac{\Delta\delta}{\delta_0}\right)^5 + \cdots\right] \tag{5.15}$$

比较式（5.15）与式（5.10）和式（5.11），可以看出式（5.15）没有偶数项。显然，差动式的非线性误差比单个自感传感器小得多。

若忽略高次项，则 ΔL 与 $\Delta\delta$ 为线性关系，有

$$\frac{\Delta L}{L_0} = \pm\frac{2\Delta\delta}{\delta_0} \tag{5.16}$$

差动式传感器的灵敏度为

$$K = \left|\frac{\Delta L}{\Delta\delta}\right| = \frac{2L_0}{\delta_0} \tag{5.17}$$

差动式传感器的线性度为

$$\delta_L = \left(\frac{\Delta\delta}{\delta_0}\right)^2 \tag{5.18}$$

结论如下。

（1）差动式电感传感器的灵敏度是单个自感传感器灵敏度的 2 倍。

（2）差动式电感传感器的线性度比单个自感传感器的线性度小（非线性失真小）。例如，当单个自感传感器的线性度 $\delta_L = 10\%$ 时，差动式电感传感器的线性度 $\delta_L = 1\%$。

（3）由于还存在非线性，差动式电感传感器的工作行程也很小。若取 $\delta_0 = 2\text{mm}$，则行程 $\Delta\delta$ 为 0.2～0.4mm。

5.1.3 螺管型电感传感器

螺管型电感传感器的主要元件是一个螺管线圈和一根圆柱形铁芯，如图 5.6 所示。传感器工作时，铁芯在测杆的推动下移动，使铁芯在线圈中伸入的长度发生变化，引起螺管线圈电感值的变化。当用恒流源激励时，线圈的输出电压与铁芯的位移量有关。

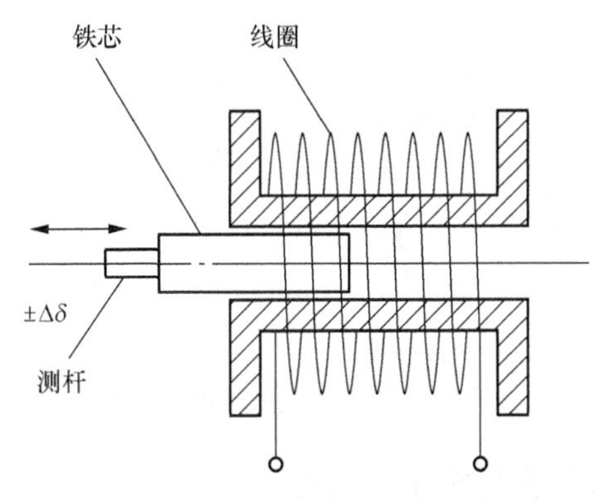

图 5.6 螺管型电感传感器的构成

为了提高灵敏度和线性度，螺管型电感传感器常采用差动式结构，如图 5.7（a）所示。这种传感器的铁芯不宜过长或过短，一般为线圈 1 和线圈 2 总长度的 60%，这样可以得到较好的线性关系。当铁芯向线圈 2 移动时，线圈 1 的电感减小 ΔL_1，线圈 2 的电感增大 ΔL_2，ΔL_1 与 ΔL_2 大小相等、符号相反，形成差动输出，如图 5.7（b）所示。差动螺管型电感传感器的测量范围为 5～50mm，非线性误差±0.5%。

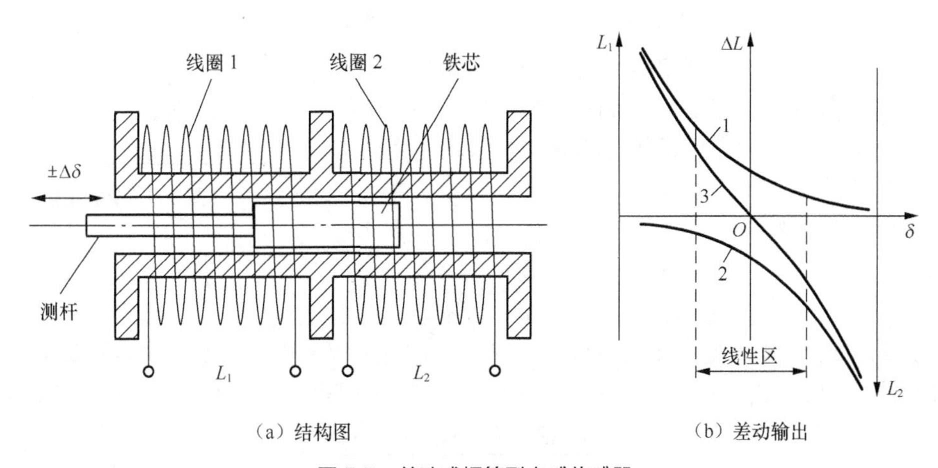

图 5.7 差动式螺管型电感传感器

综上所述，螺管型电感传感器的特点如下。

（1）结构简单，制造装配容易。

（2）线性范围大，但灵敏度低。

（3）磁路大部分为空气，易受外部磁场干扰。

（4）由于空气间隙大，磁路的磁阻高，因此需要的线圈匝数多，线圈分布电容大，线圈铜损耗也大。

5.1.4 自感式传感器的等效电路

前面分析自感式传感器的工作原理时，假设电感线圈是一个理想的纯电感。实际的电感传感器并不是一个纯电感，还应该包括线圈的铜损电阻（R_c）、铁芯的涡流损耗电阻（R_e）和线圈的寄生电容（C），电感式传感器的等效电路如图 5.8（a）所示。因此，电感式传感器应该等效为一个复阻抗 Z，如图 5.8（b）所示，在忽略寄生电容（C）时，$Z = R_S + j\omega L$，其中 R_S 由 R_c 和 R_e 构成。

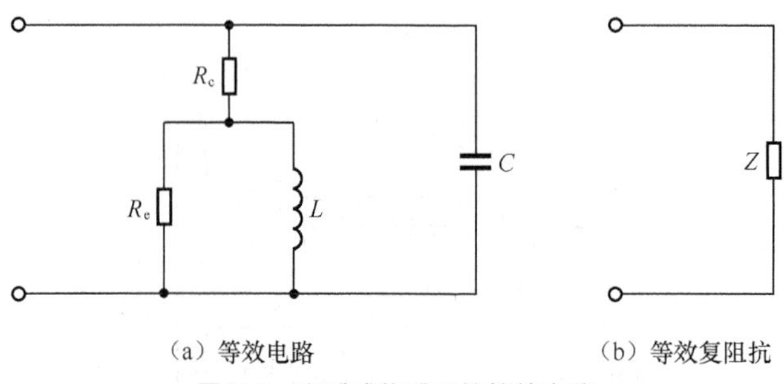

（a）等效电路　　　（b）等效复阻抗

图 5.8　电感式传感器的等效电路

5.1.5　自感式传感器的测量电路

自感式传感器的测量电路有交流电桥和变压器电桥等。常用的差动式传感器大多采用电桥方式，这时电桥电路常采用双臂工作方式，2 个差动电感线圈分别作为电桥的 2 个桥臂。

1．交流电桥

交流电桥是电感传感器的主要测量电路，为了提高灵敏度，改善线性度，电感线圈一般接为差动形式，如图 5.9 所示。图中，电桥两臂 Z_1 和 Z_2 为工作臂（即电感线圈）；电桥另两臂 Z_1 和 Z_2 为电桥的平衡臂；交流电桥采用交流电源供电（电压为 $\dot{U}$），供电的频率约为传感器电感变化（即位移变化）频率的 10 倍，这样能满足对传感器动态响应的频率要求。交流电桥的作用是将传感器线圈电感的变化转换为桥路电压 $\dot{U}_o$ 的输出。

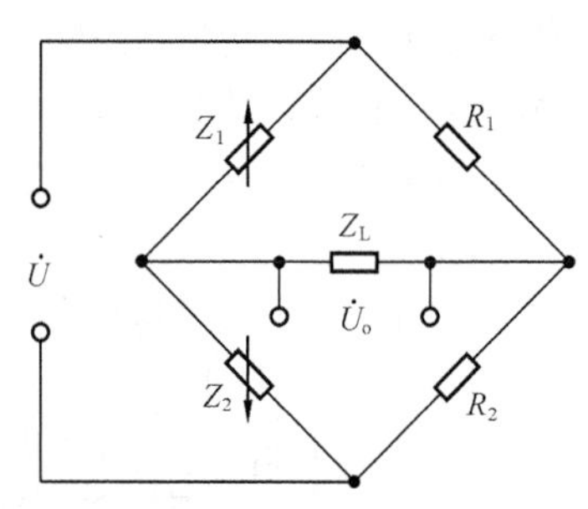

图 5.9　交流电桥

电桥的平衡条件为

$$\frac{Z_1}{Z_2}=\frac{R_1}{R_2} \tag{5.19}$$

初始时，$Z_1=Z_2$，$R_1=R_2$，电桥平衡。这时，工作臂（即电感线圈）的电感为 $L_1=L_2=L_0$。

传感器工作时，$Z_1=Z+\Delta Z$，$Z_2=Z-\Delta Z$。当电桥开路时，即负载 $Z_L=\infty$ 时，输出电压为

$$\dot{U}_o=\frac{\dot{U}}{2}\cdot\frac{\Delta Z}{Z}=\frac{\dot{U}}{2}\cdot\frac{\Delta R_S+j\omega\Delta L}{R_S+j\omega L_0} \tag{5.20}$$

式（5.20）中，各参量的含义如下。

Z——初始时电感线圈的等效复阻抗，$Z=R_S+j\omega L_0$；

L_0——衔铁在中间位置时，单个线圈的电感值；

R_S——线圈的损耗；

ΔL——两线圈电感的变化量。

当自感线圈的品质因数 Q（$Q=\dfrac{\omega L}{R_S}$）值较高时，式（5.20）可写成

$$\dot{U}_o\approx\frac{\dot{U}}{2}\cdot\frac{\Delta L}{L_0} \tag{5.21}$$

将式（5.16）代入式（5.21），得到

$$\dot{U}_o\approx\pm\frac{\dot{U}}{2}\cdot\frac{\Delta\delta}{\delta_0} \tag{5.22}$$

可见，电桥输出电压与衔铁位移 $\Delta\delta$ 有关，相位与衔铁移动的方向有关。

例 5.2 差动式螺管型电感传感器如图 5.7 所示，线圈 1 和线圈 2 的总长度为 160mm，单个线圈的直流电阻为 $R_S = 26.9\Omega$，初始时单个线圈的电感为 $L_0 = 55.4\text{mH}$，线圈电感的变化量为 $\Delta L = \pm 5.03\text{mH}$，激励电源的频率为 $f = 3000\text{Hz}$。求：（1）若想得到较好的线性关系，传感器的铁芯长度应为多少；（2）单个线圈的品质因数；（3）当激励电压的有效值为 $|\dot{U}| = 6\text{V}$ 时，电桥电路的最大输出电压值。

解：（1）若传感器的铁芯长度为线圈 1 和线圈 2 总长度的 60%，可以得到较好的线性关系。因此，铁芯的长度应为

$$160 \times 60\% = 96\text{mm}$$

（2）单个线圈的品质因数为

$$Q = \frac{\omega L_0}{R_S} = \frac{2\pi \times 3000 \times 55.4 \times 10^{-3}}{26.9} = 39$$

（3）由于单个自感线圈的品质因数 Q 值较高，可用式（5.21）计算输出电压。电桥电路的最大输出电压为

$$\dot{U}_o = \frac{\dot{U}}{2} \cdot \frac{\Delta L}{L_0} = \frac{6 \times 5.03}{2 \times 55.4} = 272\text{mV}$$

2．变压器电桥

变压器电桥如图 5.10 所示，电桥两臂 Z_1 和 Z_2 为传感器线圈的阻抗，电桥另两臂为交流变压器次级绕组的 1/2 阻抗。

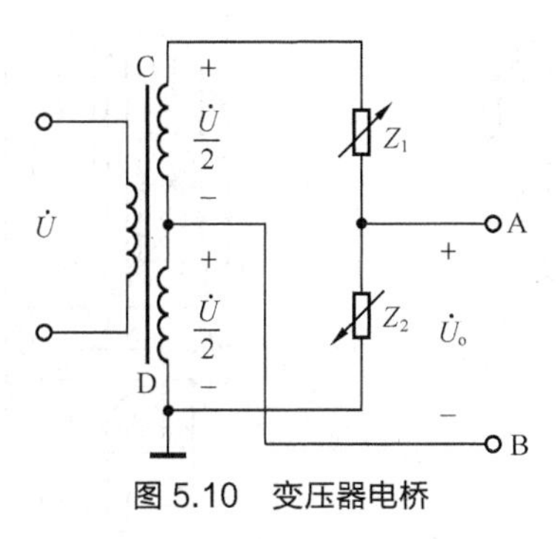

图 5.10 变压器电桥

当电桥开路时，流入工作臂的电流为

$$I = \frac{\dot{U}}{Z_1 + Z_2} \tag{5.23}$$

输出电压为

$$\dot{U}_o = \frac{\dot{U}}{Z_1 + Z_2} Z_2 - \frac{\dot{U}}{2} = \frac{\dot{U}}{2} \frac{Z_2 - Z_1}{Z_1 + Z_2} \tag{5.24}$$

初始时，$Z_1 = Z_2$，故初始电桥平衡（$\dot{U}_o = 0$）。

双臂工作时，$Z_1 = Z + \Delta Z$，$Z_2 = Z - \Delta Z$，相当于差动式传感器的衔铁向一边移动，可得

$$\dot{U}_o = -\frac{\dot{U}}{2} \cdot \frac{\Delta Z}{Z} \tag{5.25}$$

当衔铁向另一边移动时，$Z_1 = Z - \Delta Z$，$Z_2 = Z + \Delta Z$，可得

$$\dot{U}_o = \frac{\dot{U}}{2} \cdot \frac{\Delta Z}{Z} \tag{5.26}$$

由式（5.25）和式（5.26）可知，当衔铁向不同方向移动时，产生的输出电压 $\dot{U}_o$ 大小相等，

方向相反（即相位相差 180°），可以反映衔铁移动的方向。自感线圈的品质因数 Q 值较高时，式（5.25）和式（5.26）可写成

$$\dot{U}_o \approx \pm \frac{\dot{U}}{2} \cdot \frac{\Delta L}{L_0} \tag{5.27}$$

变压器电桥与交流电桥（电阻平衡电桥）相比，优点是元件少，输出阻抗小，桥路开路时电路为线性；缺点是变压器副边不接地，容易引起来自原边的静电感应电压，使高增益放大器不能工作。

5.1.6 自感式传感器的应用实例

自感式传感器除了直接用于位移测量，还可以用于振动、压力、荷重、流量和液位等的测量。

1．电感测微仪

电感测微仪是由差动式自感传感器构成的测量精密微小位移的装置。除螺管式电感传感器外，电感测微仪还包括测量电桥、交流放大器、相敏检波器、振荡电路、稳压电源及指示器等，如图 5.11 所示。

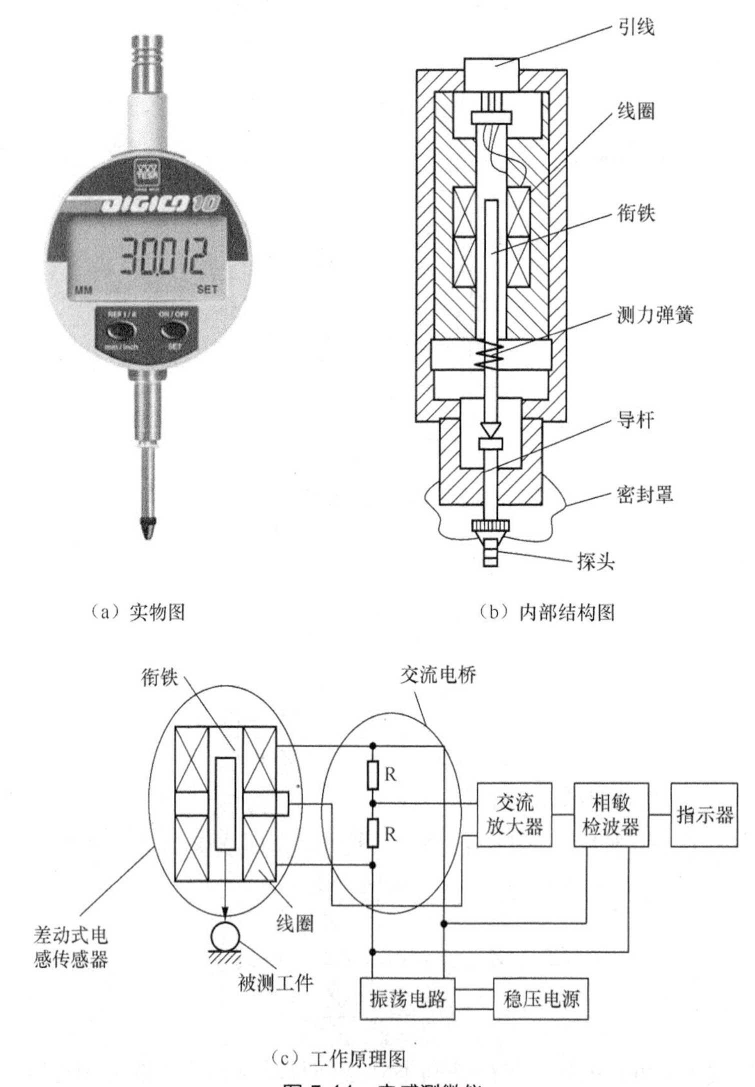

（a）实物图　（b）内部结构图

（c）工作原理图

图 5.11　电感测微仪

图 5.11（a）为实物图。图 5.11（b）为电感传感器的内部结构图，测量时探头与被测件接触，被测件的微小移动使衔铁在差动线圈中移动，线圈的电感值将产生变化。图 5.11（c）为工作原理图，线圈电感值的变化通过引线接到交流电桥，电桥的输出电压可以反映被测件的位移变化量，再通过放大、检波等，最后由指示器显示微小位移量。

2．电感压力传感器

变气隙式差动电感压力传感器如图 5.12 所示，主要由 C 型弹簧管、衔铁、铁芯、电感线圈、测量电桥等构成。

当被测压力 p 进入 C 型弹簧管时，C 型弹簧管产生变形，其自由端发生位移，带动与自由端连成一体的衔铁运动，使电感的气隙厚度发生变化。这时线圈 1 和线圈 2 中的电感发生大小相等、符号相反的变化，即一个电感量增大，另一个电感量减小。电感的这种变化通过测量电桥的电路转换为电压输出，只要用检测仪表测量出输出电压，就可以知道被测压力的大小。

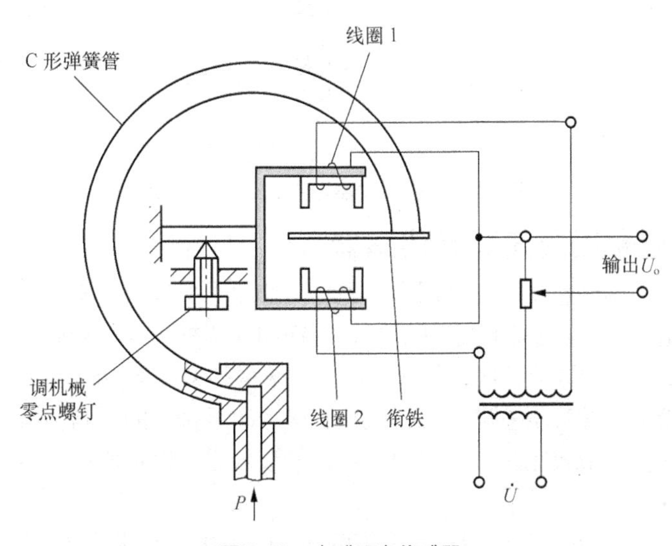

图 5.12　电感压力传感器

5.2　互感式传感器

互感有 2 个闭合的导体回路 C_1 和 C_2，互感是这 2 个闭合回路之间的属性。线圈 C_1 中的电流变化在线圈 C_2 激发电动势的现象称为互感现象。

互感式传感器主要为螺管型，工作原理类似于变压器的工作原理。互感式传感器通过互感的变化，再配合测量电路，就可以将互感的变化量转换为电信号输出。

5.2.1　互感的定义

互感如图 5.13 所示，电流环 C_1 在空间产生磁场，该磁场对以回路 C_2 为边界的曲面的磁通 Φ_{12} 与 C_1 中的电流强度 I_1 之比为互感，互感 M 为

$$M=\frac{\Phi_{12}}{I_1} \tag{5.28}$$

互感的单位与自感的单位一样，都是 H（亨）。

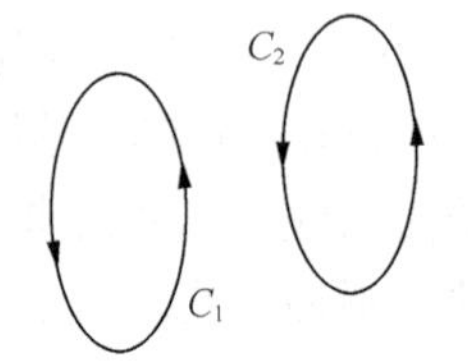

图 5.13　线圈之间的互感

在传感器技术中，常用变压器的方法描述互感，如图 5.14 所示。当初级绕组 N_1 加激励 $\dot{U}_1$ 时，在次级绕组 N_2 中会产生感生电动势 $\dot{U}_2$。

$$\dot{U}_2 = -j\omega M\dot{I}_1 \tag{5.29}$$

式（5.29）中，M 是变压器的互感，ω 是激励电源的角频率。

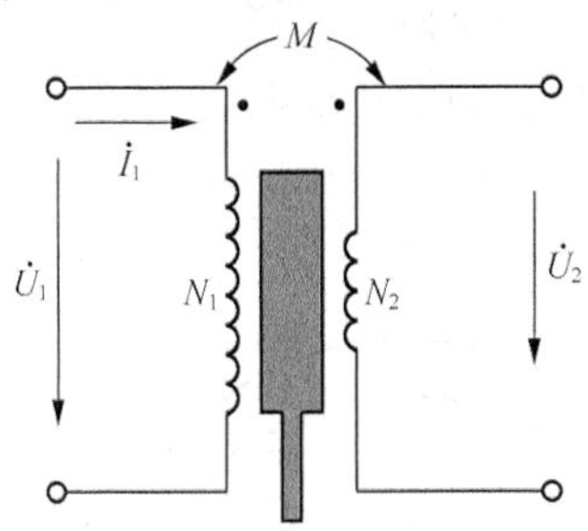

图 5.14　互感式传感器的变压器工作原理

5.2.2　差动变压器式互感传感器

差动变压器式互感传感器主要采用螺管型，工作原理类似于变压器，基本元件主要有初级线圈（初级绕组）、次级线圈（次级绕组）、衔铁和线圈框架等。初级线圈作为差动变压器的激励，相当于变压器的原边；次级线圈由尺寸、结构和参数都相同的 2 个线圈反相串接，相当于变压器的副边。螺管型差动变压器根据初级、次级排列的不同，有二节式、三节式、四节式和五节式等，二节式比三节式灵敏度高，三节式零点电位较小，四节式和五节式可以改善传感器的线性度。

图 5.15（a）为三节差动变压器式互感传感器，图中 1 为初级线圈、2 为次级线圈、3 为衔铁、4 为测杆。当测杆沿 x 方向移动时，初级线圈和次级线圈的耦合将发生变化，使变压器的互感发生变化。差动变压器正是工作在互感变化的基础之上。

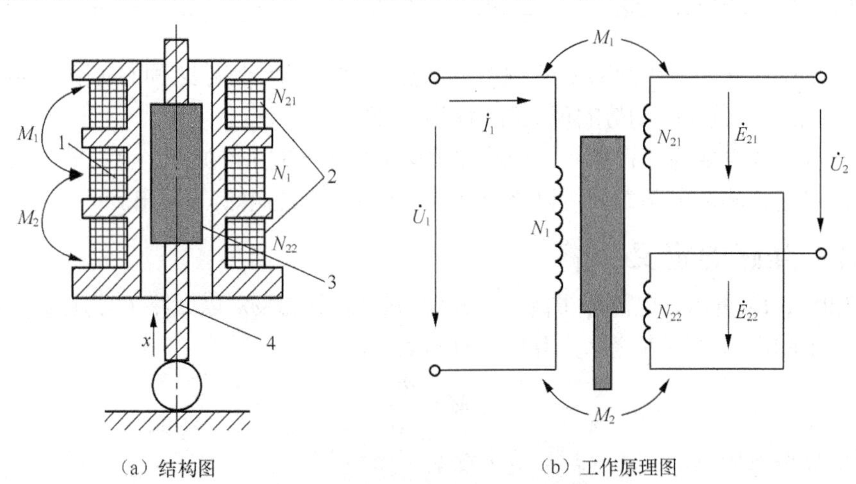

（a）结构图　　（b）工作原理图

图 5.15　差动变压器式互感传感器

图 5.15（b）为差动变压器式互感传感器的工作原理图。图中，N_1 为初级线圈；N_{21} 和 N_{22} 为结构相同的 2 个次级线圈；M_1 为初级线圈 N_1 和次级线圈 N_{21} 之间的互感；M_2 为初级线圈 N_1 和次级线圈 N_{22} 之间的互感。

当次级开路时，初级线圈的复数电流为

$$\dot{I}_1 = \frac{\dot{U}_1}{R_1 + j\omega L_1} \tag{5.30}$$

式（5.30）中，L_1 和 R_1 分别是初级线圈 N_1 的电感和有效电阻，$\dot{U}_1$ 是初级线圈的激励电压，ω 是激励电源的角频率。2 个次级线圈的感生电动势分别为

$$\dot{E}_{21} = -j\omega M_1 \dot{I}_1 \tag{5.31}$$

$$\dot{E}_{22} = -j\omega M_2 \dot{I}_1 \tag{5.32}$$

由于 2 个次级线圈反相串接，差动变压器式互感传感器的输出电压为

$$\dot{U}_2 = -j\omega\left(M_1 - M_2\right)\dot{I}_1 = -j\omega\dot{U}_1 \frac{M_1 - M_2}{R_1 + j\omega L_1} \tag{5.33}$$

输出电压的有效值为

$$\left|\dot{U}_2\right| = \frac{2\omega\Delta M\left|\dot{U}_1\right|}{\sqrt{R_1^2 + \left(\omega L_1\right)^2}} \tag{5.34}$$

对式（5.34）的输出电压进行分析，可以得到如下结论。

（1）初始时，衔铁位于中心平衡的位置，互感 $M_1 = M_2 = M$，输出电压 $\dot{U}_2 = 0$。

（2）当衔铁沿 x 方向移动时，输出电压 $\left|\dot{U}_2\right| > 0$，而且输出电压 $\left|\dot{U}_2\right|$ 与互感的变化量 ΔM 成正比。

实际上，差动变压器式互感传感器的输出电压 $\left|\dot{U}_2\right|$ 与衔铁位移 x 的关系如图 5.16 所示，图中 Δe 为零点残存电压，应采取措施减小 Δe。

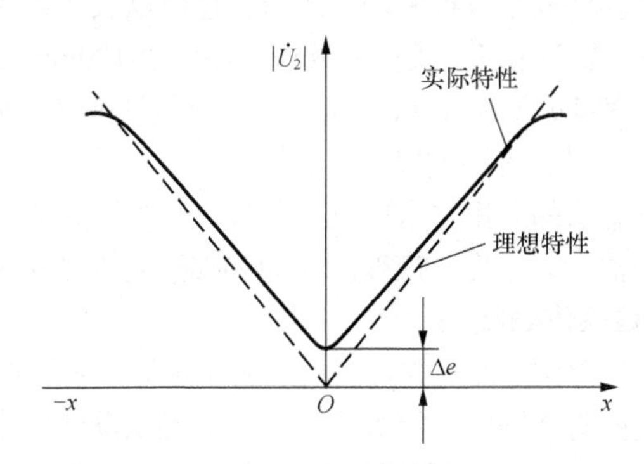

图 5.16　差动变压器式互感传感器的输出特性

5.2.3　互感式传感器的测量电路

差动变压器的输出电压为交流，它与衔铁位移成正比。用交流电压表测量时，输出值只能反映衔铁位移的大小，不能反映移动的方向。差动变压器式互感传感器的测量电路常采用差动整流电路，这种电路将差动变压器 2 个次级电压分别整流，然后将整流的电压或电流的差值作为输出，这样次级电压的相位和零点残存电压就都不必考虑。

图 5.17 为全波整流输出的差动整流电路，是根据半导体二极管单向导通原理进行解调的。如果一个传感器的次级线圈的输出瞬时电压极性在 a 点为“+”、在 b 点为“–”，则电流路径

为 a1423b；反之，如果在 b 点为 “+”、在 a 点为 “–”，则电流路径为 b3421a。可见，无论次级线圈的输出瞬时电压极性如何，通过电阻 R 的电流总是从 4 到 2。同理，可以分析另一个次级线圈的输出情况。

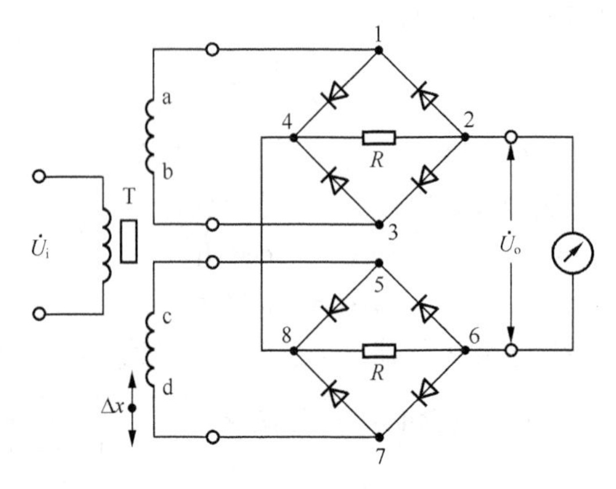

图 5.17　全波整流输出的差动整流电路

整流电路的输出电压 $\dot{U}_o$ 始终为 2 个电阻 R 上的电压差，即

$$\dot{U}_o = \dot{U}_{42} - \dot{U}_{86} \tag{5.35}$$

结论如下。

（1）初始时，衔铁位于零位，$\dot{U}_{42} = \dot{U}_{86}$，输出电压 $\dot{U}_o = 0$。

（2）当衔铁沿 x 方向移动且位于零位以上时，$\dot{U}_{42} > \dot{U}_{86}$，输出电压 $\dot{U}_o > 0$。

（3）当衔铁沿 x 方向移动且位于零位以下时，$\dot{U}_{42} < \dot{U}_{86}$，输出电压 $\dot{U}_o < 0$。

5.2.4　互感式传感器的应用实例

互感式传感器既可以设计成小量程差动变压器，也可以设计成大量程差动变压器。小量程一般指位移 0 ~ ±5mm，多采用三节式；大量程位移可达 100mm 以上，多采用二节式。差动变压器的铁芯采用导磁率良好（磁导率 μ 很大）的工业纯铁或铁氧体，线圈骨架采用热膨胀系数小的非金属（如酚醛塑料、陶瓷或聚四氟乙烯）。

差动变压器式互感传感器的应用非常广泛，凡是与位移有关的物理量都可以经过它转换成电量输出，常用于测量振动、厚度、应变、压力和加速度等各种物理量。

1．差动变压器式加速度传感器

利用差动变压器加上悬臂梁弹性支撑可以构成加速度计，如图 5.18（a）所示，其中悬臂梁底座及差动变压器的线圈骨架固定，衔铁的上端与被测振动体相连。当被测物体带动衔铁以加速度 a 运动时，衔铁的位移大小反映了振动的幅度、频率和加速度大小。这里采用三节式互感传感器，可测量的振幅范围为 0.1 ~ 5mm。

振动的幅度、频率和加速度大小可以用测量电路转换成电量输出，如图 5.18（b）所示。由于运动系统的质量 m 不可能太小，因此系统的固有振动频率一般小于 150Hz。为得到精确的测量结果，测量电路中振荡器的频率应是运动系统振动频率的 10 倍以上。

2．差动变压器式微压力传感器

将差动变压器和弹性敏感元件（膜片、膜盒或弹簧管等）相结合，可以组成各种形式的压力传感器。由于差动变压器输出的是标准信号，所以常称为变送器。

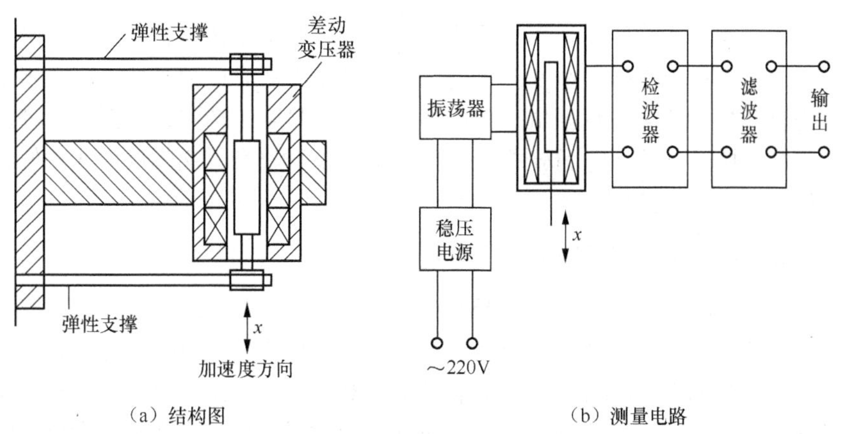

（a）结构图　　（b）测量电路

图 5.18　差动变压器式加速度传感器

微压力变送器如图 5.19 所示。当被测压力为 0 时，膜盒在初始位置状态，此时固接在膜盒中心的衔铁位于差动变压器线圈的中间位置，因此输出电压为 0；当被测压力由输入接头传入膜盒时，膜盒自由的一端产生正比于压力的位移，并且带动衔铁在差动变压器线圈中移动，从而使差动变压器输出电压。

这种微压力变送器输出电压比较大，一般不需要放大器。这种微压力变送器经分档可测量$-4\times10^4\sim6\times10^4$Pa 的压力，输出信号电压为 0～50mV，精度一般为 1.5 级。

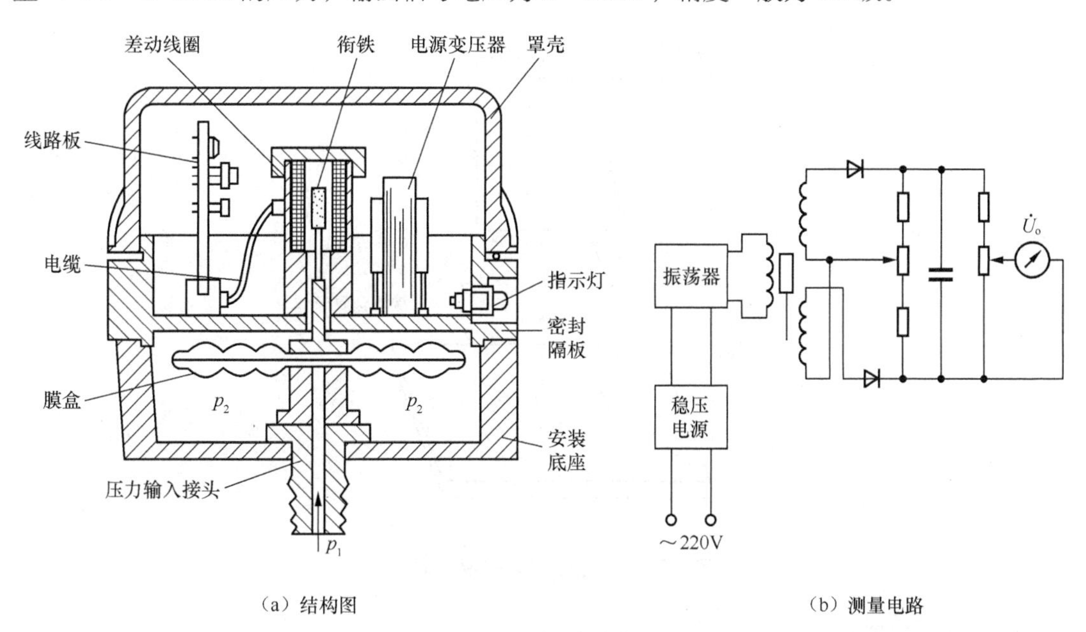

（a）结构图　　（b）测量电路

图 5.19　微压力变送器

5.3　电涡流式传感器

当导体置于变化着的磁场或在磁场中运动时，导体中就要产生感生电流（感应电流），此电流在导体内闭合，称为电涡流。电涡流式传感器就是建立在这种涡流效应原理上的传感器。电涡流大小与导体电阻率 ρ 、导体磁导率 μ 、激励电流频率 f 和距离等参数有关，若保持其中若干参数恒定，就能按电涡流大小测量另外某一参数。

严格地说，电涡流式传感器也属于互感式传感器。电涡流式传感器结构简单、频率响应宽、灵敏度高、抗干扰能力强、线性测量范围大、可以实现非接触测量，广泛用于非接触测量物体表面为金属导体的多种物理量，如位移、振动、厚度、转速、表面温度等，还可以进行无损探伤和制作接近开关。电涡流式传感器主要有 2 种类型：高频反射式和低频透射式，其中高频反射式应用较为广泛。

5.3.1 电涡流式传感器的工作原理

根据法拉第电磁感应定律，当传感器的正弦交变电流 $\dot{I}_1$ 通过线圈时，线圈的周围会产生正弦交变磁场 H_1，这时若将被测金属导体放置在正弦交变磁场 H_1 中，被测金属导体内将产生正弦交变电流 $\dot{I}_2$，如图 5.20 所示。$\dot{I}_2$ 在被测金属导体内闭合，是电涡流，此电涡流 $\dot{I}_2$ 又将产生一个磁场 H_2。电涡流传感器实质上是一个线圈-导体系统，由这个系统的变化可以测量各种参数，这就是电涡流式传感器的工作原理。

正弦交变磁场 H_1 的频率与正弦交变电流 $\dot{I}_1$ 的频率相同，都为频率 f。根据电涡流 $\dot{I}_2$ 穿透被测金属导体的能力，电涡流式传感器分为如下 2 种类型。

（1）高频反射式

由电磁场理论可知，由于集肤效应，当正弦交变磁场 H_1 的频率 f 较高时，电涡流 $\dot{I}_2$ 的穿透能力很小。传感器工作于这种情况时，称为高频反射式。

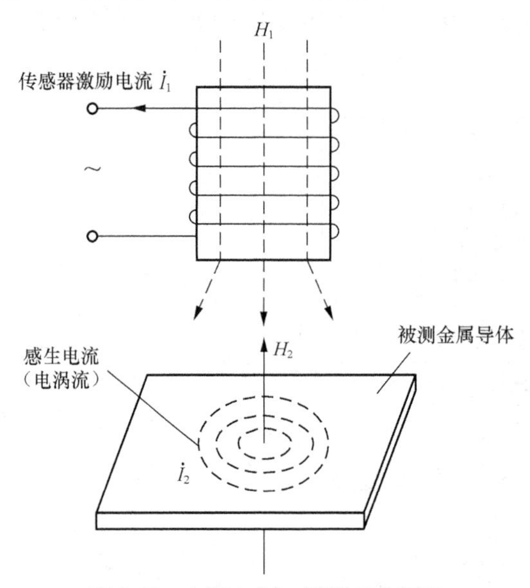

图 5.20 电涡流式传感器的工作原理

（2）低频透射式

当正弦交变磁场 H_1 的频率 f 较低时，电涡流 $\dot{I}_2$ 的穿透能力很大，能够穿透被测金属导体。传感器工作于这种情况时，称为低频透射式。

5.3.2 高频反射式电涡流传感器

根据楞次定律，图 5.20 中的磁场 H_2 将减弱原磁场 H_1，从而导致线圈的电感、阻抗和品质因数等发生改变。高频反射式电涡流传感器由线圈阻抗的变化可以测量各种参数。

1．等效电路

高频反射式电涡流传感器可以用等效电路进行分析，如图 5.21 所示。线圈回路的电阻为

R_1，电感为 L_1，激励电流为 $\dot{I}_1$，激励电压为 $\dot{U}_1$；金属导体中的电涡流等效为一个短路线圈构成另一个回路，涡流电阻为 R_2，涡流环路电感为 L_2，电涡流为 $\dot{I}_2$；线圈与导体之间的互感系数为 M，互感系数 M 受线圈与导体之间的距离影响。

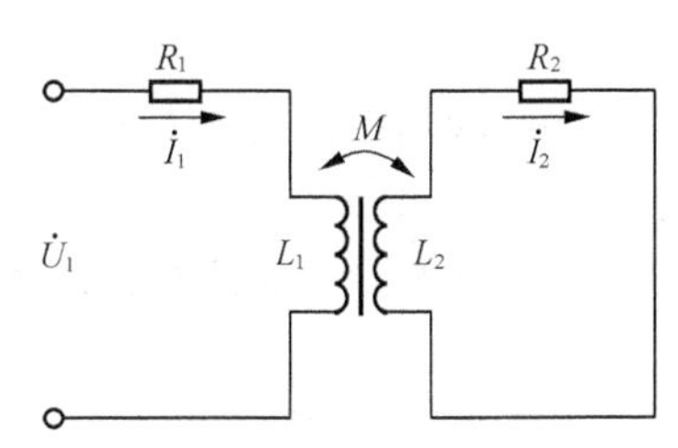

图 5.21　高频反射式电涡流传感器的等效电路

根据基尔霍夫定律，可以列出如下的电路方程组。

$$\begin{cases} R_1\dot{I}_1 + j\omega L_1\dot{I}_1 - j\omega M\dot{I}_2 = \dot{U}_1 \\ -j\omega M\dot{I}_1 + R_2\dot{I}_2 + j\omega L_2\dot{I}_2 = 0 \end{cases} \tag{5.36}$$

由式（5.36）可以解得

$$\dot{I}_1 = \frac{\dot{U}_1}{R_1 + \dfrac{\omega^2 M^2}{R_2^2 + (\omega L_2)^2} R_2 + j\omega\left[L_1 - \dfrac{\omega^2 M^2}{R_2^2 + (\omega L_2)^2} L_2\right]} \tag{5.37}$$

于是，线圈的等效阻抗为

$$Z = \frac{\dot{U}_1}{\dot{I}_1} = R_1 + \frac{\omega^2 M^2}{R_2^2 + (\omega L_2)^2} R_2 + j\omega\left[L_1 - \frac{\omega^2 M^2}{R_2^2 + (\omega L_2)^2} L_2\right] = R_S + j\omega L_S \tag{5.38}$$

即线圈的等效电阻为

$$R_S = R_1 + \frac{\omega^2 M^2}{R_2^2 + (\omega L_2)^2} R_2 \tag{5.39}$$

线圈的等效电感为

$$L_S = L_1 - \frac{\omega^2 M^2}{R_2^2 + (\omega L_2)^2} L_2 \tag{5.40}$$

由于电涡流效应的影响，线圈的等效电路有如下结论。

（1）线圈的等效电阻 $R_S > R_1$，且线圈的等效电阻 R_S 随着 M 的增大（即导体与线圈距离的减小）而增大。

（2）线圈的等效电感 L_S 由 2 项决定。第 1 项 L_1 与静磁效应有关，线圈与金属导体构成一个磁路，若金属导体为磁性材料时有效磁导率随导体与线圈距离的减小而增大，则 L_1 增大；若金属导体为非磁性材料时有效磁导率不变，则 L_1 不变。第 2 项 $\dfrac{\omega^2 M^2}{R_2^2 + (\omega L_2)^2} L_2$ 使线圈的等效电感 L_S 减小。综上所述，当靠近传感器线圈的被测金属导体为磁性材料时，传感器线圈的等效电感 L_S 增大；当靠近传感器线圈的被测金属导体为非磁性材料时，传感器线圈的等效电感 L_S 减小。

（3）用一个电容与线圈构成并联谐振电路，品质因数为

$$Q = \frac{\omega L_S}{R_S} \tag{5.41}$$

在不接被测导体时，将传感器调谐到某一个谐振频率 f_0；当接入被测导体时，回路失谐。

（4）线圈的等效电阻 R_S、等效电感 L_S 和谐振频率 f_0 的变化，可以用于测量位移、振动、厚度、转速、表面温度等各种参数。

2．基本结构

高频反射式电涡流传感器的结构比较简单，主要由一个安装在框架上的扁平圆形线圈构成，如图 5.22 所示。线圈绕制在聚四氟乙烯做成的线圈框架内，线圈用多股漆包线或银线绕制成扁平盘状。使用时，通过骨架衬套将整个传感器安装在支架上，电缆和插头与高频正弦交变激励源相连。

3．测量电路

根据高频反射式电涡流传感器的工作原理，被测量可以由传感器转换为传感器线圈的阻抗 Z、电感 L 和品质因数 Q。究竟利用哪个参数并将其变换为电压或电流输出，取决于测量电路。如果利用线圈的电感 L 进行测量，则常将已知电容 C 与电感 L 组成并联谐振回路，传感器的测量电路有调幅式和调频式 2 类；如果利用线圈的阻抗 Z 进行测量，测量电路常采用交流电桥。

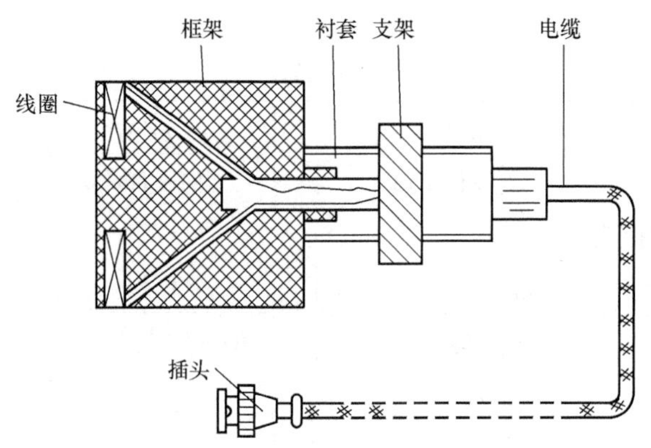

图 5.22　高频反射式电涡流传感器的基本结构

（1）调幅式测量电路

调幅式测量电路如图 5.23 所示，图中电感 L 和电容 C 构成了并联谐振电路，晶体振荡器给并联谐振电路提供一个频率为 f_0 的高频激励电源。并联谐振电路的谐振频率为

$$f=\frac{1}{2\pi\sqrt{LC}} \tag{5.42}$$

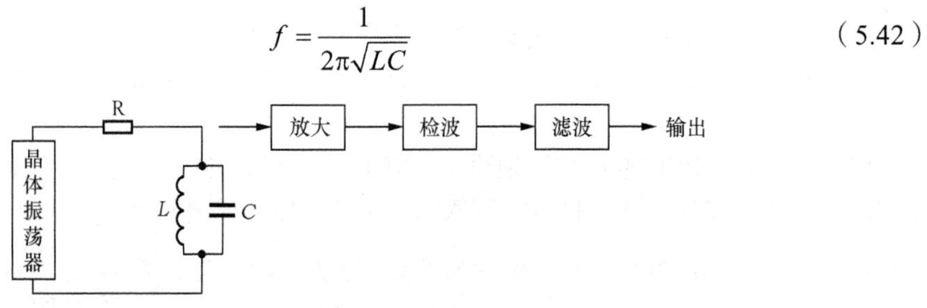

图 5.23　调幅式测量电路

当没有被测物体时，$f=f_0$，此时并联谐振电路呈现的阻抗 Z 最大，测量电路可以得到最大的输出电压；当被测金属导体靠近传感器线圈时，线圈的等效电感 L 发生变化，回路失谐，导致并联谐振电路的等效阻抗 Z 降低，输出电压也跟着降低。由于等效电感 L 随导体与传感器距离的变化而变化，导致输出的电压也随之变化。输出电压经过放大、检波和滤波后，由指示仪表直接显示出导体与传感器的距离。

（2）调频式测量电路

调频式测量电路的原理是被测量的变化引起传感器线圈电感的变化，电感的变化导致谐振频率变化。调频就是用被测量的变化去改变（调制）激励信号的频率，使激励信号的工作频率随被测量的变化而变化。

电涡流传感器的线圈是谐振电路的一个元件，线圈电感的变化可以直接使振荡器的振荡频率发生变化，从而实现频率调制，然后通过鉴频器和附加电路，将频率的变化变换为电压的变化。

（3）交流电桥测量电路

交流电桥测量电路是将传感器线圈的阻抗变化转换为电压或电流的变化。图 5.24 为交流电桥测量电路，图中 L_1 和 L_2 是 2 个差动传感器线圈，它们与电容 C_1 和 C_2 的并联阻抗 Z_1 和 Z_2 作为电桥的 2 个桥臂；另 2 个桥臂由纯电阻 R_1 和 R_2 组成。其中

$$Z_1 = L_1 // C_1, \quad Z_2 = L_2 // C_2 \tag{5.43}$$

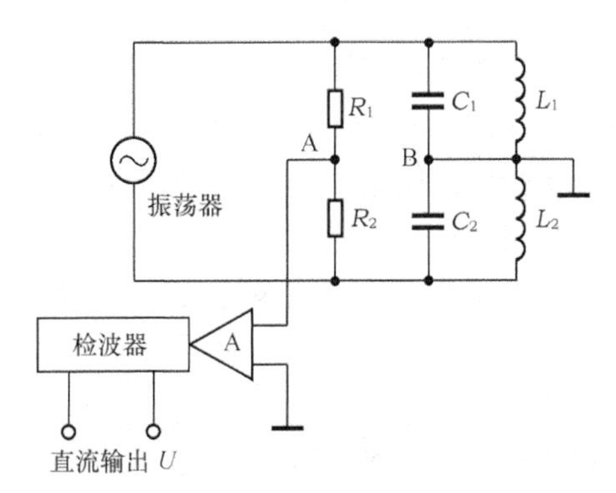

图 5.24　交流电桥测量电路

交流电桥测量电路用于 2 个电涡流线圈组成的差动式传感器。初始时，电桥平衡；当被测金属导体靠近传感器线圈时，传感器线圈的阻抗发生变化，电桥失去平衡。将电桥不平衡造成的输出信号进行放大并检波，可以得到与被测量成正比的输出。

5.3.3　低频透射式电涡流传感器

低频透射式电涡流传感器采用低频激励（一般频率为几百～几千 Hz），因而有较大的穿透深度，适合于测量金属材料的厚度。这种传感器的工作原理如图 5.25 所示，采用低频电压 u_1 加到电感 L_1 上，线圈中流过同样频率的电流 i_1；在厚度为 h 金属板的另一侧，有线圈电感 L_2，电磁场穿过金属板后，在线圈上产生感应电动势 u_2。由于金属板中产生了电涡流 i，电涡流消耗了能量，引起感应电动势 u_2 的下降。

由电磁场理论可知，线圈上的感应电动势 u_2 随金属板厚度 h 的增加而指数型减小，有如下关系式。

$$u_2 = u_{20} e^{-\sqrt{\pi f \mu \sigma} h} \tag{5.44}$$

式（5.44）中，u_{20} 是金属板厚度 $h = 0$ 时的感应电动势，f 是激励的频率，μ 是金属板的磁导率，σ 是金属板的电导率。可以看出，f、μ、σ 或 h 越大，u_2 越小；同时还可以看出，为使 u_2 较大以便能较好地进行厚度测量，激励频率 f 应较低，这就是采用低频激励的原因。

为使测量不同电导率的金属时所得到的曲线形状相近，需要相应地改变激励频率 f。在测量电导率 σ 较大的金属材料时（如紫铜），选用较低的频率 f（500Hz）；在测量电导率 σ 较小的金属材料（如黄铜、铝）时，选用较高的频率 f（2000Hz）。为获得正确的测量结果，应保

持被测金属的温度恒定。

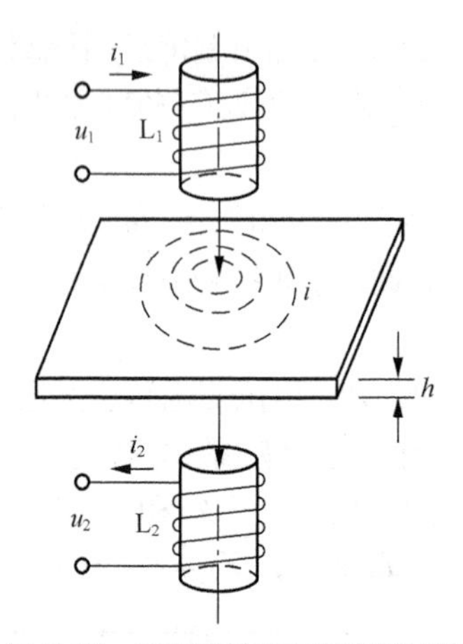

图 5.25 低频透射式电涡流测厚仪

例 5.3 已知铜的磁导率 $\mu = 4\pi\times10^{-7}\text{H/m}$，电导率 $\sigma = 5.8\times10^{7}\text{S/m}$。（1）计算频率为 $f_1 = 50\text{Hz}$ 和 $f_2 = 1\text{MHz}$ 时电磁场在铜中的趋肤厚度；（2）当被测金属板的厚度为 1.2mm 时，说明低频透射法需要采用多低的频率。

解：（1）工程上常用趋肤厚度 h 表示集肤效应的程度。在电磁场由导体表面进入导体时，趋肤厚度 h 等于振幅衰减到表面值的 $1/e$ 所经过的距离。

当 $f_1 = 50\text{Hz}$ 时，$h_1 = \dfrac{1}{\sqrt{\pi f_1 \mu\sigma}} = \dfrac{1}{\sqrt{\pi\times50\times4\pi\times10^{-7}\times5.8\times10^{7}}} = 9.34\text{mm}$

当 $f_2 = 1\text{MHz}$ 时，$h_2 = \dfrac{1}{\sqrt{\pi f_2 \mu\sigma}} = \dfrac{1}{\sqrt{\pi\times10^{6}\times4\pi\times10^{-7}\times5.8\times10^{7}}} = 0.0667\text{mm}$

可见，随着频率的升高，电磁场在铜中的趋肤厚度在降低。

（2）传感器采用低频透射法时，需要降低激励的频率，使电涡流穿透深度大于 1.2mm，即应满足

$$h = \frac{1}{\sqrt{\pi f \mu\sigma}} > 1.2\text{mm}$$

所以有

$$f < \frac{1}{1.44\times10^{-6}\pi\mu\sigma}$$

一般选频率 $f < 3\text{kHz}$。

5.3.4 电涡流式传感器的应用实例

电涡流式传感器测量范围大、灵敏度高、结构简单、抗干扰能力强、可以非接触测量，广泛用于工业生产和科学研究。这种传感器可用于位移、振动、厚度的测量（变换量为传感器线圈与被测体之间的距离 d）；可用于表面温度、电解质浓度的测量（变换量为被测体电导率 σ）；可用于损伤的探测（变换量为 d、σ、μ）。

1．位移测量

电涡流式传感器可以测量各种形式的位移量，如图 5.26 所示（这属于高频反射式电涡流传感器）。例如，可以测量汽轮机主轴的轴向位移，如图 5.26（b）所示；可以测量磨床换向阀、

先导阀的位移，如图 5.26（c）所示；可以测量金属试件的热膨胀系数，如图 5.26（d）所示。

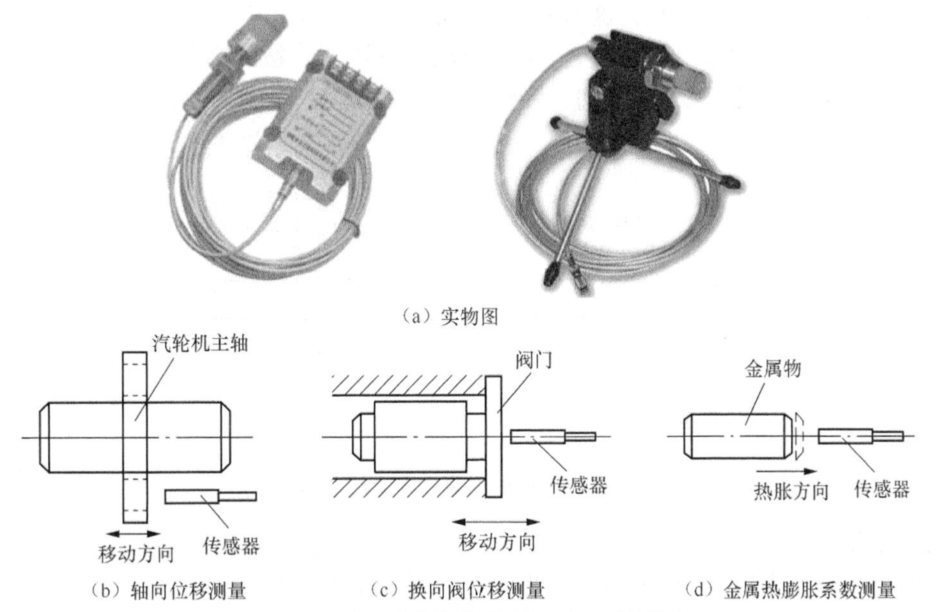

图 5.26　电涡流式传感器测量各种形式的位移

2．振动测量

电涡流式传感器可以测量各种形式的振动，如图 5.27 所示（这属于高频反射式电涡流传感器）。例如，可以测量汽轮机、空气压缩机主轴的径向振动，如图 5.27（a）所示；可以测量发动机涡轮叶片的振幅，如图 5.27（b）所示。

在研究轴的振动时，需要了解轴的振动状态。为此，可用多个传感器探头并排放置在轴的附近，画出轴的振动状态图，如图 5.27（c）所示。

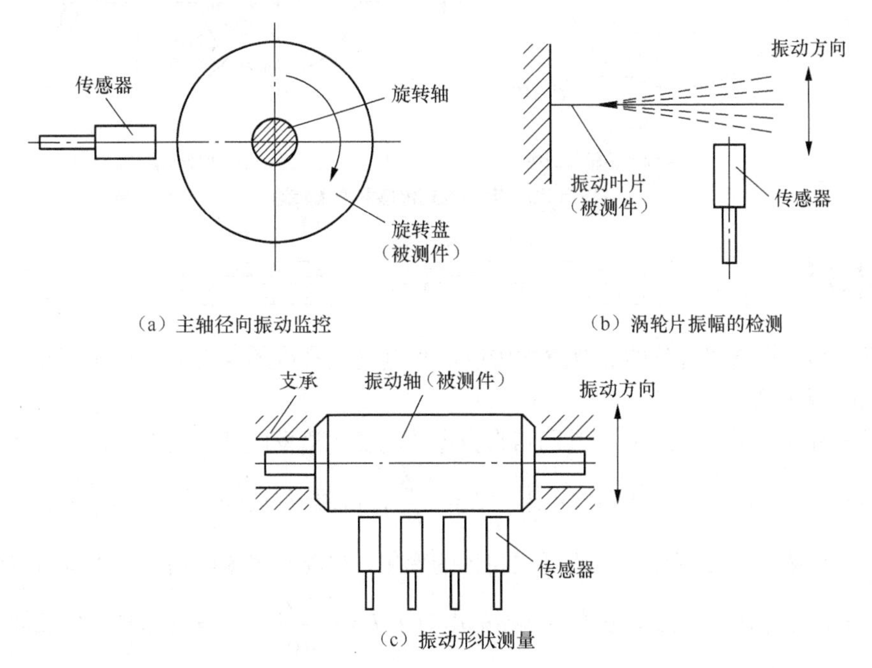

图 5.27　电涡流式传感器测量各种形式的振动

3．厚度测量

图 5.28 为测厚仪的原理图，这属于低频透射式电涡流传感器。2 个传感头分别放在金属板的两侧，传感头 1 发出的低频激励信号通过被测金属板后，被传感头 2 接收。金属板越厚，传感头 2 接收到的信号越小，由此可以测量出金属板的厚度。

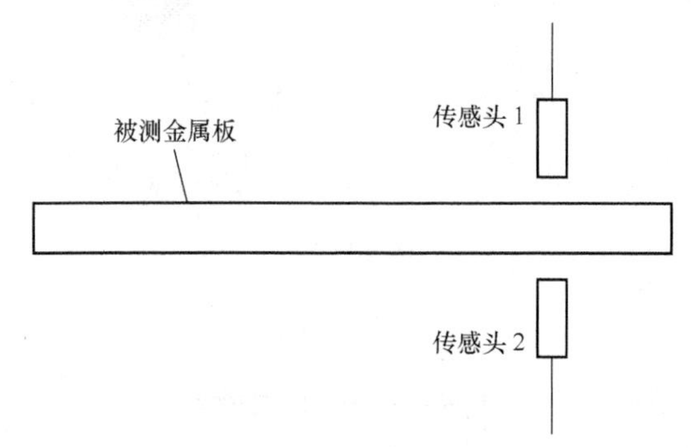

图 5.28 电涡流式传感器测量金属板厚度

4．转速测量

在旋转体的旁边放置一个传感器，可以测量旋转体的转速，如图 5.29 所示，这属于高频反射式电涡流传感器。测量方法如下：在一个旋转体上开一条或数条槽，如图 5.29（a）所示；或将一个旋转体做成齿状，如图 5.29（b）所示。当旋转体转动时，电涡流传感器将周期性地改变输出信号，由此可以测量出旋转体的转速。

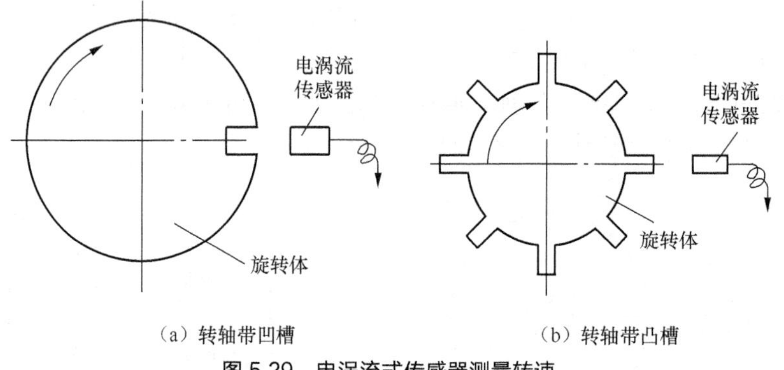

（a）转轴带凹槽　　（b）转轴带凸槽

图 5.29 电涡流式传感器测量转速

本章小结

本章介绍了自感式传感器、互感式传感器和电涡流式传感器的工作原理、基本结构、测量电路和应用实例。

自感只有 1 个闭合的回路，其回路自身电流的变化激发电动势的现象称为自感，一般情况下自感就是所说的电感。线圈的自感为 $L=\dfrac{N\Phi}{I}$，自感还可以表示为 $L=\dfrac{N^2}{R_M}$。自感式传感器有气隙型和螺管型 2 种结构，它通过自感的变化，再配合测量电路，就可以将自感的变化量转换为电信号输出。气隙型电感传感器的电感为 $L\approx\dfrac{N^2\mu_0 S_0}{2\delta_0}$，有变隙式和变截面式 2 种结构，并可以采用差动式结构；螺管型电感传感器常采用差动式结构，这种结构可以提高灵敏度和线性度。自感式传感器并不是一个纯电感，等效电路还包括损耗电阻和寄生电容，应该等效为一个复阻抗 Z。自感式传感器的测量电路有交流电桥和变压器电桥：交流电桥的 2 个桥臂为电阻，另 2 个桥臂为差动电感线圈，桥路输出的电压 $\dot{U}_o \approx \frac{\dot{U}}{2} \cdot \frac{\Delta L}{L_0}$；变压器电桥结构简单，电桥的 2 个桥臂为传感器线圈的阻抗，另 2 个桥臂为交流变压器次级绕组的 1/2 阻抗。自感式传感器主要用于位移、压力等的测量。

互感有 2 个闭合的回路 C_1 和 C_2，线圈 C_1 中的电流变化在线圈 C_2 激发电动势的现象称为互感现象。线圈 C_1 和线圈 C_2 的互感为 $M = \frac{\Phi_{12}}{I_1}$，互感还可以用 $\dot{U}_2 = -j\omega M\dot{I}_1$ 表示。互感式传感器主要为螺管型，工作原理类似于变压器的工作原理，常采用差动式结构，有二节式、三节式、四节式和五节式等。差动变压器式互感传感器的测量电路常采用差动整流电路，将差动变压器 2 个次级电压分别整流后，将整流的电压差值作为输出，这样次级电压的相位和零点残存电压就都不必考虑。互感式传感器常用于测量加速度和压力等。

电涡流式传感器是建立在电涡流效应原理上的传感器，主要有 2 种类型：高频反射式和低频透射式。高频反射式采用的激励频率 f 较高，由于集肤效应穿透能力很小，可以用等效电路进行分析（传感器线圈与金属导体中的电涡流分别等效为互感的 2 个回路），结构比较简单，测量电路有谐振回路（分为调幅式和调频式 2 类）和交流电桥。低频透射式采用的激励频率 f 较低，电涡流能够穿透被测金属导体，在金属板另一侧的线圈上产生感应电动势 $u_2 = u_{20}\mathrm{e}^{-\sqrt{\pi f \mu \sigma}h}$，由于金属板中产生的电涡流消耗了能量，引起感应电动势 u_2 的下降，由此可以测量各种参数。电涡流式传感器可以非接触测量位移、振动和厚度等。

思考题和习题

5.1　根据工作原理的不同，电感式传感器可分为哪些类型？

5.2　什么是自感？画出气隙型和螺管型自感式传感器的结构图。

5.3　写出气隙型自感线圈的电感计算公式，由这个计算公式说明变截面式和变隙式自感传感器哪种是线性的？为什么变隙式自感传感器只能用于微小位移的测量？

5.4　变气隙自感传感器和差动变气隙自感传感器有哪些区别？分析这两种传感器的灵敏度和非线性误差，说明差动式的优点。

5.5　自感式传感器是一个理想的纯电感吗？为什么？

5.6　画出自感式传感器的交流电桥和变压器电桥测量电路，并说明变压器电桥测量电路的优点和缺点。

5.7　什么是互感？当初级绕组加激励 $\dot{U}_1$ 时，写出在次级绕组中产生的感生电动势 $\dot{U}_2$。

5.8　差动变压器式互感传感器主要采用哪种类型？二节式、三节式、四节式和五节式各有什么优点？

5.9　画出互感式传感器的全波整流差动输出的测量电路。说明当衔铁移动且位于零位以上时，输出电压 $\dot{U}_o > 0$；当衔铁移动且位于零位以下时，输出电压 $\dot{U}_o < 0$。

5.10　电涡流式传感器有哪 2 种类型？工作原理是什么？

5.11　画出高频反射式电涡流传感器的等效电路，说明线圈的等效电阻 R_S 和等效电感 L_S 的变化情况。高频反射式电涡流传感器有哪几种测量电路？

5.12　低频透射式电涡流传感器为什么能穿过金属板？穿透能力与哪些因素有关？

5.13　列举自感式传感器、互感式传感器和电涡流式传感器的应用实例。

5.14　气隙型自感线圈的匝数 $N = 2000$ ，气隙的横截面积 $S_0 = 4 \times 4\text{mm}^2$ ，气隙的厚度 $\delta_0 = 0.35\text{mm}$ ，衔铁的最大位移 $\Delta\delta = \pm 0.075\text{mm}$ 。求：（1）初始时传感器的电感值；（2）传感器电感的最大变化量；（3）传感器的灵敏度。

5.15　差动式螺管型电感传感器线圈 1 和线圈 2 的总长度为 120mm，单个线圈的直流电阻为 $R_S = 21\Omega$ ，初始时单个线圈的电感为 $L_0 = 44\text{mH}$ ，线圈电感的变化量为 $\Delta L = \pm 4.7\text{mH}$ ，激励电源的频率为 $f = 3000\text{Hz}$ 。求：（1）若想得到较好的线性关系，传感器的铁芯长度应为多少；（2）单个线圈的品质因数；（3）当激励电压的有效值为 $|\dot{U}| = 6\text{V}$ 时，电桥电路的最大输出电压值。

5.16　利用低频透射式电涡流传感器测量金属板的厚度，已知金属板的磁导率 $\mu = 4\pi \times 10^{-7}\text{H/m}$ ，电导率 $\sigma = 4 \times 10^7\text{S/m}$ 。（1）计算频率为 $f = 500\text{Hz}$ 时电磁场在金属板中的趋肤厚度；（2）当被测金属板的厚度为 1.2mm 时，说明低频透射法需要采用多低的频率。

PART 6

第 6 章 热电式传感器

热电式传感器是利用某种材料或元件与温度有关的特性，将温度的变化转换为电量变化的装置或器件。其中，将金属导体温度变化转换为电阻变化的称为热电阻传感器；将金属导体温度变化转换为热电势变化的称为热电偶传感器；利用半导体材料的温度特性制成的称为热敏电阻传感器。本章将分别讨论热电阻、热电偶和热敏电阻传感器的工作原理、基本结构、测量电路和应用实例。

6.1 热电阻传感器

热电阻传感器是利用导体的电阻随温度变化而变化的特性研制成的传感器。能制成热电阻传感器的导体材料应具备如下特点：电阻温度系数要尽可能大和稳定，电阻率高，电阻与温度之间有良好的线性关系，在较宽的范围内具有稳定的物理和化学性质。

6.1.1 金属热电阻

大多数金属导体的电阻都随温度变化，称为电阻-温度效应，其特性方程为

$$R_t = R_0(1+\alpha t+\beta t^2+\cdots) \qquad (6.1)$$

式（6.1）中，R_t和 R_0分别是金属在 t℃和 0℃时的电阻值；α 、β 等是金属的电阻温度系数。选作热电阻传感器感温材料的金属应满足如下条件。

（1）α 要大。α 越大，热电阻的灵敏度越高，由于纯金属的 α 比合金的高，一般采用纯金属作为感温材料。

（2）绝大多数金属的 α 、β 不是常数，应选 α 、β 较稳定的金属材料。

适宜制作热电阻的金属材料有铂、铜、镍等。

1．铂热电阻

由于铂的物理、化学性质非常稳定，铂是目前制造热电阻的最好材料。铂电阻除用作一般工业测温外，还作为温度计基准器。按照国际温标的规定，铂电阻作为−259.34～630.74℃温度范围内的温度基准。

铂电阻与温度的关系，在 0～650℃温度范围内为

$$R_t = R_0(1+At+Bt^2) \qquad (6.2)$$

在−200～0℃温度范围内为

$$R_t = R_0[1+At+Bt^2+C(t-100)t^3] \qquad (6.3)$$

式（6.2）和式（6.3）中，A、B、C 为分度系数，分别为

$$A = 3.96847\times10^{-3}\,/^\circ\mathrm{C}$$

$$B = -5.847 \times 10^{-7} / ^\circ \mathrm{C}^2$$
$$C = -4.22 \times 10^{-12} / ^\circ \mathrm{C}^4$$

工业上将铂电阻相应于 50Ω和 100Ω的 R_t–t 关系制成分度表，对应的分度号分别为 Pt50 和 Pt100，其 0℃的电阻值分别为 50Ω和 100Ω。分度表是各种热电阻的“电阻值-温度”对照表，在分度表中温度按每 10℃分档，给出了热电阻在不同温度的电阻值。

铂电阻一般是由直径为 0.02～0.07mm 的铂丝绕在片型云母骨架上，装入玻璃或陶瓷等保护管内，用银导线作引出线。

2．铜热电阻

铜容易提纯，在–50℃～150℃范围内化学、物理性能稳定，铜丝可用于制作–50℃～150℃范围内的工业用电阻温度计。

铜电阻与温度的关系，在–50℃～150℃温度范围内为

$$R_t = R_0(1+\alpha t) \tag{6.4}$$

式（6.4）中，$\alpha = 4.28899 \times 10^{-3} / ^\circ \mathrm{C}$。标准化铜电阻的 R_0 一般计入 50Ω和 100Ω，对应的分度号分别为 Cu50 和 Cu100。

例 6.1 分度号为 Cu100 的热电阻，在 130℃时它的电阻 R_t 为多少？

解：分度号为 Cu100 的热电阻，是指标准化铜电阻在 0℃时电阻值为 100Ω，即 $R_0 = 100\Omega$。由式（6.4），在 130℃时 Cu100 的电阻值近似为

$$R_t = R_0(1+\alpha t) = 100(1+4.28899 \times 10^{-3} \times 130) = 155.757\Omega$$

若利用式（6.1）计算 130℃时 Cu100 的电阻值，结果会更精确。

6.1.2 热电阻测量电路

利用热电阻进行温度测量时，还需要配有专门的测量电路。这是因为热电阻的阻值很小，热电阻与导线串联在一起，会造成测量误差，导线的电阻值不能忽略。例如，50Ω的铂电阻，若导线电阻为 1Ω，将会产生 5℃的误差。

为了避免或减小导线的电阻对测温的影响，人们设计了三线制及四线制连接方法。目前工业热电阻多半采用三线制接法，即热电阻的一端与一根导线相连，热电阻的另一端与两根导线相连。

当热电阻 R_t 与电桥配合时，三线制接法的优越性可以用图 6.1 说明。R_{W1}、R_{W2} 和 R_{W3} 是与热电阻 R_t 相连的三根导线的电阻值，$R_{W1} = R_{W2} = R_{W3} = R_W$。$R_1$ 和 R_2 是 2 个桥臂，$R_1 = R_2$；R_3 是用来调整电桥平衡的精密电阻。R_{W2} 不在桥臂上，对电桥的平衡没有影响；R_{W1} 和 R_{W3} 分别串接在电桥的相邻两臂里，相邻两臂的电阻值都增加相同的 R_W。

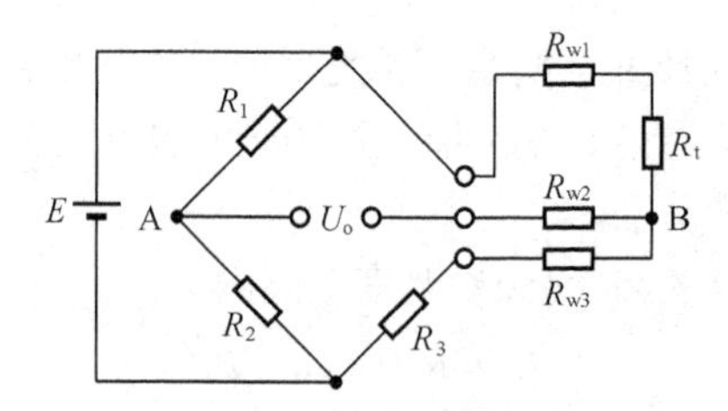

图 6.1 热电阻的三线制电桥测量电路

当电桥平衡时，有如下关系式

$$(R_t + R_W)R_2 = R_1(R_3 + R_W) \tag{6.5}$$

由式（6.5）可得

$$R_t = \frac{R_1 R_3}{R_2} + \left(\frac{R_1}{R_2} - 1\right) R_W \qquad (6.6)$$

由于 $R_1 = R_2$，式（6.6）为

$$R_t = \frac{R_1 R_3}{R_2} \qquad (6.7)$$

由式（6.7）可见，这种接法消除了导线 R_W 的影响。

6.2 热电偶传感器

热电偶是目前接触式测温中应用最普遍的热电式传感器。自 19 世纪发现热电效应以来，热电偶便被广泛用来测量 100℃～1300℃范围内的温度，根据需要还可以测量更高或更低的温度。热电偶具有结构简单、制造方便、测温范围宽、精度高、热惯性小、输出信号便于远距离传输等优点。热电偶是一种有源传感器，测量时不需外加电源，使用十分方便。

6.2.1 热电效应

1823 年，塞贝克发现了热电效应。将两种不同性质的导体 A 和导体 B 组成闭合回路，如图 6.2 所示，若两接触点的温度（T，T_0）不同，则两者之间产生热电势，回路中形成一定大小的电流，这种现象称为热电效应。研究表明，热电效应产生的热电势由接触电势（珀尔贴电势）和温差电势（汤姆逊电势）两部分组成。

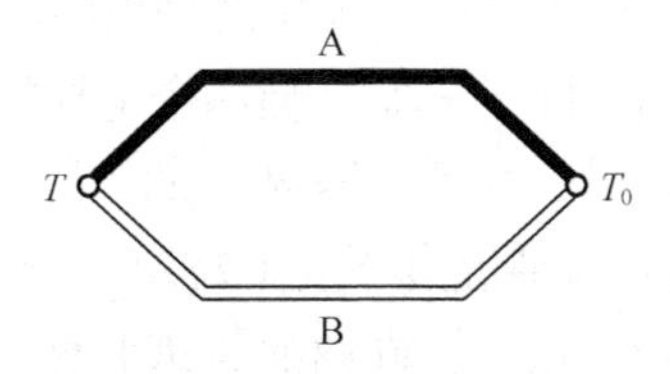

图 6.2 热电效应

1．接触电势

当两种金属接触在一起时，由于不同导体的自由电子密度不同，在接触点会发生电子迁移扩散，失去自由电子的金属呈正电位，得到自由电子的金属呈负电位。当扩散达到平衡时，在两种不同金属的接触处会形成电势，称为接触电势。

在温度为 T 和温度为 T_0 的不同金属接触处，接触电势分别为

$$E_{AB}(T) = \frac{kT}{e} \ln \frac{n_A}{n_B} \qquad (6.8)$$

$$E_{AB}(T_0) = \frac{kT_0}{e} \ln \frac{n_A}{n_B} \qquad (6.9)$$

式（6.8）和式（6.9）中，各参量的含义如下。

k——玻尔兹曼常数，$k = 1.38 \times 10^{-23}\,\mathrm{J/K}$；

e——电子电荷，$e = 1.6 \times 10^{-19}\,\mathrm{C}$；

n_A、n_B——金属 A 和金属 B 的自由电子密度。

回路总接触电势为

$$E_{AB}(T)-E_{AB}(T_0)=\frac{k(T-T_0)}{e}\ln\frac{n_A}{n_B} \tag{6.10}$$

2．温差电势

对于单一金属，如果两端的温度不同，温度高端的自由电子会向低端迁移，使单一金属两端产生不同的电位，形成电势，称为温差电势。

导体 A 的温差电势为

$$E_A(T,T_0)=\int_{T_0}^{T}\sigma_A\mathrm{d}T \tag{6.11}$$

导体 B 的温差电势为

$$E_B(T,T_0)=\int_{T_0}^{T}\sigma_B\mathrm{d}T \tag{6.12}$$

式（6.11）和式（6.12）中，σ_A 和 σ_B 分别是金属 A 和 B 的温差系数。回路总温差电势为

$$E_A(T,T_0)-E_B(T,T_0)=\int_{T_0}^{T}(\sigma_A-\sigma_B)\mathrm{d}T \tag{6.13}$$

3．回路总热电势

回路总热电势由接触电势和温差电势两部分组成。由式（6.10）和式（6.13）可以得到回路的总热电势为

$$E_{AB}(T,T_0)=\frac{k(T-T_0)}{e}\ln\frac{n_A}{n_B}+\int_{T_0}^{T}(\sigma_A-\sigma_B)\mathrm{d}T \tag{6.14}$$

结论如下。

（1）如果热电偶两个电极的材料相同（$n_A=n_B$，$\sigma_A=\sigma_B$），但两端的温度不同（$T\neq T_0$），则回路总热电势 $E_{AB}(T,T_0)=0$，即热电偶必须用两种不同的金属材料。

（2）如果热电偶两端的温度相同（$T=T_0$），但两个电极的材料不同（$n_A\neq n_B$，$\sigma_A\neq\sigma_B$），则回路总热电势 $E_{AB}(T,T_0)=0$，即只有热电偶两端的温度不同才能产生热电势。

（3）当热电偶回路的一个端点保持温度不变（T_0）时，热电偶回路的总热电势 $E_{AB}(T,T_0)$ 只随另一个端点的温度（T）变化。这样，回路的总热电势 $E_{AB}(T,T_0)$ 就可以看成是被测温度（T）的函数，这就是热电偶测温的基本公式。

6.2.2 热电偶基本定律

热电偶是将温度变化转换为热电势变化的传感器。热电偶的基本工作原理是热电效应，热电偶在工作时遵循热电偶基本定律。

1．均匀导体定律

两种均匀金属（热电极）组成的热电偶，其热电势大小与热电极的长短、直径及沿热电极长度上的温度分布无关，仅与热电极材料和两端温度有关。

如果热电极的材质不均匀，则当热电极上各处的温度不同时，产生附加热电势，造成无法估计的测量误差。因此，热电极材料的均匀性是衡量热电偶质量的重要指标之一。

2．中间导体定律

对于热电偶回路中的热电势大小，只有将其断开，接入仪表，才能测量出热电势的值。所接入的仪表是另一种材质 C 所构成的导体，闭合回路中出现了除 A 电极和 B 电极以外的第三种导体 C。

热电偶中间导体定律：只要第三种导体 C 的材质均匀且两端温度相同，就对总热电势 $E_{AB}(T,T_0)$ 没有影响。因此，热电偶测温电路如图 6.3 所示，在冷端（T_0）将焊点打开，接入

仪表，保持仪表两端的温度相同，就能测出总热电势。

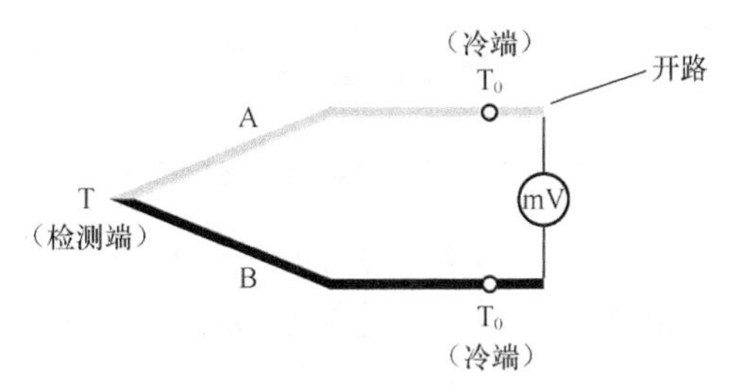

图 6.3　热电偶测温电路

3．连接导体定律和中间温度定律

在热电偶回路中，若导体 A、B 分别与连接导体 A　、B　相接，接点温度分别为 T、T_n、T_0，如图 6.4 所示，则回路的总热电势 $E_{ABB'A'}(T,T_n,T_0)$ 等于热电偶电势 $E_{AB}(T,T_n)$ 与连接导体热电势 $E_{A'B'}(T_n,T_0)$ 的代数和，即

$$E_{ABB'A'}(T,T_n,T_0)=E_{AB}(T,T_n)+E_{A'B'}(T_n,T_0) \tag{6.15}$$

式（6.15）为连接导体定律。连接导体定律是运用补偿导线进行温度测量的理论基础。

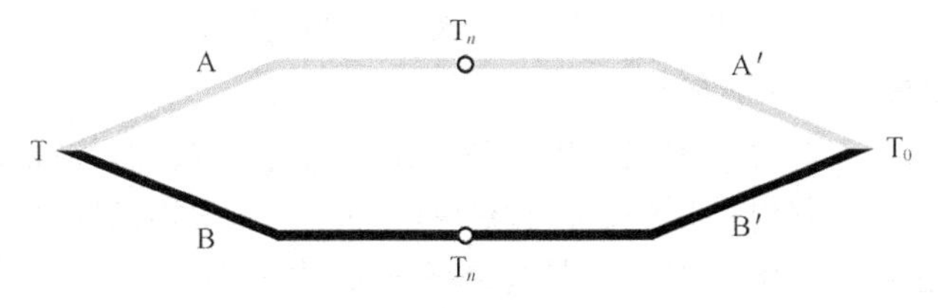

图 6.4　连接导体定律

式（6.15）中，若导体 A 与 A′ 材料相同、导体 B 与 B′ 材料相同，则有

$$E_{AB}(T,T_n,T_0)=E_{AB}(T,T_n)+E_{AB}(T_n,T_0) \tag{6.16}$$

式（6.16）为中间温度定律，如图 6.5 所示。中间温度定律为制定分度表奠定了理论基础，只要求得参考端温度为 0℃时的“热电势-温度”关系，就可以根据式（6.16）求出参考温度不为 0℃时的热电势。

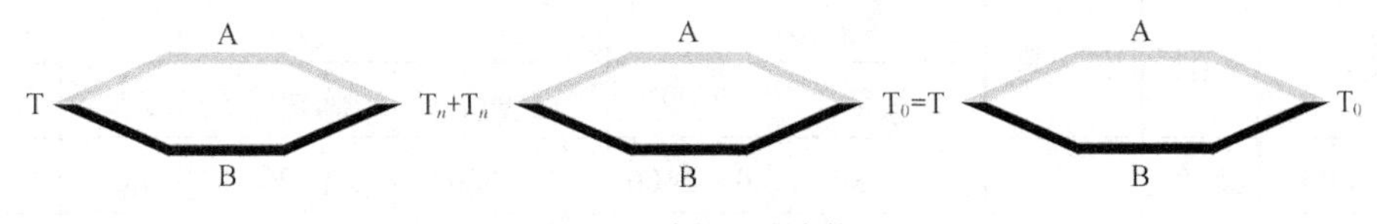

图 6.5　中间温度定律

4．标准（参考）电极定律

如果两种导体（A、B）分别与第三种导体 C 组合热电偶的热电势已知，则由这两种导体（A、B）组成的热电偶热电势也就已知，即

$$E_{AB}(T,T_0)=E_{AC}(T,T_0)-E_{BC}(T,T_0) \tag{6.17}$$

式（6.17）为标准（参考）电极定律，如图 6.6 所示。根据标准电极定律，可以选取一种或几种热电极作为标准（参考）电极，确定这些材料的热电特性，从而大大简化热电偶的选配工作。一般选取纯度高的铂丝作为标准电极，确定出其他电极对铂丝的热电特性。

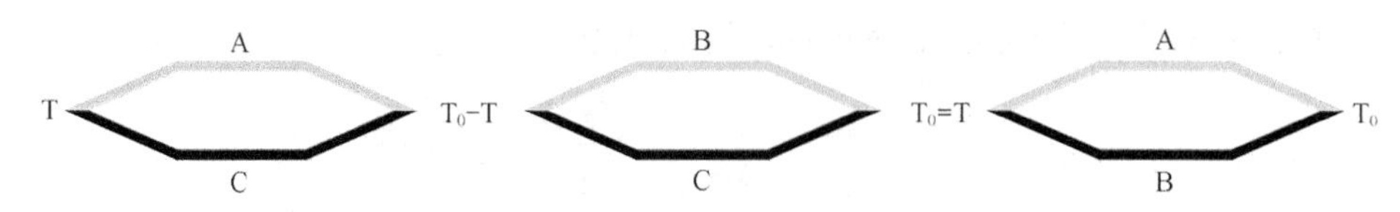

图 6.6　标准（参考）电极定律

例 6.2　热电偶的热端为 100℃，冷端为 0℃。镍铬合金与纯铂组成的热电偶的热电动势为 2.95mV，考铜与纯铂组成的热电偶的热电动势为–4.00mV，求镍铬合金与考铜组成的热电偶的热电动势。

解：已知

$$E_{\text{镍铬合金，铂}}(100,0)=2.95\text{mV}$$

$$E_{\text{考铜，铂}}(100,0)=-4.00\text{mV}$$

由式（6.17）可得，镍铬合金与考铜组成的热电偶的热电动势为

$$E_{\text{镍铬合金，考铜}}(100,0)=2.95-(-4.00)=6.95\text{mV}$$

6.2.3　热电偶的种类和结构

从理论上讲，任何两种不同的导体都可以配制成热电偶。但是，作为实用的测温元件，应保证在工程技术中的精度和可靠性。因此，对热电偶的材料和结构有多方面的要求。

1．对热电偶电极材料的基本要求

（1）热电势足够大，测温范围宽，热电势与温度之间呈现良好的线性。

（2）在测温范围内，热电性质稳定，有足够的物理、化学稳定性。

（3）电阻温度系数小，电阻率小（即电导率高），比热小。

（4）材料易加工，材料复制性好，机械强度高，价格便宜。

2．常用热电偶

（1）标准化热电偶

标准化热电偶是指我国已经定型、大批量生产的热电偶。我国标准热电偶的技术参数见表 6.1。

表 6.1　标准热电偶技术参数

热电偶名称	极性	分度号	测温范围/℃		允许偏差			
			长期	短期	温度/℃	偏差	温度/℃	偏差
铂铑$_{10}$-铂	正-负	S	0～1300	0～1600	0～600	±2.4%	>600	±0.4%
铂铑$_{30}$-铂铑$_{6}$	正-负	B	0～1600	0～1800	0～600	±3%	>600	±0.5%
镍铬-镍硅	正-负	K	0～1000	0～1200	0～400	±4%	>400	±0.75%
镍铬-考铜	正-负	E	0～600	0～800	0～300	±4%	>300	±1%
铜-康铜	正-负	T	–200～200	0～400	–200～–40	±2%	–40～400	±0.75%

在热电偶实际使用中，编制出了针对各种热电偶的“热电势-温度”对照表，称为“分度表”。在分度表中，温度按每 10℃分档，其中间值可按内插法计算。为简便，这里只给出镍铬-镍硅热电偶的分度表，见表 6.2。

表 6.2　　K 型（镍铬-镍硅）热电偶分度表

分度号：K　　（参考端温度 0℃）

测量端温度/℃	0	10	20	30	40	50	60	70	80	90
	热电动势/mV									
−0	−0.000	−0.392	−0.777	−1.156	−1.527	−1.889	−2.243	−2.586	−2.920	−3.242
+0	0.000	0.397	0.798	1.203	1.611	2.022	2.436	2.850	3.266	3.681
100	4.095	4.508	4.919	5.327	5.733	6.137	6.539	6.939	7.338	7.737
200	8.137	8.537	8.938	9.341	9.745	10.151	10.560	10.969	11.381	11.793
300	12.207	12.623	13.039	13.456	13.874	14.292	14.712	15.132	15.552	15.974
400	16.395	16.818	17.241	17.664	18.088	18.513	18.938	19.363	19.788	20.214
500	20.640	21.066	21.493	21.919	22.346	22.772	23.198	23.624	24.050	24.476
600	24.902	25.327	25.751	26.176	26.599	27.022	27.445	27.867	28.288	28.709
700	29.128	29.547	29.965	30.383	30.799	31.214	31.629	32.042	32.455	32.866
800	33.277	33.686	34.095	34.502	34.909	35.314	35.718	36.121	36.524	36.925
900	37.325	37.724	38.122	38.519	38.915	39.310	39.703	40.096	40.488	40.897
1000	41.269	41.657	42.045	42.432	42.817	43.202	43.585	43.968	44.349	44.729
1100	45.108	45.486	45.863	46.238	46.612	46.985	47.356	47.726	48.095	48.462
1200	48.828	49.192	49.555	49.916	50.276	50.633	50.990	51.344	51.697	52.049
1300	52.398									

（2）非标准化热电偶

非标准化热电偶是指特殊用途试生产的热电偶。非标准化热电偶有钨铼系热电偶、铱铑系热电偶、镍铬-金铁热电偶等。非标准化热电偶可用于极值测量。例如，钨铼系热电偶测温上限可达 2450℃；镍铬-金铁热电偶在−269℃～0℃有 13.7～20μV/℃的灵敏度。

3．热电偶结构

将两热电极的一个端点紧密地焊接在一起组成接点，两热电极之间用耐高温材料绝缘，就构成了热电偶。工业用热电偶必须长期工作在恶劣的环境下，根据被测的对象不同，热电偶的结构形式是多种多样的。

（1）普通型热电偶

普通型热电偶在测量时将测量端插入被测对象的内部，主要用于测量容器或管道内的气体、流体的温度。普通型热电偶主要由热电极、绝缘套管、保护管和接线盒构成，两个热电极在测量接点处焊接在一起，如图 6.7 所示。

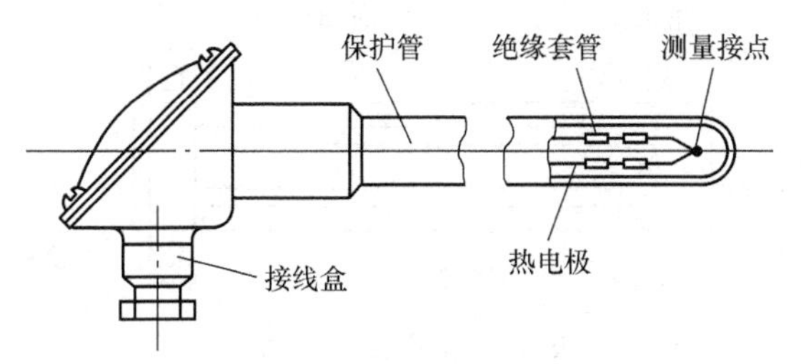

图 6.7　普通型热电偶的结构

①热电极

贵金属热电偶的热电极多采用直径为 0.35 ~ 0.65mm 的细导线，不仅保证了必要的强度，而且热电偶的阻值也不会太大。非贵金属热电偶的热电极多采用直径为 0.5 ~ 3.2mm 的导线。热电极的长度由使用情况、安装条件等决定，通常为 350 ~ 2000mm。

②绝缘套管

绝缘套管又叫绝缘子，用来防止两个热电极之间短路。

③保护管

保护管是保护装置，使热电偶能够有较长的使用寿命和测量准确度。保护管应具有耐高温、耐腐蚀的性能，要求导热性能好、气密性好。

④接线盒

热电偶接线盒供热电偶和测量仪表之间连接使用。为防止灰尘和有害气体进入，接线盒的出线孔具有密闭用的垫圈和垫片。

（2）铠装热电偶

铠装热电偶又称为缆式热电偶，它可以做得很细、很长，使用时可以任意弯曲，如图 6.8 所示。铠装热电偶是将保护套、绝缘材料和热电极丝组合在一起拉制而成，有单芯结构和双芯结构，其中单芯结构的外套也是一个电极。

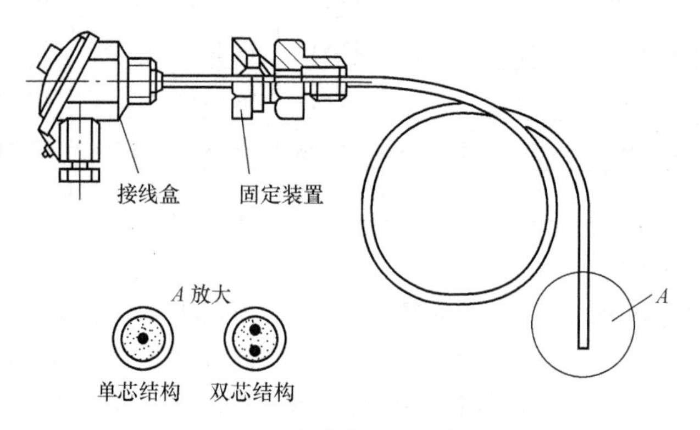

图 6.8　铠装热电偶的结构

铠装热电偶有独特的优点：小型化（外径可小到 1 ~ 3mm，内部热电极的直径为 0.2 ~ 0.8mm），动态响应快，挠性好，强度高，种类多（有单芯、双芯等）。

（3）薄膜热电偶

薄膜热电偶是用真空镀膜的方法，将热电极材料沉积在绝缘基板上制成，如图 6.9 所示，图中热电极由薄膜 A 和薄膜 B 构成。薄膜热电偶的主要特点是：动态响应快，适宜测量微小面积和瞬时变化的表面温度。

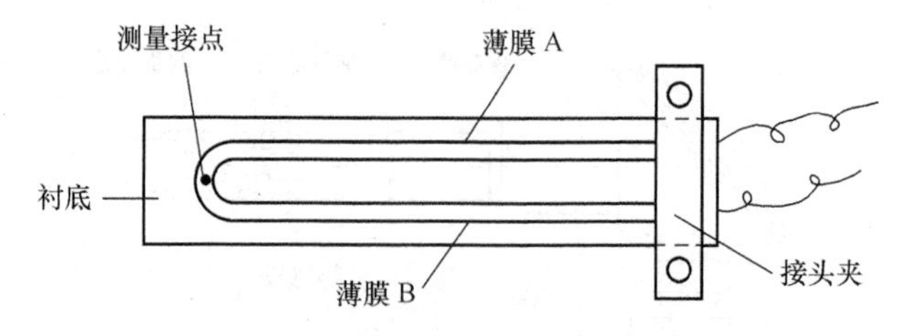

图 6.9　薄膜热电偶的结构

6.2.4 热电偶冷端温度补偿

由热电偶的测温原理可知，只有当热电偶的冷端温度 T_0 保持不变时，热电势 $E_{AB}(T,T_0)$ 才是被测温度 T 的单值函数。在应用时，由于热电偶工作端与冷端的距离很近，冷端又暴露于空间，容易受到周围环境温度波动的影响，冷端温度难以保持恒定。通常，要求 T_0 保持为0℃（热电偶标准分度表就是在冷端温度 0℃测得的）。可采用下述方法进行热电偶冷端温度补偿。

1．补偿导线法

热电偶的长度一般只有 1m 左右，在实际测量时，需要将热电偶输出的电势传输到数十米以外的显示仪表或控制仪表。根据热电偶的“连接导体定律”，可以实现上述要求，即用补偿导线将热电偶的冷端延伸出来，如图 6.10 所示。图中，A、B 为热电偶，A　、B′ 为补偿导线，T_0' 为原冷端温度，T_0 为新的冷端温度。

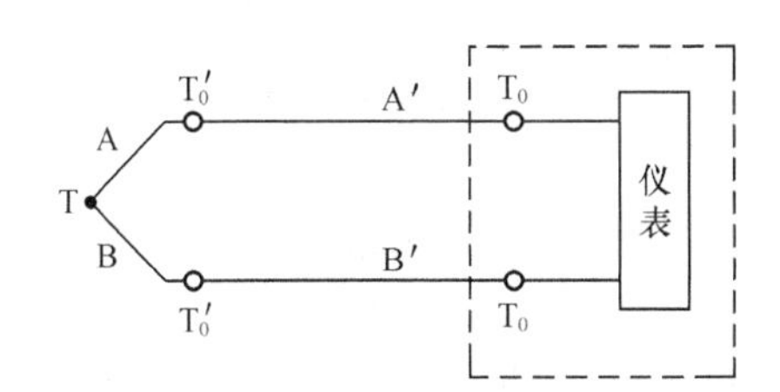

图 6.10　补偿导线在回路中连接

为使接上补偿导线后不改变热电偶的热电势值，要求补偿导线在 0～100℃范围内与热电偶的热电极有相同或相近的热电特性，并保持补偿导线与热电极两个接点的温度相等。对于廉价金属热电极，补偿导线可以用热电极本身的材料；对于贵金属热电极，补偿导线采用热电特性相近的廉价金属代替。例如，铜-康铜、镍铬-考铜等廉价金属热电偶，补偿导线用热电极本身的材料；铂铑-铂热电偶，补偿导线用铜-镍铜；镍铬-镍硅热电偶，补偿导线用铜-康铜。新的冷端温度应恒定，热电偶与补偿导线连接处的温度应不超过 100℃。

例 6.3　采用镍铬-镍硅热电偶测量炉温，热端温度为 800℃，冷端温度为 50℃。（1）若热电偶与仪表之间直接连接，输入仪表的热电动势为多少？（2）为了进行炉温显示和调节，需将热电偶产生的热电势信号送到仪表室，仪表室的环境温度为 20℃，这时输入仪表的热电动势为多少？（3）在仪表室，由分度表可查出炉温为多少？为什么有误差？

解：（1）首先由分度表查出冷端温度为 0℃，热端温度为 800℃和 50℃的热电动势，分别为

$$E_{AB}(800,0)=33.277\text{mV}$$

$$E_{AB}(50,0)=2.022\text{mV}$$

若热电偶与仪表之间直接连接，则输入仪表的热电动势为

$$E_{AB}(800,50)=E_{AB}(800,0)-E_{AB}(50,0)=33.277-2.022=31.255\text{mV}$$

（2）由分度表查出冷端温度为 0℃，热端温度为 20℃的热电动势为

$$E_{AB}(20,0)=0.798\text{mV}$$

仪表室的环境温度为 20℃，这时输入仪表的热电动势为

$$E_{AB}(800,20)=E_{AB}(800,0)-E_{AB}(20,0)=33.277-0.798=32.479\text{mV}$$

（3）查分度表，32.479mV 对应 781℃，与实际炉温 800℃相差 19℃。产生误差的原因是：只有仪表室（冷端温度）为 0℃时，由分度表才可直接查出炉温。

2．冷端温度修正法

由于热电偶的分度表是在冷端温度保持0℃的情况下得到的，与它配套使用的仪表又是根据分度表进行刻度的，因此，尽管已采用了补偿导线使热电偶的冷端延伸到温度恒定的地方，但只要冷端温度不等于0℃，就必须对仪表的示值加以修正。

利用“中间温度定律”，冷端温度高于0℃，但恒定于T_0时，测得的热电偶热电势要小于该热电偶的分度值，此时可用下式进行修正。

$$E_{AB}(T,0)=E_{AB}(T,T_0)+E_{AB}(T_0,0) \tag{6.18}$$

例 6.4 K型热电偶（镍铬-镍硅热电偶）工作时，冷端温度$T_0=30^\circ\mathrm{C}$，测得热电势$E_{AB}(T,30)=39.285\mathrm{mV}$。求被测介质的实际温度。

解：由分度表可查出

$$E_{AB}(30,0)=1.203\mathrm{mV}$$

则

$$E_{AB}(T,0)=E_{AB}(T,30)+E_{AB}(30,0)=39.285+1.203=40.488\mathrm{mV}$$

查分度表，可得出真实温度为

$$T=980^\circ\mathrm{C}$$

3．0℃恒温法

为避免经常校正的麻烦，可采用0℃恒温法，将热电偶的冷端置于冰水混合物的恒温器中，使冷端保持0℃。这种方法最为妥善，但不够方便，所以仅适用于实验室。

4．补偿电桥法

补偿电桥法利用不平衡电桥产生的电压补偿热电偶参考端温度变化引起的电势变化。图6.11为补偿电桥法的示意图，冷端补偿器内有一个电桥，电桥的4个桥臂与冷端处于同一温度。图中，桥臂电阻R_1、R_2、R_3和限流电阻R用锰铜电阻，其阻值几乎不随温度变化，且$R_1=R_2=R_3$；R_{Cu}是铜电阻，其电阻温度系数较大，阻值随温度升高而增大；电桥由直流稳压电源供电。补偿电桥法可以在0℃～40℃或–20℃～20℃范围内起补偿作用。

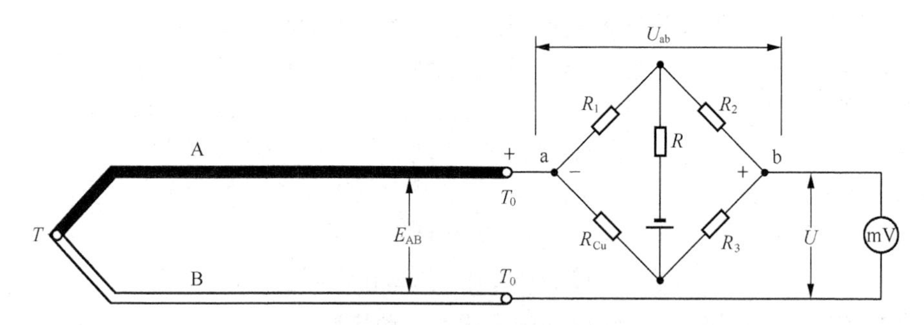

图6.11　补偿电桥法

设计时，在0℃使R_{Cu}的电阻值与其余3个桥臂R_1、R_2、R_3的电阻值完全相等，这时电桥处于平衡状态，电桥输出电压$U_{ab}=0$。若热电偶的冷端温度$T_0>0$，R_{Cu}阻值将增大，电桥失去平衡，$U_{ab}>0$；此时热电偶的热电势$E_{AB}(T,T_0)$由于冷端温度T_0增大而减小，若U_{ab}的增量等于$E_{AB}(T,T_0)$的减小量，就避免了T_0变化对测量的影响。反之，若$T_0<0$，R_{Cu}将减小，$U_{ab}<0$；此时$E_{AB}(T,T_0)$由于T_0减小而增大，若U_{ab}的减小量等于$E_{AB}(T,T_0)$的增量，就避免了T_0变化对测量的影响。

6.2.5 热电偶的实用测温电路

热电偶将被测温度变换为电势信号，可以利用各种电测仪表显示被测温度，这里只介绍热电偶串联测量电路和热电偶并联测量电路。

1．热电偶串联测量电路

把几个型号相同的热电偶串联在一起，如图 6.12 所示，所有测量端都处于同一温度 T 之下，所有连接点都处于另一温度 T_0 之下，则输出电动势为各热电偶热电动势之和。所以，这种热电偶输出的热电动势较大，仪表的灵敏度也较大。

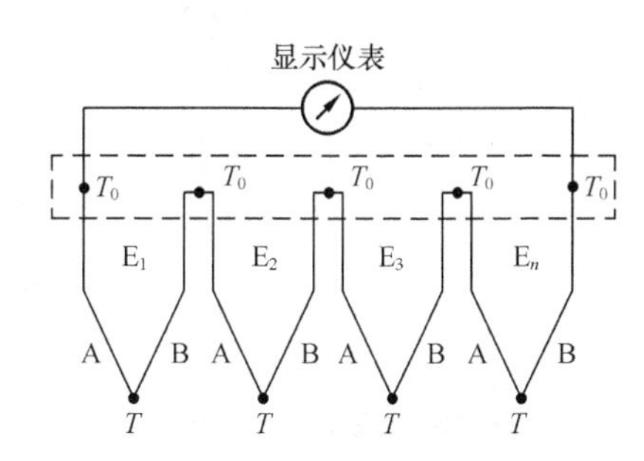

图 6.12 热电偶串联测量电路

2．热电偶并联测量电路

把几个型号相同的热电偶的同性电极参考端并联在一起，如图 6.13 所示，而各个热电偶的测量结处于不同温度下，其输出电动势为各热电偶热电动势的平均值。因此，这种热电偶可用于测量平均温度。

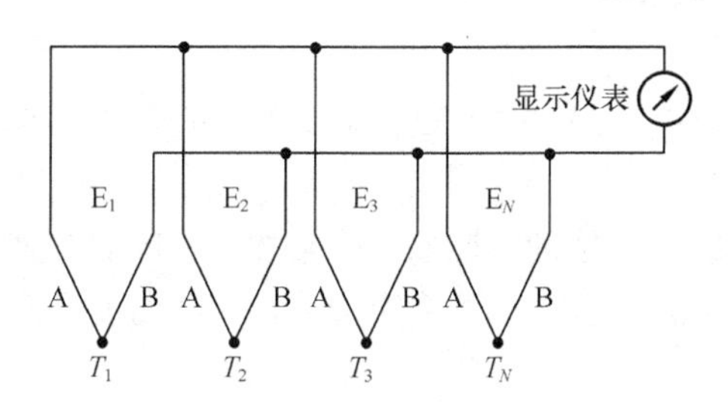

图 6.13 热电偶并联测量电路

6.3 热敏电阻传感器

热敏电阻是一种用半导体材料制成的感温元件，它的阻值随温度的变化而变化。半导体热敏电阻有很高的电阻温度系数，其灵敏度比金属热电阻高得多，而且体积可以做得很小，特别适于在−100℃～300℃测温。热敏电阻使用方便，功耗小，阻值在 100～4000Ω可任意挑选，而且不像热电偶需要冷端补偿，容易实现远距离测量。热敏电阻的主要缺点是阻值与温度变化呈非线性关系，元件的稳定性和互换性比较差。由于热敏电阻的性能在不断改进，热敏电阻在许多场合已逐渐取代传统的温度传感器，应用越来越广泛。

6.3.1 热敏电阻的结构和材料

1．热敏电阻的结构

热敏电阻主要由电阻体、壳体和引线构成，如图 6.14 所示。根据不同的使用要求，可以将热敏电阻做成圆片式、柱式、珠式和厚膜式等，如图 6.15 所示。

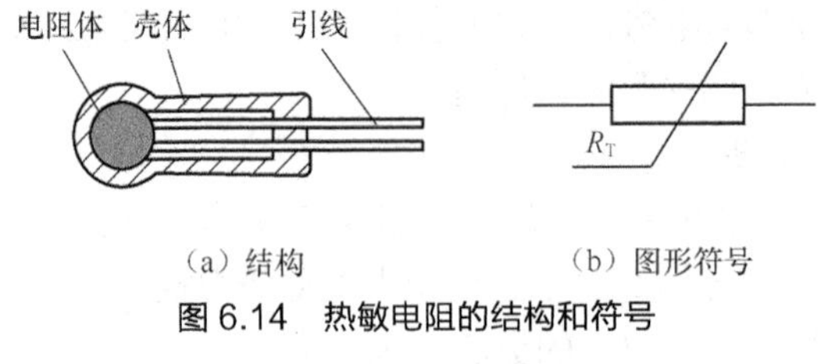

（a）结构　　（b）图形符号

图 6.14　热敏电阻的结构和符号

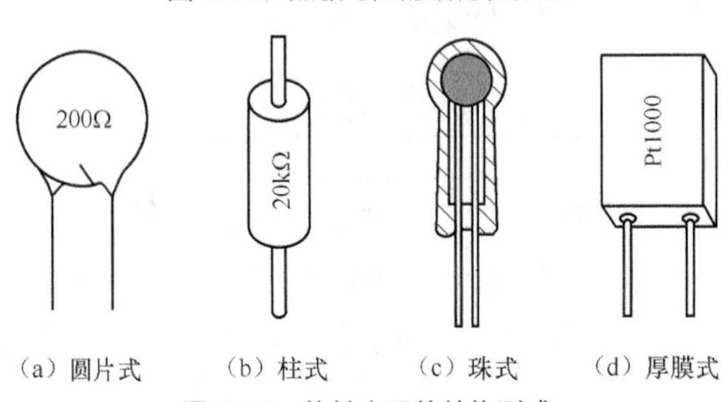

（a）圆片式　　（b）柱式　　（c）珠式　　（d）厚膜式

图 6.15　热敏电阻的结构形式

2．热敏电阻的材料

最常见的热敏电阻是由金属氧化物半导体材料制成的。将锰（Mn）、钴（Co）、镍（Ni）、铜（Cu）等氧化物按不同比例配方在不同条件下高温烧成半导体陶瓷，可获得热敏特性，各种热敏电阻随制备材料的成分比例、烧结温度和结构状态的不同而变化。

6.3.2　热敏电阻的基本参数

1．标称电阻值 R_{25}

标称电阻值是热敏电阻在（25±0.2）℃、零功率时的阻值，也称为冷电阻。

2．材料常数 B

材料常数 B 是描述热敏材料物理特性的一个常数。一般 B 值越大，阻值越大，灵敏度越高。在工作温度范围内，B 值不是一个严格的常数，它随温度升高略有增加。

3．电阻温度系数 α

电阻温度系数 $\boldsymbol{\alpha}$ 是指热敏电阻的温度变化 1℃时其电阻值的变化率，即

$$\alpha = \frac{\mathrm{d}R/R}{\mathrm{d}T} = \frac{1}{R}\frac{\mathrm{d}R}{\mathrm{d}T} \tag{6.19}$$

热敏电阻的温度系数比金属热电阻大 10 倍以上，因此温度灵敏度很高。

4．耗散系数 H

耗散系数 H 是指热敏电阻的温度变化 1℃时所耗散的功率。在工作范围内，当环境温度变化时，H 值随之变化。

5．时间常数 τ

时间常数 τ 表征热敏电阻加热或冷却的速度。时间常数 τ 定义为热容量 C 与耗散系数 H 之比，即

$$\tau = \frac{C}{H} \tag{6.20}$$

其数值等于热敏电阻在零功率测量状态下，当环境温度突变时，热敏电阻随温度变化量从起始到最终变量的 63.2%所需的时间。

6．**最高工作温度** T_{max}

最高工作温度是指热敏电阻在规定的技术条件下，长期连续工作所允许的最高温度。

6.3.3 热敏电阻的主要特性

1．电阻-温度特性

热敏电阻的基本特性是电阻-温度特性，它表示热敏电阻的阻值 R_T 随温度的变化规律，一般用 R_T-T 特性曲线表示，如图 6.16 所示。热敏电阻按温度特性分为三大类：随温度上升电阻增加的正温度系数（PTC）热敏电阻，它的材料主要是掺杂的 $BaTiO_3$ 半导体陶瓷；随温度上升电阻减小的负温度系数（NTC）热敏电阻，它的材料主要是一些过渡金属氧化物半导体陶瓷；临界温度系数（CTR）热敏电阻，它的材料主要是 VO_2 添加一些金属氧化物。

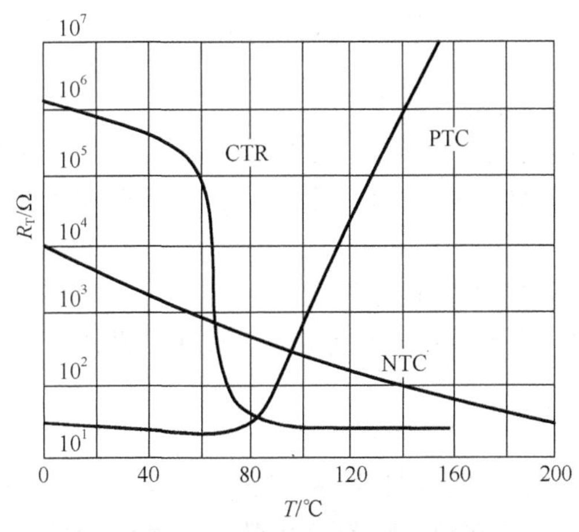

图 6.16 三类热敏电阻的电阻-温度特性

（1）NTC 热敏电阻的电阻-温度特性

NTC 热敏电阻具有很高的负温度系数，特别适用于–100℃～300℃测温，在点温、表面温度、温差、温场等测量中使用广泛，同时也广泛用于自动控制和电子线路热补偿线路中。由于 PTC 和 CTR 热敏电阻一般用于温度开关控制中，只有 NTC 热敏电阻才真正用于温度测量中。NTC 热敏电阻的一般电阻-温度数学表达式为

$$R_T = R_0 e^{B\left(\frac{1}{T}-\frac{1}{T_0}\right)} \tag{6.21}$$

式（6.21）中，R_T 和 R_0 分别是温度在 T 和 T_0 时的阻值。

通常取 20℃时的热敏电阻值为 R_0，称为额定电阻，记为 R_{20}，此时 $T_0 = 293\text{K}$。取相应于 100℃时的热敏电阻值为 R_T，记为 R_{100}，此时 $T = 373\text{K}$。代入式（6.21）可得

$$B = 1365 \ln \frac{R_{20}}{R_{100}} \tag{6.22}$$

一般生产厂家都是通过测量电阻值 R_{20} 和 R_{100}，从而求得 NTC 热敏电阻的材料常数 B，一般 B 为 2000～6000K。

NTC 热敏电阻的温度系数为

$$\alpha = \frac{1}{R}\frac{dR}{dT} = -\frac{B}{T^2} \tag{6.23}$$

若 $B = 4000\text{K}$，$T = 323\text{K}$（50℃），则 $\alpha = -3.8\%/℃$，可见 NTC 热敏电阻的温度系数 α 比金属电阻大 10 倍以上，因此它的灵敏度很高。

例 6.5 某 NTC 热敏电阻，在温度 25℃时 $R_{T1}=3144\Omega$，在温度 30℃时 $R_{T2}=2772\Omega$。求（1）该 NTC 热敏电阻的材料常数 B；（2）温度 30℃时，电阻温度系数α是多少？

解：（1）温度 25℃即温度 $T=298\text{K}$，温度 30℃即温度 $T=303\text{K}$。由式（6.21）有

$$R_T = R_0 \mathrm{e}^{B\left(\frac{1}{T}-\frac{1}{T_0}\right)}$$

可解得材料常数为

$$B=\frac{\ln R_{T1}-\ln R_{T2}}{\dfrac{1}{T_1}-\dfrac{1}{T_2}}=\frac{\ln 3144-\ln 2772}{\dfrac{1}{298}-\dfrac{1}{303}}=2275\text{K}$$

（2）由式（6.23），温度 30℃时电阻温度系数为

$$\alpha=-\frac{B}{T^2}=-2.56\%\text{K}^{-1}$$

（2）PTC 热敏电阻的电阻-温度特性

PTC 热敏电阻当温度超过某一数值时，其电阻值随温度升高急剧增大。PTC 热敏电阻一般用于温度开关控制中，主要用途是各种电器设备的过热保护和发热源的定温控制，也可作为限流元件使用。

（3）CTR 热敏电阻的电阻-温度特性

CTR 热敏电阻在某个温度范围内电阻值急剧变化（升高或降低 3～4 个数量级），主要用途是作为温度控制开关。

2．伏-安特性

伏-安特性也是热敏电阻的重要特性之一。在稳态状态下，通过热敏电阻的电流 I 与其两端之间的电压 U 的关系，称为热敏电阻的伏-安特性。伏-安特性能体现热敏电阻与周围介质热平衡时的相互关系。

当通过热敏电阻的电流 I 很小时，不足以使其加热，热敏电阻的电阻值只决定于环境温度，伏-安特性是直线，遵循欧姆定律，这时热敏电阻主要用来测温。

当电流 I 增大到一定值时，流过热敏电阻的电流 I 使其加热，热敏电阻本身温度升高，使热敏电阻的阻值下降。当电流 I 继续增加时，电压 U 的增加却逐渐缓慢。当电流为某一值时，电压达到最大 U_{m}。若电流继续增大，热敏电阻温度更加升高，使热敏电阻的阻值迅速下降，端电压 U 随电流的增加反而下降。热敏电阻所能升高的温度与环境条件（周围介质温度及散热条件）有关，当电流和周围介质的温度一定时，热敏电阻的电阻值取决于介质的流速、流量和密度等散热条件，根据这个原理可测量流体的流速和介质的密度。

6.3.4 热敏电阻的应用实例

热敏电阻的优点是电阻温度系数大、灵敏度高、热容量小、响应速度快，主要用于测温、控温、温度补偿、流速测量和液面指示等。

1．温度测量

可以利用热敏电阻进行温度测量。这里介绍一种典型的测量电路——多谐振荡器温度-频率转换电路。多谐振荡器测温电桥可作为温度-频率转换电路，如图 6.17 所示，其中 R_1、R_2 构成放大器的再生反馈，R_3 为限流电阻，R、C 组成充放电回路，振荡频率为

$$f=\frac{1}{RC} \tag{6.24}$$

式（6.24）中，电容 C 为固定值，电阻 R 以热敏电阻 R_T 代替。若热敏电阻的阻值 $R_T=10\text{k}\Omega$，当温度在 0～100℃范围内变化时，输出频率在 1000～2000Hz 变化，非线性误差最大为 1.5%。

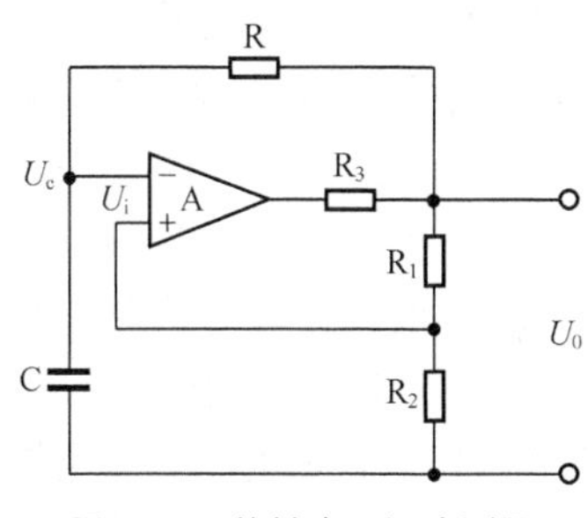

图 6.17 热敏电阻温度测量

2．流量测量

利用热敏电阻上的热量消耗和介质流速的关系，可以测量流量、流速和风速等。图 6.18 是热敏电阻式流量计，热敏电阻 R_{t1} 和 R_{t2} 分别置于管道中央和不受介质流速影响的小室中。当介质处于静止状态时，调电桥平衡，电桥输出为 0；当介质流动时，将 R_{t1} 的热量带走，致使 R_{t1} 的阻值变化，电桥有输出。介质从 R_{t1} 上带走的热量与介质的流量（流速）有关，故可用它测量流量（流速）。

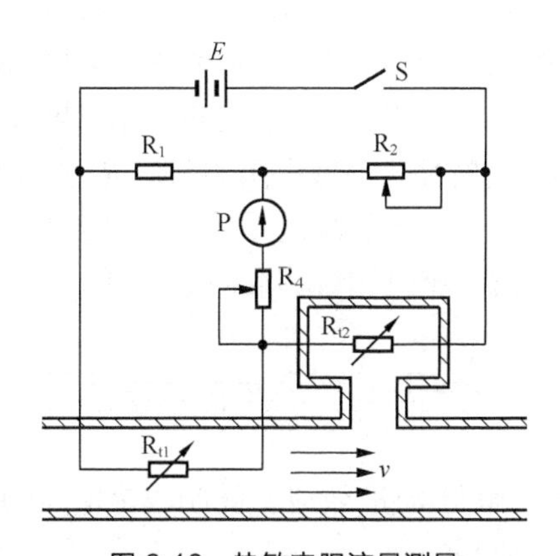

图 6.18 热敏电阻流量测量

本章小结

热电式传感器是利用某种材料与温度有关的特性，将温度的变化转换为电量变化的装置。本章介绍了热电阻、热电偶和热敏电阻传感器，其中将金属导体温度变化转换为电阻变化的称为热电阻传感器；将金属导体温度变化转换为热电势变化的称为热电偶传感器；利用半导体材料的温度特性制成的称为热敏电阻传感器。

大多数金属导体的电阻都随温度变化，称为电阻-温度效应，但适宜制作热电阻的金属材料只有铂、铜、镍等。能制成热电阻传感器的导体材料应具备如下特点：电阻温度系数大且稳定，电阻率高，有线性的电阻-温度关系，物理和化学性质稳定。铂是制造热电阻的最好材料，除用作一般测温外，还作为−259.34℃～630.74℃范围内的温度计基准器，工业上常用分度号为 Pt50 和 Pt100 的铂电阻。铜容易提纯，在−50℃～150℃范围内化学、物理性能稳定，可制作工业用电阻温度计，工业上常用分度号为 Cu50 和 Cu100 的铜电阻。金属热电阻的阻值很小，利用金属热电阻测温时需要配有专门的测量电路，常用三线制连接方法，电桥配合三线制接法可以避免导线电阻带来的测量误差。

热电偶是将温度变化转换为热电势变化的传感器，基本工作原理是热电效应。热电偶必须用两种不同的金属材料，而且只有热电偶两端的温度不同才能产生热电势。回路总热电势由接触电势和温差电势构成，当热电偶回路的一个端点保持温度不变（T_0）时，回路总热电势 $E_{AB}(T,T_0)$ 只随另一个端点的温度（T）变化。热电偶遵循的基本定律为均匀导体定律、中间导体定律、连接导体定律、中间温度定律和标准（参考）电极定律。标准化热电偶是我国已经定型、大批量生产的热电偶，有铂铑 10-铂、铂铑 30-铂铑 6、镍铬-镍硅、镍铬-考铜和铜-康铜。热电偶的结构有普通型热电偶和铠装热电偶。热电偶标准分度表是在冷端温度 0℃测得的，热电偶实际工作时，冷端一般不能保证为 0℃，需要冷端温度补偿，常用的补偿方法有补偿导线法、冷端温度修正法、0℃恒温法和补偿电桥法。热电偶可以利用各种电测仪表显示被测温度，其中串联测量电路输出的电动势为各热电偶热电动势之和，这种热电偶输出的热电动势大、灵敏度也较大；热电偶并联测量电路输出的热电动势为各热电偶的平均值，可用于测量平均温度。

热敏电阻是半导体材料制成的感温元件，具有很高的电阻温度系数，其灵敏度比金属热电阻高得多，特别适于在−100℃～300℃之间测温。最常见的热敏电阻是由锰（Mn）、钴（Co）、镍（Ni）、铜（Cu）等金属氧化物半导体材料制成，各种热敏电阻随制备材料的成分比例、烧结温度和结构状态的不同而变化。热敏电阻的基本参数有标称电阻值 R_{25}、材料常数 B、电阻温度系数 α、耗散系数 H、时间常数 τ 和最高工作温度 T_{max}。热敏电阻的主要特性有电阻-温度特性和伏-安特性，其中电阻-温度特性是热敏电阻的阻值 R_T 随温度的变化规律，有 PTC、NTC 和 CTR3 种类型。热敏电阻的优点是电阻温度系数大、灵敏度高、热容量小、响应速度快，主要用于测温、控温、温度补偿、流速测量和液面指示等。

思考题和习题

6.1　什么是金属热电阻的电阻-温度效应？能制成热电阻的导体材料应具备什么特点？适宜制作热电阻的金属材料有哪些？

6.2　Pt50、Pt100、Cu50 和 Cu100 的含义分别是什么？什么是金属热电阻的分度表？

6.3　利用热电阻进行温度测量时，为了避免导线电阻对测温的影响，人们设计了哪种连接方法？画出热电阻的电桥测量电路。

6.4　热电偶测温的原理是什么？热电势由哪两部分构成？为什么热电偶必须用两种不同的金属材料？为什么只有热电偶两端的温度不同才能产生热电势？

6.5　分别解释热电偶的均匀导体定律、中间导体定律、连接导体定律、中间温度定律和标准（参考）电极定律。

6.6　对热电偶电极材料的基本要求是什么？标准化热电偶有哪几种？热电偶有哪几种结构形式？

6.7　热电偶为什么需要冷端温度补偿？冷端温度补偿有哪几种方法？分别说明各自的原理。

6.8　热电偶串联测量电路和热电偶并联测量电路各有什么特点？

6.9 与金属热电阻相比，热敏电阻有哪几个方面的特点？最常见的热敏电阻是由什么材料制成的？热敏电阻的基本参数有哪几个？

6.10 什么是热敏电阻的电阻-温度特性，热敏电阻按温度特性分为哪三大类？各有什么特点？

6.11 分度号为Pt100的热电阻，进行如下计算：（1）在100℃时它的电阻R_T；（2）当它与热介质接触时，若电阻值升至281Ω，试确定热介质的温度。

6.12 分度号为Cu50的热电阻，测得其电阻值为64.98Ω，试求被测温度。

6.13 已知在某特定条件下，材料A与铂配对的热电势为13.967mV，材料B与铂配对的热电势为8.345mV，求在该特定条件下材料A与材料B配对的热电势。

6.14 采用镍铬-镍硅热电偶测量炉温，热端温度为1200℃，指示仪表作为冷端（温度为50℃），输入仪表的热电动势为多少？

6.15 K型热电偶工作时，冷端温度$T_0 = 25°\mathrm{C}$，测得热电势$E_{AB}(T,25) = 20\mathrm{mV}$。求设备的温度。

6.16 灵敏度为0.08mV/℃的热电偶与电压表相连，电压表处的温度为50℃，电压表读数为60mV。求：（1）将电压表放在0℃的环境中时，电压表的读数；（2）热电偶热端的温度。

6.17 某NTC热敏电阻，$B = 2900\mathrm{K}$，在0℃时，$R_0 = 5000\Omega$，求热敏电阻在100℃时的电阻值R_T。

6.18 某NTC热敏电阻，$B = 4000\mathrm{K}$，$T = 323\mathrm{K}$（50℃），求电阻温度系数α。

PART 7 第7章 压电式传感器

压电式传感器是以具有压电效应的压电元件为核心组成的传感器。由于压电效应具有自发电的特性，所以压电式传感器是典型的有源传感器。压电元件是力敏感元件，能测量最终变换为力的物理量，如力、压力、位移和加速度等。压电式传感器特别适合动态测量，具有响应频带宽、灵敏度高、信噪比大、结构简单等特点。压电式传感器已经在力学、声学、医学、通信和宇航等领域得到了广泛应用，并与激光、红外、微波等技术相结合，是发展新技术的重要器件。压电式传感器的缺点是压电元件无静态输出，很多压电元件的工作温度最高只有250℃。本章将分别介绍压电式传感器的工作原理、材料特性、测量电路和应用实例。

7.1 压电效应

压电材料会产生压电效应。压电效应分为正压电效应（也称压电效应）和逆压电效应（也称电致伸缩效应），利用正压电效应可实现机械能到电能的转换，利用逆压电效应可实现电能到机械能的转换。下面首先介绍压电效应的现象，然后分析压电效应的工作原理。

7.1.1 压电效应的现象

1．压电效应

当沿着一定方向对压电材料施力使它变形时，就会使压电材料的内部正负电荷中心相对转移而产生极化现象，导致压电材料的两个相对表面上产生大小相等、极性相反的束缚电荷；当去掉外力，压电材料又恢复到原来不带电的状态。这种现象称为压电效应。

压电材料表面电荷的极性与受力的方向有关。当外力的方向改变时，电荷的正负极性也随之发生变化，如图7.1所示。

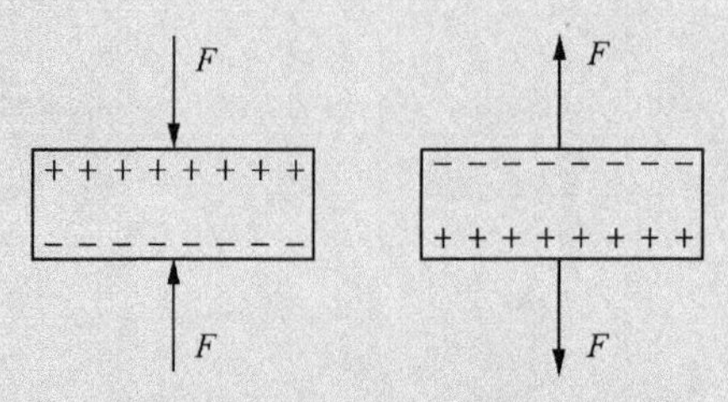

图7.1　压电效应示意图

2．电致伸缩效应

当在压电材料的极化方向上施加电场时，它就会产生机械变形；当去掉电场时，压电材料的变形随之消失。这种现象称为电致伸缩效应。

7.1.2 压电效应的工作原理

某些单晶体或多晶体是压电材料，压电材料会产生压电效应。常用的压电材料有石英晶体和压电陶瓷，下面分别分析它们的工作原理。

1．石英晶体

（1）石英晶体的压电效应

石英晶体是二氧化硅单晶，它是一个规则的六角棱柱。在晶体学中可以把它用 3 根相互垂直的轴表示，如图 7.2 所示。图中，纵向轴（z 轴）称为光轴；经过六角棱柱的棱线，并垂直于光轴的称为电轴（x 轴）；与光轴和电轴垂直的称为机械轴（y 轴）。

在晶体上沿轴向切下的薄片称为石英晶体切片，石英晶体切片的晶面分别平行于 x 轴、y 轴和 z 轴，如图 7.2（c）所示。沿光轴（z 轴）方向无压电效应，光线沿此轴方向传播时，在晶体内无双折射现象。当沿电轴（x 轴）方向对晶片施加力时，压电效应最强，通常将沿电轴方向的力作用下产生电荷的压电效应称为“纵向压电效应”。当沿机械轴（y 轴）方向对晶片施加力时，依然有压电效应，将沿机械轴方向的力作用下产生电荷的压电效应称为“横向压电效应”。

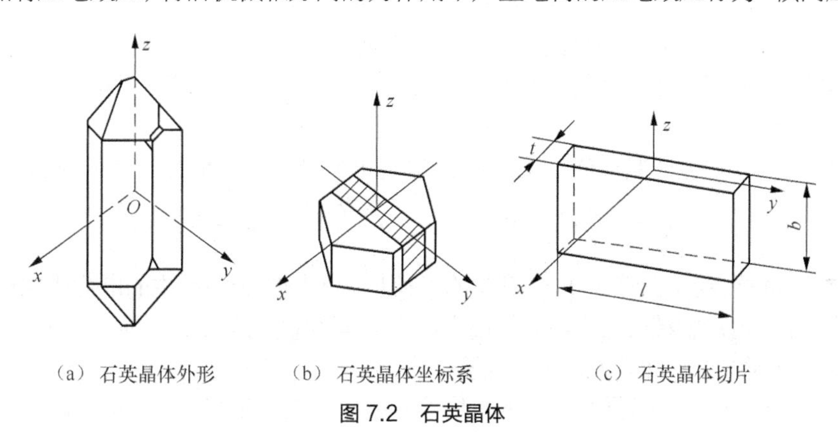

（a）石英晶体外形　（b）石英晶体坐标系　（c）石英晶体切片

图 7.2 石英晶体

（2）压电材料的压电方程

压电材料的压电特性常用压电方程描述，为

$$q_i = d_{ij}\sigma_j \quad 或 \quad Q = d_{ij}F \tag{7.1}$$

式（7.1）中，q_i 为表面的电荷密度（C/cm^2）；σ_j 为单位面积上的作用力，即应力（N/cm^2）；d_{ij} 为压电常数（C/N）；下标 i 取值为 1、2 或 3，表示晶体的电效应方向（场强、极化）的下标；下标 j 取值为 1、2、3、4、5 或 6，表示晶体的力效应方向（应力、应变）的下标。当晶体切片同时受任意方向力的作用时，式（7.1）成为

$$\begin{bmatrix} q_1 \\ q_2 \\ q_3 \end{bmatrix} = \begin{bmatrix} d_{11} & d_{12} & d_{13} & d_{14} & d_{15} & d_{16} \\ d_{21} & d_{22} & d_{23} & d_{24} & d_{25} & d_{26} \\ d_{31} & d_{32} & d_{33} & d_{34} & d_{35} & d_{36} \end{bmatrix} \begin{bmatrix} \sigma_1 \\ \sigma_2 \\ \sigma_3 \\ \sigma_4 \\ \sigma_5 \\ \sigma_6 \end{bmatrix} \tag{7.2}$$

式（7.2）中，q_1、q_2、q_3分别为垂直于 x 轴、y 轴、z 轴的表面电荷密度；σ_1、σ_2、σ_3分别为平行于 x 轴、y 轴、z 轴的单向应力；σ_4、σ_5、σ_6分别为垂直于 x 轴、y 轴、z 轴的剪切应力；d_{ij}为压电常数。

（3）石英晶体的压电方程

对于石英晶体，压电方程为

$$\begin{bmatrix} q_1 \\ q_2 \\ q_3 \end{bmatrix} = \begin{bmatrix} d_{11} & -d_{11} & 0 & d_{14} & 0 & 0 \\ 0 & 0 & 0 & 0 & -d_{14} & -2d_{11} \\ 0 & 0 & 0 & 0 & 0 & 0 \end{bmatrix} \begin{bmatrix} \sigma_1 \\ \sigma_2 \\ \sigma_3 \\ \sigma_4 \\ \sigma_5 \\ \sigma_6 \end{bmatrix} \tag{7.3}$$

式（7.3）中只有 2 个独立常数，为$d_{11} = \pm 2.31 \times 10^{-12}\,\mathrm{C/N}$、$d_{14} = \pm 0.73 \times 10^{-12}\,\mathrm{C/N}$，还可看出石英晶体不是在任何方向都有压电效应。这里规定，左旋石英晶体的 d_{11} 和 d_{14} 在受拉时取“+”，在受压时取“−”，右旋石英晶体的 d_{11} 和 d_{14} 在受拉时取“−”，在受压时取“+”。

（4）石英晶体产生压电效应的原因

由式（7.3）可得，当石英晶体受到 x 方向的外力时，晶面上产生的电荷为

$$q_1 = d_{11}\sigma_1 \quad 或 \quad Q_x = d_{11}F_x \tag{7.4}$$

式（7.4）中，Q_x为垂直于 x 轴晶面上的电荷。由式（7.4）可见，晶面上产生的电荷 Q_x与电轴方向的作用力 F_x 成正比，而与晶面的几何尺寸无关。式（7.4）即为“纵向压电效应”，如图 7.3（a）所示。

由式（7.3）还可得，当石英晶体受到 y 方向的外力时，晶面上产生的电荷为

$$q_1 = -d_{11}\sigma_2 \quad 或 \quad Q_x = -d_{11}\frac{lb}{bt}F_y = -d_{11}\frac{l}{t}F_y \tag{7.5}$$

式（7.5）中，负号表示沿 y 轴的压力产生的电荷与沿 x 轴的压力产生的电荷极性相反。由式（7.5）可见，当压力沿机械轴方向时，晶面上产生的电荷 Q_x与晶面的几何尺寸有关。式（7.5）即为“横向压电效应”，如图 7.3（b）所示。

实际上，由式（7.3）还可得，石英晶体除了纵向压电效应和横向压电效应外，在切向应力的作用下也会产生电荷，称为剪切压电效应。石英晶体在 x 方向有 d_{14}的剪切压电效应，在 y 方向有 d_{25}和 d_{26}的剪切压电效应（$d_{25} = -d_{14}$，$d_{26} = -2d_{11}$）。

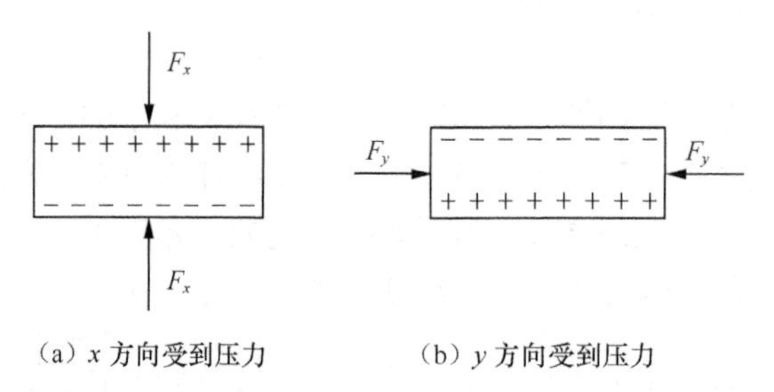

图 7.3　石英晶体的纵向压电效应和横向压电效应

例 7.1　有一石英压电晶体，面积 S=3cm^2，厚度 t=0.3mm，在零度 x 切型纵向石英晶体的压电常数$d_{11} = 2.31 \times 10^{-12}\,\mathrm{C/N}$。求：（1）当压力 p=10MPa 时，石英晶体产生的电荷 Q；（2）已知石英晶体的相对介电常数$\varepsilon_r = 4.5$，石英晶体的电容 C。

解：（1）石英晶体产生的电荷为

$$Q = d_{11}F$$

又由于 Pa（帕斯卡）是压强单位，为牛顿/平方米（N/m^2），有

$$F = pS$$

所以

$$Q = d_{11}pS = 2.31\times10^{-12}\times10\times10^{6}\times3\times10^{-4} = 6.93\times10^{-9}\text{C}$$

（2）平行板电容器的电容计算公式为

$$C = \frac{\varepsilon_0\varepsilon_r S}{t}$$

石英晶体视为平行板电容器，电容 C 为

$$C = \frac{8.854\times10^{-12}\times4.5\times3\times10^{-4}}{0.3\times10^{-3}} = 3.98\times10^{-11}\text{F} = 39.8\text{pF}$$

2．压电陶瓷

压电陶瓷是另一类压电材料，它与石英晶体不同，压电陶瓷在没有极化之前不具有压电效应，是非压电体；压电陶瓷经过极化处理后，有非常大的压电常数，一般为石英晶体的几百倍。压电陶瓷是一种经过极化处理后的人工多晶铁电体，所谓“多晶”，是众多取向晶粒的单晶的集合；所谓“铁电体”，是具有类似铁磁材料磁畴的“电畴”结构。每个单晶形成单个电畴，无数单晶电畴的无规则排列，必须做极化处理，即在一定温度下对其施加直流电场，迫使电畴趋向外电场方向，做规则排列，这一过程称为人工极化过程；极化电场去除后，趋向电畴基本保持不变，形成很强的剩余极化，从而呈现出压电性。图 7.4 为 $BaTiO_3$ 压电陶瓷的电畴变化，其中图 7.4（a）为极化处理前的电畴分布，图 7.4（b）为极化处理中的电畴分布，图 7.4（c）为极化处理后的电畴分布。

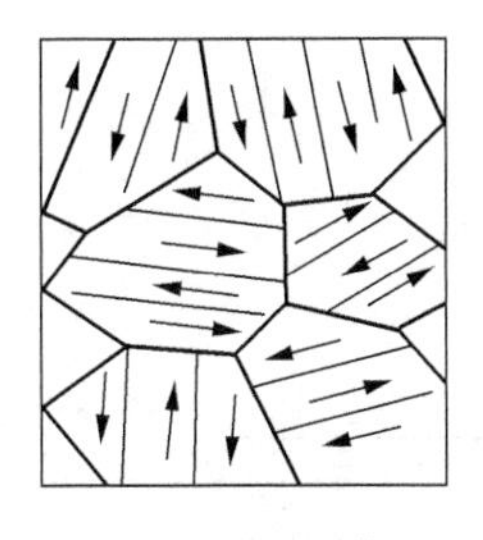

（a）极化处理前

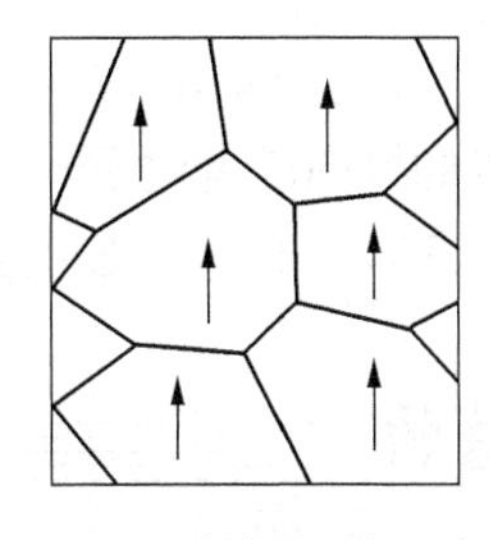

（b）极化处理中

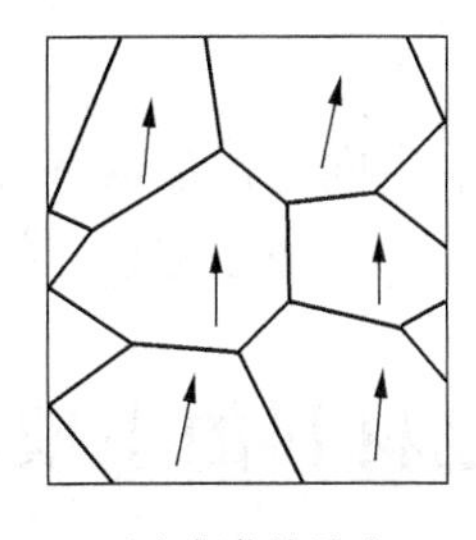

（c）极化处理后

图 7.4　$BaTiO_3$ 压电陶瓷中的电畴变化

经过极化的压电陶瓷材料，由于存在剩余极化强度，在陶瓷片极化的两端（电极）会出现束缚电荷，其中一端为正束缚电荷，另一端为负束缚电荷。由于束缚电荷的作用，在陶瓷片的电极上会吸附一层来自外界的自由电荷，这些自由电荷与陶瓷片内的束缚电荷符号相反、数值相等，因此陶瓷片对外不表现极性。如果在陶瓷片上加一个与极化方向平行的压力，陶瓷片将产生压缩变形，电畴发生偏转，正负束缚电荷之间的距离变小，极化强度也变小，原来吸附在陶瓷片电极上的自由电荷有一部分释放，出现放电现象。当压力撤销后，陶瓷片恢复原状，片内正负束缚电荷之间的距离变大，极化强度也变大，陶瓷片电极上又会吸附一部分自由电荷，出现充电现象。压电陶瓷内的束缚电荷和电极上吸附的自由电荷如图 7.5 所示。

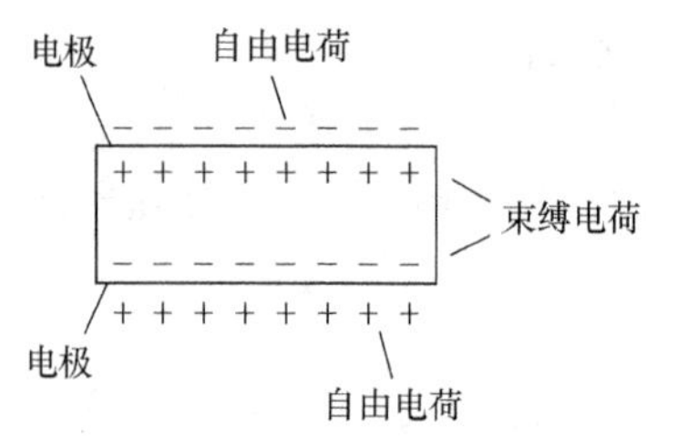

图 7.5　压电陶瓷内的束缚电荷和电极上吸附的自由电荷

在压电陶瓷中，通常将它的极化方向规定为 z 轴，这是它的对称轴。在垂直于 z 轴的平面内，任意选择一个正交轴系为 x 轴和 y 轴，这表明 x 轴和 y 轴是互易的，平行于 z 轴的电场与沿着 x 轴或 y 轴的应力关系是相同的。对于 z 轴方向极化的 $BaTiO_3$ 压电陶瓷，$d_{24}=d_{15}$，$d_{32}=d_{31}$，压电方程为

$$\begin{bmatrix} q_1 \\ q_2 \\ q_3 \end{bmatrix} = \begin{bmatrix} 0 & 0 & 0 & 0 & d_{15} & 0 \\ 0 & 0 & 0 & d_{15} & 0 & 0 \\ d_{31} & d_{31} & d_{33} & 0 & 0 & 0 \end{bmatrix} \begin{bmatrix} \sigma_1 \\ \sigma_2 \\ \sigma_3 \\ \sigma_4 \\ \sigma_5 \\ \sigma_6 \end{bmatrix} \tag{7.6}$$

式（7.6）中只有 3 个独立常数，分别为 $d_{15}=250\times10^{-12}\mathrm{C/N}$、$d_{31}=-78\times10^{-12}\mathrm{C/N}$、$d_{33}=190\times10^{-12}\mathrm{C/N}$。与石英晶体一样，$BaTiO_3$ 压电陶瓷不是在任何方向都有压电效应，由式（7.6）可以得出如下结论。

（1）在 z 轴方向上，有 d_{33} 的纵向压电效应。由纵向压电效应可知，$BaTiO_3$ 压电陶瓷在电极上释放自由电荷的多少与外力成正比，为

$$Q=d_{33}F \tag{7.7}$$

（2）在 z 轴方向上，有 d_{31} 和 d_{32} 的横向压电效应。

（3）在 x 轴和 y 轴方向上，有 d_{15} 和 d_{24} 的剪切压电效应。

7.2　压电材料的主要特性

压电材料主要包括压电晶体（单晶体）、压电陶瓷（多晶体）和新型压电材料。选取合适的压电材料是压电式传感器的关键，压电材料一般应从以下特性进行选择。

（1）机-电转换性能：要求有较大的压电常数，压电常数是衡量压电效应强弱的参数。

（2）电性能：要求有高的电阻率和大的介电常数，以减弱外部分布电容的影响并获得较宽的工作温度范围。

（3）机械性能：压电元件为受力元件，要求机械强度高、刚度大，以获得宽的线性范围和高的固有振动频率。

（4）温度稳定性：要求有高的居里点（压电材料丧失压电性的温度），以获得宽的工作温度范围。

（5）时间稳定性：要求压电特性不随时间改变。

7.2.1 压电晶体

具有压电性的单晶体统称为压电晶体。石英晶体是最典型的压电晶体。

1．石英晶体（SiO_2）

石英晶体有天然和人工培养之分。石英晶体是各向异性晶体，按不同方向切割晶片时，物理性质相差很大，因此，使用时需正确选择晶片的切型。石英晶体的主要特性如下。

（1）石英晶体的突出优点是性能非常稳定。石英晶体压电常数非常稳定，常温下几乎不变，在20℃～200℃的温度范围内，每升高1℃，压电常数仅减小0.016%。

（2）石英晶体居里点高，可达573℃。当温度超过居里点后，石英晶体失去压电性。

（3）石英晶体机械强度和品质因数高，许用压力高达（6.8～9.8）$\times 10^7$Pa，品质因数高达10^6，刚度大，固有频率高，动态响应快，迟滞小，重复性好。

（4）石英晶体绝缘性能也相当好。

（5）石英晶体压电常数较小，灵敏度较低，且价格较贵，使用场合为标准传感器、高精度传感器、高安全应力传感器、高安全温度传感器等。在一般场合，石英晶体已逐渐被其他压电材料所代替。

2．其他压电晶体

水溶性压电晶体包括单斜晶系和正方晶系，它们也具有压电特性。其中，单斜晶系有酒石酸钾钠和酒石酸乙烯二铵等，正方晶系有磷酸二氢钾和磷酸二氢铵等。

铌酸锂属三方晶系，是一种铁电晶体，经过极化处理的铌酸锂晶体具有压电性能。铌酸锂居里点高达1 140℃，在高温条件下依然具有良好的压电特性。

7.2.2 压电陶瓷

压电陶瓷的主要特点是：压电常数大，灵敏度高；可通过合理配方人工控制材料的性能；成型工艺好，成本低，利于广泛应用；居里点较低，性能没有石英晶体稳定。压电陶瓷举例说明如下。

1．钛酸钡（$BaTiO_3$）压电陶瓷

钛酸钡（$BaTiO_3$）是由碳酸钡（$BaCO_3$）和二氧化钛（TiO_2）按1:1分子比例在高温下合成的压电陶瓷。钛酸钡具有很高的介电常数和较大的压电常数（约为石英晶体的50倍），不足之处是居里点低（120℃），温度稳定性和机械强度不如石英晶体。

2．锆钛酸铅系压电陶瓷（PZT）

与钛酸钡相比，锆钛酸铅系压电陶瓷（PZT）压电常数更大，居里点在300℃以上，时间稳定性好，已成为压电陶瓷的主要研究对象。

7.2.3 新型压电材料

新型压电材料主要有压电半导体和有机高分子压电材料，它们的压电常数比石英晶体大十多倍，柔韧性和加工性能好，可制成不同厚度、形状各异的大面积有挠性的膜，化学稳定性和耐疲劳性高，有良好的热稳定性，价格便宜。

1．压电半导体

有多种压电半导体材料，包括硫化锌（ZnS）、碲化镉（CdTe）、氧化锌（ZnO）、硫化镉（CdS）、碲化锌（ZnTe）和砷化镓（GaAs）等。这些材料既有半导体特性，又有压电特性，可研制成新型集成压电传感器系统。

2．有机高分子压电材料

某些高分子聚合物，如聚氟乙烯、聚偏氟乙烯、聚氯乙烯等，经延展和电极化后具有压电特性。这些材料质地柔软，热释电性（由于温度变化引起极化状态改变）和热稳定性好，可制成大面积阵列传感器。

某些高分子化合物，如聚偏氟乙烯中掺杂压电陶瓷 $BaTiO_3$ 粉末，可制成高分子压电薄膜。这些复合压电材料既保持了高分子材料的柔软性，又具有较高的压电性和机电耦合系数。

7.3 压电式传感器的等效电路和测量电路

7.3.1 压电元件的结构形式

压电元件如图 7.6 所示，一般由压电材料和电极（如银电极）构成。压电式传感器对被测量的感受程度是通过压电元件产生电荷量大小来反映的，因此压电元件相当于一个电荷发生器；而压电元件的电极表面聚集电荷时，它又相当于一个以压电材料为电介质的电容器。

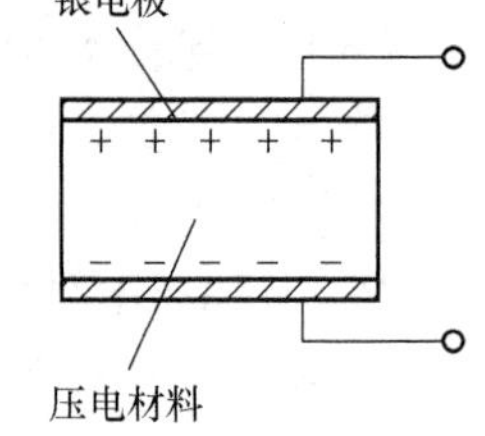

图 7.6 压电元件

压电元件的电容为

$$C_a = \frac{\varepsilon S}{d} \tag{7.8}$$

式（7.8）中，ε 为压电材料的介电常数，S 为电极的极板面积，d 为电极的极板间距。压电元件在受外力作用时，在两个电极表面上产生大小相等、极性相反的电荷，两极板就呈现出一定的电压，电压的大小为

$$U_a = \frac{Q}{C_a} \tag{7.9}$$

式（7.9）中，U_a 为正负电极之间的电压，Q 为电极上的电荷。

在压电式传感器中，压电元件一般不用单片，为了提高灵敏度，常用两片或多片组合在一起使用。由于压电材料是有极性的，因此接法有并联和串联两种。并联接法是压电元件的负极集中在中间电极上，正极在上下两边并连接在一起，如图 7.7（a）所示；串联接法是一个压电元件的正极接另一个压电元件的负极，如图 7.7（b）所示。

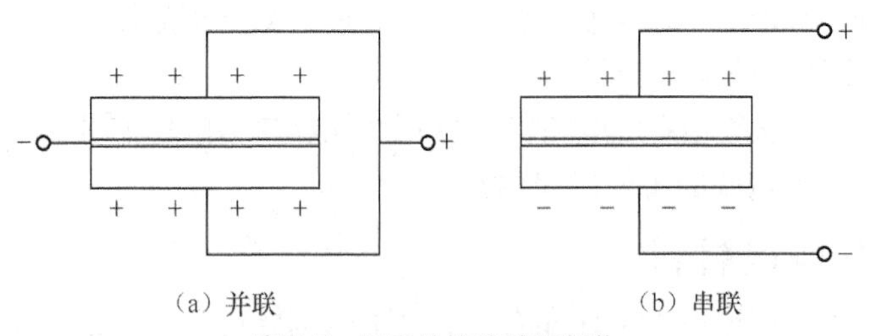

图 7.7 压电片的并联和串联

两片压电元件并联时，输出电压与单片时相同，电容量为单片时的两倍，电荷量也为单片时的两倍，因此时间常数大，适用于测量缓变信号，并适用于以电荷量作为输出的场合。两片压电元件串联时，输出电荷量与单片时相等，输出电压为单片时的两倍，电容量为单片时的 1/2，适用于以电压作为输出量及测量电路输入阻抗很高的场合。

例 7.2 某压电元件为两片石英晶片串联，其中每片厚度 t=0.2mm，圆片半径 r=1cm，x 切型 $d_{11} = 2.31\times10^{-12}\mathrm{C/N}$。当 0.1MPa 压力垂直作用时，求：（1）传感器输出电荷 Q；（2）

电极间电压 U_a。

解：（1）两片石英晶片串联，输出电荷与单片时相同，可得

$$Q = d_{11}F = d_{11}p\pi r^2 = 2.31\times10^{-12}\times0.1\times10^6\times3.14\times10^{-4} = 7.26\times10^{-11}\text{C}$$

（2）两片石英晶片串联，总电容为单片时的 1/2，可得

$$C = 0.5\times\frac{\varepsilon_0\varepsilon_r S}{t} = 0.5\times\frac{8.854\times10^{-12}\times4.5\times3.14\times10^{-4}}{0.2\times10^{-3}} = 3.13\times10^{-11}\text{F} = 31.3\text{pF}$$

电极间电压为

$$U_\text{a} = \frac{Q}{C_\text{a}} = \frac{7.26\times10^{-11}}{31.3\times10^{-12}} = 2.32\text{V}$$

7.3.2　压电式传感器的等效电路

当需要压电元件输出电荷时，可以把它等效成一个与电容相并联的电荷源，如图 7.8（a）所示；当需要压电元件输出电压信号时，可以把它等效成一个与电容串联的电压源，如图 7.8（b）所示。在开路状态，输出电荷灵敏度为 $K_\text{q} = Q/F$，输出电压灵敏度为 $K_\text{u} = U_\text{a}/F$，$K_\text{q}$ 与 K_u 的关系为 $K_\text{u} = K_\text{q}/C_\text{a}$。

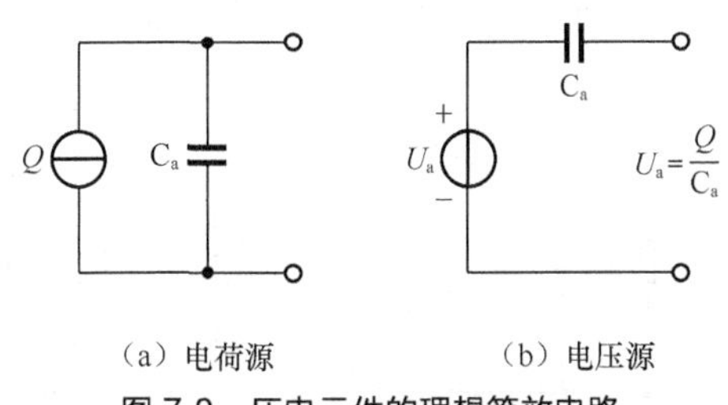

（a）电荷源　　（b）电压源

图 7.8　压电元件的理想等效电路

由等效电路可知，只有传感器内部信号电荷无漏损、外电路负载无穷大时，压电元件受力后产生的电荷和电压才能长期保留下来，否则电路将以某时间常数按指数规律放电。这对静态标定和低频准静态测量极为不利，必然带来误差。实际上，压电元件内部不可能无漏损，外电路负载也不可能无穷大，压电元件只有在交变力的作用下，以较高的频率不断地作用，压电元件的电荷才能源源不断地产生并得以不断补充，以供给测量回路一定的电流。从这个意义上讲，压电式传感器不适用于静态测量，只适用于动态测量。

压电式传感器实际使用时，将压电元件与测量仪器相连，需要考虑压电传感器的泄漏电阻 R_a、连接电缆的等效电容 C_c，以及后续电路中放大器的输入电阻 R_i 和输入电容 C_i。考虑了这些因素后，压电式传感器的实际等效电路如图 7.9 所示。压电式传感器要求测量电路的前级输入端要有足够高的阻抗，以防止电荷迅速泄漏而使测量误差增大。压电式传感器的泄漏电阻 R_a 只有保持在 $10^{13}\Omega$ 以上，才能使内部电荷的漏损减小到一般测试精度的要求；前置放大器只有具有相当高的输入阻抗，才能使测试系统的时间常数较大，否则传感器的信号电荷将通过输入电路泄漏，产生测量误差。

7.3.3　压电式传感器的测量电路

压电式传感器是一个自源电容器，存在与电容传感器一样的高内阻、小功率的问题。压电元件输出的能量微弱，电缆的分布电容及噪音干扰将严重影响输出特性，必须进行前置放大。压电式传感器的关键在于高输入阻抗的前置放大器，前置放大有 2 个作用：一是将压电式传感器的高输出阻抗变换成低阻抗输出；二是放大压电式传感器输出的弱信号。

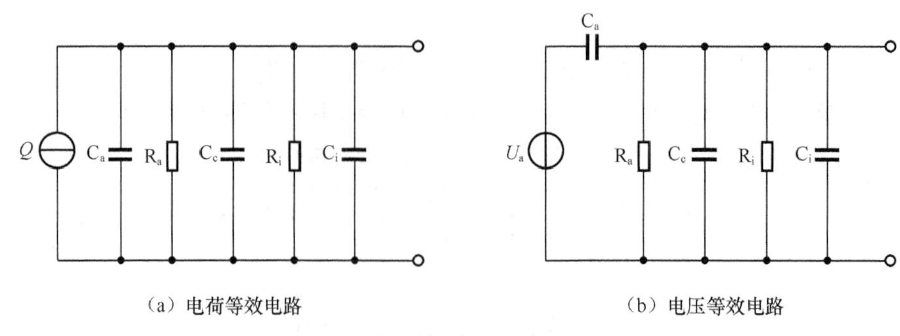

（a）电荷等效电路　　（b）电压等效电路

图 7.9　压电式传感器的等效电路

由于压电式传感器的输出既可以是电压信号，也可以是电荷信号，因此前置放大器也有电压放大器和电荷放大器 2 种形式。其中，电压放大器的输出电压与输入电压（传感器的输出电压）成正比，电荷放大器的输出电压与输入电荷成正比。

1．电压放大器

压电式传感器连接电压放大器的等效电路如图 7.10 所示。其中，图 7.10（b）为等效电路的化简，图中的 R 为 R_a 与 R_i 的并联，C' 为 C_c 与 C_i 的并联。

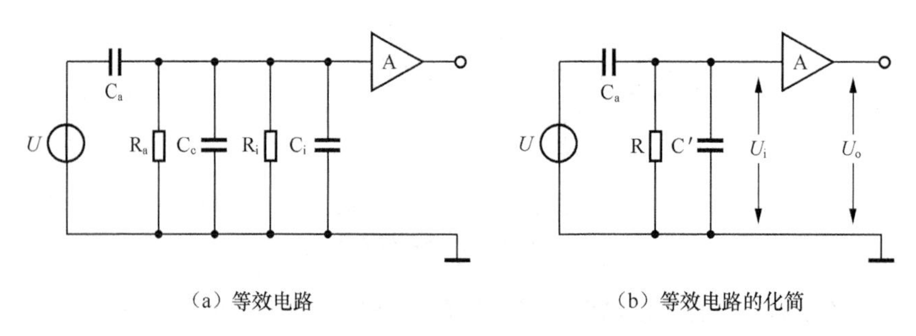

（a）等效电路　　（b）等效电路的化简

图 7.10　压电式传感器连接电压放大器的等效电路

假设压电元件所受的作用力为

$$F = F_m \sin \omega t \tag{7.10}$$

式（7.10）中，F_m 为作用力的幅值，ω 为压电转换角频率。若压电元件的材料为压电陶瓷，其压电常数为 d_{33}，则在外力作用下，压电元件产生的电压值为

$$U_a = \frac{Q}{C_a} = \frac{d_{33}F}{C_a} = \frac{d_{33}F_m}{C_a}\sin \omega t \tag{7.11}$$

由图 7.10（b）可得，送入放大器输入端的电压 $\dot{U}_i$ 为

$$\dot{U}_i = \frac{U_a C_a j\omega R}{1 + j\omega R(C' + C_a)} \tag{7.12}$$

$\dot{U}_i$ 的幅值为

$$U_{im} = \frac{d_{33}F_m \omega R}{\sqrt{1 + \omega^2 R^2 (C_a + C_c + C_i)^2}} \tag{7.13}$$

$\dot{U}_i$ 的相位为

$$\phi = \frac{\pi}{2} - \arctan\left[\omega R(C_a + C_c + C_i)\right] \tag{7.14}$$

电压灵敏度为

$$K_u = \frac{U_{im}}{F_m} = \frac{d_{33}\omega R}{\sqrt{1+\omega^2 R^2 \left(C_a + C_c + C_i\right)^2}} \tag{7.15}$$

理想情况下，回路等效电阻 $R=\infty$（即 $R_a = R_i = \infty$）；或 $\omega \to \infty$。理想情况下电荷无泄漏，电压灵敏度为

$$K'_u = \frac{d_{33}}{C_a + C_c + C_i} \tag{7.16}$$

令 $C = C_a + C_c + C_i$，时间常数 $\tau = R\left(C_a + C_c + C_i\right) = RC$，$\omega_0 = 1/\tau$ 为测量回路的角频率，实际上只要 $\omega/\omega_0 \geqslant 3$，即可采用式（7.16）。这表明，被测量的频率越高，回路的输出电压灵敏度就越接近理想状态，即压电元件的高频响应特性好。比较式（7.15）和式（7.16），可得实际与理想输入电压之比（即相对电压灵敏度）为

$$K = \frac{K_u}{K'_u} = \frac{\omega RC}{\sqrt{1+(\omega RC)^2}} = \frac{\omega\tau}{\sqrt{1+(\omega\tau)^2}} \tag{7.17}$$

但是，当被测动态量变化缓慢，测量回路的时间常数也不大时，就会造成传感器灵敏度下降。要扩大工作频带的低频端，就必须提高测量回路的时间常数 τ。方法有 2 种：其一为增大回路的等效电容 $C = C_a + C_c + C_i$，但等效电容 C 的增大将减小传感器的电压灵敏度 K_u；其二为增大回路的等效电阻 $R = R_a R_i/\left(R_a + R_i\right)$，即要求放大器的输入电阻 R_i 足够大。

例 7.3 分析压电式加速度传感器的频率响应特性。若电压放大器测量电路的总电容 C=1000pF，总电阻 R=500MΩ。求：幅值误差小于 2%时，允许的输入信号频率下限。

解：由式（7.17）可得，实际与理想输入电压之比的幅频特性为

$$K = \frac{\omega\tau}{\sqrt{1+(\omega\tau)^2}}$$

上式中，$\omega = 2\pi f$ 为压电元件上信号的角频率，$\tau = RC$ 为回路的时间常数。

由题意，要求幅值误差小于 2%，即 $K \geqslant 98\%$，有

$$K = \frac{\omega\tau}{\sqrt{1+(\omega\tau)^2}} = \frac{2\pi fRC}{\sqrt{1+(2\pi fRC)^2}} \geqslant 98\%$$

由于

$$RC = 500\times10^6 \times 1000\times10^{-12} = 0.5\text{s}$$

可解得输入信号的频率下限为

$$f=1.6\text{Hz}$$

2．电荷放大器

电荷放大器是压电式传感器的另一种前置放大器，能将高内阻的电荷源转换成低内阻的电压源，并同时保持输出电压与输入电荷成正比。因此，电荷放大器同样起着阻抗变换的作用，输入阻抗可达 $10^{10} \sim 10^{12}\Omega$，输出阻抗小于 100Ω。使用电荷放大器的一个突出优点是：在一定的条件下，传感器的灵敏度与电缆长度无关。

电荷放大器实际上是具有深度负反馈的高增益放大器，压电式传感器连接电荷放大器的等效电路如图 7.11 所示。只要放大器的开环增益 A、输入电阻 R_i 和反馈电阻 R_f 足够大，放大器输入端 a 点的电位就接近“地”电位。

由“米勒”效应，电容 C_f 反馈到放大器输入端的等效电容为 $C'_f = (1+A)C_f$。由于放大器输入端 a 点的电位接近“地”电位，传感器电荷 Q 全部充入回路电容（$C_a + C_c + C_i + C'_f$），

所以放大器的输出电压为

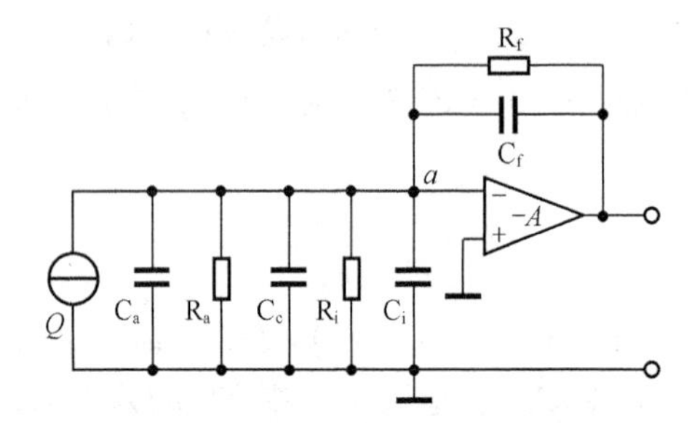

图 7.11　压电式传感器连接电荷放大器的等效电路

$$U_{\mathrm{o}}=\frac{-AQ}{C_{\mathrm{a}}+C_{\mathrm{c}}+C_{\mathrm{i}}+(1+A)C_{\mathrm{f}}} \tag{7.18}$$

在理想状态，$A\to\infty$，式（7.18）成为

$$U_{\mathrm{o}}'=\frac{-Q}{C_{\mathrm{f}}} \tag{7.19}$$

通常 A=10^4 ~ 10^6，$(1+A)C_{\mathrm{f}}>>C_{\mathrm{a}}+C_{\mathrm{c}}+C_{\mathrm{i}}$，式（7.19）近似成立。式（7.19）表明，电荷放大器输出电压U_{o}'与输入电荷 Q、反馈电容 C_{f}有关，只要反馈电容 C_{f}恒定，就可以实现输出电压U_{o}'与输入电荷 Q 成正比，即电荷放大器的输出只与反馈电容 C_{f}有关，而与电缆电容无关。这是电荷放大器的一个突出优点，放大器的非线性误差不进入传递环节，在实用中接长电缆，变动电缆则不受限制。

电荷放大器的输出灵敏度可以通过调整反馈电容 C_{f}得到，通常 C_{f}=100 ~ 10000pF。为了减小零漂，使电荷放大器工作稳定，通常在反馈电容 C_{f}两端并联一个大电阻 R_{f}（通常为 10^8 ~ $10^{10}\Omega$），其功能是提供直流的负反馈。

例 7.4　已知电荷前置放大电路 $C_{\mathrm{a}}=100\mathrm{pF}$，$R_{\mathrm{a}}=\infty$，$C_{\mathrm{f}}=10\mathrm{pF}$。采用 90pF/m 的电缆，需要考虑电缆引线 C_{c}的影响，当 A=10^4时，要求输出信号衰减小于 1%。求：允许使用的电缆最大长度是多少。

解：由式（7.18）可得，放大器的实际输出电压为

$$U_{\mathrm{o}}=\frac{-AQ}{C_{\mathrm{a}}+C_{\mathrm{c}}+(1+A)C_{\mathrm{f}}}$$

又由（7.19）可得，放大器理想状态的输出电压为$U_{\mathrm{o}}'=\dfrac{-Q}{C_{\mathrm{f}}}$。实际输出与理想输出的误差为

$$\delta=\frac{U_{\mathrm{o}}'-U_{\mathrm{o}}}{U_{\mathrm{o}}'}=\frac{C_{\mathrm{a}}+C_{\mathrm{c}}}{(1+A)C_{\mathrm{f}}}$$

由题意，要求$\delta<1\%$，即

$$\delta=\frac{100+C_{\mathrm{c}}}{(1+10^4)\times 10}<1\%$$

解得

$$C_{\mathrm{c}}=900\mathrm{pF}$$

允许使用的电缆最大长度为

$$L=\frac{900}{90}=10\mathrm{m}$$

7.4 压电式传感器的应用实例

压电元件是一种典型的力敏元件，能够测量最终转换成力的多种物理量。压电式传感器应用最多的是力敏类型，特别适合对冲击、振动等加速度的测量，迄今在众多的测振传感器中，压电加速度传感器占 80%以上。此外，压电式传感器也可用于热敏、光敏和声敏类型。本章主要介绍了基于正压电效应的力-电转换型压电式传感器，下面给出应用实例。

7.4.1 压电式传感器的形式和特点

从优化设计和择优选用压电传感器考虑，应首先了解其力-电转换的变形方式。由式（7.3）和式（7.6）可以看出，有纵向压电效应、横向压电效应和剪切压电效应。压电效应的强弱由压电常数反映，压电陶瓷的压电效应比石英晶体的压电效应强数十倍。对于石英晶体，常用纵向压电效应；对于压电陶瓷，在三维空间力场的测量中，体积压缩压电效应有优越性。

压电元件的结构形式很多，有圆形、长方形、环形和柱形等，如图 7.12（a）所示。按元件数目分，压电元件有单晶片、双晶片和多晶片，为提高压电输出灵敏度，多采用双晶片或多晶片的串、并联形式，如图 7.12（b）所示。

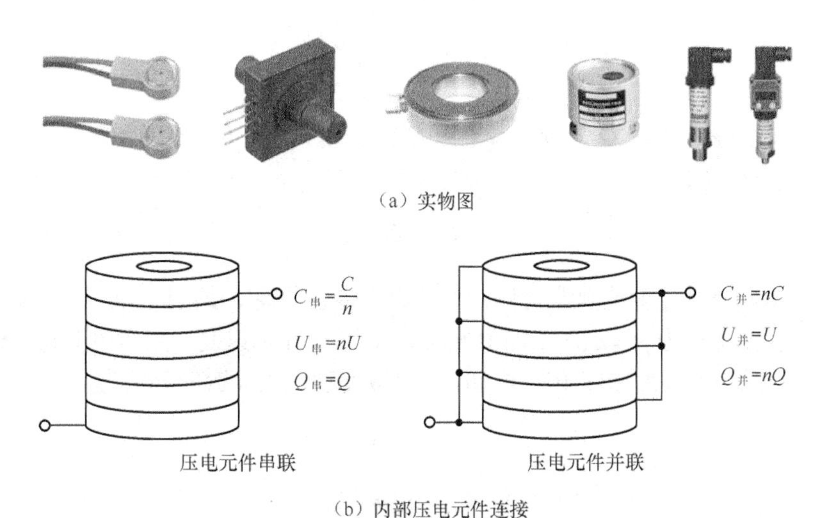

图 7.12 压电元件的结构形式

7.4.2 压电式加速度传感器

振动存在于各种动力装备中，是这些动力装备的故障源。目前对这种振动的监控检测，多数采用压电加速度传感器。许多加速度传感器都布置在轴承等高速旋转的要害部位，并用螺栓刚性固连在振动体上。

压电式加速度传感器的内部结构示意图如图 7.13 所示，压电元件一般由两片压电片组成，采用并联接法，压电片通常用压电陶瓷制成，压电片上放一块比较重的质量块，然后用一段弹簧和螺栓、螺帽对质量块预加载荷，整个组件装在一个厚基座的金属壳中。

测量时，将传感器基座与试件刚性固定在一起，传感器与试件感受到相同的振动。由于弹簧的作用，质量块有正比于加速度的交变惯性力作用在压电片上；又由于压电效应，压电片的两个表面上就产生交变电荷。当振动频率远小于传感器的固有频率时，传感器的输出电

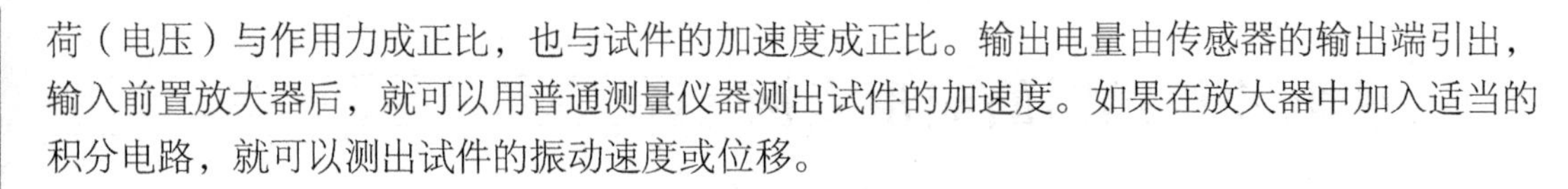

荷（电压）与作用力成正比，也与试件的加速度成正比。输出电量由传感器的输出端引出，输入前置放大器后，就可以用普通测量仪器测出试件的加速度。如果在放大器中加入适当的积分电路，就可以测出试件的振动速度或位移。

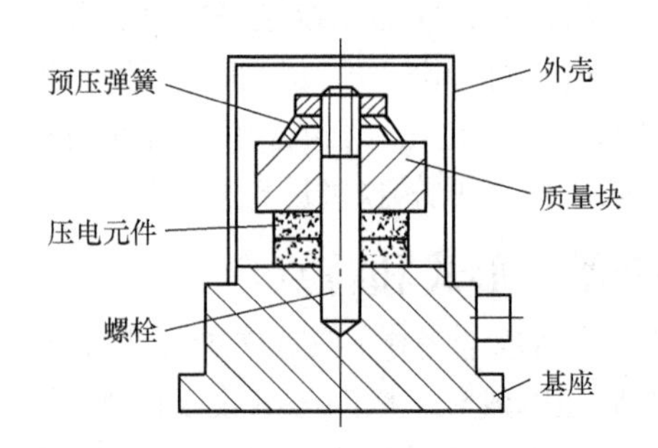

图 7.13　压电式加速度传感器内部结构示意图

这时传感器的灵敏度有 2 种表示方法：当它与电荷放大器配合使用时，用电荷灵敏度 K_q 表示；当它与电压放大器配合使用时，用电压灵敏度 K_u 表示。其一般表达式为

$$K_q = \frac{Q}{a} \tag{7.20}$$

$$K_u = \frac{U_a}{a} \tag{7.21}$$

式（7.20）和式（7.21）中，Q 为传感器输出的电荷量，U_a 为传感器的开路电压，a 为被测加速度。因为 $U_a = Q/C_a$，有

$$K_q = K_u C_a \tag{7.22}$$

下面以压电陶瓷加速度传感器为例，讨论影响传感器灵敏度的因素。压电陶瓷元件受力后，表面上产生的电荷为 $Q = d_{33}F$，而传感器质量块 m 在加速度 a 的作用下施加给压电元件的力 $F=ma$，因此压电式加速度传感器的电荷灵敏度和电压灵敏度分别为

$$K_q = d_{33}m \tag{7.23}$$

$$K_u = d_{33}m / C_a \tag{7.24}$$

由式（7.23）和式（7.24）可知，压电式加速度传感器的灵敏度与压电材料的压电常数 d 成正比，与质量块的质量 m 成正比。因此，可通过选用较大的 d 和 m 来提高灵敏度。但是，质量块 m 的增大将引起传感器固有频率的下降和频带减小，并带来体积和重量的增加，应尽量避免。通常采用具有较大压电常数 d 的材料或多晶片组合的方法来提高灵敏度。

例 7.5　用石英晶体加速度计及电荷放大器测量机器的振动。已知石英晶体加速度计的灵敏度为 5pC/g（g 为重力加速度，g=9.8m/s^2），电荷放大器的灵敏度为 50mV/pC，当机器达到最大的加速度时，输出的电压幅值为 2V。计算机器的振动加速度。

解：系统的灵敏度系数 K 为传感器灵敏度与电荷放大器灵敏度的乘积，故

$$K=5\times50=250\text{mV}/g$$

系统的灵敏度系数 K 还可以表示为

$$K = \frac{U}{a}$$

因此，机器的振动加速度为

$$a=\frac{U}{K}=\frac{2\times g}{250\times10^{-3}}=8g$$

7.4.3 压电式测力传感器

压电式测力传感器是利用压电元件直接实现力-电转换的传感器。图 7.14 为机床刀具切削力的测试示意图，压电式测力传感器可实现机床动态切削力的测量。

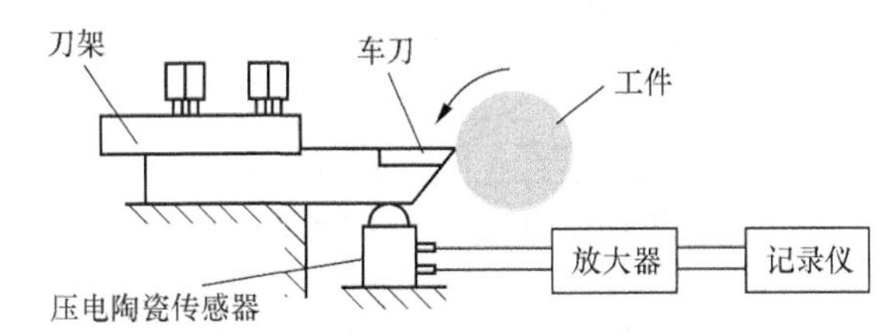

图 7.14 机床刀具切削力动态测试示意图

用于机床刀具切削力动态测试的压电式单向测力传感器如图 7.15 所示，它由基座、上盖、晶片、电极和绝缘套等构成。上盖很薄，只有 0.1 ~ 0.5mm，为传力元件；晶片为 0° x 切型石英晶片，尺寸为 $\phi8\times1$ mm；绝缘套用来绝缘和定位。基座内外底面对其中心线的垂直度，上盖、晶片、电极的上下底面的平行度，以及表面的光洁度都有严格的要求，否则会使横向灵敏度增加，或使晶片因应力集中而过早破碎。这种传感器最大测力 500kg，典型应用有测试车床动态切削力、轴承支座反力、表面粗糙度测量仪中的力传感器等。

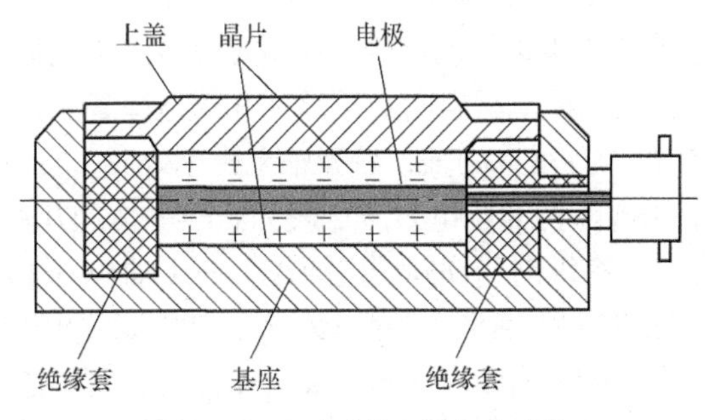

图 7.15 压电式单向测力传感器

7.4.4 压电式压力传感器

压电式压力传感器的结构种类很多，基本原理和结构与前面所述的压电式加速度传感器相似，不同点是必须通过弹性模、盒等把压力收集、转化成力，再传递给压电元件。压电式压力传感器的结构如图 7.16 所示，为保证静态特性及稳定性，多采用石英晶体作为压电元件。压电元件被夹在两个弹性膜片之间，压力作用于膜片，使压电元件受力而产生电荷，还可以使用多个压电元件叠加的方式来提高仪表的灵敏度。压电元件的一个侧面与膜片接触并接地，另一侧通过引线端子将电量引出。这种传感器的量程可以很大（可达 $0\sim10^7$Pa），工作温度范围宽（可达−150℃ ~ +240℃）。

在结构设计中，压电式压力传感器必须符合如下条件。

（1）弹性膜片与传力的元件之间有良好的面接触。

（2）弹性膜片很薄，由挠性材料做成，用于感受外部压力。

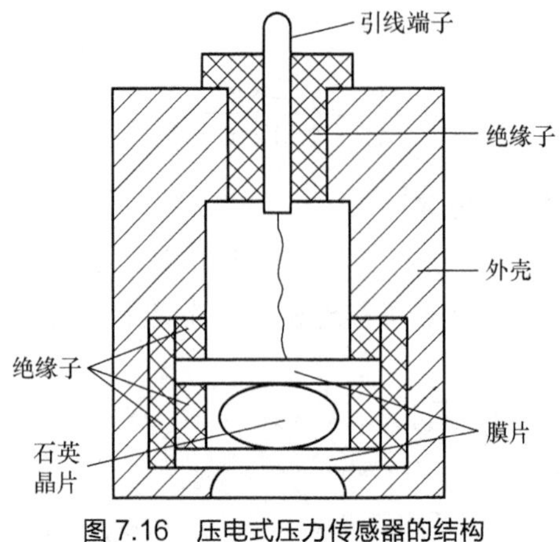

图 7.16　压电式压力传感器的结构

（3）传感器外壳和基体有足够的刚度，以保证被测力尽可能传递到压电元件上。

（4）压电元件多采用石英晶体。

（5）压电元件的振动模式要考虑到频率的覆盖范围。

本章小结

压电式传感器是以具有压电效应的压电元件为核心组成的传感器。压电材料会产生压电效应，由于压电效应具有自发电的特性，所以压电式传感器是典型的有源传感器。本章分别介绍了压电式传感器的工作原理、材料特性、测量电路和应用实例。

压电效应分为正压电效应（也称压电效应）和逆压电效应（也称电致伸缩效应），某些压电材料会产生压电效应。常用的压电材料有石英晶体和压电陶瓷。石英晶体是各向异性晶体，有光轴、电轴和机械轴 3 根相互垂直的轴，沿光轴无压电效应，沿电轴有纵向压电效应，沿机械轴有横向压电效应。压电陶瓷的压电效应一般为石英晶体的几百倍，通常将它的极化方向规定为 z 轴，在 z 轴方向上有纵向和横向压电效应，在 x 轴和 y 轴方向上有剪切压电效应。压电材料的压电特性常用压电方程描述，为 $q_i = d_{ij}\sigma_j$，其中 d_{ij} 为压电常数，石英晶体有 2 个（d_{11}、d_{14}）独立的常数，压电陶瓷有 3 个（d_{15}、d_{31}、d_{33}）独立的常数。

压电材料主要包括压电晶体（单晶体）、压电陶瓷（多晶体）和新型压电材料。具有压电性的单晶体统称为压电晶体，石英晶体（二氧化硅单晶）是最典型的压电晶体。石英晶体的突出优点是性能非常稳定，居里点高，机械强度和品质因数高；缺点是压电常数较小，灵敏度较低，价格较贵。压电陶瓷在没有极化之前不具有压电效应，经过极化处理后有非常大的压电常数。压电陶瓷的优点是压电常数大，灵敏度高，成本低；缺点是居里点较低，性能没有石英晶体稳定。新型压电材料主要有压电半导体和有机高分子压电材料。

压电元件是压电式传感器感受被测量的器件，一般由压电材料和电极构成。压电元件既相当于一个电荷发生器，又相当于一个电容器。为了提高灵敏度，两片或多片压电元件常并联或串联在一起使用。压电式传感器实际使用时，将压电元件与测量仪器相连，需要高输入阻抗的前置放大器，前置放大器有电压放大器和电荷放大器 2 种形式。

压电式传感器应用最多的是力敏类型，能够测量最终转换成力的多种物理量。压电式传感器的结构形式很多，有圆形、长方形、环形和柱形等。实际应用中有压电式加速度传感器、压电式测力传感器、压电式压力传感器等。

思考题和习题

7.1 什么是正压电效应和逆压电效应？哪一种可以实现机械能到电能的转换？哪一种可以实现电能到机械能的转换？

7.2 什么是石英晶体的光轴、电轴和机械轴？沿哪个轴的作用力会产生压电效应？是产生纵向压电效应，还是产生横向压电效应？

7.3 压电陶瓷在没有极化之前具有压电效应吗？什么是压电陶瓷的 z 轴？压电陶瓷会产生哪种压电效应？

7.4 什么是压电材料的压电方程？d_{ij} 的下标 i 和 j 可以取几个值？石英晶体有几个独立的 d_{ij} 常数？压电陶瓷有几个独立的 d_{ij} 常数？从压电常数 d_{ij} 能看出压电陶瓷比石英晶体的压电效应强吗？

7.5 压电材料主要包括哪几种类型？压电材料一般应从哪些特性进行选择？比较石英晶体和压电陶瓷的优缺点。

7.6 压电元件是怎么构成的？为什么说压电元件既相当于一个电荷发生器，又相当于一个电容器？画出压电元件等效成电荷源和电压源的电路图。

7.7 压电元件有并联和串联接法，分别说明每一种接法是如何实现的，并说明 2 片并联和 2 片串联时与单片在电容、电荷和电压上的差异。

7.8 压电式传感器的前置放大器主要有哪 2 个作用？有哪 2 种放大器？

7.9 说明压电式传感器的结构形式。

7.10 说明压电式加速度传感器、测力传感器和压力传感器的应用实例。

7.11 有一石英压电晶体，面积 S=3cm^2，厚度 t=0.3mm，在零度 x 切型纵向石英晶体压电常数 $d_{11} = 2.31\times10^{-12}\text{C}/\text{N}$。求：输出电压 U。

7.12 某压电式压力传感器为两片石英晶片的并联，每片厚度 t=0.2mm，圆片半径 r=1cm，$d_{11} = 2.31\times10^{-12}\text{C}/\text{N}$。当 0.1MPa 压力垂直作用时，求：（1）传感器输出电荷 Q；（2）石英晶片总电容；（3）电极间电压 U_a。

7.13 某石英晶体压电元件 x 切型 $d_{11} = 2.31\times10^{-12}\text{C}/\text{N}$，$\varepsilon_r = 4.5$，截面积 S=5cm^2，厚度 t=0.5mm。求：（1）纵向受压力 9.8N 时，该压电元件的输出电压；（2）若此元件与高阻抗运放间连接电缆的电容 C_c=4pF，该压电元件的输出电压。

7.14 某压电式压力传感器的灵敏度为 80pC/Pa，如果它的电容量为 1nF，试确定传感器在输入压力 1.4Pa 时的输出电压。

7.15 某压电式传感器测量最低信号频率 f=1Hz，要求在 1Hz 信号频率时灵敏度下降小于 5%。若电压放大器测量电路的总电容 C=500pF，求测量电路的总电阻 R 是多少。

7.16 分析压电式加速度传感器 1Hz 振动时的幅值误差，已知电压放大器测量电路的总电容 C=100pF，总电阻 R=100MΩ。

7.17 用石英晶体加速度计及电荷放大器测量机器的振动。已知石英晶体加速度计的灵敏度为 2.5pC/g（g 为重力加速度，g=9.8m/s^2），电荷放大器的灵敏度为 80mV/pC，当机器达到最大的加速度时，输出的电压幅值为 4V。计算机器的振动加速度。

7.18 测力环在全量程内具有灵敏度 3.9pC/N，它与一台灵敏度为 10mV/pC 的电荷放大器连接。已知在 3 次实验中测得以下的电压值：（1）−100mV；（2）10V；（3）−75V，试确定 3 次实验中被测力的大小。

PART 8

第 8 章 磁电式传感器

磁电式传感器是利用磁电作用将被测量转换成电信号的传感器。磁电作用是指所有的磁信号与电信号之间相互作用的现象，主要包括电磁感应效应和半导体磁敏元件对磁场敏感的特性。基于电磁感应效应，可以将被测量转换成感应电动势，形成磁电感应式传感器；基于半导体磁敏元件对磁场敏感的特性，可以形成霍尔传感器、磁敏电阻和磁敏二极管等。本章主要介绍磁电感应式传感器、霍尔传感器、磁敏电阻和磁敏二极管的原理、特性和应用。

1831 年，英国物理学家法拉第发现电磁感应定律，根据电磁感应定律，最简单的把磁信号转换为电信号的磁电式传感器就是线圈。随着科技的发展，以半导体传感器为代表的各种固态传感器相继问世，固态化代表着现代磁电式传感器的发展方向。

8.1 磁电感应式传感器

磁电感应式传感器是基于电磁感应原理，通过磁电相互作用将被测非电量（如振动、位移、转速等）转换成感应电动势的传感器，它也被称为感应式传感器或电动式传感器。磁电感应式传感器主要采用线圈，根据电磁感应定律，N 匝线圈中的感应电动势为

$$e=-N\frac{\mathrm{d}\Phi}{\mathrm{d}t} \tag{8.1}$$

式（8.1）中，Φ 为穿过线圈的磁通量，t 为时间。由式（8.1）可以看出，感应电动势 e 由磁通的变化率 $\mathrm{d}\Phi/\mathrm{d}t$ 决定。

磁电感应式传感器是一种将被测对象的机械能转换成电信号的传感器，不需要电源，是自源传感器。它电路简单，有较大的输出功率，零位及性能稳定，具有一定的频率响应范围（一般为 10～1000Hz），适合于振动、转速、扭矩等测量。磁电感应式传感器具有双向转换的特性，利用其逆转换效应，可以构成力（矩）发生器和电磁激振器。磁电感应式传感器的缺点是尺寸和重量都较大。

磁电感应式传感器可以设计成恒磁通式和变磁通式 2 种结构。恒磁通磁电感应式传感器如图 8.1 所示，由永久磁铁（俗称“磁钢”）、弹簧和线圈等组成，磁路系统中产生恒定磁场，磁路中的工作气隙是固定不变的，气隙中的磁通也是恒定不变的，因此被称为恒磁通式。恒磁通式传感器的感应电动势输出是由于永久磁铁与线圈之间有相对运动（线圈切割磁力线），在线圈中产生了感应电动势。这类传感器适合测量线速度，又因为速度与位移和加速度之间有内在联系，所以通过微分或积分可以测量位移和加速度。

变磁通磁电感应式传感器如图 8.2 所示，由永久磁铁、线圈、软铁和测量齿轮等组成，测量齿轮旋转使工作气隙的平均长度周期性变化，磁通同样周期性变化，因此被称为变磁通式。变磁通式传感器的感应电动势由线圈输出，大小取决于线圈中磁通的变化率，因而感应电动势输出与被测转速成一定的比例关系，适合测量旋转角速度。

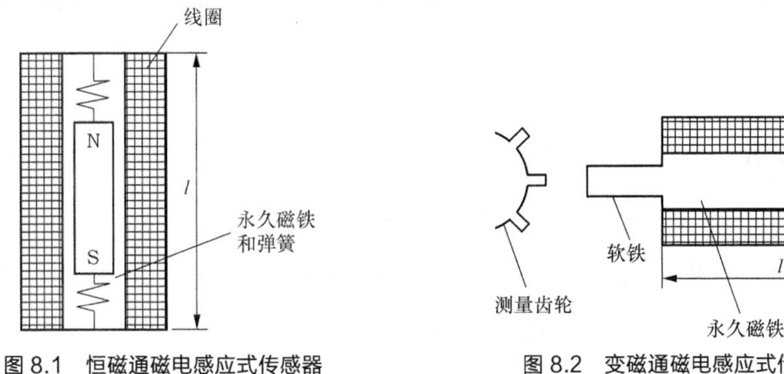

图 8.1　恒磁通磁电感应式传感器　　图 8.2　变磁通磁电感应式传感器

8.2　霍尔传感器

霍尔传感器是一种基于霍尔效应的磁电转换传感器。霍尔效应是 1879 年霍尔发现的，由于这种效应在金属中非常微弱，所以当时并没有引起人们的重视。20 世纪 50 年代以后，由于微电子技术的发展，人们找到了霍尔效应比较明显的半导体材料，霍尔效应得到极大的应用，研究开发出多种霍尔元件。霍尔传感器具有灵敏度高、线性度好、体积小（几个平方毫米）、耐高温、非接触测量等特点，可用于位移、力、角度、转速、加速度、电流、功率、磁场的测量，还可以制成计数装置和开关。

8.2.1　霍尔效应

霍尔效应是物质在磁场中表现出的一种性质。图 8.3 为霍尔效应的原理图，当把一块物质（金属或半导体的薄片）放入磁场后，如果沿着垂直于磁场的方向通过电流 I，在薄片的另一对侧面内将产生电动势 U_H，这种物理现象称为霍尔效应。其中，这种薄片称为霍尔片或霍尔元件，电动势 U_H 称为霍尔电势。

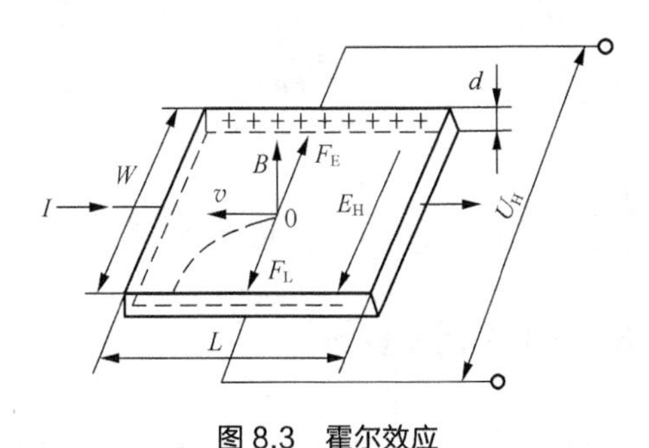

图 8.3　霍尔效应

图 8.3 中，霍尔元件的长为 L，宽为 W，厚度为 d，在 L 长的两端输入电流 I（控制电流），假设载流子为带负电的电子，则电子以速度 $\boldsymbol{v}$ 沿着电流 I 相反的方向运动。在磁场中运动的电子将受到洛伦兹力 $\boldsymbol{F}_L$，为

$$F_L = -ev \times B \tag{8.2}$$

式（8.2）中，e 为电子的电荷量，$\boldsymbol{B}$ 为磁感应强度，$\boldsymbol{F}_L$ 的方向由右手定则确定。

运动的电子在洛伦兹力 $\boldsymbol{F}_L$ 的作用下向一侧偏转，在该侧形成电子的积累，并在另一侧形成正电荷的积累，于是建立起一个霍尔电场 $\boldsymbol{E}_H$，形成霍尔电势 U_H。霍尔电场 $\boldsymbol{E}_H$ 对随后的电子施加一个电场力 $\boldsymbol{F}_E$，随着电子的积累，当电场力 $\boldsymbol{F}_E$ 与洛伦兹力 $\boldsymbol{F}_L$ 达到动平衡（$\boldsymbol{F}_E=\boldsymbol{F}_L$）时，形成稳定的霍尔电势 U_H。有

$$evB = -eE_H = -e\frac{U_H}{W} \tag{8.3}$$

又因为电流 $I = -nevWd$（n 为载流子浓度），所以，

$$U_H = \frac{IB}{ned} = R_H\frac{IB}{d} = K_H IB \tag{8.4}$$

式（8.4）中，R_H 为霍尔系数，K_H 为霍尔元件的灵敏度系数。

$$K_H = \frac{R_H}{d} = \frac{1}{ned} \tag{8.5}$$

有如下结论。

（1）厚度 d 越小，霍尔电势 U_H 越大，霍尔元件越灵敏。一般取 d=0.1mm 左右。利用砷化镓外延层和硅外延层为工作层的霍尔元件，可以薄到几微米（L 和 W 可以小到几十微米），利用外延层还有利于霍尔元件与配套电路集成在一块芯片上。

（2）半导体适合制作霍尔元件。电阻率越高（载流子浓度 n 越小），元件越灵敏。深入分析还表明，载流子的迁移率 μ 越高，元件越灵敏。半导体的电子迁移率远高于空穴，所以霍尔元件大多采用 N 型半导体。砷化镓霍尔元件的灵敏度高于硅。

（3）金属的电子浓度很高，不适合制作霍尔元件。

（4）霍尔电极位于 2/L 处，是由于这里的 U_H 最大。

例 8.1 某霍尔元件 $L\times W\times d$=10mm×3.5mm×1mm，沿 L 方向通过电流 I=1.0mA，在垂直于薄片的方向加均匀磁场 B=0.3T，传感器的灵敏度系数为 K_H=22mV/mA•T。求：（1）输出霍尔电势；（2）载流子浓度。

解：（1）由式（8.4），可得输出的霍尔电势为

$$U_H = K_H IB = 22\times 0.3 = 6.6\text{mV}$$

（2）又由式（8.5）可知

$$K_H = \frac{1}{ned}$$

载流子浓度为

$$n = \frac{1}{K_H ed} = \frac{1}{22\times 1.602\times 10^{-19}\times 1\times 10^{-3}} = 2.84\times 10^{20}\,/\,\text{m}^3$$

8.2.2 霍尔元件的主要特性参数

（1）灵敏度 K_H

灵敏度 K_H 是指在单位磁感应强度和单位控制电流下，所得到的开路霍尔电势。

（2）额定控制电流 I_{cm}

额定控制电流 I_{cm} 是指空气中的霍尔元件产生允许温升 ΔT =10℃时的控制电流。I_{cm} 为

$$I_{cm} = W\sqrt{2\alpha_S d\Delta T/\rho} \tag{8.6}$$

式（8.6）中，α_S 为元件的散热系数，ρ 为元件工作区的电阻率。一般 I_{cm} 为几毫安到几十毫安，与元件的材料和尺寸有关。

（3）输入电阻 R_i 和输出电阻 R_o

输入电阻 R_i 为霍尔元件控制电流两个电极之间的电阻。输出电阻 R_o 为霍尔元件两个霍尔电极之间的电阻。

（4）不等位电势 U_o 和不等位电阻 r_o

在不加外磁场时，霍尔元件在额定控制电流的控制下，两个霍尔电极之间的开路电势为不等位电势 U_o（也称为残留电压）。不等位电阻定义为 $r_o=U_o/I_{cm}$。

（5）寄生直流电势 U_{oD}

在不加外磁场时，交流控制电流通过霍尔元件时，在两个霍尔电极之间除出现交流不等位电势以外，如果还有直流电势，则称为寄生直流电势 U_{oD}。

（6）霍尔电势温度系数 α

霍尔电势温度系数 α 是指在一定的磁感应强度和控制电流下，温度每变化 1℃时的霍尔电势的相对变化率。$\boldsymbol{\alpha}$ 有正负之分，$\boldsymbol{\alpha}$ 为负表示元件的 U_H 随温度升高而下降，$\boldsymbol{\alpha}$ 越小越好。这一参数对测量仪器十分重要。

（7）电阻温度系数 β

电阻温度系数 β 是指温度每变化 1℃时，霍尔元件材料的电阻变化的百分率。

（8）工作温度范围

当温度过高或过低时，载流子浓度 n 将大幅度变大或变小，使霍尔元件不能正常工作。锑化铟的正常工作温度范围是 0℃～+40℃；锗为−40℃～+75℃；硅为−60℃～+150℃；砷化镓为−60℃～+200℃。

8.2.3 霍尔元件的结构和测量电路

1．霍尔元件的结构

霍尔元件的结构比较简单，由霍尔片、四极引线和壳体组成，如图 8.4 所示。在霍尔元件短边的中点焊有 2 根引线，称为控制电极，是控制电流的引线端；在霍尔元件长边的中点焊有 2 根引线，称为霍尔电极，是霍尔电势输出的引线端。

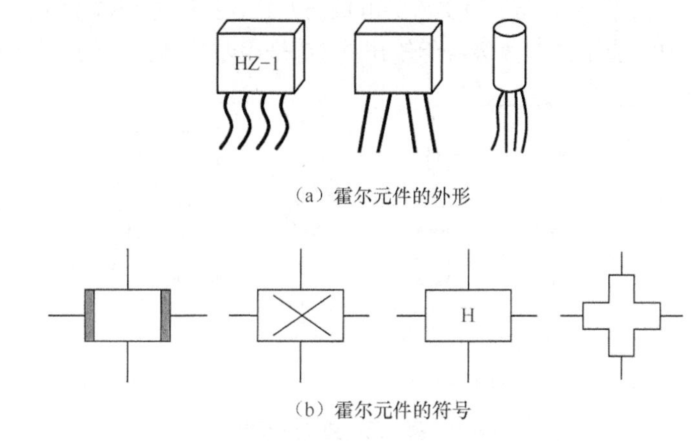

（a）霍尔元件的外形

（b）霍尔元件的符号

图 8.4 霍尔元件的外形和符号

霍尔片是一块矩形半导体薄片，一般采用锑化铟、锗、硅、砷化铟、砷化镓等半导体材料制成。霍尔元件的壳体一般用非磁性金属、陶瓷或环氧树脂封装。

2．霍尔元件的测量电路

霍尔元件的基本测量电路如图 8.5 所示。控制电流 I 由电源 E 供给；R 为调整电阻，以保证元件中得到所需要的控制电流。霍尔输出端接负载 R_L，R_L 可以是一般电阻，也可以是放大器输入电阻或表头的内阻。实际使用时，元件的输入信号可以是电流 I 或磁感应强度 B，也可以是 IB；而输出可以正比于 I 或 B，或者正比于其乘积 IB。

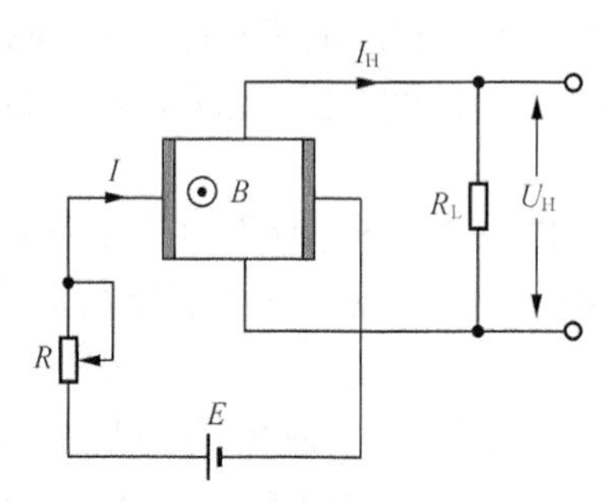

图 8.5　霍尔元件的基本测量电路

例 8.2　霍尔元件的电阻 $R_H = 200\Omega$，电源供给 E=12V。若控制电流 I=5mA，计算 R 为多少。

解：通过霍尔元件的电流为

$$I = \frac{E}{R + R_H}$$

计算可以得到

$$R = \frac{E - R_H I}{I} = \frac{12 - 5\times10^{-3}\times200}{5\times10^{-3}} = 2200\Omega$$

由于霍尔元件的电阻 R_H 是变化的，由此会引起电流 I 的变化，这将使霍尔电势失真。为此，外接电阻 R 要大于 R_H，这样可以控制电流 I 的变化。

为了获得较大的霍尔输出电压，可以采用几片霍尔元件叠加的连接方式。图 8.6（a）为直流供电输出方式，控制电流端并联，由电阻 R_1 和 R_2 调整控制电流 I，这种连接方式的输出电势 U_H 为单片的 2 倍。图 8.6（b）为交流供电输出方式，控制电流端串联，各元件的输出端接变压器的初级绕组，变压器的次级绕组输出的 U_H 是霍尔电势信号的叠加值。

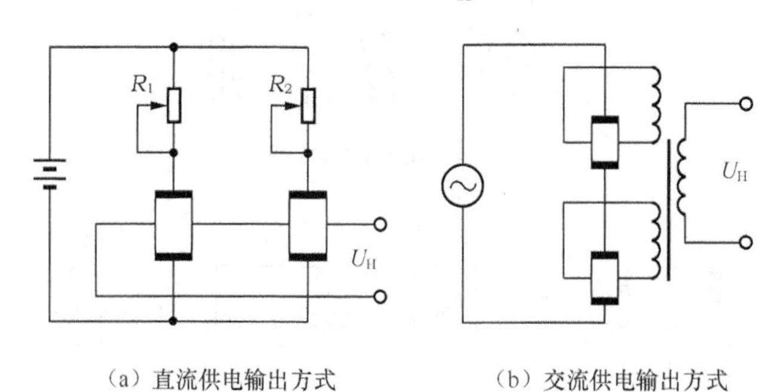

（a）直流供电输出方式　　（b）交流供电输出方式

图 8.6　霍尔元件叠加连接方式

8.2.4　霍尔元件的测量误差与补偿

在实际应用中，有许多因素会影响霍尔元件的测量精度。造成误差的主要原因一个是半导体的固有特性（主要是温度特性），另一个是半导体制造工艺的缺陷。测量误差主要表现在零位误差和温度误差，需要补偿。

1．零位误差及补偿

零位误差是霍尔元件在不加磁场或不加控制电流时产生的霍尔电压。制作霍尔元件时，不可能保证将霍尔电极焊在同一等位面上，因此当控制电流 I 流过元件时，即使磁感应强度等于 0，在霍尔电极上也有电势存在，该电势称为不等位电势 U_o。不等位电势 U_o是产生零位误差的主要原因。霍尔元件在制造过程中要完全消除不等位电势是很困难的，因此有必要利用外电路进行补偿，以反映霍尔电势的真实值。

在直流控制电流的情况下，不等位电势的大小和极性与控制电流的大小和方向有关。在交流控制电流的情况下，不等位电势的大小和相位随着交流控制电流而变。另外，不等位电势 U_o与控制电流之间并非线性关系，而且 U_o随温度而变。

为分析不等位电势，可将霍尔元件等效为电阻电桥，如图 8.7 所示，其中图 8.7（a）为霍尔元件，图 8.7（b）为等效的电阻电桥，这样不等位电势 U_o就相当于电桥的不平衡输出。

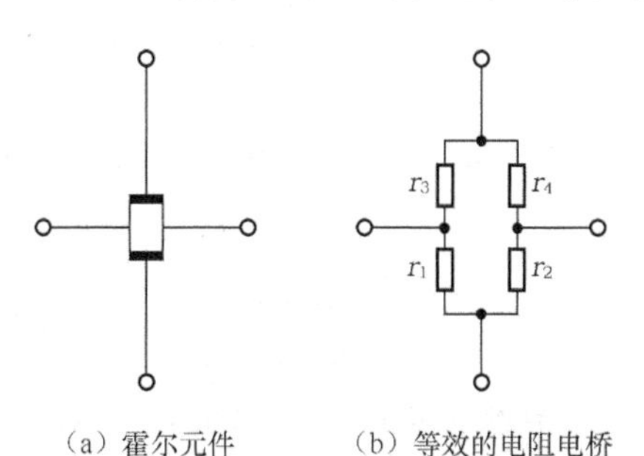

（a）霍尔元件　　（b）等效的电阻电桥

图 8.7　霍尔元件的等效电路

所有能使电桥平衡的外电路都可以用来补偿不等位电势，但需要指出，因 U_o是随温度变化的，在一定温度进行补偿后，当温度发生变化时原来的补偿效果会变差。图 8.8（a）为不对称补偿电路，在未加磁场前，调节 R_W 使 U_o 等于 0，由于霍尔元件与电桥电阻的温度系数不同，当温度变化时初始的补偿关系被破坏，但这种方法简单、方便，在 U_o不大时对元件的输入、输出信号影响不大。图 8.8（b）为五端电极的对称补偿电路，对温度变化的补偿稳定性要好一些，缺点是使输出电压增大。图 8.8（c）是控制电路为交流时的补偿电路，这时不仅能进行幅值补偿，还能进行相位补偿。

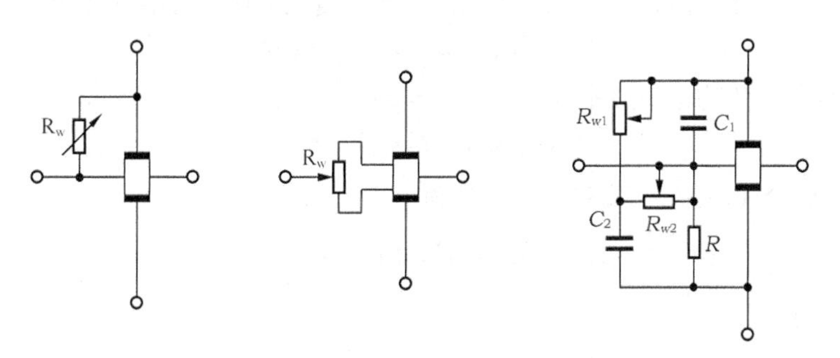

（a）不对称补偿电路（b）五端电极的对称补偿电路（c）控制电路为交流时的补偿电路

图 8.8　不等位电势的几种补偿电路

2. **温度误差及补偿**

霍尔元件是由半导体材料制成的，与一般的半导体器件一样，对温度变化十分敏感。这是由于半导体材料的载流子浓度、电阻率、迁移率等都随温度变化，因此霍尔元件的性能参数（内阻、霍尔电势等）也都随温度变化。为了减小霍尔元件的温度误差，一方面选用温度系数小的元件，另一方面还应根据精度要求进行温度误差补偿。

（1）采用恒流源供电和输入回路并联电阻的方法补偿

这种补偿电路如图 8.9 所示，采用恒流源供电，可以减小元件内阻随温度变化引起的控制电流变化；同时在控制电流极并联一个适当的补偿电阻 R，当温度升高时，霍尔元件的内阻迅速增加，使通过元件的电流减小，而通过补偿电阻 R 的电流增加。这是利用元件内阻的温度特性和补偿电阻，自动调节霍尔元件的电流大小，起到补偿的作用。

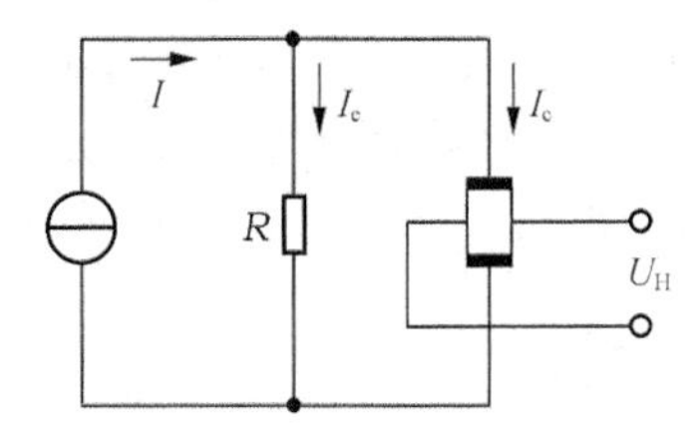

图 8.9　采用恒流源供电和输入回路并联电阻的温度误差补偿电路

在某一基准温度 t_0 时，有

$$I = I_{c0} + I_{e0} \tag{8.7}$$

$$I_{c0} r_0 = I_{e0} R_0 \tag{8.8}$$

式（8.7）和式（8.8）中，I 为恒流源的电流，I_{c0} 为温度 t_0 时霍尔元件的控制电流，I_{e0} 为温度 t_0 时 R 上通过的电流，r_0 为温度 t_0 时霍尔元件的内阻，R_0 为温度 t_0 时补偿电阻 R 的阻值。由式（8.7）和式（8.8）可得，

$$I_{c0} = \frac{R_0 I}{r_0 + R_0} \tag{8.9}$$

由式（8.4），当温度为 t_0 时，霍尔电势为

$$U_{H0} = K_{H0} I_{c0} B \tag{8.10}$$

在温度为 t 时，与式（8.9）一样，可以得到

$$I_{ct} = \frac{R_t I}{r_t + R_t} \tag{8.11}$$

式（8.11）中，$r_t = r_0(1+\beta t)$，$R_t = R_0(1+\delta t)$。当温度为 t 时，霍尔电势为

$$U_{Ht} = K_{Ht} I_{ct} B = K_{H0}(1+\alpha t) I_{ct} B \tag{8.12}$$

补偿后，霍尔电势的输出应不变，即 $U_{H0} = U_{Ht}$，所以有

$$K_{H0} I_{c0} B = K_{H0}(1+\alpha t) I_{ct} B \tag{8.13}$$

将式（8.9）和式（8.11）代入式（8.13），可得

$$(1+\alpha t)(1+\delta t) = 1 + \frac{r_0 \beta + R_0 \delta}{r_0 + R_0} t \tag{8.14}$$

由式（8.14）解得

$$R_0 \approx \frac{\beta - \alpha - \delta}{\alpha} R_0 \approx \frac{\beta}{\alpha} r_0 \tag{8.15}$$

式（8.15）为计算补偿电阻 R_0 的近似公式。实验表明，补偿后霍尔电势 U_H 受温度的影响很小。

（2）采用热敏电阻的方法补偿

这是一种常用的温度误差补偿方法，几种采用热敏元件进行温度误差补偿的电路如图8-10所示。其中，图8.10（a）、图8-10（b）、图8-10（c）为电压源激励时的补偿电路，图8.10（d）为电流源激励时的补偿电路，R_i为源的内阻，$R(t)$为热敏电阻。$R(t)$温度系数的正、负和数值要与U_H的温度系数匹配使用。在图8.10（a）中，输入回路中串入热敏电阻$R(t)$，当温度上升时热敏电阻的阻值下降，从而使控制电流变大，U_H值回升。

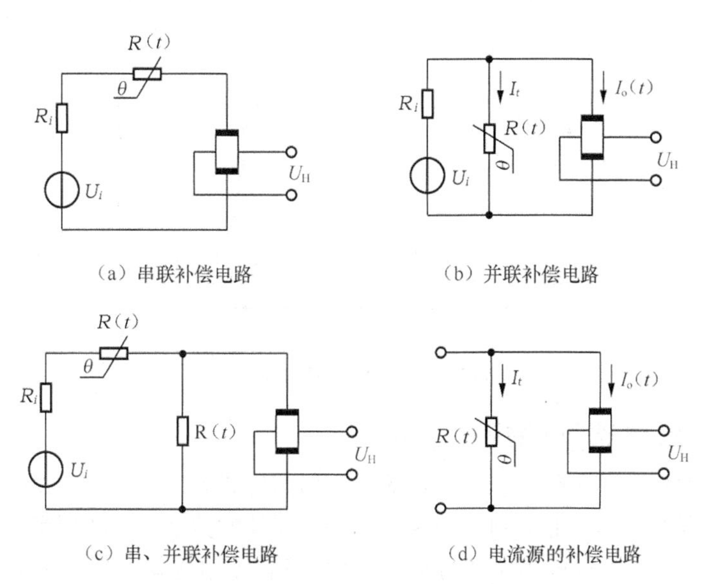

（a）串联补偿电路　（b）并联补偿电路

（c）串、并联补偿电路　（d）电流源的补偿电路

图8.10　采用热敏电阻的温度误差补偿电路

8.2.5　集成霍尔传感器

将霍尔元件、放大器、温度补偿电路及稳压电源等集成于一个芯片上，可构成集成霍尔传感器。集成霍尔传感器分为线性型和开关型两类。

1．霍尔线性集成传感器

霍尔线性集成传感器的输出电压与外加磁场强度在一定范围内呈线性关系。这种传感器有单端输出和双端输出（差动输出）2种电路，其内部结构框图如图8.11所示。

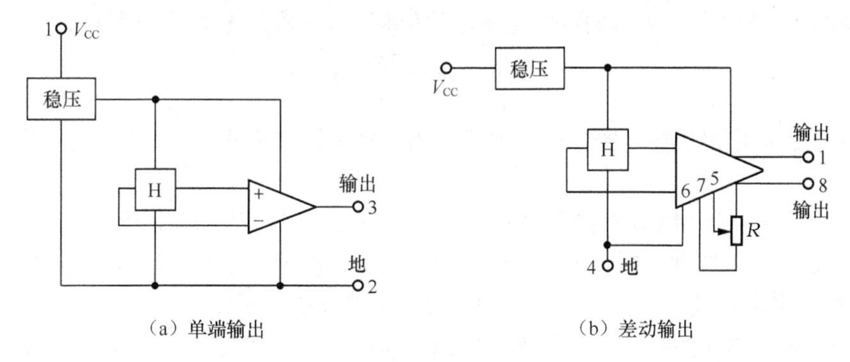

（a）单端输出　（b）差动输出

图8.11　霍尔线性集成传感器

2．霍尔开关集成传感器

霍尔开关集成传感器由霍尔元件、放大器、施密特整形电路和开关输出等部分组成，其

内部结构框图如图 8.12 所示。当有磁场作用在霍尔开关集成传感器上时，根据霍尔效应原理，霍尔元件输出霍尔电势，该电压经放大器放大后，送至施密特整形电路。当放大后的霍尔电势大于“开启”阈值时，施密特电路翻转，输出高电平，使晶体管导通，整个电路处于开状态；当磁场减弱时，霍尔元件输出的电压很小，经放大器放大后其值仍小于施密特的“关闭”阈值时，施密特整形器又翻转，输出低电平，使晶体管截止，电路处于关状态。这样，一次磁场强度的变化，就使传感器完成一次开关动作。

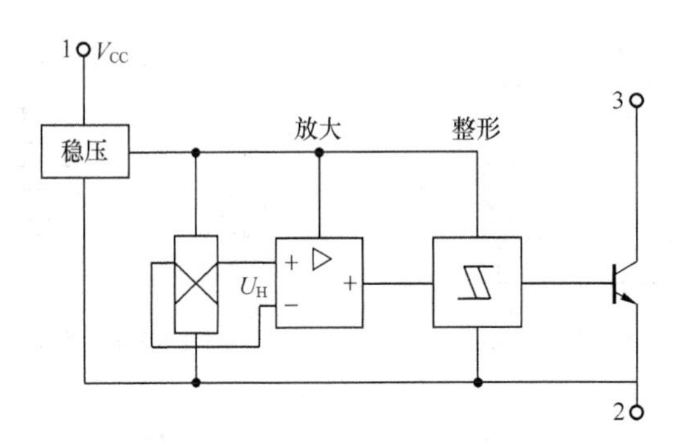

图 8.12　霍尔开关集成传感器

8.2.6　霍尔传感器的应用实例

霍尔传感器是以霍尔元件为核心构成的一种磁感传感器，$U_H = K_H IB$ 是霍尔传感器的工作依据。因此，霍尔传感器的应用分为 3 类：保持元件的控制电流 I 恒定时，元件的输出正比于磁感应强度 B，根据这种关系可构成磁感应强度计（如高斯计）、霍尔转速表、角位移测量仪、磁性产品计数器、霍尔角编码器、霍尔加速度传感器和微压力传感器等；保持元件的磁感应强度 B 恒定时，元件的输出正比于控制电流 I，根据这种关系可制成过电流检测装置等；当元件的控制电流 I 和磁感应强度 B 都变化时，元件的输出与乘积 IB 成正比，根据这种关系可构成模拟乘法器、功率计等。霍尔传感器结构简单、尺寸小、工艺成熟、工作可靠、线性好、频响宽、寿命长，广泛用于电磁量的测量和非电量的测量。

1．位移测量

霍尔式位移传感器如图 8.13 所示。在霍尔片的上下方，垂直安装着磁钢的两对磁极，形成一个均匀梯度的磁场。在工作范围内，$\mathrm{d}B/\mathrm{d}x$ 为一个常数，即 B-x 曲线的斜率为常数。霍尔元件固定在弹性元件上，在均匀梯度磁场中的位移为 x，霍尔电势的变化为

$$\frac{\mathrm{d}U_H}{\mathrm{d}x} = K_H I \frac{\mathrm{d}B}{\mathrm{d}x} = K \tag{8.16}$$

式（8.16）中，K 是霍尔传感器输出灵敏度，为一个常数。将式（8.16）积分，可得

$$U_H = Kx \tag{8.17}$$

由式（8.17）可知，霍尔电势 U_H 与位移 x 成正比。实验表明，磁场变化率越大，灵敏度越高；磁场变化率越小，线性度越好；霍尔元件位于 x=0 时，霍尔电势 U_H=0。基于霍尔效应制成的位移传感器可用来测量 1～2mm 的小位移，特点是惯性小、响应快。

例 8.3　某霍尔元件的灵敏度为 K_H=1.2mV/mA•kGs，把它放在一个梯度为 K_B=5kGs/mm 的磁场中，如果额定控制电流是 20mA，设霍尔元件在平衡点附件做±0.1mm 摆动，求输出电压范围。

解：由题意可知，磁感应强度的变化范围为

$$\Delta B = K_{\mathrm{B}}\Delta x = 5\times(\pm 0.1) = \pm 0.5\mathrm{kGs}$$

由式（8.4）可得

$$U_{\mathrm{H}} = K_{\mathrm{H}}IB = 1.2\times 20\times(\pm 0.5) = \pm 12\mathrm{mV}$$

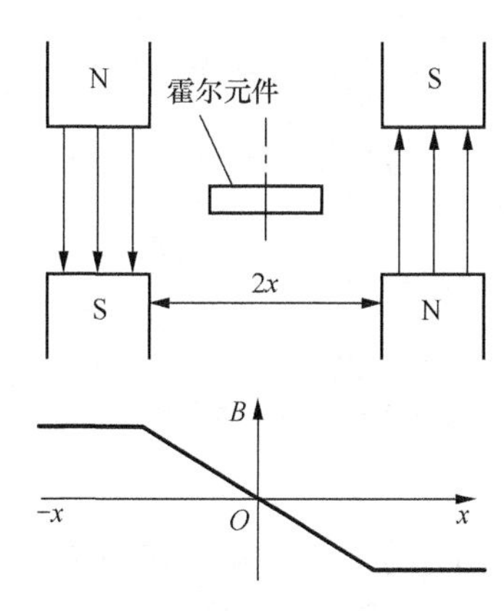

图 8.13　霍尔式位移传感器

2. 力（压力）测量

霍尔式压力传感器如图 8.14 所示，图中 1 为弹簧管，2 为磁钢，3 为霍尔片。这个传感器由压力-位移转换部分、位移-电势转换部分和直流稳压电源 3 部分构成。

压力-位移转换部分由霍尔片和弹簧管组成，霍尔片被置于弹簧管的自由端，被测压力 P 由固定端引入，弹簧管感测到压力的变化，引起弹簧管自由端的变化，带动霍尔片位移，将压力值转换成霍尔片的位移。霍尔片的 4 个端面引出 4 根导线，其中两根接直流稳压电源，提供恒定的工作电流；另外两根用来输出霍尔电势。

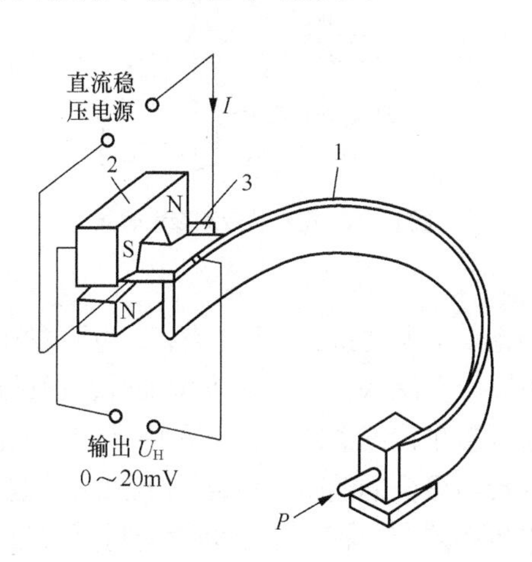

图 8.14　霍尔式压力传感器

3. 角度测量

当磁场方向与霍尔元件不垂直，而是与其成某一角度 θ 时，霍尔电势为

$$U_{\mathrm{H}} = K_{\mathrm{H}}IB\sin\theta \tag{8.18}$$

当 θ 不同时，霍尔电势 U_{H} 也不同。霍尔角度测量仪的结构如图 8.15 所示。霍尔元件与被测物连动，而霍尔元件又在一个恒定的磁场中转动，于是霍尔电势就反映了转角 θ 的变化。

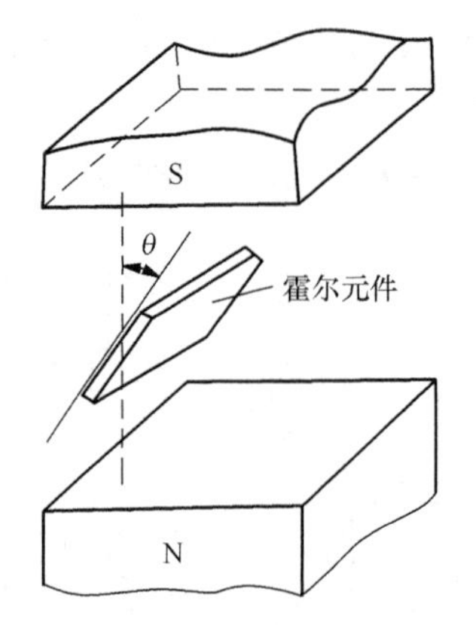

图 8.15　霍尔角度测量传感器

4．转速测量

霍尔转速测量传感器如图 8.16 所示。在被测转速的转轴上安装一个非磁性齿盘，对着齿盘有马蹄形永久磁铁，霍尔元件粘贴在磁铁的磁极端面上，将霍尔元件及磁路系统靠近齿盘。当齿对准霍尔元件时，磁力线集中穿过霍尔元件，产生较大的霍尔电势，输出高电平；反之，输出低电平。齿盘的转动使磁路的磁阻随气隙的改变而周期性地变化，霍尔器件输出的微小脉冲信号经隔直、放大、整形后，就可以确定被测物的转速。

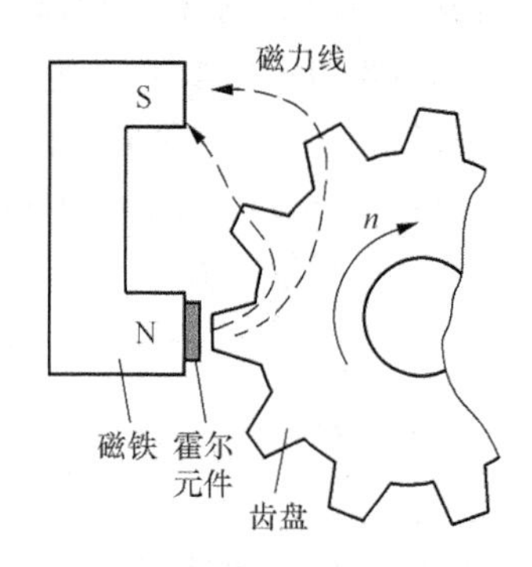

图 8.16　霍尔转速测量传感器

5．霍尔式开关

霍尔式开关如图 8.17 所示，1 为按钮，2 为外壳，3 为导磁材料，4 为集成传感器。霍尔式开关的每个键上都有两小块永久磁铁，当按钮未按下时，通过霍尔传感器的磁力线是由上向下的；当按下按钮时，通过霍尔传感器的磁力线是由下向上的。霍尔传感器输出不同的状态，将此输出的开关信号直接与后面的逻辑门电路连接使用。这类键盘开关工作十分稳定可靠，功耗很低，动作过程中传感器与机械部件之间没有机械接触，使用寿命特别长。

6．无触点发信

当霍尔元件通以恒定的控制电流，且有磁体近距离接近霍尔元件然后再离开时，元件的霍尔输出将发生显著变化，输出一个脉冲霍尔电势。利用这种特性可进行无触点发信。这种应用，对霍尔元件本身的线性和温度稳定性等要求不高，只要有足够大的输出即可。另外，作用于霍尔元件的磁感应强度变化值，仅与磁体和元件的相对位置有关，与相对运动速度无关，这就使发信装置的结构既简单又可靠。霍尔无触点发信可广泛用于精确定位、导磁产品计数、转速测量、接近开关和其他周期性信号的发信。

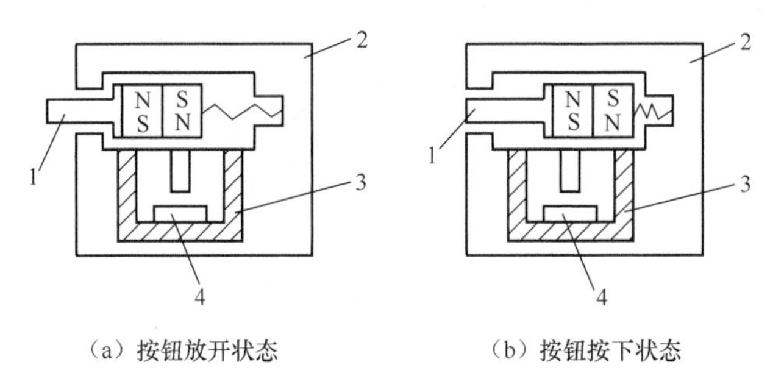

（a）按钮放开状态　　（b）按钮按下状态

图 8.17　霍尔式开关

7．电流测量

霍尔传感器广泛用于测量电流，可以制成电流过载检测器或过载保护装置；可以作为电机控制驱动中的电流反馈元件，构成电流反馈回路；可以构成电流表。数字式钳形电流表电路如图 8.18 所示，霍尔传感器是将霍尔元件置于钳形冷轧硅钢片的空隙中，当有电流流过导线时，就会在钳形圆环中产生磁场，其大小正比于流过导线电流的安匝数。这个磁场作用于霍尔元件，感应出相应的霍尔电势。检测到的信号由 μA741 运算放大器放大后加到数字式万用表上，由其指示出所测的电流值。

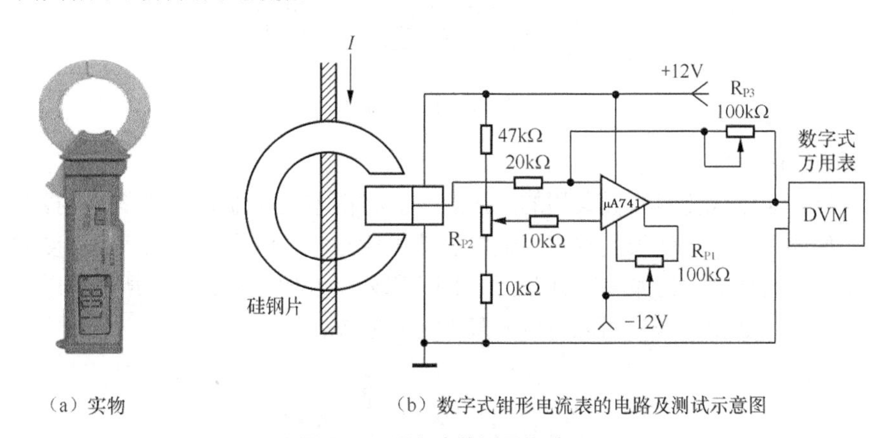

（a）实物　　（b）数字式钳形电流表的电路及测试示意图

图 8.18　霍尔电流测量传感器

8．功率测量

U_H 与 I 和 B 的乘积成正比，如果 I 和 B 是两个独立的变量，霍尔元件就是一个模拟乘法器；如果 I 和 B 分别与流过一个负载的电压和电流有关，霍尔元件就可以测量负载的功率。图 8.19 是直流功率计电路，可利用霍尔元件进行直流功率测量。该电路适用于直流大功率的测量，R_L 为负载电阻，指示仪表一般采用功率刻度的伏特表，测量误差一般小于 1%。这种功率测量的方法有下列优点：由于霍尔电势正比于被测功率，因此可以做成直读式功率计；功率测量范围可从微瓦到数百瓦；装置中设有转动部分，输出和输入之间相互隔离，稳定性好，精度高，结构简单，体积小，寿命长，成本低廉。

9．霍尔流量计

霍尔流量计如图 8.20 所示。在一个滚筒中安装霍尔传感器和带有磁铁的叶轮，当叶轮对准霍尔元件时，磁力线集中穿过霍尔元件，产生较大的霍尔电势。叶轮的转动使磁路的磁阻随气隙的改变而变化，流体的流量越大，叶轮的转动越快，霍尔电势出现峰值的周期越短，由此可以测量流体的流量。

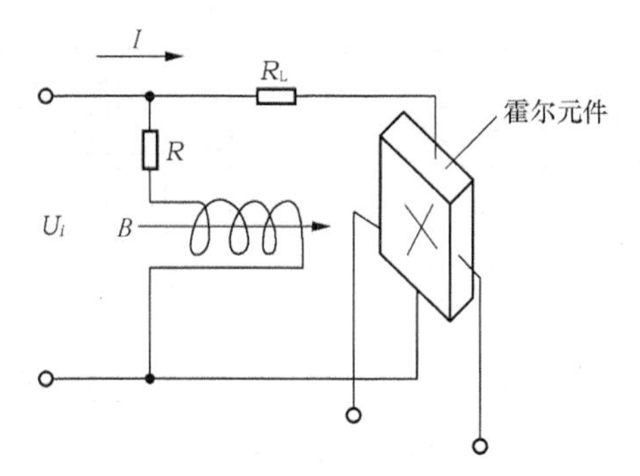

图 8.19　直流功率计电路

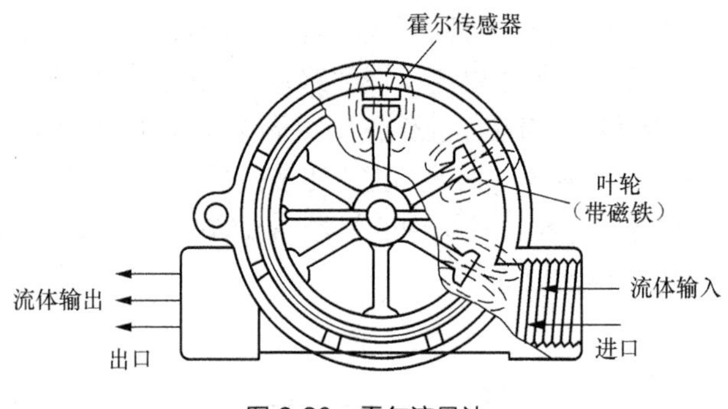

图 8.20　霍尔流量计

10．霍尔高斯计

检测磁场是霍尔式传感器最典型的应用之一。将霍尔元件做成各种形式的探头，放在被测磁场中，使磁力线和器件表面垂直，通电后即可输出与被测磁场的磁感应强度成线性正比的电压。霍尔高斯计的实物如图 8.21 所示，因为霍尔元件的尺寸极小，所以可以进行多点检测，由计算机进行数据处理，可以得到磁场的分布状态。

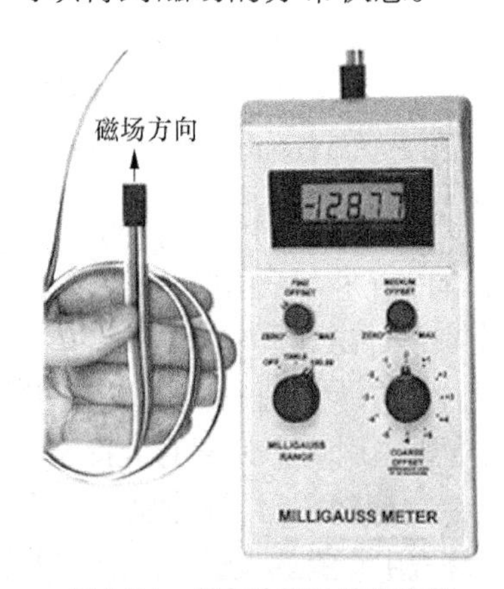

图 8.21　霍尔高斯计的实物图

8.3　其他磁敏传感器

其他磁敏传感器包括磁敏电阻、磁敏二极管和磁敏三极管等，它们也能利用磁电作用将被测量转换成电信号。下面只介绍磁敏电阻和磁敏二极管。

8.3.1 磁敏电阻

某些材料的电阻值在受到磁场的影响时会产生改变，这种现象称为磁阻效应。磁敏电阻是利用半导体的磁阻效应制成的磁敏元件，常用锑化铟（InSb）等材料加工而成。

1．磁阻效应

将载流导体（金属或半导体）置于外磁场中，其电阻会随磁场变化，这种现象称为磁阻效应。磁阻效应是伴随着霍尔效应同时发生的。在外加磁场的作用下，当某些载流子受到的洛伦兹力比霍尔电场力大时，它的运动轨迹就偏向洛伦兹力的方向，这些载流子从一个电极流到另一个电极所通过的路径就比无磁场时长，因此增加了电阻。

磁阻效应的大小，与元件的载流子迁移率和几何形状有关，前者为物理磁电阻效应，后者为几何磁电阻效应。

（1）物理磁电阻效应

物理磁电阻效应又称为磁电阻率效应。在一个长方形半导体 InSb 片中，当沿长度方向有电流通过时，若在垂直于半导体片的方向上施加一个磁场，半导体 InSb 片长度方向就会发生电阻率增大的现象，这种现象称为物理磁电阻效应。对于物理磁电阻效应，由磁场引起的磁敏电阻率的相对变化为

$$\frac{\Delta\rho}{\rho_0}=0.273\mu^2B^2 \tag{8.19}$$

式（8.19）中，B 为磁感应强度，ρ 为磁感应强度为 B 时的电阻率，ρ_0 为无磁场时的电阻率，μ 为载流子的迁移率。可以看出，当磁感应强度 B 一定时，迁移率越高的材料（如 InSb、InAs），磁阻效应越明显。

（2）几何磁电阻效应

对于几何磁电阻效应，则要考虑元件形状、尺寸的影响。由元件形状、尺寸引起的电阻相对变化率为

$$\frac{R_{\mathrm{B}}}{R_0}=\frac{\rho_{\mathrm{B}}}{\rho_0}G_{\mathrm{r}}\left(\frac{l}{w}\tan\theta\right) \tag{8.20}$$

式（8.20）中，R_{B} 为磁感应强度为 B 时的电阻，R_0 为无磁场时的电阻，l、w 分别为元件的长和宽，θ 为磁场作用下载流子的运动偏角，G_{r} 为与磁场和元件形状有关的几何因子。

在磁感应强度 B 的作用下，长方形磁阻元件中电极之间的电流分布如图 8.22 所示，电极间的距离越长，电阻的增长比例就越大。因此，在磁阻元件中大多数是把基片切成薄片，然后用光刻的方法插入金属电极和金属边界。

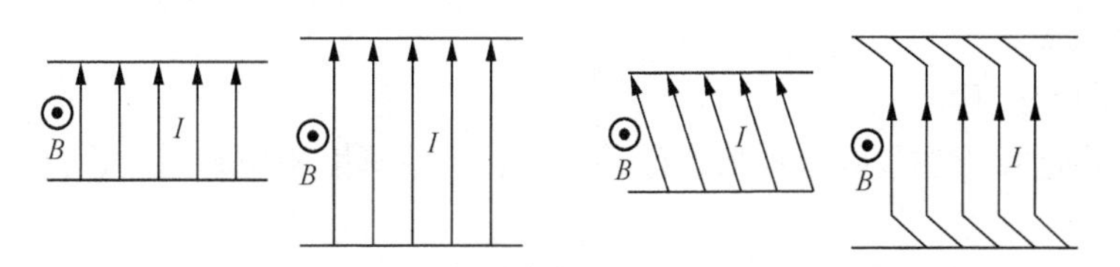

（a）无磁场作用时　　（b）有磁场作用时

图 8.22　长方形磁阻元件中的电流分布

还有圆盘形磁阻元件，其中心和边缘各有一个电极，如图 8.23 所示。当结构为圆盘时，元件的磁阻最大。这种圆盘形磁阻元件称为科尔比诺圆盘，这时的效应称科尔比诺效应。

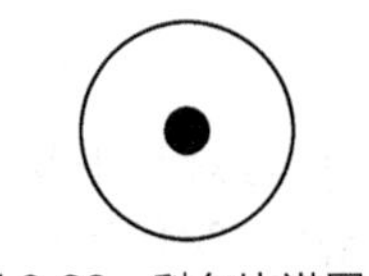

图 8.23　科尔比诺圆盘

2．磁敏电阻的基本特性

（1）灵敏度特性

磁敏电阻的灵敏度一般是非线性的。在一定的磁场强度下，磁敏电阻的灵敏度用电阻变化率表示，即为磁场-电阻变化率特性曲线的斜率。在运算时常用 R_B/R_0 求得，R_0 表示无磁场情况下磁阻元件的电阻值，R_B 为施加 0.3T 磁感应强度时磁阻元件的电阻值。磁敏电阻的磁场-电阻变化率特性曲线如图 8.24 所示，在弱磁场中曲线呈现平方特性，在强磁场中曲线呈现线性变化。

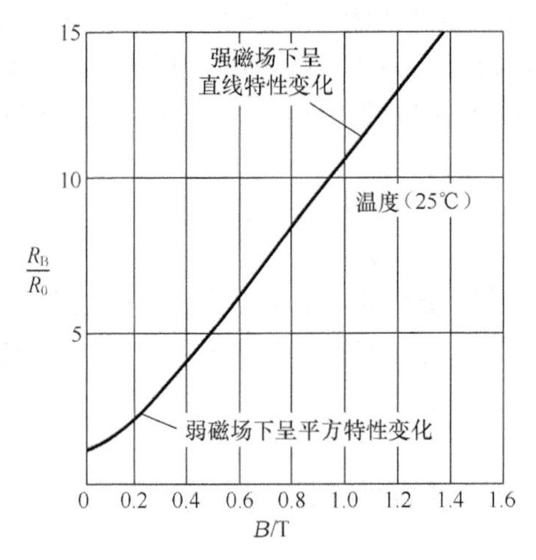

图 8.24　磁敏电阻的磁场-电阻变化率特性曲线

（2）电阻-温度特性

半导体磁阻元件的温度特性不好。元件的电阻值在不大的温度变化范围内减小得很快。因此，在应用时一般都要设计温度补偿电路。

3．磁敏电阻的应用

（1）作为控制元件

可将磁敏电阻用于交流变换器、频率变换器、功率电压变换器、磁通密度电压变换器和位移电压变换器等。

（2）作为计量元件

可将磁敏电阻用于磁场强度测量、位移测量、频率测量和功率测量等。

（3）作为开关电路

用于接近开关、磁卡文字识别和磁电编码器等方面。

（4）作为无触点电位器

磁敏电阻可作为无触点电位器。将磁敏电阻分别做成两个圆形，组合在一起成为一个圆环，永久磁铁为一个面积与上述磁敏电阻面积相等的半圆，如图 8.25 所示。永久磁铁的位移不是直线式而是 360 度旋转式，随着转动轴的转动，不断改变磁钢在圆形磁阻元件上面的位置，这种无触点电位器实际上是一种中间抽头的两臂磁阻元件的互补电路。旋转磁钢可以改变作用于两臂磁阻元件的磁钢面积比，从而产生磁阻比的变化。

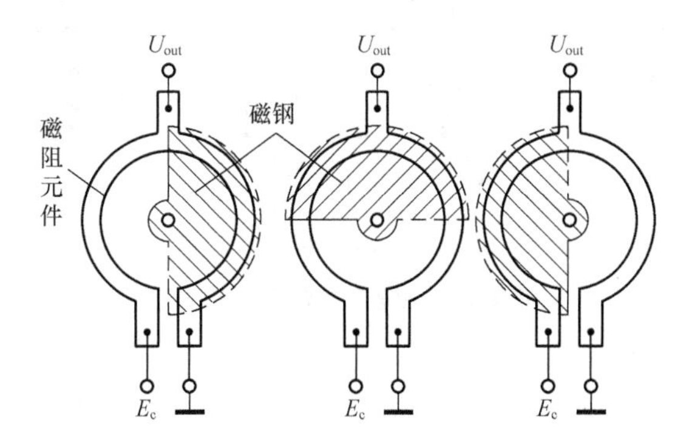

图 8.25　磁敏电阻制成的无触点电位器

8.3.2　磁敏二极管

磁敏二极管是继霍尔元件和磁敏电阻之后发展起来的磁敏器件，具有灵敏度高（比霍尔元件大 2~3 个数量级）、体积小、响应快、无触点、输出功率大及性能稳定等特点，可广泛应用于磁场检测、磁力探伤、转速测量、位移测量、电流测量、无触点开关和无刷直电流电机等领域。

1．磁敏二极管的工作原理

普通二极管 PN 结的基区很短，以避免载流子在基区里复合。磁敏二极管的 PN 结有很长的基区，为载流子扩散长度的 5 倍以上，但基区是由接近本征半导体的高阻材料构成的。磁敏二极管的结构如图 8.26 所示，是 PIN 型，在高纯度本征半导体的两端，用合金法制成高掺杂的 P 型和 N 型两个区域，在 P、N 之间有一个较长的本征区 I。本征区 I 的一面磨得很光滑，无复合表面；另一面打毛，成为高复合区（r 区），使电子和空穴易于在粗糙表面复合消失。这就构成了磁敏二极管的管芯。

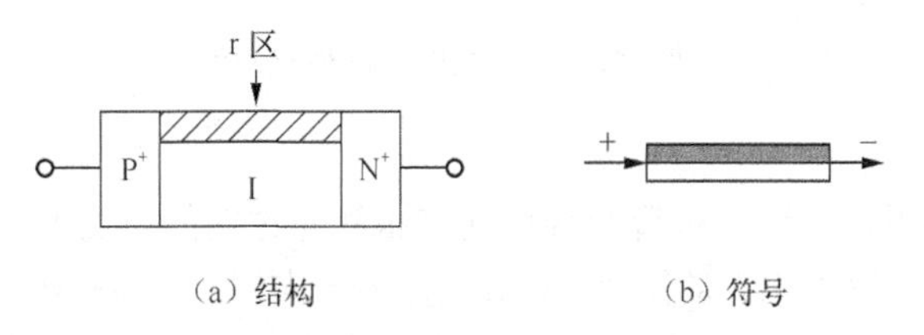

（a）结构　　（b）符号

图 8.26　磁敏二极管的结构

当磁敏二极管没有受到外界磁场的作用时，外加正向偏压后，将有大量空穴从 P 区通过 I 区进入 N 区，同时也有大量电子注入 P 区，形成电流，只有少量电子和空穴在 I 区复合掉，如图 8.27（a）所示。当磁敏二极管受到外界正向磁场作用时，电子和空穴受到洛仑兹力的作用向 r 区偏转，由于 r 区的电子和空穴复合速度比光滑面 I 区快，因此形成的电流因复合而减小，如图 8.27（b）所示，这相当于电阻增大。当磁敏二极管受到外界反向磁场作用时，电子和空穴受到洛仑兹力的作用背向 I 区偏移，电子和空穴复合率明显变小，因此电流变大。由上可知，输出电压随磁场大小和方向而变化，且 I 区和 r 区的复合能力之差越大，磁敏二极管的灵敏度就越高。利用磁敏二极管在磁场强度的变化下，其电流发生变化的特性，就可以实现磁电转换。

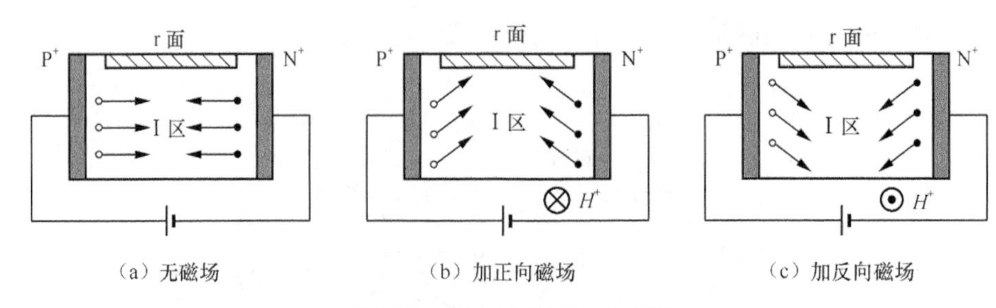

图 8.27 磁敏二极管的工作原理

2．磁敏二极管的工作特性

（1）磁电特性

在给定的条件下，磁敏二极管输出的电压变化与外加磁场的关系称为磁电特性。图 8.28 为磁敏二极管单个使用和互补使用时的磁电特性曲线。由图可见，单个使用时，正向磁灵敏度大于反向磁灵敏度；互补使用时，正、反向磁灵敏度曲线对称。另外，在弱磁场下，曲线具有较好的线性；在磁场增加时，曲线有饱和的趋势。

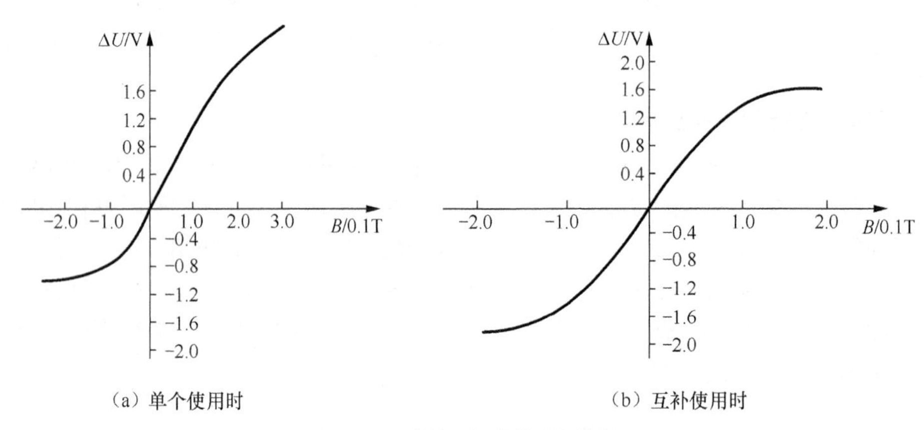

图 8.28 磁敏二极管的磁电特性

（2）伏安特性

在给定磁场情况下，磁敏二极管两端正向偏压和通过它的电流的关系曲线为伏安特性曲线，如图 8.29 所示。可以看出，偏压较小时电流变化比较平坦；偏压较大时电流变化比较大。还可以看出，当磁感应强度 B>0.2T 时，伏安特性接近线性，与普通电阻的欧姆定律相似。另外，不同种类磁敏二极管的伏安特性也不同。

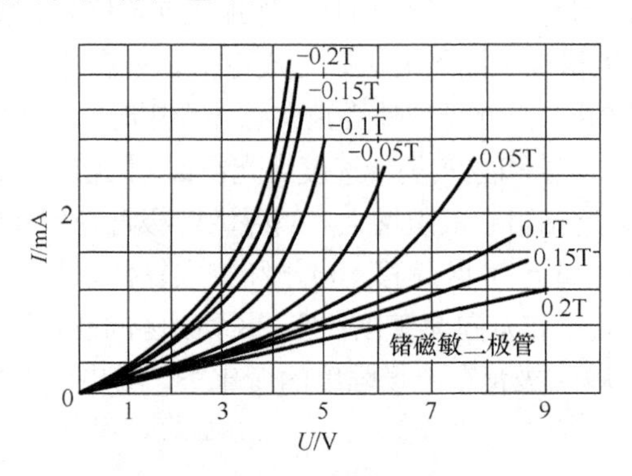

图 8.29 磁敏二极管的伏安特性曲线

（3）温度特性

温度特性是指在标准测试条件下，输出电压变化量（或无磁场作用时输出电压）随温度变化的规律。磁敏二极管的输出受温度影响较大，需要温度补偿。

（4）频率特性

频率特性是指载流子漂移过程中被复合并达到动态平衡的时间。因此，频率响应时间与载流子的有效寿命相当。因为半导体的弛豫时间很短，所以有较高的响应频率。硅管的响应时间小于1μs，即响应频率高达1MHz；锗管的响应频率小于10kHz。

3．磁敏二极管的应用

磁敏二极管比较适合用在绝对精度要求不高，希望尽可能简单地检测磁场的有无、磁场的方向及强弱，又能获得较大电压输出的场合。磁敏二极管主要在磁场测量、大电流测量、磁力探伤、接近开关、程序控制、位置控制、转速测量、直流无刷马达和各种工业过程自动控制等技术领域中应用。

（1）流量测量

图8.30为磁敏二极管涡流流量计示意图，磁敏二极管用环氧树脂封装在导流头内，由导磁体同涡轮上的针形磁铁构成磁回路。磁敏二极管是不动的，当装在涡轮上的磁铁随涡轮旋转到一定位置时，磁敏二极管输出一个脉冲信号，经运算放大器放大后送到频率计，指示出流量值。

（2）漏磁探伤

利用磁敏二极管可以检测弱磁场变化的特性，可以制成漏磁探伤仪。图8.31为漏磁探伤仪的原理图，钢棒被磁化部分与铁心构成闭合磁路。由激磁线圈感应的磁通通过棒材局部表面，若棒材没有缺陷存在，则探头附近没有泄漏磁通，因而探头没有信号输出；如果棒材有局部缺陷，则缺陷处的泄漏磁通将作用于探头上，使其产生信号输出。因此，根据信号的有无，可以判定钢棒有无缺陷。

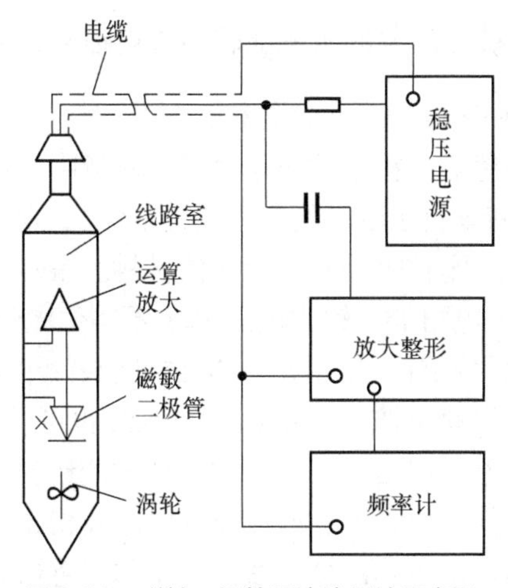

图8.30 磁敏二极管涡流流量计示意图

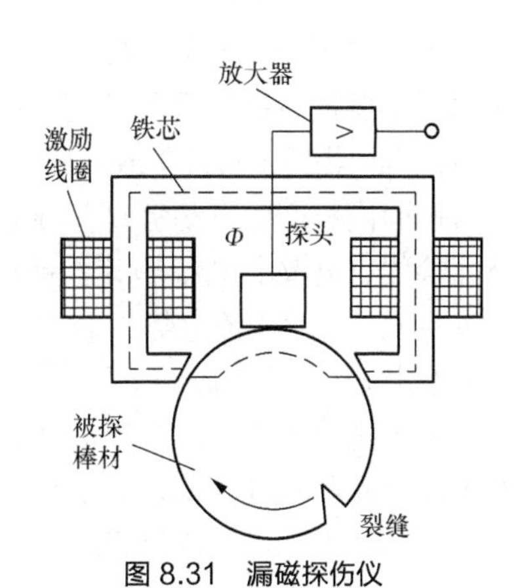

图8.31 漏磁探伤仪

（3）无刷直流电机

图8.32为无刷直流电机。转子为永久磁铁，在转子磁场的作用下，传感器（磁敏二极管）先输出一个信号给开关电路。开关电路接通定子上的电磁铁线圈，使其产生的磁场推拉转子的磁极，使转子旋转。当转子磁场按顺序作用于各磁敏二极管时，磁敏二极管的信号就按顺序接通各定子线圈产生旋转磁场，使转子不停地旋转。无刷直流电机无噪音，寿命长，转速高。

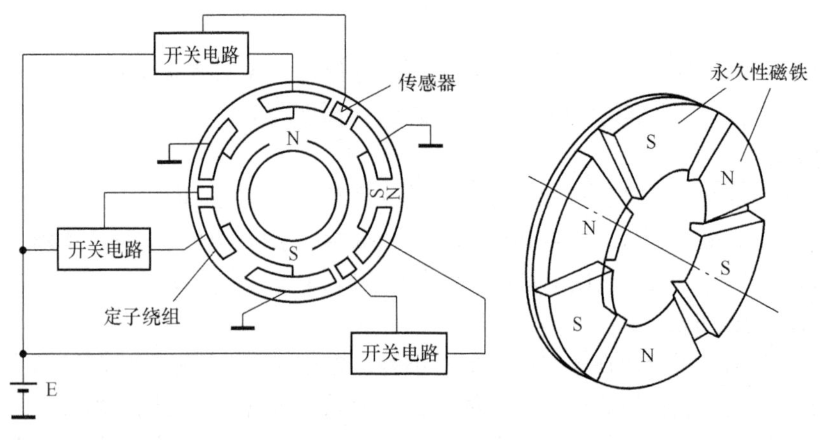

（a）直流无刷电机的工作原理　　（b）转子上永久性磁铁的安装位置

图 8.32　无触点直流电机

本章小结

磁电式传感器是利用磁电作用将被测量转换成电信号的一种传感器。磁电作用是指所有的磁信号与电信号之间相互作用的现象，主要包括电磁感应效应和半导体磁敏元件对磁场敏感的特性。其中，基于电磁感应效应，可以形成磁电感应式传感器；基于半导体磁敏元件对磁场敏感的特性，可以形成霍尔传感器、磁敏电阻和磁敏二极管等。磁电式传感器可测量位移、力、角度、加速度、转速、流速、电流、功率和磁场等，还可制成计数装置和开关。

磁电感应式传感器是基于电磁感应原理，通过磁电相互作用将被测非电量（如振动、位移、转速等）转换成感应电动势的传感器。磁电感应式传感器主要采用线圈，N 匝线圈中的感应电动势为 $e=-N\dfrac{\mathrm{d}\Phi}{\mathrm{d}t}$。磁电感应式传感器能将被测对象的机械能转换成电信号，而且不需要电源（是自源传感器），可以设计成恒磁通式和变磁通式 2 种结构。

霍尔传感器是一种基于霍尔效应的磁电转换传感器。霍尔效应是物质在磁场中表现出的一种性质，当把物质（薄片）放入磁场后，如果沿着垂直于磁场的方向通过电流 I，则在薄片的另一对侧面内将产生电动势 $U_{\mathrm{H}}=K_{\mathrm{H}}IB$。霍尔效应比较明显的是半导体材料。霍尔元件的主要特性参数有灵敏度 K_{H}、额定控制电流 I_{cm}、输入电阻 R_{i}、输出电阻 R_{o}、不等位电势 U_{o}、不等位电阻 r_{o}、寄生直流电势 U_{oD}、霍尔电势温度系数 α 等。霍尔元件的结构比较简单，由霍尔片、四极引线和壳体组成。霍尔元件输入的信号可以是电流 I 或磁感应强度 B，也可以是 IB；而输出可以正比于 I 或 B，或者正比于其乘积 IB。在实际应用中，霍尔元件的测量误差主要表现在零位误差和温度误差，需要补偿。将霍尔元件、放大器、温度补偿电路及稳压电源等集成于一个芯片上，可构成集成霍尔传感器，集成霍尔传感器分为线性型霍尔传感器和开关型霍尔传感器两类。

磁敏电阻是利用半导体的磁阻效应制成的磁敏元件。磁阻效应的大小与元件的载流子迁移率和几何形状有关，前者为物理磁电阻效应（$\dfrac{\Delta\rho}{\rho_0}=0.273\mu^2B^2$），后者为几何磁电阻效应（$\dfrac{R_{\mathrm{B}}}{R_0}=\dfrac{\rho_{\mathrm{B}}}{\rho_0}G_{\mathrm{r}}\left(\dfrac{l}{w}\tan\theta\right)$）。磁敏电阻的基本特性主要包括灵敏度特性和电阻-温度特性，磁敏电阻可作为控制元件、计量元件、开关电路、无触点电位器等。

磁敏二极管是继霍尔元件和磁敏电阻之后发展起来的磁敏器件，具有灵敏度高（比霍尔元件大 2～3 个数量级）的特点。磁敏二极管的 PN 结有很长的基区，为载流子扩散长度的 5 倍以上，基区是由接近本征半导体的高阻材料构成的。利用磁敏二极管在磁场强度的变化下，其电流发生变化的特性，就可以实现磁电转换。磁敏二极管的工作特性主要包括磁电特性、伏安特性、温度特性、频率特性等。磁敏二极管比较适合绝对精度要求不高、希望尽可能简单地检测磁场的有无、方向及强弱，又能获得较大电压输出的场合，可用于磁场测量、大电流测量、磁力探伤、接近开关、程序控制、位置控制、转速测量、直流无刷马达和各种工业过程自动控制等。

思考题和习题

8.1　什么是恒磁通式磁电感应式传感器？什么是变磁通式磁电感应式传感器？分别说明各自的工作原理及应用场合。

8.2　什么是霍尔效应？霍尔效应在哪类材料中比较明显？给出霍尔电势 U_H 和霍尔元件灵敏度系数 K_H 的计算公式。霍尔元件的厚度 d 与 U_H 和 K_H 有什么关系？

8.3　说明霍尔元件特性参数（灵敏度 K_H、额定控制电流 I_{cm}、输入电阻 R_i、输出电阻 R_o、不等位电势 U_o、不等位电阻 r_o、寄生直流电势 U_{oD}、霍尔电势温度系数α）的含义。

8.4　说明霍尔元件的结构，给出霍尔元件的符号，画出霍尔元件的基本测量电路和叠加连接方式。

8.5　画出霍尔元件采用恒流源供电和输入回路并联电阻的补偿电路，画出霍尔元件采用热敏电阻、电压源激励时的串联补偿电路，并分别说明各自的工作原理。

8.6　什么是线性型集成霍尔传感器？什么是开关型集成霍尔传感器？说明开关型集成霍尔传感器的工作原理。

8.7　分别举出霍尔传感器在位移测量、压力测量、角度测量、转速测量、霍尔式开关、无触点发信、电流测量、功率测量、霍尔流量计、霍尔高斯计方面的应用实例。

8.8　什么是磁阻效应？什么是磁敏电阻的物理磁电阻效应和几何磁电阻效应？

8.9　简述磁敏电阻的基本特性和磁敏电阻的应用领域。

8.10　磁敏二极管的工作原理是什么？比较磁敏二极管和霍尔元件的灵敏度。

8.11　分别说明磁敏二极管的磁电特性、伏安特性、温度特性和频率特性。

8.12　分别给出磁敏二极管在流量测量、漏磁探伤、无刷直流电机方面的应用实例。

8.13　某霍尔元件 $L \times W \times d$=8mm×4mm×0.2mm，灵敏度系数为 K_H=1.2mV/mA•T，沿 L 方向通过电流 I=5.0mA，在垂直于薄片的方向加均匀磁场 B=0.6T。求：（1）输出霍尔电势；（2）载流子浓度。

8.14　若一个霍尔元件的 K_H=4mV/mA•kGs，控制电流 I=3.0mA，将它置于 1～5000kGs 的变化磁场中，磁场与霍尔元件平面垂直。求：输出霍尔电势的范围。

8.15　某霍尔式位移传感器的最大位移为±1.5mm，控制电流 I=10mA，要求变送器输出电动势±20mV，选用的霍尔元件灵敏度系数为 K_H=1.2mV/mA•T。求：（1）磁感应强度的变化范围；（2）所要求的线性磁场梯度至少为多大。

PART 9

第 9 章 光电式传感器

光电式传感器是以光为测量媒介，以光电器件为转换元件的传感器。近年来，各种新型光电器件不断涌现，光电式传感器已经成为传感器领域的重要角色，在非接触测量领域更是占据绝对的统治地位。光电式传感器响应快、频谱宽、非接触、高精度、高分辨力、高可靠性、不受电磁干扰的影响，已经在国民经济和科学技术的各个领域得到广泛应用。

9.1 概述

9.1.1 光电式传感器的组成

光电式传感器既可以测量光信号，也可以测量其他非光信号，只要这些信号最终能引起到达光电器件的光的变化。光电式传感器的组成如图 9.1 所示，一般包括光源、光通路、光电元件和测量电路。由图 9.1 可见，光电式传感器首先将被测量的变化转换成光信号的变化，然后通过光电元件将光信号变换成电信号，最后经过测量电路实现对电信号的测量。

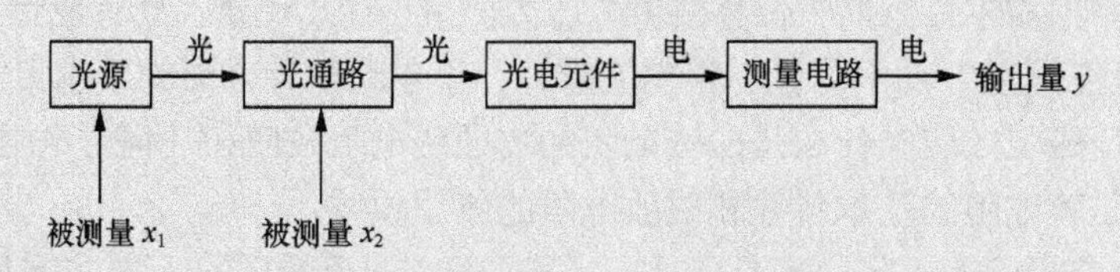

图 9.1 光电式传感器的组成

光源是光电式传感器不可缺少的组成部分。没有光源，就不会产生光，光电式传感器就不能工作。良好的光源是光电式传感器良好工作的前提，但也是在设计和使用中容易忽视的一个环节。

被测量引起光变化的方式和途径有 2 种：一种是被测量（x_1）直接引起光源的变化，引起了光源的强弱或有无；另一种是被测量（x_2）对光通路产生作用，影响了到达光电元件的光的强弱或有无。

光电元件是光电式传感器的最主要部件，负责将光信号转换成电信号。有什么样的光电元件，就有什么样的光电式传感器，因此光电式传感器的种类繁多。

测量电路主要用来对光电元件输出的电信号进行转换和放大，以便于信号的输出和处理。不同的光电元件应选用不同的测量电路。

光电式传感器既可以测量直接引起光量变化的被测量，如光强、光照度、辐射测温、气体成分分析等，也可以测量能够转换为光量变化的被测量，如零件尺寸、物体形状、表面粗糙度、工作状态识别、应力、应变、位移、振动、速度、加速度等。

9.1.2 光电式传感器的分类

光电式传感器主要有光电效应传感器、红外传感器、固态图像传感器和光纤传感器等。其中，光电效应传感器是常用的传感器，固态图像传感器和光纤传感器是新发展的传感器。这些传感器发展速度快、应用范围广，具有很大的应用潜力。

1．光电效应传感器

最早的光电转换元件主要是利用光电效应原理制成的。光电效应分为外光电效应和内光电效应，光电器件也随之分为外光电元件和内光电元件。

光照射到物体上，使物体发射电子，或电导率发生变化，或产生光生电动势，这些因光照引起物体电学特性改变的现象称为光电效应。基于光电效应的传感器称为光电效应传感器。

2．红外传感器

红外传感器是利用红外线的物理性质进行测量的传感器。红外传感器按探测机理可分成热探测器和光子探测器；按功能可分成辐射计、搜索跟踪系统、热成像系统、红外测距通信系统和混合系统。红外传感器广泛用于现代科技、国防和工农业等领域。

3．固态图像传感器

固态图像传感器根据元件的不同，可分为 CCD（Charge Coupled Device）和 CMOS（Complementary Metal-Oxide Semiconductor）两大类，本书主要介绍 CCD 图像传感器。CCD 具有光电转换、信息存储、延时和将电信号按顺序传送等功能，能将光学影像转变成数字信号，实现图像的获取、存储、传输、处理和复现，是目前最常用的固态图像传感器。CCD 由贝尔实验室 1970 年发明，分为线型图像传感器和面型图像传感器两大类，可用于图像传感、信息存储、工业检测、自动控制和人工智能中。

4．光纤传感器

光纤的最初研究是为了通信，光纤传感技术是伴随着光通信技术的发展而逐步形成的。光纤传感器以光为基础，是一种通过光纤把测量的状态转变为可测的光信号的装置。光纤传感器利用被测量的变化调制光纤中光波的偏振、光强、相位、频率或波长，然后再经过光探测器及解调，便可获得所需检测的信息。与传统的传感器相比，光纤传感器测量对象广泛；环境适应性好；便于复用，便于成网；结构简单，成本低；灵敏度高。光纤传感器能用于 70 多个物理量的测量，应用潜力和发展前景非常广阔。

9.1.3 光源

1．光源的波长

光是电磁波谱中的一员，不同波长的光的分布如图 9.2 所示。光源是指能发出一定波长范围的电磁波的物体。光电式传感器的光源的波长主要处于紫外线和红外线之间，一般多为可见光和近红外光。

（1）可见光

可见光是电磁波谱中人眼可以感知的部分。可见光谱没有精确的范围，一般人的眼睛可以感知的电磁波波长在 400 ~ 700nm，但还有一些人能够感知到波长大约在 380 ~ 780nm 的电磁波。正常视力的人眼对波长约为 555nm 的电磁波最为敏感，这种电磁波处于光学频谱的绿光区域。

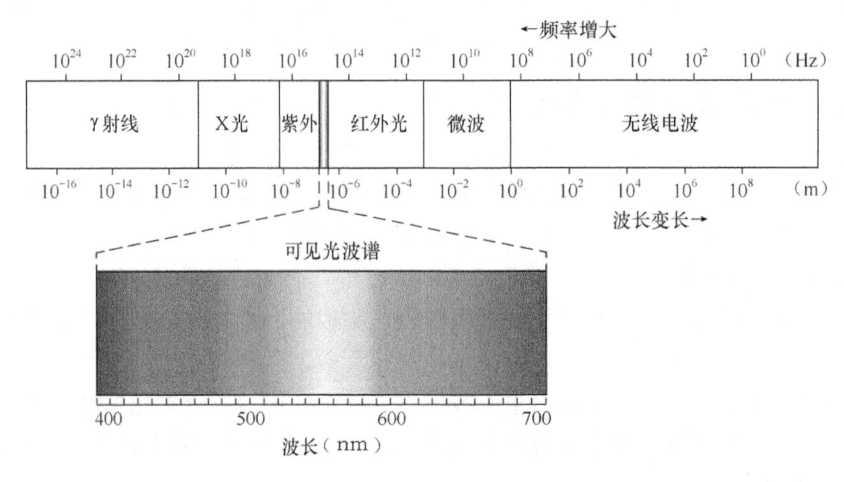

图 9.2 电磁波谱图

（2）红外光

红外光又叫红外线，是波长比可见光长的电磁波（光），波长介于微波与可见光之间，波长为 760nm～1mm，是波长比红光长的非可见光，光谱处于红色光的外侧。

红外线是太阳光线中众多不可见光线中的一种，由英国科学家赫歇尔于 1800 年发现，又称为红外热辐射。赫歇尔所使用的方法很简单，用一支温度计测量经过棱镜分光后的各色光线温度，由紫到红，发现温度逐渐增加，可是当温度计放到红光以外的部分，温度仍持续上升，因而断定有红外线的存在。赫歇尔在紫外线的部分也做同样的测试，但温度并没有增高的反应。由此，赫歇尔发现太阳光在可见光谱的红光之外还有一种不可见的延伸光谱-红外光，红外光具有热效应。

所有高于绝对零度（–273.15℃）的物质都可以产生红外线，现代物理学称之为热射线。红外线可分为 3 部分：近红外线，波长为 0.76～1.5μm；中红外线，波长为 1.5～6μm；远红外线，波长为 6～1000μm。

（3）紫外光

紫外光又叫紫外线，是电磁波谱中波长为 10~400nm 辐射的总称，不能引起人们的视觉。紫外光的波长比可见光短，但比 X 射线长。紫外光主要具有杀菌的功能。

2．光源的种类

（1）热辐射光源

热物体都会向空间发出一定的光辐射，基于这种原理的光源称为热辐射光源。物体温度越高，光越亮。最早的热辐射光源是白炽灯（钨丝灯），近年来卤素灯的使用越来越普遍。

热辐射光源谱线丰富，主要涵盖可见光和红外光，峰值约在近红外区，因此适用于大部分光电传感器。热辐射光源发光效率低，一般仅有 15%的光谱处在可见光区。热辐射光源发热大，约超过 80%的能量转化成热能，属于典型的热光源。热辐射光源寿命短（约 1000 小时），易碎，电压高，输出功率大。热辐射光源响应速度慢，调制频率低于 1kHz，不能用于快速的正弦和脉冲调制。

热辐射光源主要用作可见光光源，具有较宽的光谱。当需要窄带的光谱时，可以使用滤色片实现，同时能避免杂光干扰，尤其适合多种光电仪器。有时热辐射光源可用作近红外光源，适用于红外检测传感器。

（2）气体放电光源

气体放电光源是利用气体受激后放电发光的原理制成的。气体放电光源的光谱是不连续的，光谱与气体的种类及放电条件有关。

按放电形式的不同，气体放电光源分为辉光放电灯和弧光放电灯。当放电电流很小时，放电处于辉光放电阶段；当放电电流增大到一定程度时，气体放电呈大电流放电，为弧光放电。辉光放电灯的特点是工作时需要很高的电压，但放电电流较小，霓虹灯属于辉光放电灯。弧光放电灯的特点是放电电流较大，照明工程广泛使用弧光放电灯。

气体放电光源包括碳弧灯、汞灯、氢灯、钠灯、镉灯、氦灯、氙灯和日光灯等。气体放电光源的效率高，效率最高达 60%。气体放电光源含有丰富的紫外线频谱，是紫外辐射源迄今的主要形式。气体放电光源一般应用在有强光要求，而且色温接近日光的场合。气体放电光源的发光调制频率较低。

（3）发光二极管

发光二极管简称为 LED，是一种电致发光器件。固体发光材料在电场激发下产生的发光现象称为电致发光，它是将电能直接转换成光能的过程，利用这种现象制成的器件称为电致发光器件。发光二极管是由镓（Ga）、砷（As）、磷（P）、氮（N）、铟（In）等的化合物制成的二极管，能辐射出可见光（绿光、红光、蓝光、黄光、白光等）、红外线和紫外线，因而可以用来制成发光二极管。

LED 灯具有节能、环保、安全、寿命长、低功耗、低热、高亮度、防水、微型、防震、易调光、光束集中、维护简便等特点。LED 灯工作电压很低（有的仅 1V），工作电流很小（有的小于 1mA），消耗能量较同光效的白炽灯减少 80%，电光转化效率高（接近 100%）。LED 灯寿命长，工作可达 10 万小时（光衰为初始的 50%）。LED 灯的响应时间为纳秒级，启动无延时；而白炽灯的响应时间为毫秒级。LED 灯坚固耐用，抗冲击和抗震性能好，反复开关无损寿命。LED 灯体积很小，每个单元 3～5mm，可以制成各种形状。LED 灯通过调制电流的强弱可以方便地调制发光的强弱，易于调光，色彩多样。

（4）激光器

激光器（laser）是“光受激辐射放大”的缩写，它是利用受激辐射原理使光在某些受激发的物质中放大或振荡发射的器件。某些物质的分子、原子或离子吸收外界特定能量，从低能级跃迁到高能级上，如果处于高能级的粒子数大于低能级上的粒子数，就形成了粒子数反转，在特定频率的光子激发下，高能粒子集中地跃迁到低能级上，发射出与激发光子频率相同的光子。由于单位时间受激发射光子数远大于激发光子数，因此上述现象称为光的受激辐射放大，具有这种功能的器件称为激光器。

常用的激光器有固体激光器（如红宝石激光器）、气体激光器（如氦氖激光器）、半导体激光器（如砷化镓激光器）和液体激光器等。

激光的方向性强（发散角约 0.18°），亮度大（比普通光亮几百万倍），单色性好（频率几乎可以认为是单一的）。激光的相干性好，受激辐射后光的传播方向、振动方向、频率、相位等参数的一致性极好，具有极佳的时间相干性和空间相干性，是干涉测量的最佳光源。

3．光电式传感器对光源的要求

（1）光源具有足够的照度和亮度

光照强度是指单位面积上所接受可见光的能量，简称照度，单位为勒克斯（Lux 或 lx）。

照度为物理术语，用于指示光照的强弱和物体表面积被照明程度的量。

亮度是指发光体表面发光强弱的物理量，单位为坎德拉/平方米（cd/m^2）。人眼从一个方向观察光源，在这个方向上的光强与人眼所“见到”的光源面积之比，定义为该光源的亮度，即单位投影面积上的发光强度。

（2）光通路具有足够的光通量

光通量指人眼所能感觉到的辐射功率，它等于单位时间内某一波段的辐射能量和该波段的相对视见率的乘积。光通量的单位为流明（lm）。由于人眼对不同波长光的相对视见率不同，所以不同波长光的辐射功率相等时，其光通量并不相等。

一个被光线照射的表面上的照度定义为照射在单位面积上的光通量。被光均匀照射的物体，在 1 平方米面积上所得的光通量是 1lm 时，它的照度是 1lx。

（3）光源的均匀性

光源应保持亮度均匀，无遮光、无阴影，否则会产生系统误差或随机误差。

（4）光源对测量的适应性

某些测量要求光源发出的光有一定的方向和角度，从而构成反射光、透射光、漫反射光、散射光等。这要求对光源系统做相应的设计。

（5）光源的发热量

各种光源都不同程度地发热，应尽可能选取发热量小的冷光源（如 LED），或者将发热较大的光源进行散热处理，并远离敏感单元。

9.2　光电效应及光电效应传感器

光电效应是指物体吸收光能后，转换为该物体中某些电子的能量而产生的电效应。光电效应分为外光电效应和内光电效应，光电器件也随之分为外光电器件和内光电器件。基于光电效应的传感器称为光电效应传感器。

9.2.1　光电效应

由物理学可知，光具有波粒二象性。光电效应源于光的粒子性。光的粒子性认为，一束光是一束以光速运动的粒子流，这些粒子称为光子。每个光子具有一定的能量，一个光子的能量 E 为

$$E = h\nu \tag{9.1}$$

式（9.1）中，h 为普朗克常数，$h = 6.626 \times 10^{-34}\,\mathrm{J \cdot s}$；$\nu$ 为光的频率。

由式（9.1）可知：不同频率的光子具有不同的能量；光的频率 ν 越高，光子的能量 E 也就越大。光照射在某一物体上，可以看作物体受到一连串能量为 $h\nu$ 的光子的轰击，被照射物体吸收了光子的能量而发生相应的电效应。

1．外光电效应

在光线作用下，物体内的电子逸出物体表面向外发射的物理现象称为外光电效应。外光电效应也称光电发射效应，逸出来的电子称为光电子。基于外光电效应的光电器件有光电管和光电倍增管。

外光电效应可用爱因斯坦光电效应方程描述。光电效应方程为

$$h\nu = \frac{1}{2}mv_0^2 + A_0 \tag{9.2}$$

式（9.2）中，m 为电子的质量，v_0 为电子逸出物体表面时的初速度，A_0 为电子逸出物体表面的逸出功。

（1）每一个物体都有一个光频阈值，称为红限频率 ν_0。当光线的频率小于红限频率时，无论光强多大，光子的能量都不足以使物体内的电子逸出；反之，当光线的频率大于红限频率时，即使光线微弱，也会有光电子逸出。由式（9.2）可得，红限波长 λ_0 为

$$\lambda_0 = \frac{c}{\nu_0} = \frac{hc}{A_0} \tag{9.3}$$

式（9.3）中，c 为光速，$c = 3\times10^8 \mathrm{m/s}$。

（2）当入射光的频谱成分不变时，产生的光电流与光强成正比。这是由于光越强，入射的光子数目越多，逸出的光电子数目也越多。

（3）光电子逸出物体表面时，具有初始动能 $E_\mathrm{k} = \frac{1}{2}mv_0^2 = h\nu - A_0$。因此，外光电器件即使没有加阳极电压，也会有光电流产生。为使光电流为 0，必须加负的截止电压。

2．内光电效应

内光电效应分为光电导效应和光生伏特效应两大类。

（1）光电导效应

在光线作用下，电子吸收光子能量，从键合状态过渡到自由状态，引起材料电阻率的变化，称为光电导效应。基于这种效应的器件有光敏电阻。

要产生光电导效应，入射光子的能量必须大于半导体的禁带宽度 E_g。光电导效应的临界波长为

$$\lambda_0 = \frac{1239}{E_\mathrm{g}}\mathrm{nm} \tag{9.4}$$

式（9.4）中，E_g 的单位是电子伏特（eV），1eV=1.602×10^{-19}J，代表一个电子经过 1V 的电势差加速后所获得的动能。例如，锗的 E_g=0.66eV，硅的 E_g=1.12eV。

（2）光生伏特效应

在光线作用下，能够使物体产生一定方向电动势的现象称为光生伏特效应。基于光生伏特效应的光电器件有光电池和光敏晶体管。

例 9.1 采用光学分析仪器测量含有 CO 的 CO_2 气体。已知 CO 的吸收光谱带为 4.65μm 处；CO_2 的吸收光谱带为 2.78μm、4.26μm 及大于 13μm 处。试问：选用检测的半导体材料的禁带宽度。

解：选择的半导体材料应只敏感于 CO_2 气体，要克服 CO 的影响。因此，选择的半导体材料应使波长在 2.78μm 以上的光子都不能激发其电子（即无光电效应）。

由式（9.4）可得，光电导效应的临界波长为

$$\lambda_0 = \frac{1239}{E_\mathrm{g}}\mathrm{nm}$$

因此，选用检测的半导体材料的禁带宽度为

$$E_\mathrm{g} = \frac{1239}{\lambda_0} = \frac{1239}{2.78\times1000} = 0.446\mathrm{eV}$$

9.2.2 光电管和光电倍增管

光电管和光电倍增管都是利用外光电效应制成的光电器件。

1. 光电管

光电管的结构、符号及测量电路如图 9.3 所示。光电管有真空光电管和充气光电管两类，二者结构相似，都是由一个阴极 K 和一个阳极 A 构成，密封在一只玻璃管内。在外电路串入一个适当阻值的电阻 R，该电阻 R 的电压降 U_o 或电路中电流 I 的大小都与光强成函数关系，从而可以实现光电转换。

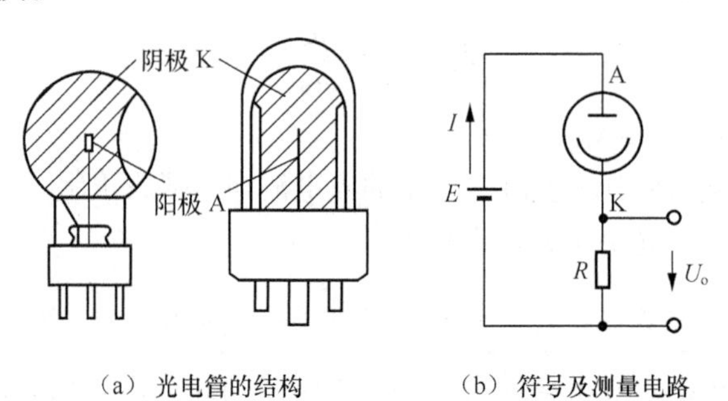

（a） 光电管的结构　　（b） 符号及测量电路

图 9.3　光电管的结构、符号及测量电路

如果光电管的阴极 K 和阳极 A 封装在真空玻璃管内，则当某一波长的入射光线照到阴极上时，电子克服束缚逸出，阳极吸引阴极逸出的电子，在光电管内有了电子流，于是在外电路中就有了电流 I。如果在玻璃管内充入惰性气体，即构成充气光电管，由于光电子流对惰性气体轰击产生更多的自由电子，从而提高了光电管的光电转换灵敏度。

光电管的特性如下。

（1）伏安特性：在一定的光照射下，阳极电压 U 与阳极电流 I 之间的关系。伏安特性如图 9.4（a）所示。

（2）光电特性：当阴极和阳极之间的电压一定时，入射光在阴极上的光通量 Φ 与阳极电流 I 之间的关系。光电特性如图 9.4（b）所示。正常情况下，光电流正比于光通量。

（3）光谱特性：阴极材料不同的光电管有不同的红限频率，因此它们可用于不同的光谱范围。

（4）结构简单，体积大，容易破碎。

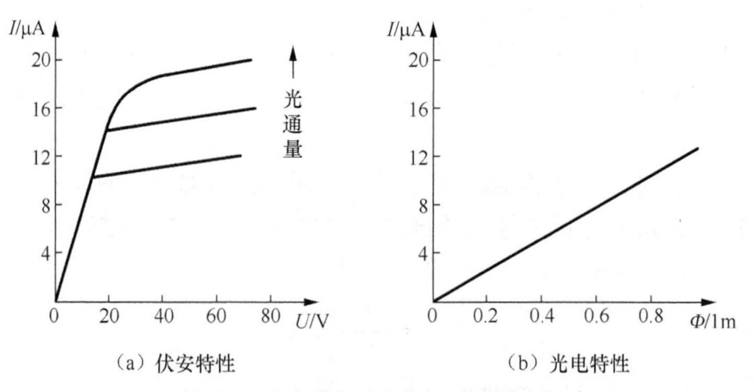

（a）伏安特性　　（b）光电特性

图 9.4　光电管的伏安特性和光电特性

2. 光电倍增管

在入射光很微弱时，一般光电管产生的光电流较小（小于 1μA），难以检测。为了克服这个缺点，常采用光电倍增管对光电流进行放大。

光电倍增管如图 9.5 所示，由阴极 K、若干倍增电极（D_1、D_2、D_3…）和阳极 A 三部分构成。倍增电极一般为 4～14 级，多的可达 30 级，设置的形状和位置正好能使前一级发射的电子继续轰击后一级。

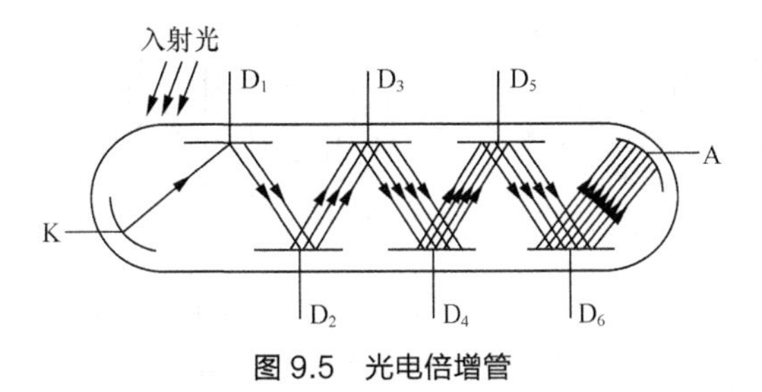

图 9.5　光电倍增管

光电倍增管工作时，每个倍增电极和阳极均加上电压，阴极 K 的电位最低，各个倍增电极的电位依次升高，阳极 A 的电位最高。入射光在光电阴极上激发出光电子，由于在各个电极间有电场，阴极激发出的光电子依次轰击各个倍增电极，经过 n 个倍增电极后，1 个光电子将变为 N 个电子。最后，阳极 A 收集电子，在外电路形成电流输出。N 为

$$N = \delta^n \tag{9.5}$$

式（9.5）中，δ 为单级的倍增率，δ 一般为 3～6；N 为光电倍增管的倍增率，N 能达到很高的数值。光电倍增管每一级外加电压约为几十伏，总的外加电压在几百～几千伏之间。

9.2.3　光敏电阻

光敏电阻又称为光导管，是一种利用内光电效应（光电导效应）制成的光电元件。光敏电阻是一种均质半导体光电元件，也是一种纯电阻元件。

1．光敏电阻的工作原理

在黑暗的环境里，光敏电阻的阻值（暗电阻）很大，电路中的电流（暗电流）很小。当光敏电阻受到一定波长范围的光的照射时，它的阻值（亮电阻）急剧减少，电路中的电流迅速增大。光照越强，阻值越低。入射光消失后，光敏电阻的阻值恢复原值。

半导体价带中的大量电子都是价键上的电子（称为价电子），不能够导电，即不是载流子。只有当价电子跃迁到导带而产生出自由电子和自由空穴后，才能够导电。自由电子存在的能带称为导带，被束缚的电子要成为自由电子，就必须获得足够能量跃迁到导带，这个能量的最小值就是禁带宽度 E_g。禁带宽度 E_g 是反映价电子被束缚强弱程度的一个物理量，也就是产生本征激发所需要的最小能量。光照射到光敏电阻上，当入射光子的能量大于半导体的禁带宽度 E_g 时，价带上的电子将激发到导带上去，从而使导带的电子和价带的空穴增加，光敏电阻的电导率增大。因此，光敏电阻的阻值随光照增加而减小。

2．光敏电阻的结构

光敏材料主要是金属硫化物、金属硒化物和金属碲化物等半导体。目前生产的光敏电阻主要是硫化镉（CdS），为提高其光灵敏度，在硫化镉中再掺入铜、银等杂质，硫化镉的禁带宽度 E_g=2.4eV。图 9.6（a）为硫化镉光敏电阻的结构图，它采用金属外壳，顶部有透明玻璃窗口，光敏材料的两端安装上金属电极和引线。

光敏电阻通常都制成薄片结构，以便吸收更多的光能。为了增加灵敏度，光敏电阻的两个电极常做成梳状，在陶瓷基片上涂上栅状的硫化镉，如图 9.6（b）所示。

光敏电阻没有极性，纯粹是一个电阻器件，使用时既可以加直流电压，也可以加交流电压，它的电路符号如图 9.6（c）所示。

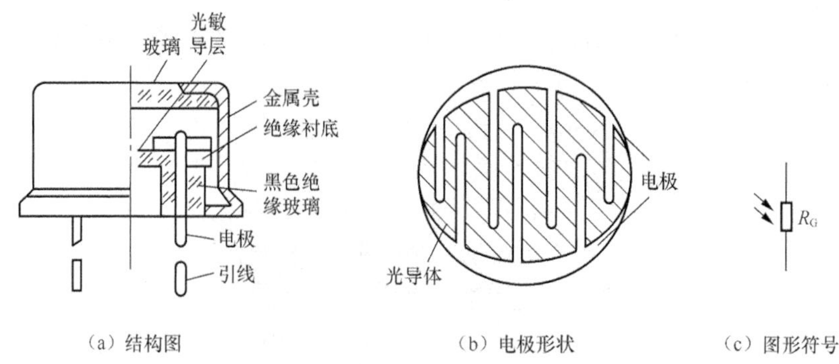

（a）结构图　（b）电极形状　（c）图形符号

图 9.6　硫化镉光敏电阻结构图和符号

3．光敏电阻的主要特性参数

（1）暗电阻、暗电流、亮电阻、亮电流、光电流

暗电阻：光敏电阻置于室温、全暗条件下，经一段时间稳定后测得的阻值称为暗电阻。此时流过的电流称为暗电流。

亮电阻：光敏电阻置于室温和一定光照条件下，测得的稳定电阻值称为亮电阻。此时流过的电流称为亮电流。

光电流：亮电流和暗电流之差，称为光电流。

光敏电阻的暗电阻越大，亮电阻越小，性能就越好。也就是说，暗电流要小，光电流要大，这样的光敏电阻的灵敏度高。实际上，大多数光敏电阻的暗电阻往往超过 1MΩ，甚至高达 100MΩ，而亮电阻即使在正常白昼条件下也可降到 1kΩ以下，可见光敏电阻的灵敏度是相当高的。

（2）光照特性

在一定的偏压下，光敏电阻的光电流 I 与光通量 Φ 的关系称为光照特性，如图 9.7（a）所示。光敏电阻的光照特性呈非线性，因此不能用于光的精密测量，这是光敏电阻的不足之处。光敏电阻一般只能用作开关式的光电传感器。

（3）光谱特性

光谱特性是指光敏电阻对于不同波长 λ 的入射光，其灵敏度 K 不同的特性，如图 9.7（b）所示。可以看出。硫化镉（CdS）的光谱响应峰值在可见光区。不同材料的光谱峰值是不一样的，在选用光敏电阻时，应考虑光源的发光波长与光敏电阻的光谱特性峰值的波长相接近，这样才能获得较高的灵敏度。

（4）伏安特性

伏安特性是指光敏电阻两端所加电压 U 与流过光敏电阻的电流 I 之间的关系，如图 9.7（c）所示。光敏电阻的伏安特性为线性关系；且照度不同，其斜率也不同。同普通电阻一样，光敏电阻也有最大功率，超过额定功率将会导致光敏电阻永久性的损坏。

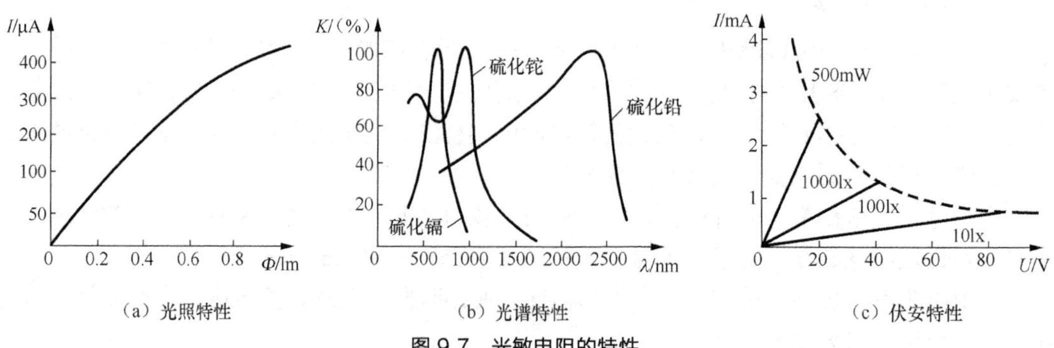

（a）光照特性　（b）光谱特性　（c）伏安特性

图 9.7　光敏电阻的特性

（5）响应时间（频率响应）

光敏电阻中光电流的变化滞后于光的变化时间。光敏电阻突然感受光照时，光电流并不是立刻上升到其稳定数值；光照突然消失时，光电流也不会立刻下降到0。这说明光电流的变化对于光的变化，在时间上有一个滞后，这称为弛豫现象。

弛豫现象常用时间常数来说明。时间常数分上升时间常数和下降时间常数。光敏电阻突然感受光照时，电导率上升到饱和值 63%所用的时间，称为上升时间常数。光敏电阻的上升时间常数和下降时间常数约为 $10^{-3} \sim 10^{-1}$s。

尽管不同材料的光敏电阻具有不同的响应时间，但都存在着这种时延特性。因此，光敏电阻不能用在要求快速响应的场合。

（6）温度特性和稳定性

光敏电阻和其他半导体器件一样，受温度的影响较大。随着温度的升高，光敏电阻的暗电阻与灵敏度都下降。

初制成的光敏电阻性能不够稳定，经过 1～2 周的老化（加温、光照、加负载等），性能可达稳定。光敏电阻稳定后，性能长期不变，这是它的主要优点。

9.2.4 光敏二极管和光敏三极管

光敏二极管和光敏三极管的工作原理都是基于内光电效应。光敏二极管和光敏三极管的PN 结对光都是敏感的，光敏三极管的灵敏度比光敏二极管高。

1．光敏二极管的结构和工作原理

光敏二极管的结构与普通二极管相似，都有一个 PN 结和两根导线，它的结构和符号如图 9.8（a）所示。光敏二极管的 PN 结具有光敏特性，装在透明管壳的顶部，可以直接接受光的照射。光敏二极管使用时要反向接入电路中，即 P 极接电源负极，N 极接电源正极，基本电路如图 9.8（b）所示。

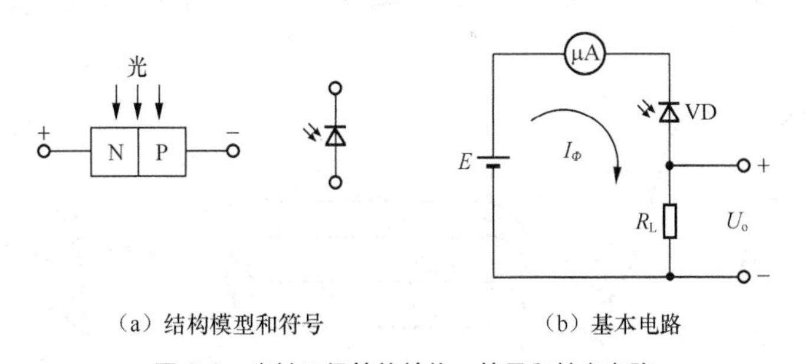

图 9.8 光敏二极管的结构、符号和基本电路

光敏二极管在电路中通常处于反向偏置状态。无光照时，与普通二极管一样，反向电阻很大，反向电流（称为暗电流）很小，工作在截止状态。当有光照射时，PN 结受到光子的轰击，激发形成大量的光生电子-空穴对，在反向电压作用下，反向电流大大增加，该反向电流称为光电流。反向偏置的 PN 结受光照控制，光电流的大小与光照强度成正比，在负载上能得到随光照强度变化的电信号。

2．光敏三极管的结构和工作原理

光敏三极管和普通三极管的结构相类似，不同之处是光敏三极管有一个对光敏感的 PN结，一般是集电结对光敏感。光敏三极管可以看成是在基极和集电极之间接有光敏二极管的普通三极管，通常只有 2 个引出极，其结构和符号如图 9.9（a）所示。光敏三极管工作时，

集电结反偏，发射结正偏，基本电路如图 9.9（b）所示。

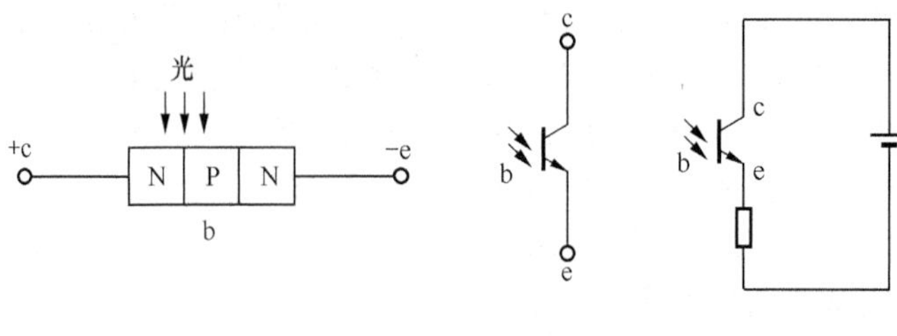

（a）结构模型和符号　　（b）基本电路

图 9.9　光敏三极管的结构、符号和基本电路

基极开路时，基极-集电极处于反偏。无光照时，光敏三极管内流过的电流（暗电流）很小。有光照时，基极-集电极 PN 结激发大量的电子-空穴对，定向运动形成了增大的反向电流，称为光电流，该光电流相当于一般三极管的基极电流，因此集电极电流被放大了 $\beta+1$ 倍。光敏三极管除了能将光信号转换成电信号外，还能对电信号进行放大，因此光敏三极管比光敏二极管具有更高的灵敏度。

3．光敏二极管和光敏三极管的主要特性参数

（1）光谱特性

光谱特性如图 9.10（a）所示。可以看出，硅光敏管的光谱响应为 0.4～1.3μm，峰值波长为 0.8μm 左右；锗光敏管的光谱响应为 0.5～1.8μm，峰值波长为 1.4μm 左右。实际中，可见光探测常用硅光敏管，红外探测常用锗光敏管。

（2）伏安特性

光敏二极管的伏安特性如图 9.10（b）所示，光敏三极管的伏安特性如图 9.10（c）所示。可以看出，光敏二极管由于反向偏置，它的伏安特性在第三象限；光敏三极管的光电流比光敏二极管大得多；在零偏压时，光敏二极管仍有光电流，但光敏三极管没有。

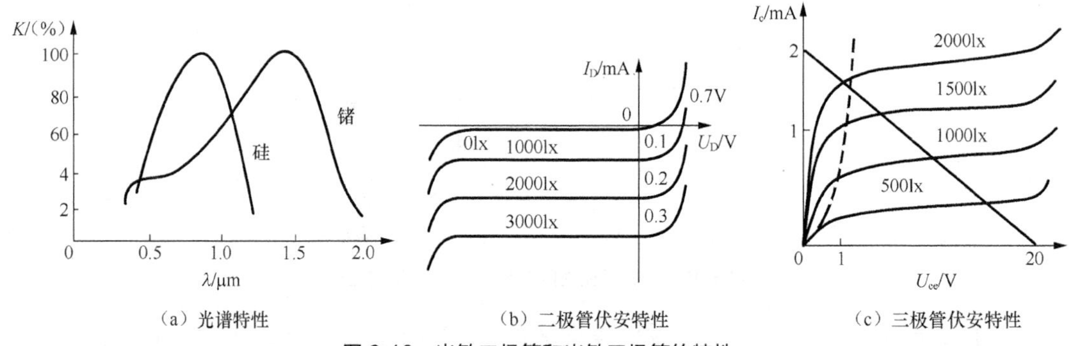

（a）光谱特性　　（b）二极管伏安特性　　（c）三极管伏安特性

图 9.10　光敏二极管和光敏三极管的特性

（3）光照特性

光敏二极管的光照特性线性较好，适合作为检测元件。光敏三极管在照度小时，光电流随照度增加得较小；而当光照足够大时，输出电流又有饱和现象。这是由于三极管的电流放大倍数在小电流和大电流时都下降的缘故，即光敏三极管不利于弱光和强光的检测。

（4）响应时间（频率响应）

光敏三极管的响应速度比光敏二极管大约慢一个数量级，锗管的响应时间比硅管小一个数量级。因此，在要求快速响应时，应选用硅光敏二极管。

由于光敏三极管基区的电荷存储效应，在强光照和无光照时，光敏三极管的饱和与截止需要更多的时间，所以它对入射调制光脉冲的响应时间更慢，最高工作频率更低。

（5）温度特性

温度变化对亮电流影响不大，但对暗电流影响非常大，并且是非线性的。硅管的暗电流比锗管小几个数量级，所以在微光测量中应采用硅管。由于硅光敏三极管的温漂大，所以尽管光敏三极管灵敏度较高，但在高精度测量中应选择硅光敏二极管。

9.2.5 光电池

光电池是利用光生伏特效应，把光能直接转换成电能的光电器件。光电池是有源器件，由于它可以把太阳能直接转变为电能，因此又称为太阳能电池。光电池的制作材料种类很多，有硅光电池、硒光电池、锗光电池、砷化镓光电池、硫化铊光电池等，目前应用最广的是硅光电池。硅光电池的价格便宜，转换效率高，寿命长，适于接收红外光；硒光电池的光电转换效率低、寿命短，适于接收可见光；砷化镓光电池转换效率比硅光电池稍高，光谱响应特性与太阳光谱最吻合，且工作温度最高，适于宇宙电源方面的应用。

1．光电池的结构和工作原理

硅光电池的结构如图 9.11 所示，它是在一块 N 型硅片上用扩散的办法掺入一些 P 型杂质（如硼）形成 PN 结。P 型层做得很薄，使光线能穿透到 PN 结上。用电极引线将 P 型和 N 型层引出，形成正负电极。

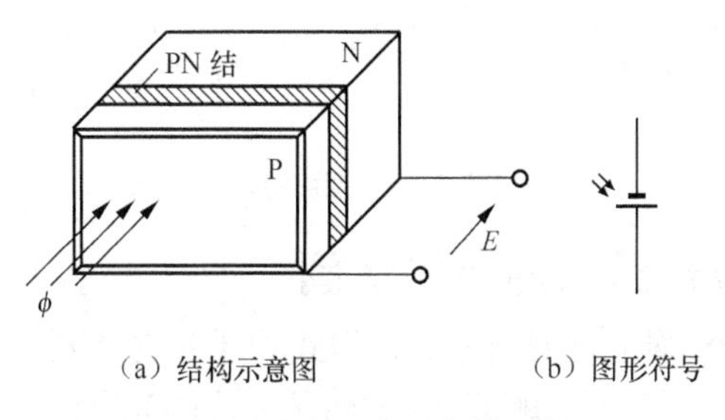

（a）结构示意图　　（b）图形符号

图 9.11　硅光电池的结构和符号

当光照到 PN 结区时，如果光子能量足够大，将在结区附近激发出电子-空穴对，这种由光激发生成的电子-空穴对为光生载流子。在结电场的作用下，在 N 区聚积负电荷，P 区聚积正电荷，这样 N 区和 P 区之间出现电位差。N 区积累了多余电子，成为光电池的负极；P 区积累了空穴，成为光电池的正极。若将 PN 结两端用导线连起来，电路中就有电流流过。若将外电路断开，就可测出光生电动势。

2．光电池的主要特性参数

（1）光谱特性

光电池对不同波长的光，光电转换灵敏度是不同的。硅光电池的光谱响应范围为 400～1 200nm，光谱响应峰值波长在 800nm 附近；硒光电池的光谱响应范围为 380～750nm，光谱响应峰值波长在 500nm 附近。

（2）频率特性

光电池作为测量、计数、接收元件时，常用调制光输入。光电池的频率特性就是指输出电流随调制光频率变化的关系。由于光电池 PN 结的面积较大，极间电容大，故频率特性较差。硅光电池有较高的频率响应，可用于高速记数；硒光电池则较差。

（3）光照特性

光电池在不同照度下，光电流和光生电动势是不同的。图 9.12（a）为硅光电池短路电流和开路电压与照度的特性曲线。可以看出，短路电流在很大范围内与照度成线性关系；开路电压与照度是非线性的，且在照度为 2000lx 时趋于饱和。因此，应把光电池作为电流源使用，不宜作为电压源，且负载电阻越小越好。

（4）温度特性

温度特性是指开路电压和短路电流随温度变化的关系，如图 9.12（b）所示。可以看出，开路电压和短路电流均随温度变化，开路电压随温度升高而下降的速度较快，短路电流随温度升高而缓慢增加。温度特性关系到光电池的温度漂移，影响到测量或控制精度，因此，当光电池作为测量元件时，最好能保持温度恒定，或采取温度补偿措施。

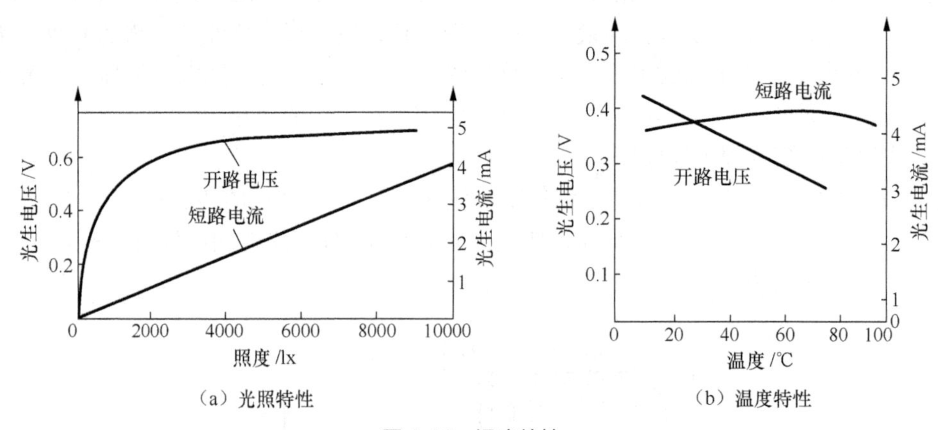

（a）光照特性　　（b）温度特性

图 9.12　温度特性

9.2.6　光电效应传感器的应用实例

光电效应传感器按输出量的性质可分为模拟式和开关式 2 种。模拟式是将被测量转换成连续变化的光电流；开关式是将被测量转换成断续变化的光电流，输出为开关量的电信号。

1．模拟式光电传感器

（1）工作方式

模拟式光电传感器要求光照特性为单值线性，而且光源的光照均匀恒定。这类传感器有被测物发光型（辐射式）、被测物透光型（吸收式）、被测物反光型（反射式）和被测物遮光型（遮光式）几种，如图 9.13 所示。

被测物发光型：被测物是光源，发出的光直接被光电元件接收。

被测物透光型：被测物置于光源和光电元件之间，光源发出的光由被测物部分吸收后，再被光电元件接收。

被测物反光型：被测物发出的光由被测物反射后，再被光电元件接收。

被测物遮光型：被测物置于光源和光电元件之间，光源发出的光由被测物部分遮挡后，再被光电元件接收。

（2）被测物发光型的光电传感器

这种传感器被测物本身就是光辐射源，所发射的光直接射向光电元件。光电元件将感受到的光信号转换为相应的电信号，输出反映了光源的某些物理参数。这种传感器主要用于光电比色温度计、光照度计中。

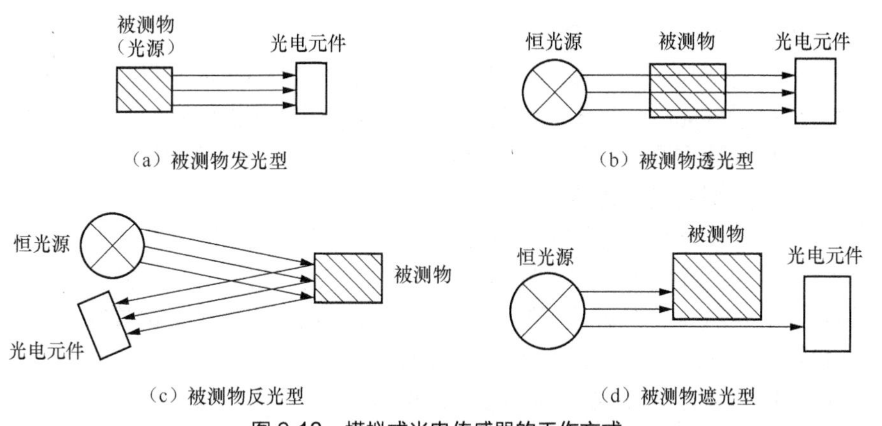

图 9.13　模拟式光电传感器的工作方式

应用实例如下。使用光敏二极管的自动调光灯的工作原理如图 9.14 所示。图 9.14 中，D_1 是光电二极管，D_2 是整流二极管，V 是晶体三极管，V_S 是射极电位稳压管，K 是直流继电器，C 是滤波电容，T 是变压器，R 是降压电阻，E 是被控电灯。直流器件用在交流电路中，应采用整流和滤波措施，方可使直流继电器 K 吸合可靠。光电二极管 D_1 功率小，不足以直接控制直流继电器 K，故采用晶体三极管 V。当有足够的光照射光电二极管 D_1 时，其内阻下降，在电源变压器的正半周时，晶体三极管 V 导通使 K 通电吸合，电灯 E 亮。

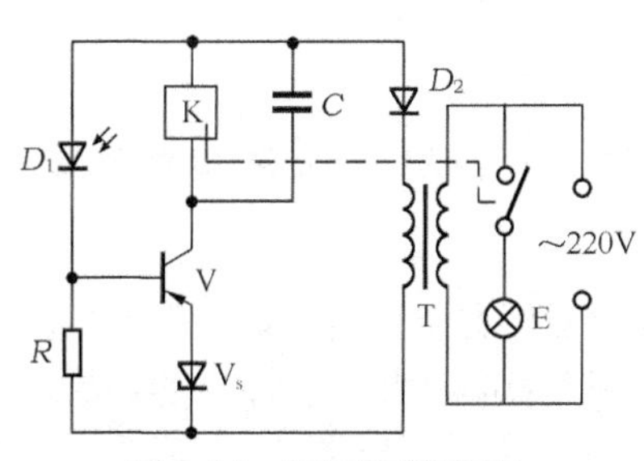

图 9.14　光控自动调光灯

（3）被测物透光型的光电传感器

这种传感器被测物体置于光源和光电元件之间，恒光源发出的光穿过被测物，部分被吸收后透射到光电元件上。透射光的强度取决于被测物对光吸收的多少，被测物透明，吸收光就少；被测物浑浊，吸收光就多。这种传感器常用来测量液体、气体的透明度、浑浊度，用于光电比色计等。

应用实例如下。浓度计的工作原理如图 9.15 所示。当浓度计插入被检体时，根据被检体的浓度或密度，光敏电阻将接收到的光线强度转变成电信号，通过放大后驱动显示仪表。浓度计一般用于乳浊液的浓度分析及透光率的测量。

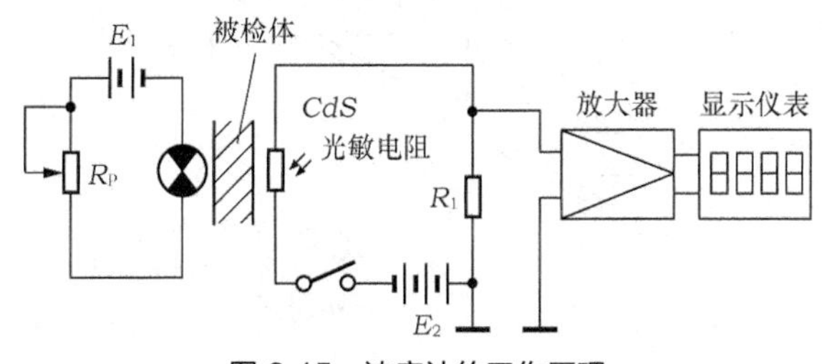

图 9.15　浓度计的工作原理

（4）被测物反光型的光电传感器

这种传感器恒光源与光电元件位于同一侧，恒光源发出的光投射到被测物上，再从被测物体表面反射后投射到光电元件上。反射光的强度取决于被测物体表面的性质、状态及与光源的距离，利用此原理可测试物体表面光洁度、粗糙度、纸张白度和位移等。

（5）被测物遮光型的光电传感器

这种传感器被测物体置于光源和光电元件之间，恒光源发出的光经过被测物时，被遮去其中一部分，使投射到光电元件上的光信号发生改变，其变化程度与被测物的尺寸及其在光路中的位置有关。这种传感器可用于测量物体的尺寸、位置、振动、位移等。

应用实例如下。冷轧带钢厂的带材跑偏检测装置如图 9.16 所示。光源发射的光经过透镜 1 后，光线平行投射，有部分光被走偏的被测带材遮挡，使到达光敏电阻的光通量减小。这个装置用来检测带型材料在加工过程中偏离正确位置的大小与方向。

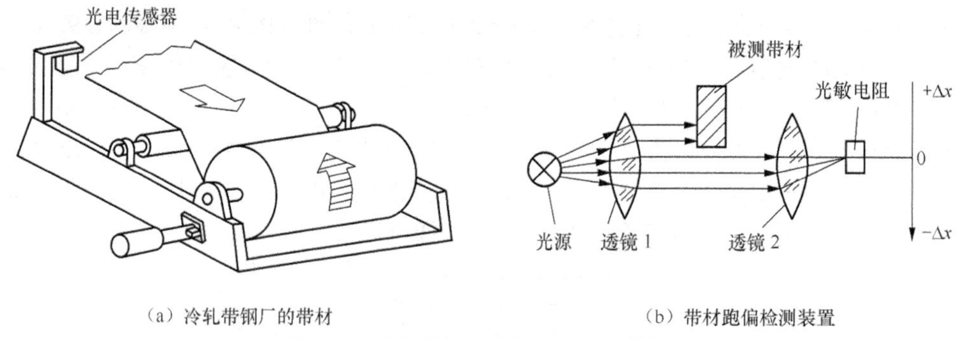

（a）冷轧带钢厂的带材　　（b）带材跑偏检测装置

图 9.16　冷轧带钢厂的带材跑偏检测装置

2．开关式光电传感器

开关式光电传感器利用光电元件有无光照，输出只有“通”、“断” 2 种状态，将被测量转换成断续变化的开关信号。这种传感器可用于产品自动计数、光电转速表、光控开关、电子计算机的光电输入设备等。

（1）产品自动计数

将光源与光电元件按一定方式安装，当有被测物体接近时，光电元件会对变化的入射光接收并进行光电转换，然后计数。对流水线上的产品自动计数如图 9.17 所示，该装置还能对装配件是否到位进行检测，如检测灌装时酒瓶盖是否压上。

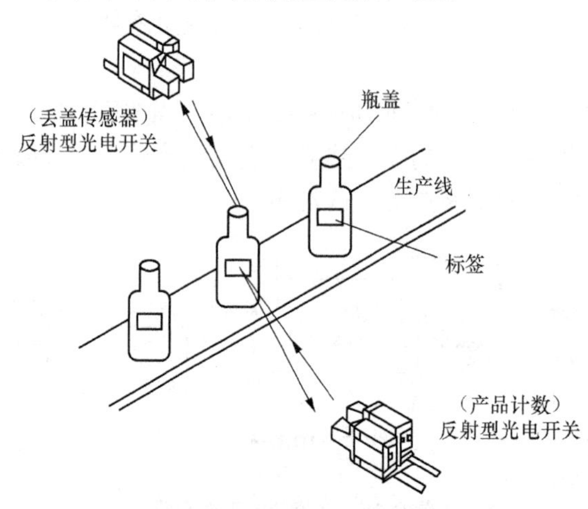

图 9.17　流水线上的产品自动计数装置

（2）光电转速表

光电转速表的工作原理如图 9.18 所示，分为反射式和直射式两种。

反射式光电转速传感器的工作原理如图 9.18（a）所示，用金属箔或荧光纸在被测转轴上贴出一圈黑白相间的反射条纹，光源发射的光线经透镜、半透膜片和聚光镜投射在被测转轴上，被测转轴的反射光经聚光镜、半透膜片和聚焦透镜后，照射在光电元件上产生光电流。该轴旋转时，黑白相间的反射面使反射光产生强弱变化，形成频率和转速与黑白间隔数有关的光脉冲，然后由光电元件产生相应的电脉冲。当黑白间隔数一定时，电脉冲的频率便与转速成正比，此电脉冲经测量电路处理后，即可得到被测转轴的转速。

直射式光电转速传感器的工作原理如图 9.18（b）所示，在待测转轴上固定一个带孔的圆盘，光透过圆盘上的小孔到达光电元件。该轴旋转时，只要光线通过小孔，光电元件就产生一个电脉冲，电脉冲的频率与转速成正比，由此可得到被测转轴的转速。

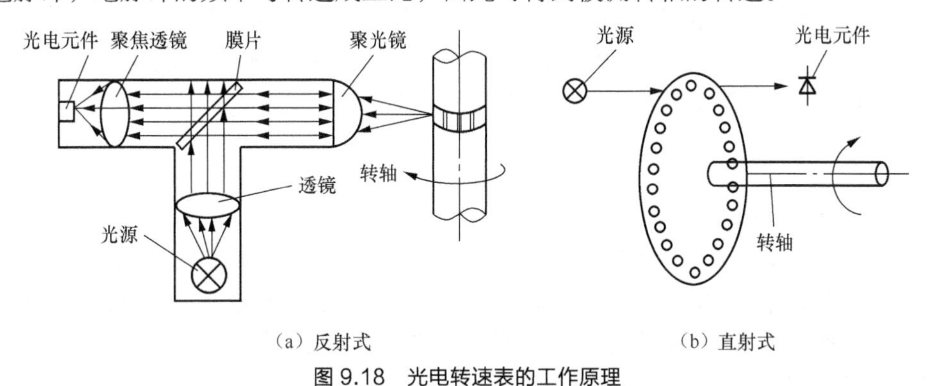

图 9.18　光电转速表的工作原理

（3）光控开关

光电色质检测器用来检测包装材料的色质，工作原理如图 9.19 所示。这里规定包装材料的底色为白色。当包装材料的颜色为白色时，光电传感器输出的电信号经电桥放大后，与给定色质相比较，两者一致，开关电路输出低电平，电磁阀截止；当包装材料因质量不佳出现泛黄时，光敏晶体管收到的光信号会发生变化，就有比较电压差输出，开关电路输出高电平，电磁阀被接通，由压缩空气将泛黄材料吹掉。

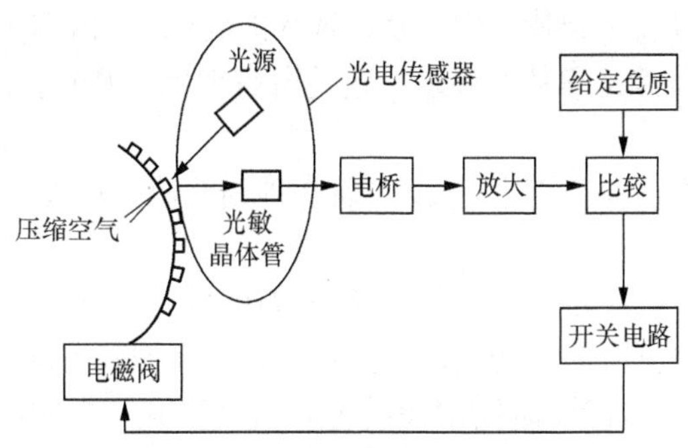

图 9.19　光电色质检测器的工作原理

9.3　红外传感器

红外是红外线的简称，它是一种电磁波，不为人眼所见，波长（760nm～1mm）介于可见光与微波之间。红外传感器是利用红外线的物理性质进行测量的传感器。红外传感器按照

探测机理可分为热探测器和光子探测器两类；按照功能可分成辐射计、搜索跟踪系统、热成像系统、红外测距通信系统、混合系统。

9.3.1 红外辐射基本知识

1．黑体

黑体是在任何情况下对一切波长的入射辐射吸收率都等于 1 的物体，即全吸收。实际存在的任何物体对不同波长的入射辐射都有一定的反射（吸收率不等于 1），所以黑体只是抽象出来的一种理想化的物体模型。但黑体热辐射的基本规律是红外研究及应用的基础，它揭示了黑体发射的红外热辐射随温度及波长变化的定量关系。

2．红外辐射的规律

（1）基尔霍夫定律

任何物体在发出辐射能的同时，也不断吸收周围物体发来的辐射能。在一定的温度下处于热平衡状态时，各种不同物体在单位时间从单位面积对相同波长的单色辐射能 E_R 与吸收系数α的比值都相等，并等于该温度下黑体对同一波长的单色辐射能 E_0。

$$\frac{E_R}{\alpha}=E_0 \tag{9.6}$$

式（9.6）中，E_0为常数。

此定律表明，吸收本领大的物体，其发射本领也大；热平衡时，物体辐射的能量与吸收的能量之比与物体本身物性无关，只与波长和温度有关；如果该物体不能发射某一波长的辐射能，就不能吸收此波长的辐射能；黑体是辐射本领最大的物体。

（2）斯蒂芬-玻耳兹曼定律

凡是温度高于绝对零度（–273.15℃）的物体都会自发地向外发射红外热辐射，单位时间从单位表面积发射的所有波长的总辐射能量为

$$E_R=\sigma\varepsilon T^4 \tag{9.7}$$

式（9.7）中，T 为物体的绝对温度；$\sigma=5.67\times10^{-8}\,\mathrm{W/(m^2\cdot K^4)}$，为斯蒂芬-玻耳兹曼常数；$\varepsilon$ 为比辐射率（实际物体与同温度黑体辐射性能之比），黑体 $\varepsilon=1$，一般物体 $\varepsilon<1$。

此定律表明，物体温度越高，向外辐射的能量越多；辐射功率与 T 的 4 次方成正比，即只要温度有较小变化，就将引起物体辐射功率很大的变化。如果能探测到黑体的单位表面积发射的总辐射功率，就能确定黑体的温度，这是所有红外测温的基础。

（3）维恩位移定律

红外辐射的电磁波中，包含各种波长，其辐射能谱峰值波长 λ_m 与物体自身的温度 T 成反比，即

$$\lambda_m=2898/T(\mu m) \tag{9.8}$$

此定律表明，当温度升高时，辐射本领的最大值向短波长方向移动，即一个物体越热，其辐射谱的波长越短（或者说其辐射谱的频率越高）。譬如在宇宙中，不同恒星随表面温度的不同会显示出不同的颜色，温度较高的显蓝色，次之显白色，濒临燃尽而膨胀的红巨星表面温度较低，显红色。

例 9.2 人体的温度约为 36℃，计算人体的辐射峰值波长。

解：人体的温度约 36℃，即绝对温度为

$$36+273.15=309.15\mathrm{K}$$

由式（9.8）可得，人体的辐射峰值波长为

$$\lambda_{\mathrm{m}} = \frac{2898}{309.15} = 9.4\mu\mathrm{m}$$

9.3.2 红外探测器

红外探测器是将入射的红外辐射信号转换成电信号的器件，也称为红外器件或红外传感器，它是红外检测系统的关键部件。红外探测器根据探测机理可分为热探测器（基于热效应）和光子探测器（基于光电效应）。

红外探测器通常包括光学系统、检测元件和转换电路。其中，光学系统按结构不同可分为投射式和反射式；检测元件按工作原理可分为热敏检测元件和光学检测元件；转换电路可将采集的信号变成电信号输出。

1．热探测器

红外热探测器的工作原理是利用辐射热效应。探测器件接收辐射能后引起温度升高，再由接触型测温元件测量温度改变量，从而输出电信号。与光子传感器相比，热传感器的探测率比光子传感器的峰值探测率低，响应速度也慢得多。但热传感器光谱响应宽而且平坦，响应范围可扩展到整个红外区域，并且在常温下就能工作，使用方便，应用广泛。

实验表明：波长在 0.1～1000μm 的电磁波被物体吸收时，可以显著地转变为热能。可见，载能电磁波是热辐射传播的主要媒介物，红外热探测器就是基于红外线的这种性质实现的。当红外热探测器的敏感元件吸收红外辐射后，将引起温度升高，使敏感元件的相关物理参数发生变化，通过对这些物理参数及其变化的测量，就可确定探测器所吸收的红外辐射，并将红外线的强度转换为电信号输出。红外热探测器主要有 4 种类型：热敏电阻型、热电阻型、高莱气动型和热释电型。在这 4 种类型的探测器中，热释电探测器的探测效率最高，频率响应最宽，因而这种传感器发展得比较快，应用范围也最广。

（1）热敏电阻型传感器

热敏电阻型传感器是利用材料的电阻对温度敏感的特性制成的红外辐射探测器件。热敏电阻型传感器的材料通常采用负温度系数的氧化物半导体，结构如图 9.20 所示。热敏电阻薄片的厚度约为 10μm，形状呈方形或长方形，边长为 0.1～10mm，电阻值一般为几百千欧～几兆欧。热敏电阻薄片的两端蒸镀电极并接引线，上表面常涂有黑化层，以增加对入射辐照的吸收，吸收率可以达到 90%左右。

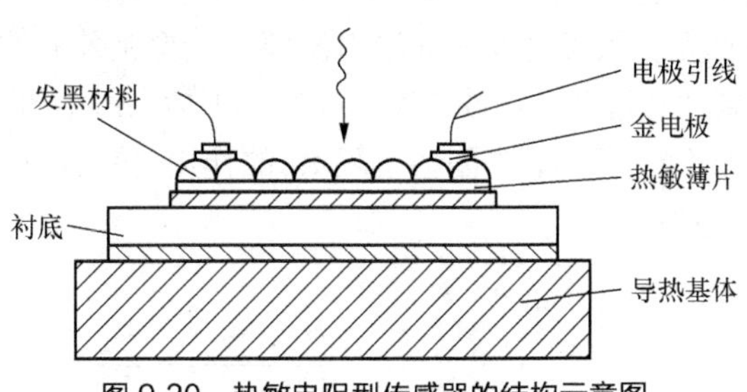

图 9.20 热敏电阻型传感器的结构示意图

典型的热敏电阻型传感器通常将结构和性能相同的两个热敏电阻装在同一个管壳内，如图 9.21 所示。其中，一个热敏电阻用来接收红外辐射能量，称为工作元件；另一个热敏电阻被屏蔽起来不接收红外辐射能，称为补偿元件，起温度补偿作用。两个热敏电阻尽可能靠近，以保证有相同的环境条件。测量电路常用电桥电路，通过测定电阻的变化确定吸收的红外辐射能量。

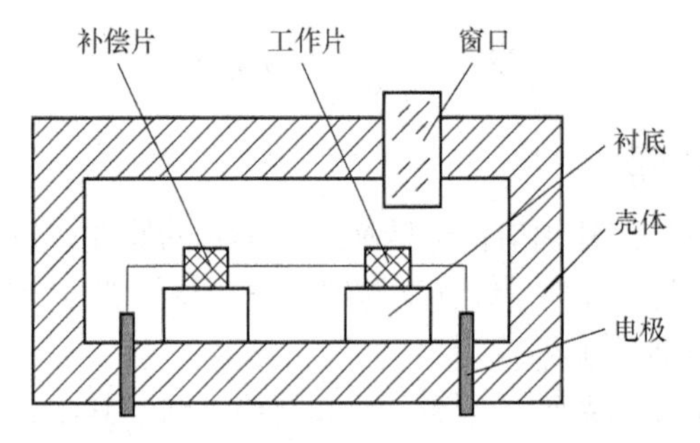

图 9.21　两个热敏电阻组装在同一个管壳内

热敏电阻的时间常数一般为几毫秒到几十毫秒，远不如热释电探测器响应快，但热敏电阻的稳定性好，又比较牢固，容易与放大器匹配，而且是一种对各种波长都有相同响应的无选择性探测器件，在 1 ~ 15μm 的常用红外波段内响应度基本上与波长无关，这是光子探测器所达不到的。目前热敏电阻在 8 ~ 14μm 波段应用很广，因而它在基础科学研究、工业及空间技术等方面仍有相当数量的应用。例如，在测辐射计、热成像仪和工业生产自动控制等装置中都可以使用热敏电阻型传感器。

（2）热释电型探测器

在外加电场作用下，电介质将被“电极化”。对于大多数电介质来说，在电场去除后，极化状态随即消失。但是，有一类称为“铁电体”的电介质，在外加电压去除后仍保持着极化状态。热释电型传感器就是由铁电体材料制成的。

铁电体的极化强度与温度有关，温度升高，极化强度降低。温度升高到一定程度，极化突然消失，这个温度称为居里点。在居里点以下，极化强度是温度的函数，利用这一关系制成的热释电型传感器称为热释电探测器。

热释电探测器是把敏感元件切成薄片，如图 9.22 所示。在研磨成 5 ~ 50μm 的薄片后，把元件的两个表面做成电极，类似于电容器的构造。为了保证晶体对红外线的吸收，有时需要黑化晶体或在透明电极表面涂上黑色膜，当红外线照射到已经极化了的铁电薄片上时，引起薄片温度的升高，使其极化强度降低，表面电荷减少，这相当于释放了一部分电荷，所以叫热释电型传感器。

热释型电传感器的内部结构如图 9.23（a）所示，由硅窗口、热释电元件、导电支持台、场效应管（FET）、外壳和 3 条引线组成。硅窗口是一种光学滤镜，主要作用是只允许某种波长的红外线通过，而将灯光、太阳光及其他辐射滤掉，以抑制外界的干扰；热释电元件是一种红外感应源，能感受到红外辐射；场效应管（FET）的作用是阻抗匹配和信号放大。热释型电传感器的电路如图 9.23（b）所示，高阻值电阻 R_G 的作用是释放栅极电荷；R_S 为负载电阻，有的传感器内无 R_S，需外接。

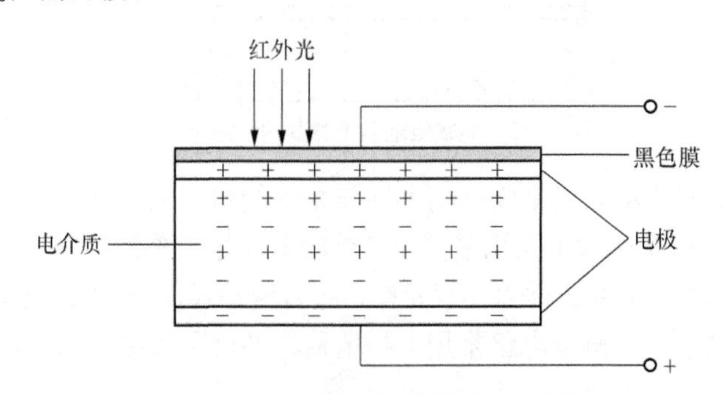

图 9.22　热释电探测器的敏感元件薄片

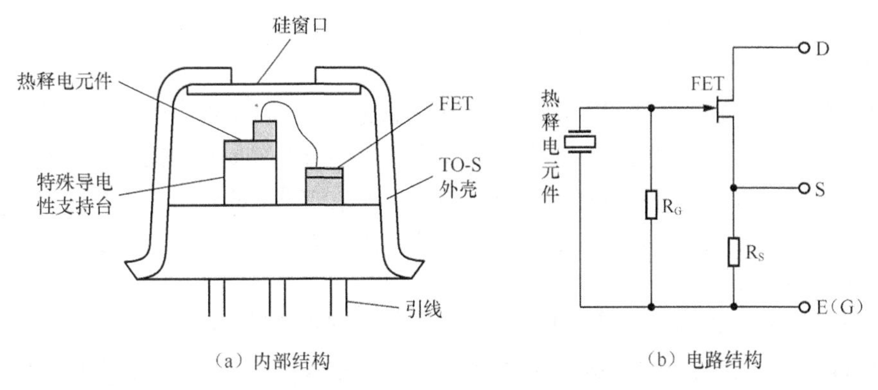

图 9.23　热释型电传感器的结构

释放的电荷可以用放大器转变成输出电压。如果红外光继续照射，使铁电薄片的温度升高到新的平衡值，表面电荷就达到新的平衡浓度，不再释放电荷，也就不再有输出信号。这区别于其他光电类或热敏类探测器，这些探测器在受辐射后都将经过一定的响应时间到达另一个稳定状态，这时输出信号最大。而热释电探测器则与此相反，在稳定状态下输出信号下降到 0，对恒定辐照无响应；只有在薄片温度的升降过程中才有输出信号。

热释电探测器的响应速度比其他热探测器快得多。它不但可以工作于低频，而且能工作于高频。因而热释电探测器不仅具有室温工作、光谱响应宽等热探测器的共同优点，而且是探测率最高、频率响应最宽的热探测器。随着热释电探测器研究的不断深入和发展，其应用也日趋广泛，不仅应用于光谱仪、红外测温仪、热像仪和红外摄像管等方面，而且常用于根据人体红外感应实现自动电灯开关、自动水龙头开关、自动门开关等领域。

2．光子探测器

按照红外光子探测器（传感器）的工作原理，一般分为外光电效应传感器和内光电效应传感器。红外光子传感器利用某些半导体材料在红外辐射的照射下，红外辐射中的光子流与半导体材料中的电子相互作用，改变了电子的能量状态，引起各种电学现象。通过测量半导体材料中电子性质的变化，就可以知道红外辐射的强弱。

（1）外光电效应传感器

在光线作用下，物体内的电子逸出物体表面向外发射的现象称为外光电效应。光电管、光电倍增管等就属于这种类型的传感器，其响应速度比较快，一般为几纳秒，但电子逸出需要较大的光子能量，只适宜在近红外辐射或可见光范围内使用。

（2）内光电效应传感器

内光电效应是指受光照而激发的电子在物质内部参与导电，电子并不逸出光敏物质表面。内光电效应又分为光电导效应、光生伏特效应和光磁电效应，多发生于半导体内。

（3）红外光子探测器的特点

光子探测器的主要特点是灵敏度高，响应速度快，响应频率高。但红外光子传感器只有在低温下才能工作，故需要配备液氦、液氮制冷设备。此外，光子传感器有确定的响应波长范围，探测波段较窄。

9.3.3　红外传感器的应用实例

红外传感器可用于辐射计、搜索跟踪系统、热成像系统、红外测距通信系统和混合系统。

其中，混合系统是指以上各类系统中两个或多个的组合。

1．红外辐射计

红外辐射计用于辐射和光谱的测量，可测量温度、空气含水量、气体浓度等。其中，红外测温按原理可分为：全辐射测温，这实际上是斯蒂芬-玻耳兹曼定律的体现；亮度测温，通过物体在某一波长或波段上的辐射与黑体在同一波长或波段上的辐射相比，确定物体温度；比色测温，通过测量两个相邻的特征波长上的红外辐射之比，确定物体温度。

（1）火焰传感器

利用红外线对火焰非常敏感的特点，使用红外线接收管检测火焰，能够探测到波长在700～1000nm范围内的红外光，探测角度为60°。然后把火焰的亮度转化为高低变化的电平信号，输入中央处理器中。

（2）自动照明灯和报警器

人体的正常温度为36℃～37℃，放射出峰值为9～10μm的远红外线。人体感应自动照明灯利用热释电传感器，能探测人体发出的红外线，当人进入照明灯的区域时自动亮，当人离开照明灯的区域时自动关闭。人体感应自动照明灯适用于公共区域（如楼道）的照明。

利用该原理还可以制成报警器，该报警器能探测人体发出的红外线。当人进入报警器的监视区域时，报警器发出报警声，适用于家庭、办公室、仓库等比较重要的场合。

（3）自动测温

利用红外热释电传感器的温度测量电路如图9.24所示。当物体（或人体）接近感知器时，在源极S端会感应一个脉冲信号，通过耦合电容送至运算放大器MC1458的同相端，进行正向放大输出，经处理之后可得到测温的结果。

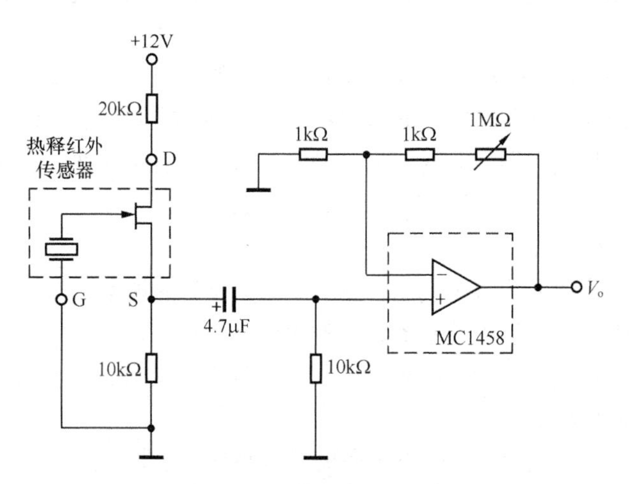

图9.24　人体温度测量电路

（4）气体分析仪

红外线气体分析仪根据气体对红外线具有选择性的吸收特性，对气体成分进行分析。图9.25为几种气体对红外线的透射光谱。可以看出，一氧化碳（CO）气体对波长为4.65μm附近的红外线具有很强的吸收能力；二氧化碳（CO_2）气体则对波长为2.78μm、4.26μm及大于13μm附近的红外线具有很强的吸收能力。如果分析CO气体，则可利用4.65μm附近的吸收波段进行分析。

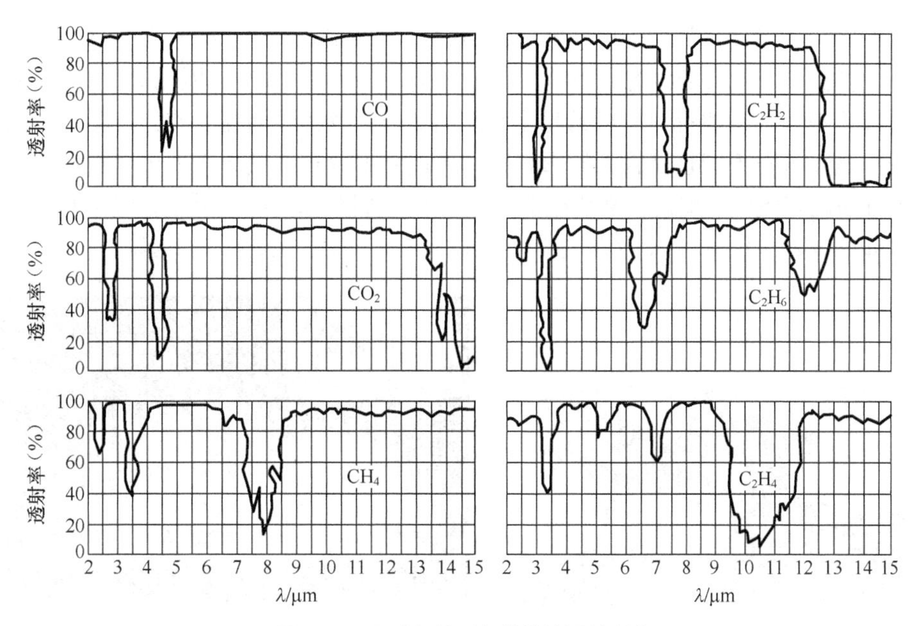

图 9.25 几种气体对红外线的透射光谱

2．红外搜索和跟踪系统

红外搜索和跟踪系统用于搜索和跟踪红外目标，确定目标的空间位置，并对目标的运动进行跟踪。

（1）响尾蛇导弹

响尾蛇导弹就是一种红外搜索和跟踪系统。美国响尾蛇短程空对空导弹，是全世界第一种实用化的空对空导弹，是第一种以红外线作为引导方式设计的空对空导弹，也是第一种有击落目标记录的空对空导弹。

（2）机载红外搜索跟踪系统

机载红外搜索跟踪系统是利用目标和背景之间的温度差形成热点或图像，来探测、跟踪目标。机载红外搜索跟踪系统如图 9.26 所示，是机载武器火控系统的一个重要组成部分，通常用于空域监视、威胁判断、抗电子干扰、对面对空导弹探测、自动搜索和跟踪目标等作战任务。由于雷达采用有源探测方式，工作时需要主动发射电磁波，使得机载雷达的探测距离急剧下降，雷达抗干扰能力弱的缺点越来越明显地暴露出来。相比之下，机载红外搜索跟踪系统以被动的方式工作，不易被敌方发现和干扰。

3．红外热成像系统

红外热成像系统可探测目标物体的红外辐射，并通过光电转换、信号处理等手段，将目标物体的温度分布图像转换成视频图像。

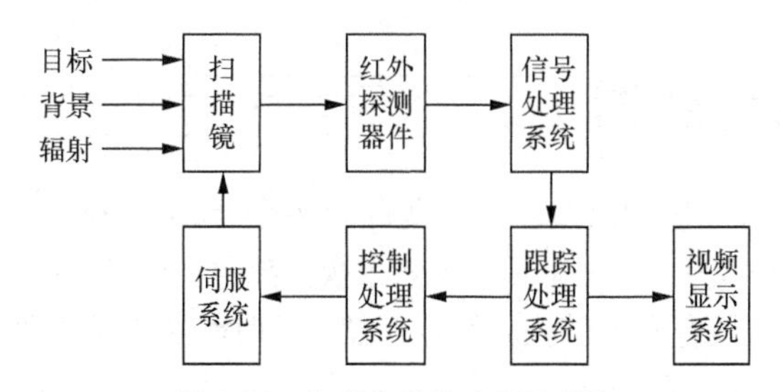

图 9.26 机载红外搜索跟踪系统

自然界中，一切物体都会辐射红外线，因此利用探测器测定目标本身和背景之间的红外线差，可以得到不同的红外图像，称为热图像。同一目标物体的热图像和可见光图像是不同的，热图像不是人眼所能看到的可见光图像，而是目标物体表面温度的分布图像。或者说，红外热图像是将人眼不能直接看到的目标物体表面温度分布，变成人眼可以看到的目标物体表面温度分布的热图像。配备红外热成像传感器的枪如图 9.27（a）所示；房子的热图像和可见光图像如图 9.27（b）所示，热图像中不同的颜色和亮度代表不同的温度。

（a）配备红外热成像传感器的枪

（b）房子的热图像和可见光图像

图 9.27　红外热成像

红外热成像系统分为主动式和被动式两种。

（1）主动式

主动式热成像系统用红外探照灯照射目标，接收反射的红外辐射形成图像。目前市面上销售的红外夜视仪都是主动式的。主动式红外夜视仪具有成像清晰、制作简单等特点，但它的致命缺点是红外探照灯的红外光会被敌人的红外探测装置发现。

（2）被动式

被动式热成像系统不发射红外线，依靠目标自身的红外辐射形成“热图像”。20 世纪 60 年代，美国首先研制出被动式热像仪，它不发射红外光，不易被敌发现，并且具有透过雾、雨等进行观察的能力。

4．红外测距通信系统

红外测距是发射出一束红外光，在照射到物体后形成一个反射波，传感器接收到反射信号后，利用发射与接收的时间差实现测距。红外测距传感器将反射回来的红外信号经过处理后，传递到中央处理器主机，中央处理器即可利用返回来的信号识别周围的环境。

红外测距广泛用于地形测量、战场测量，以及坦克、飞机、舰艇和火炮对目标的测距。近年来，机器人在大灾难后的搜救工作也使用红外测距，红外传感器在搜救机器人上相当于人眼的功能，可以很好地代替营救者搜救被困人群。

9.4　固态图像传感器

信息以图像的方式表达最为方便。电荷耦合器件（Charge Coupled Device，CCD）能将光学影像转变成数字信号，是目前最常用的固态图像传感器。CCD 由贝尔实验室于 1970 年发明，是一种半导体器件，具有光电转换、信息存储、延时和将电信号按顺序传送等功能。CCD 不但具有固体化、体积小、重量轻、功耗低、可靠性高、寿命长和抗烧毁等特点，而且具有分辨率高、动态范围大、灵敏度高、实时传输、自动扫描、视频信号便于与微机接口传输等优点。CCD 自问世以来发展迅速，可用于图像的传感，即成为固态摄像器件；可作为信息存储和信息处理器件；可用于工业检测、自动控制和人工智能中。

9.4.1 CCD 的工作原理

图像是由像素组成的。每像素应该根据光照的不同得到不同的电信号，并且在光照停止之后仍能对电信号保持记忆，直到将信息传递出去，这样就能构成图像传感器。CCD 的作用就像胶片一样，能感应光线（光谱范围是可见光和近红外光），把图像像素转换成数字信号，实现图像的获取和存储；CCD 还能实现图像的传输和复现。

1．基本结构

CCD 由若干电荷耦合单元组成，其基本单元是 MOS（金属-氧化物-半导体）电容器，如图 9.28 所示。在 P 型（或 N 型）硅衬底上，通过氧化覆盖一层厚约 120μm 的二氧化硅（SiO_2），再在 SiO_2 表面沉积小面积的金属铝作为电极（栅极），就构成了 MOS 电容器。其中，金属电极（栅极）和 P 型硅为 MOS 电容器的两个电极，SiO_2 氧化物为两个电极之间夹的绝缘体。MOS 电容器和一般电容器的不同是：其下极板不是一般的导体，而是半导体。

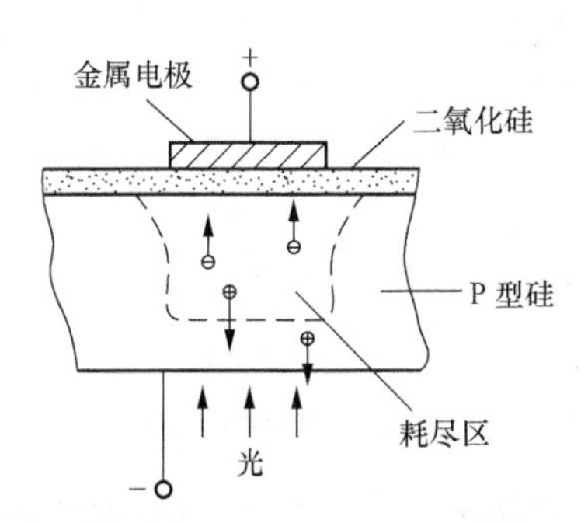

图 9.28 组成 CCD 的 MOS 结构

2．电荷感光原理和存储原理

构成 CCD 的基本单元是 MOS 电容器。与其他电容器一样，MOS 电容器能够存储电荷。如果 MOS 电容器中的半导体是 P 型硅，则在金属电极上施加一个正电压时，P 型硅中的多数载流子（空穴）受到排斥，少数载流子（电子）被吸引到紧靠 SiO_2 层的表面上来，从而在 P 型硅中形成一个带负电荷的耗尽区，也称表面势阱。对带负电的电子来说，耗尽区是个势能很低的区域，金属电极（栅极）所加的正电压越大，耗尽层就越深，势阱所能容纳的少数载流子的量就越大。

如果有光照射在硅片上，在光子的作用下，半导体硅产生了电子-空穴对，光生电子被附近的势阱所吸收，而空穴被排斥出耗尽区。势阱内所吸收的光生电子数量与入射到该势阱附近的光强成正比，从而实现了光电转换。势阱中的电子处于存储状态，即使停止光照，一定时间内也不会损失，这就实现了对光照的记忆。

3．电荷转移原理

CCD 器件是按一定规律排列的 MOS 电容器的阵列，若能设法将阵列中 MOS 电容器的电荷（也即信息电荷）依次传送到其目标位置，就实现了图像的传递。

CCD 器件的一系列 MOS 电容器使用同一半导体衬底，彼此非常靠近（小于 3μm），如图 9.29（a）所示，以致相邻 MOS 电容的势阱相互沟通，即相互耦合。任何可移动的信息电荷都将向电势大的位置移动，为了保证信息电荷按确定的方向和路线转移，在各个 MOS 电容器上所加的电压脉冲必须满足一定要求。例如，若要求电荷由左向右转移，右边电极的电势就必须比左边电极的电势大。实现信息电荷有控制地定向转移，有二相、三相、四相等多种控制方式，图 9.29（b）为三相控制方式，即 3 个相邻的栅电极（如电极 1 ~ 电极 3）依次加入 3 个相位不同的时钟脉冲电压 Φ_1、Φ_2 和 Φ_3，Φ_1、Φ_2 和 Φ_3 的振幅相同，彼此之间有 120° 的相位差。

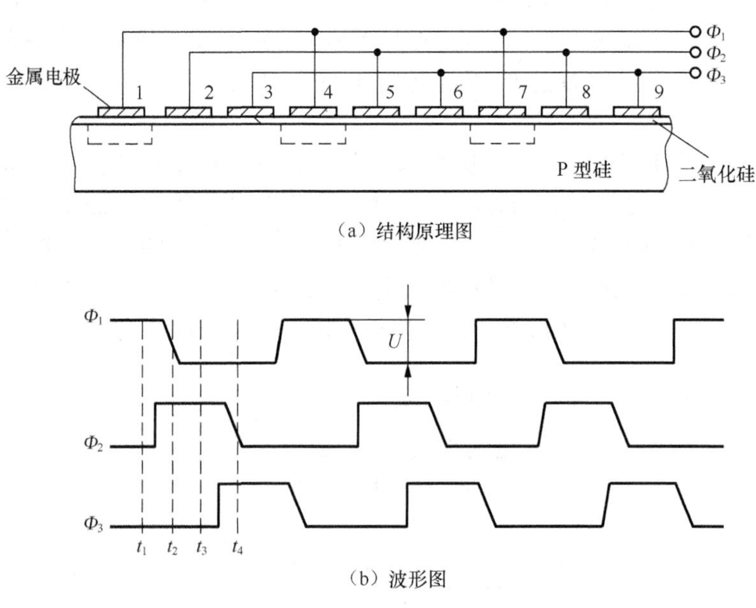

（a）结构原理图

（b）波形图

图 9.29 电荷转移原理

MOS 电容器上记忆的信息电荷转移是采用转移栅极的办法实现的。将 CCD 的 MOS 阵列划分成以 3 个相邻栅电极为一个单元的结构，一个单元称为一位，即电极 1、电极 2 和电极 3 为第一位，电极 4、电极 5 和电极 6 为第二位，电极 7、电极 8 和电极 9 为第三位，以此类推。电极 1、电极 4、电极 7 接在 Φ_1 上，电极 2、电极 5、电极 8 接在 Φ_2 上，电极 3、电极 6、电极 9 接在 Φ_3 上。在 t_1 时刻，Φ_1 为正，CCD 器件受到光照，在电极 1 之下出现势阱，并收集到信息电荷（电子）；同时，电极 4 和电极 7 之下也出现势阱，但因光强不同，所收集到的信息电荷不等，如图 9.30（a）所示。在 t_2 时刻，电压 Φ_1 已经下降，电压 Φ_2 最高，所以电极 2、电极 5 和电极 8 下方的势阱最深，原先存储在电极 1、电极 4、电极 7 下方的信息电荷分别部分转移到电极 2、电极 5、电极 8 下方，如图 9.30（b）所示。在 t_3 时刻，上述信息电荷已全部向右转移一步，如图 9.30（c）所示，实现了信息电荷的转移。以此类推，到 t_5 时刻，信息电荷将继续向右转移一步，分别依次转移到电极 3、电极 6、电极 9 下方（图 9.30 没有画出）。

4．电荷注入方法

在电荷注入 CCD 中，有光信号注入法（对摄像器材）、电信号注入法（对移位寄存器）和热注入法（对热像器材）。在 CCD 用作图像传感时，信息电荷由光生载流子得到，即光注入。在 CCD 用作信号处理或存储器件时，信息电荷采用电注入。

5．电荷的输出

在 CCD 中，有效地收集和检测信息电荷是一个重要问题，CCD 输出结构的作用是将 CCD

中的信息电荷变换为电流或电压输出。CCD 器件的输出终端有输出二极管，输出二极管用于收集少数载流子（电子），然后送入前置放大器，便实现了信息电荷的输出。

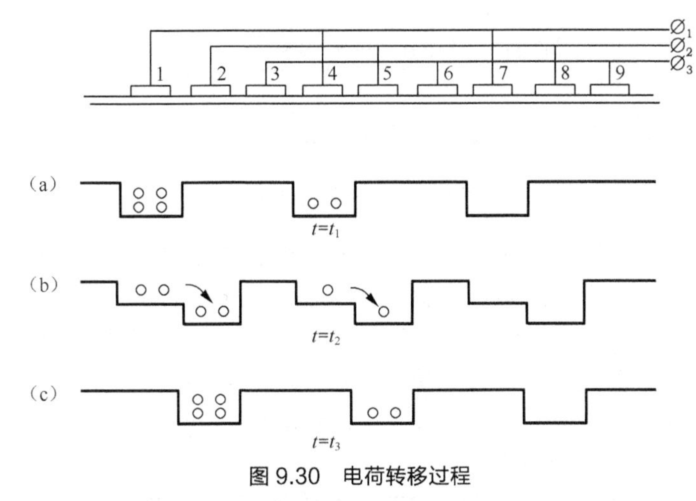

图 9.30　电荷转移过程

9.4.2　线阵和面阵 CCD 图像传感器

CCD 图像传感器是利用 CCD 的光电转换和电荷转移功能制成的。CCD 图像传感器分为线阵图像传感器和面阵图像传感器两大类。

1．线阵图像传感器

线阵 CCD 图像传感器由一列感光单元（即光敏单元）和一列移位寄存器（即 CCD）并行构成，光敏单元与 CCD 一一对应，数目相同，在光敏单元与 CCD 之间设有一个转移栅，如图 9.31 所示。下面分别讨论器件中各部分的结构、功能和工作过程。

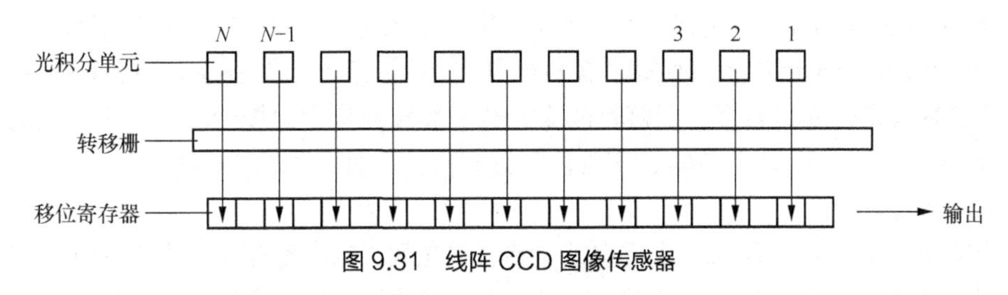

图 9.31　线阵 CCD 图像传感器

（1）器件中各部分的结构和功能

光敏单元： N 个光敏单元排成一列，每个光敏单元都为 MOS 电容器结构。N 个光敏单元具有一个梳状公共电极，称为光栅。为感光，光栅最好用全透光的多晶材料制作；除光栅外，器件的其他部分实现光屏蔽。在 P 型硅的表面，相邻两个光敏单元之间都用沟阻隔开，以保证 N 个 MOS 电容相互独立。

转移栅： 转移栅位于光敏单元和 CCD 之间，用来控制光敏单元势阱中的信息电荷向 CCD 中转移。

移位寄存器（即 CCD）： 在排列上，N 位 CCD 与 N 个光敏单元一一对齐。最靠近输出端的那位 CCD 称为第 1 位，对应的光敏单元为第 1 个光敏单元，以此类推。各光敏单元通向 CCD 的转移沟道之间有沟阻隔开，以防止信息电荷转移时引起混淆。

（2）器件的工作过程

CCD 线型图像传感器的分辨单元可达 1 万个以上。CCD 线型器件的工作过程可分为光积

分、转移、传输、计数和输出5个环节。这5个环节按一定时序工作，并且是个无限循环过程，如图9.32所示。

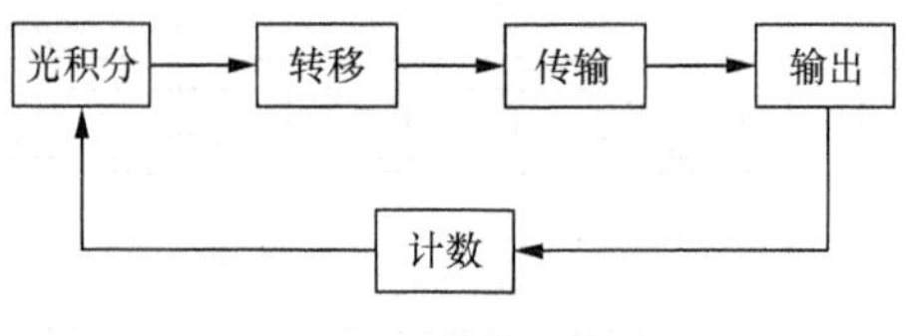

图9.32 器件的工作过程

光积分：当入射光照射在光敏单元阵列上时，光栅施加高电压，光敏单元聚集光电荷，进行光积分，光电荷和光照强度与光积分的时间成正比。

转移：转移是指N个光敏单元中的信息电荷并行转移到对应的那位CCD中。在光积分结束时，转移栅上的电压提高（平时低电压）。然后，降低光栅电压，各光敏元件中所积累的光电荷并行地转移到移位寄存器中。当转移完毕，转移栅电压降低，光栅的电压恢复原来的高电压状态，准备下一次光积分周期。

传输：传输是指信息电荷依次沿着CCD串行传输。在电荷耦合移位寄存器上，加上时钟脉冲，将存储的信息电荷从CCD中转移，由输出端输出。每驱动一个周期，各信息电荷向输出端方向转移传输一位，这个过程重复进行，就可读出电荷图形。

计数：计数器用来记录驱动周期数。由于每一个驱动周期读出一个信息电荷，只要驱动N位周期，就完成了全部信息电荷的传输和读出。然后，计数器重新从0开始计数，开始新一行信号的转移和传输。

输出：输出电路的功能是将CCD中的信息电荷转换为信号电流或电压输出。

2．面阵图像传感器

面阵CCD图像器件的感光单元呈二维矩阵排列，目前面阵CCD图像器件的分辨单元越来越多，可达1亿个像元以上。面阵型CCD的优点是可以获取二维图像信息，测量图像直观，应用较广；缺点是像元总数多，而每行的像元数一般较线阵少。按传输和读出方式的不同，面阵CCD图像器件可分为行传输、帧传输和行间传输3种，如图9.33所示。

（1）行传输

行传输如图9.33（a）所示，由行选址电路、感光区、输出寄存器（即CCD）组成。当感光区光积分结束后，由行选址电路逐行地将信息电荷通过输出寄存器转移到输出端。这种结构在信息电荷传输转移过程中，光积分还在进行，会产生“拖影”，易引起图像模糊。

（2）帧传输

帧传输如图9.33（b）所示，由感光区、暂存区、输出寄存器（即CCD）组成，其中信息存储区不透光。当感光区光积分结束后，感光区所积累的信息电荷迅速下移到暂存区，然后再从暂存区逐行地将信息电荷通过输出寄存器转移到输出端。这种结构对“拖影”问题比行传输有所改善，但“拖影”问题依旧存在。

（3）行间传输

行间传输如图9.33（c）所示，感光区、暂存区相隔排列，即一列感光单元、一列不透光的存储单元交替排列。在感光区的光积分结束后，信息电荷进入暂存区，然后再进行下一帧图像的光积分，同时将暂存区中的信息电荷逐列通过输出寄存器转移到输出端。这种结构的器件操作简单，图像清晰；但单元设计复杂，感光单元面积减小。

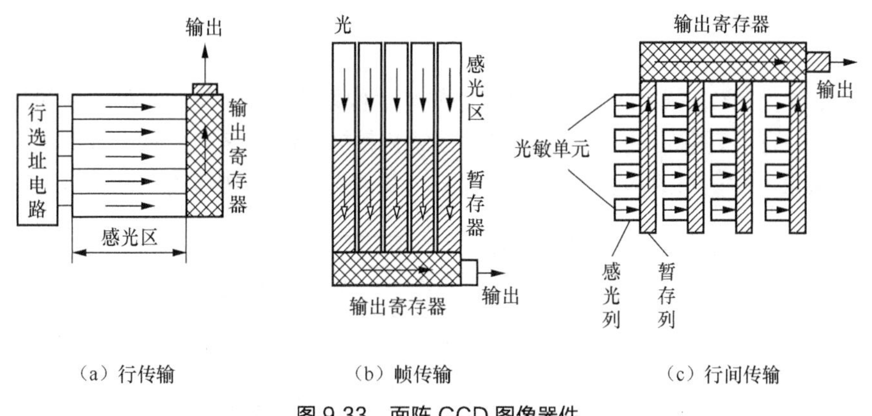

（a）行传输　（b）帧传输　（c）行间传输

图 9.33　面阵 CCD 图像器件

3．CCD 图像传感器的特性参数

（1）转移效率

转移效率是表征 CCD 性能好坏的重要参数。转移效率定义为一次转移后，到达下一个势阱中的信息电荷与原来势阱中的信息电荷之比。由于信息电荷要转移成千上万次，因此要求转移效率达到 99.99%以上。

（2）分辨率

分辨率是指 CCD 对物像中明暗细节的分辨能力，是图像传感器的重要特性，主要取决于感光单元之间的距离。

（3）动态范围

动态范围的上限取决于光敏单元满势阱的信息电荷容量；下限取决于 CCD 器件能分辨的最小信号，即等效噪音。等效噪音是指 CCD 在无光信号时的总噪音。

（4）暗电流

在既无光注入又无电注入的情况下，CCD 图像器件的输出信号称为暗电流。暗电流起因于半导体的热激发，热激发产生电子-空穴对。

（5）噪音

CCD 噪音的来源有转移噪音、散粒噪音和热噪音等。转移噪音主要来源于转移损失；散粒噪音是 CCD 器件固有的，主要是由于光子流的随机性；热噪音主要是信息电荷注入和检出时产生的。

9.4.3　CCD 图像传感器的应用实例

1．CCD 图像传感器的应用领域

（1）检测仪器：物体尺寸、位置、轮廓、表面缺陷等的非接触在线检测。

（2）图像识别：光学文字识别、标记识别、图形识别、传真、摄像等。

（3）自动化：自动生产机、自动搬运机、自动售货机、自动监视装置等。

（4）导航：无人驾驶汽车、无人驾驶飞机、探测机器人等。

2．典型应用实例

（1）物体尺寸检测

图 9.34 为线阵 CCD 图像传感器物体尺寸检测系统，测量精度可达 0.003mm。物体成像在图像传感器上，图像尺寸与被测尺寸成正比。根据几何光学原理，被测物体的直径尺寸为

$$D = \frac{np}{M} \tag{9.9}$$

式（9.9）中，n 为物体在 CCD 上的影像覆盖的光敏像素数，p 为像素间距，M 为光学系统的放大率。图像处理会对输出的视频信号进行存储和数据处理，整个过程由微机控制完成，最后显示输出结果。微机可对多次测量求平均值，精确得到被测物体的尺寸。

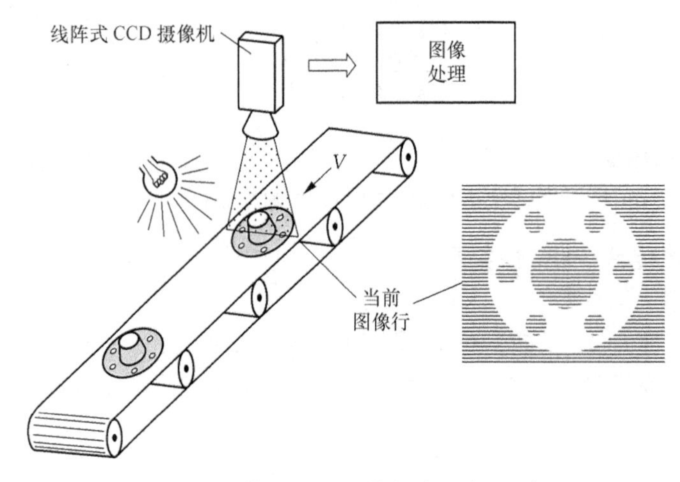

图 9.34　线型 CCD 图像传感器测量尺寸

（2）物体位移测量

图 9.35 为 CCD 图像传感器物体位移测量系统。采用三角法原理进行测量：激光二极管发出的光束经聚焦透镜垂直投射到物体表面上，形成一个光点；光点在物体表面发生散射，一部分散射光经过成像透镜，成像于 CCD 上；如果被测物体发生位移，将导致物体表面上的光点发生位移；继而使 CCD 上的像点也发生位移；通过后续电路和计算公式，就可以求出物体的位移。

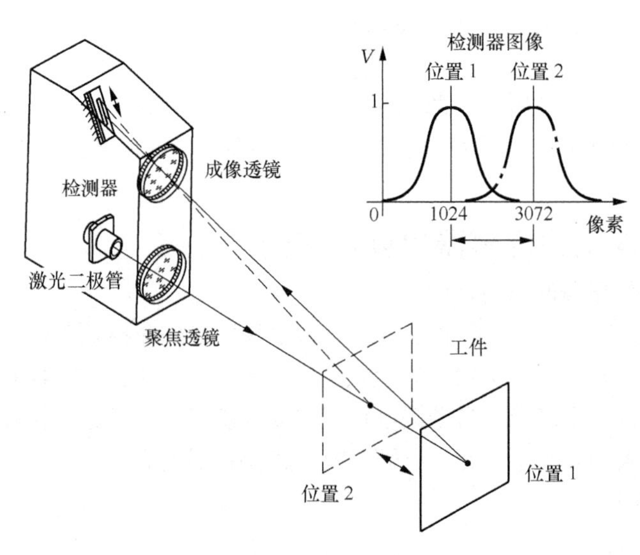

图 9.35　应用 CCD 图像传感器测量物体的位移

（3）物体轮廓测量

图 9.36 所示的 CCD 图像传感器物体轮廓测量系统，同样是采用三角法原理进行测量的。

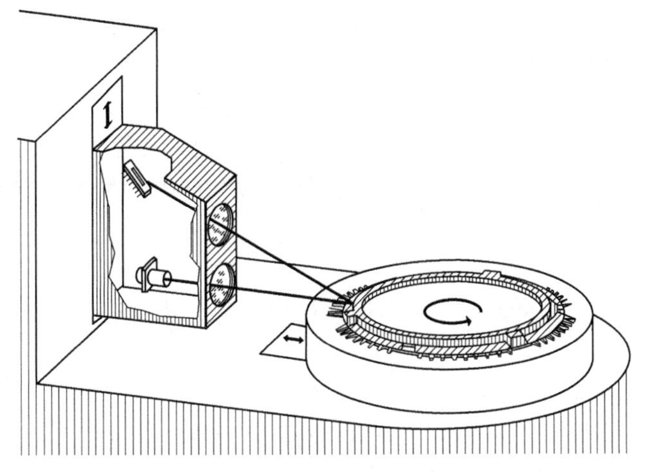

图 9.36 应用 CCD 图像传感器测量物体的轮廓

9.5 光纤传感器

光导纤维简称为光纤，是 20 世纪 70 年代发明的。光纤的最初研究是为了通信，光纤传感技术是伴随着光通信技术的发展而逐步形成的。在光通信系统中，光纤被用作远距离传输光信号的媒质，在这类应用中，光纤传输的光信号受外界干扰越小越好。但是，在实际的光传输过程中，光纤易受外界环境因素影响，引起光纤中光波参量，如光强、相位、频率、偏振、波长（颜色）等的变化。因此，人们发现如果能测出光波参量的变化，就可以知道导致光波参量变化的各种物理量的大小，于是产生了光纤传感技术。

光纤传感器是利用光在光纤中传播特性的变化来测量“被测量”，即用被测量的变化调制光纤中的光波，使光纤中的光波参量随被测量而变化，从而得到被测的信号。光纤传感器能用于温度、压力、应变、位移、速度、加速度、磁、电、声、流量、浓度和 PH 值等 70 多种物理量的测量，有广阔的应用潜力和发展前景。

9.5.1 光纤的结构、传光原理和分类

1．光纤的结构

光纤是工作在光波波段的一种圆柱形结构，虽然比头发丝还细，却具有把光封闭在其中并沿轴向传播的特性。光纤由纤芯、包层、涂覆层和护套构成，如图 9.37 所示。其中，纤芯和包层是光纤的核心部分，二者共同决定光纤的导光能力，并实现光信号的传输，所以又将二者构成的光纤称为裸光纤。

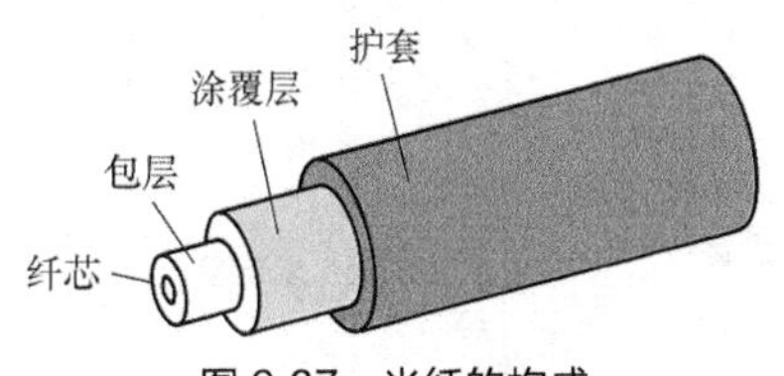

图 9.37 光纤的构成

（1）纤芯

纤芯位于光纤的中心，通常由高纯度的 SiO_2 和极微量的掺杂（如 GeO_2）构成，掺杂的目的是提高纤芯的折射率（记为 n_1）。纤芯的直径主要为 5 ~ 100μm，其中单模光纤的纤芯直径主要为 5 ~ 10μm；多模光纤的纤芯直径主要为 50 ~ 100μm。由于纤芯的主要成分 SiO_2 是一种脆性易碎材料，因此纤芯的抗弯曲性能差、韧性差。

（2）包层

围绕着纤芯的圆形外层是包层，包层通常由高纯度的 SiO_2 和极微量的掺杂（如 B_2O_3）构

成，掺杂的目的是降低包层的折射率（记为 n_2）。这样，纤芯的折射率 n_1 略大于包层的折射率 n_2。包层的直径主要为 125～140μm。与纤芯一样，包层的抗弯曲性能差、韧性差。

（3）涂覆层

裸光纤极易产生磨损，导致光纤表面损伤而影响光纤的传输性能。为防止这种损伤，在裸光纤表面涂一层涂覆层。涂覆层是一层高分子涂层（如硅胶），主要对裸光纤提供机械保护，并提高光纤的微弯性能。

（4）护套

光纤最外层是不同颜色的护套，一方面起保护作用，另一方面用颜色区分各种光纤。光纤的护套多为尼龙材料。

2．光纤的传光原理

光能封闭在光纤中传播，是利用了光传输的全反射原理。根据几何光学的理论，当光由光密媒质向光疏媒质传播时，如果入射角大于临界角 θ_C，就会发生全反射现象，如图 9.38（a）所示。临界角 θ_C 为

$$\sin\theta_C = \frac{n_2}{n_1} \tag{9.10}$$

式（9.10）中，n_1 为光密媒质的折射率，n_2 为光疏媒质的折射率。

根据光传输的全反射原理，只要光纤纤芯的折射率 n_1 大于光纤包层的折射率 n_2，当光以大于 θ_C 的入射角入射到纤芯与包层的分界面上时，光发生全反射，光就被封闭在光纤中传播。实际应用如图 9.38（b）所示，光线 A 从空气中以入射角 θ_0 入射到光纤的一个端面上，光线 A 在光纤的纤芯中以折射角 θ_1 折射为光线 B，然后光线 B 以入射角 ϕ_1（$\phi_1 = 90^0 - \theta_1$）入射到纤芯与包层的分界面上，如果 $\phi_1 \geqslant \theta_C$，光线 B 就产生全反射的光线 C。

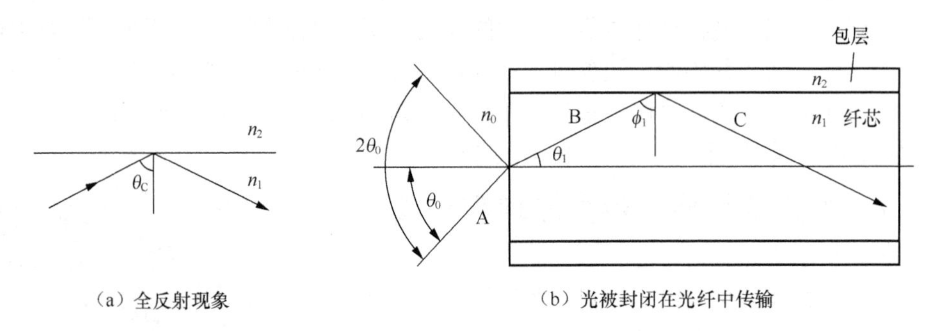

（a）全反射现象　　（b）光被封闭在光纤中传输

图 9.38　光传播特性

根据斯涅尔定律，有

$$n_0 \sin\theta_0 = n_1 \sin\theta_1 = n_1 \cos\phi_1 \tag{9.11}$$

式（9.11）中，空气的折射率 $n_0 \approx 1$。这时若满足

$$\sin\phi_1 \geqslant \frac{n_2}{n_1} \tag{9.12}$$

入射光在纤芯与包层的分界面上产生全反射。而 $\sin\phi_1 = \sqrt{1-\cos^2\phi_1}$，所以

$$\cos\phi_1 \leqslant \sqrt{1-\left(\frac{n_2}{n_1}\right)^2} \tag{9.13}$$

将式（9.13）代入式（9.11），得到能产生全反射的入射角 θ_0 为

$$\sin\theta_0 \leqslant \frac{1}{n_0}\sqrt{n_1^2 - n_2^2} \tag{9.14}$$

凡是入射角 θ_0 满足式（9.14）时，光线进入光纤的纤芯后，不能在包层中漏光，即只有 $2\theta_0$ 张角以内的光，才能在光纤中以全反射的方式传播。

由式（9.14）可得，定义光纤的数值孔径 NA 为

$$NA = \frac{1}{n_0}\sqrt{n_1^2 - n_2^2} \tag{9.15}$$

数值孔径 NA 是光纤的一个基本参数，能反映纤芯接收光量的多少，其含义是：无论光源发射功率有多大，只有入射光处于 $2\theta_0$ 光锥内，光纤才能导光。NA 越大，$2\theta_0$ 越大，越有利于耦合效率的提高；但 NA 过大会造成光信号畸变，所以要适当选择 NA 的数值。光纤产品通常不给出折射率，只给出数值孔径 NA。传感器所用的光纤，一般要求 $0.2 \leqslant NA \leqslant 0.4$。

例 9.3 光纤的 $n_1 = 1.47$，$n_2 = 1.45$。计算：（1）数值孔径 NA；（2）最大入射角 θ_0。

解：（1）由式（9.15）可得，数值孔径为

$$NA = \frac{1}{n_0}\sqrt{n_1^2 - n_2^2} = 0.2417$$

（2）数值孔径与最大入射角 θ_0 的关系为

$$NA = \sin\theta_0$$

所以，最大入射角 θ_0 为

$$\theta_0 = \arcsin 0.2417 = 13.99°$$

3．光纤的分类

（1）按纤芯和包层的材料分类

按纤芯和包层的材料分类，光纤可分为石英光纤和塑料光纤。石英光纤的纤芯和包层均为石英玻璃，只是掺杂成分和掺杂浓度略有不同。塑料光纤的纤芯和包层均为塑料。塑料光纤与石英光纤相比具有成本低、柔软性好、加工方便等优点，但损耗比石英光纤大。

（2）按纤芯中折射率的分布不同分类

按纤芯中折射率的分布不同，光纤可分为阶跃光纤和梯度光纤。阶跃光纤的纤芯的折射率是均匀的，只在纤芯与包层的分界面处折射率有突变。梯度光纤的纤芯的折射率是不均匀的，由中心向外由大到小渐变，在分界面处与包层的折射率相同。

（3）按传输模式分类

按光在光纤中的传输模式分类，光纤可分为单模光纤和多模光纤。当光纤中只传输一种模式（一种模式即光纤中的电磁场只有一个函数解）时，叫做单模光纤。单模光纤的纤芯直径较小，仅几微米，接近于光纤中光的波长。单模光纤的优点是没有模式色散，信号畸变小、信息容量大、线性好、灵敏度高；缺点是纤芯较小，制造、连接、耦合较困难。当光纤中传输的模式不止一个时，叫做多模光纤。多模光纤的纤芯直径较大，远远大于光纤中光的波长，能传输几百到几千种模式。多模光纤的优点是纤芯面积较大，制造、连接、耦合容易；缺点是有模式色散，传输速率低，传输距离短，信息容量小。

9.5.2 光纤传感器的结构、特点和分类

1．光纤传感器的结构

传统的传感器以电为基础，是一种把测量的状态转变为可测的电信号的装置，如图 9.39（a）所示。电源、敏感元件、信号接收和信号处理均用金属导线连接，处理的是电信号。

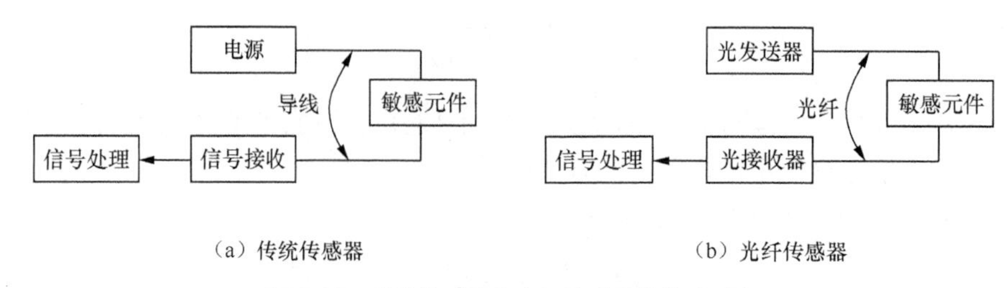

（a）传统传感器　　（b）光纤传感器

图 9.39　传统传感器和光纤传感器的构成对比

光纤传感器以光为基础，是一种把测量的状态转变为可测的光信号的装置，如图 9.39（b）所示。光发送器发出的光，经光纤引导至敏感元件，这时光的某一性质受到被测量的调制；已调光经过光纤，耦合到光接收器，使光信号转换为电信号；最后电信号经过信号处理，得到所期望的被测量。

（1）光发送器

光发送器即为光源。一般要求光源的体积尽量小，以利于它与光纤耦合。光源发出的光波长应合适，以减少光在光纤中的传输损耗。光源要有足够亮度，以便提高传感器的输出信号。另外，还要求光源稳定性好、噪音小、安装方便和寿命长等。

光纤传感器使用的光源种类很多，按照光的相干性可分为非相干光源和相干光源。非相干光源有白炽光、发光二极管；相干光源包括各种激光器，如氦氖激光器、半导体激光二极管等。

（2）光接收器

光接收器也称为光探测器，是一种光敏元件，作用是把光信号转换成电信号，以便进一步处理。常用的光接收器有光敏二极管、光敏三极管、光电倍增管等。

2．光纤传感器的特点

与传统的传感器相比，光纤传感器有如下特点。

（1）环境适应性好。光纤传感器是利用光纤传输信息，由于光纤是电绝缘、耐腐蚀的传输媒质，因此光纤传感器具有抗电磁干扰和抗辐射的物理性能，具有绝缘和无感应的电气性能，具有耐水、耐高温和耐腐蚀的化学性能。这些性能使光纤传感器安全可靠，可以用于各种大型机电、石油化工、矿井等强电磁干扰和易燃易爆等恶劣环境中；还能使光纤传感器能够在人无法到达的区域工作，起到人的耳目的作用。

（2）灵敏度高。光纤传感器的灵敏度优于一般的传感器。例如，用于测量水声、加速度、辐射、磁场等物理量的光纤传感器，测量各种气体浓度的光纤化学传感器，以及测量各种生物量的光纤生物传感器等，都具有较高的灵敏度。

（3）重量轻，体积小，可弯曲。光纤除具有直径小、重量轻、体积小的特点外，还有质软、可挠的优点，因此可以利用光纤制成不同外形、不同尺寸的各种传感器，这有利于航空、航天以及狭窄空间的应用。

（4）测量对象广泛。光纤传感器是最近几年出现的新技术，可以用来测量多种物理量，还可以完成现有测量技术难以完成的测量任务。目前已有多种性能不同的测量各种物理量、化学量的光纤传感器在实际使用。

（5）便于复用，便于成网。有利于与现有光通信技术组成遥测网和光纤传感网络。

（6）结构简单，成本低。有些种类光纤传感器的成本大大低于现有的同类传感器。

3．光纤传感器的分类

光纤传感器一般分为两大类：一类是功能型（Functional Fiber）传感器，记为FF型传感器；另一类是非功能型（Non Functional Fiber）传感器，又称为传光型传感器，记为NF型传感器。

功能型光纤传感器利用对外界信息具有敏感能力和检测能力的光纤作为传感元件，将“传”和“感”合为一体，即功能型光纤传感器不仅起到传光的作用，同时也是敏感元件，利用光纤在外界因素（弯曲、相变）作用下光学特性（光强、相位、频率、偏振等）的变化，实现“传”和“感”的功能。因此，传感器中的光纤是连续的，被测量对光纤内传输的光进行调制，使传输的光的强度、相位、频率或偏振等特性发生变化，再通过对被调制过的信号进行解调，从而得出被测信号。

传光型光纤传感器是利用其他敏感元件感受被测量的变化，与其他敏感元件组合而形成的传感器，光纤只作为光的传输介质。在传光型光纤传感器中，光纤仅起导光作用，只“传”不“感”，光纤不连续，对外界信息的“感觉”功能依靠其他敏感元件完成。传光型光纤传感器的优点是无需特殊光纤及其他特殊技术，比较容易实现，成本低；缺点是灵敏度较低，测量精度一般低于功能型光纤传感器，用于对灵敏度要求不太高的场合。

光纤传感器的分类及工作原理见表9.1。从表中可以看出光纤传感器可用于电流、磁场、电压、电场、温度、压力、振动、位移、角速度、应变、弯曲、速度、流速、加速度、光谱、放射线、图像等的测量。光纤传感器中光波的调制方式，有偏振调制、强度调制、频率调制、相位调制、波长（颜色）调制等。因为光纤既是光电材料，又是磁光材料，所以可以利用法拉第磁光效应（即磁旋效应）和Pockels效应等，制成测量强电流、高电压等的传感器；因为表征光波特性的参量，如振幅（光强）、相位和偏振等会随着光纤的环境（如应变、压力、温度、电场、射线等）而改变，所以可以利用光纤的传输特性把输入量变为调制的光信号，利用这些特性便可实现传感测量。

表9.1　光纤传感器的分类及工作原理

被测物理量	测量类型	光的调制	物理效应	主要性能参数
电流 磁场	FF	偏振	法拉第磁光效应	电流为50～1 200A（精度为0.24%） 磁场强度为0.8～4800A/m（精度为2%）
		相位	磁致伸缩效应	最小检测磁场强度为8×10^{-5} A/m(1～10kHz)
	NF	偏振	法拉第磁光效应	磁场强度为0.08～160A/m（精度0.5%）
电压 电场	FF	偏振	Pockels效应	——
		相位	电致伸缩效应	——
	NF	偏振	Pockels效应	电压为1～1000V 电场强度为0.1～1kV/cm（精度1%）
温度	FF	相位	干涉现象	温度变化量为17条/（℃·m）
		光强	红外线透过	温度为250℃～1200℃（精度1%）

续表

被测物理量	测量类型	光的调制	物理效应	主要性能参数
温度	FF	偏振	双折射变化	温度为 30℃～1200℃
		开口数	折射率变化	——
	NF	断路	双金属片弯曲	温度为 10℃～50℃（精度 0.5℃）
		断路	磁性变化	开（57℃）～关（53℃）
			水银的上升	温度为 40℃时精度为 0.5℃
		透射率	禁带宽度变化	温度为 0～80℃
			透射率变化	开（63℃）～关（52℃）
		光强	荧光辐射	温度为−50℃～300℃（精度 0.1℃）
速度	FF	相位	Sagnac 效应	角速度为 3×10^{-3} rad/s 以上
		频率	多普勒效应	流速为 $10^{-4}\sim10^{3}$ m/s
	NF	断路	风标的旋转	风速为 60m/s
振动 压力 音响	FF	频率	多普勒效应	最小振幅为 0.4μm（120Hz）
		相位	干涉现象	压力为 154kPa•m/条
		光强	微小弯曲损失	压力为 0.9×10^{-2}Pa 以上
	NF	光强	散射损失	压力为 0～40kPa
		断路	双波长透射率变化	振幅为 0.05～500μm（精度 1%）
		光强	反射角变化	血压测量误差为 2.6×10^{3}Pa
射线	FF	光强	生成着色中心	辐射量为 0.01～1Mrad
图像	FF	光强	光纤束成像	长数米
			多波长传输	长数米
			非线性光学	长数米
			光的聚焦	长数米

9.5.3　光纤传感器的调制方式

光的调制和解调技术在光纤传感器中十分重要。光纤传感器的种类很多，工作原理也各不相同，但都离不开光的调制和解调 2 个环节。光调制就是把某一被测信息加载到传输的光波上。这种承载了被测量信息的调制光，再经过光纤送入光探测器，经解调器解调后，便可获得所需检测的信息。从原则上说，只要能找到一种途径，把被测信息调制到光波上并能解调出来，就可以构成一种光纤传感器。

光是一种电磁波，它的物理作用是通过电场强度 $\boldsymbol{E}$ 和磁场强度 $\boldsymbol{H}$ 体现出来的。其中，正弦电磁场的电场强度 $\boldsymbol{E}$ 为

$$\boldsymbol{E} = \boldsymbol{E}_m \sin(\omega t + \varphi) \tag{9.16}$$

式（9.16）中，E_m 为振幅矢量，它既体现出 $\boldsymbol{E}$ 的方向（即偏振），也体现出 $\boldsymbol{E}$ 的大小（即强度）；ω 为角频率，$\omega = 2\pi f$，f 为频率；φ 为相位；波长 $\lambda = v/f$，v 为光在光纤中的传播速

度。可以看出，式（9.16）中电场强度 $\boldsymbol{E}$ 的偏振、强度、频率、相位、波长可以随被测量的变化而变化（或者说调制），因此，光的调制有偏振调制、强度调制、频率调制、相位调制、波长调制。

1．偏振调制

偏振调制光纤传感器是一种利用光偏振的变化传递被测对象信息的传感器。这类传感器有：利用光在磁场中的媒质内传播的法拉第磁光效应做成的电流、磁场传感器；利用光在电场中的压电晶体内传播的 Pockels 效应做成的电场、电压传感器；利用物质的光弹效应构成的压力、振动或声传感器；利用光纤的双折射特性构成的温度、压力、振动等传感器。这类传感器可以避免光源强度变化的影响，因此灵敏度高。

2．强度调制

强度调制光纤传感器是一种利用被测对象的变化，引起光纤中传输光的光强变化，通过检测光强度的变化，实现敏感测量的传感器。强度调制方法大致分为反射式强度调制、透射式强度调制、光模式强度调制、折射率和吸收系数强度调制、遮断式强度调制等。这类传感器有：利用光纤的微弯损耗；各物质的吸收特性；振动膜或液晶的反射光强度的变化；物质因各种粒子射线或化学、机械的激励而发光的现象；物质的荧光辐射或光路的遮断等来构成压力、振动、温度、位移、气体等各种强度调制光纤传感器。这类传感器的优点是结构简单、容易实现，成本低；缺点是受光源强度波动和连接器损耗变化等影响较大。

3．频率调制

频率调制光纤传感器是一种利用被测对象引起光频率变化进行检测的传感器。这类传感器有：利用运动物体反射光和散射光的多普勒效应做成的速度、流速、振动、压力、加速度传感器；利用物质受强光照射时的喇曼散射做成的气体浓度、大气污染监测传感器；利用光致发光的温度传感器等。

4．相位调制

相位调制光纤传感器的基本原理是：利用被测对象对敏感元件的作用，使敏感元件的折射率或传播常数发生变化，从而导致光的相位变化；再使两束单色光所产生的干涉条纹发生变化；通过检测干涉条纹的变化量确定光的相位变化量，从而得到被测对象的信息。这类传感器有：利用光弹效应做成的声、压力或振动传感器；利用磁致伸缩效应做成的电流、磁场传感器；利用电致伸缩做成的电场、电压传感器；利用光纤 Sagnac 效应做成的旋转角速度传感器（光纤陀螺）等。这类传感器的灵敏度很高，但由于必须用特殊光纤及高精度检测系统，因此成本高。

5．波长调制

波长调制光纤传感器是一种利用单色光射到被测物体上，反射回来的光的波长发生变化进行监测的传感器。这类传感器有液体浓度的化学分析、磷光和荧光现象分析、黑体辐射分析、法布里-珀罗光学滤波器等。例如，利用热色物质的颜色变化进行波长调制，可测量温度及其他物理量。

9.5.4 光纤传感器的应用实例

1．光纤电流传感器

光纤电流传感器如图 9.40 所示。这是功能型传感器，采用偏振调制技术。光纤电流传感器利用的是法拉第磁光效应。法拉第磁光效应是指在被测电流产生的磁场作用下，光学介质中沿磁场方向传播的线偏振光的偏振方向将发生旋转，旋转角正比于磁场沿着偏振光通过介质路径的线积分。在图 9.40 中，光源发出的激光束通过送光光纤传到起偏镜，经起偏镜产生线偏振光；传感光纤围绕导体中的电流形成圆形回路，由于法拉第磁光效应，传感光纤中的线偏振光的偏振方向发生旋转；发生旋转的线偏振光由传感光纤输出，进入检偏镜后，分成两束偏振态互相垂直的线偏光；两束线偏光通过受光元件，进入信号处理回路，通过检测两束光的强度，可以得到线偏振光的旋转角度，进而得到导体中的电流值。

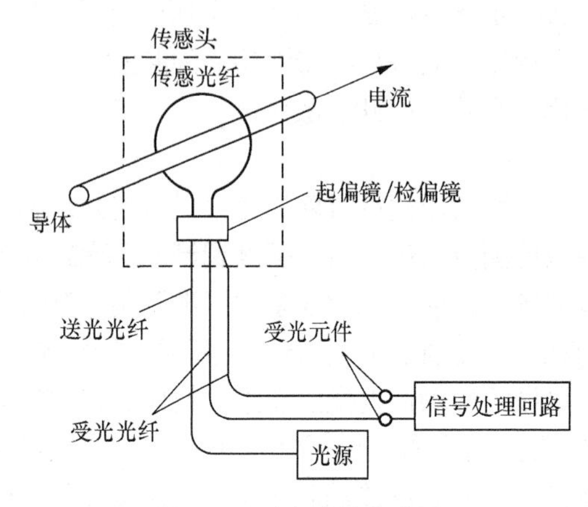

图 9.40　光纤电流传感器

2．光纤液位传感器

（1）球面光纤液位传感器

球面光纤液位传感器如图 9.41 所示。这是功能型传感器，采用强度调制技术。将光纤烧软对折后，端部形成球状。光源的光（LED）由光纤的一端导入。在球状对折端，一部分光透射出去，另一部分光反射回来，由光纤的另一端导向光电二极管（PD）进行探测。反射光强度的大小取决于被测液体的折射率，被测液体的折射率与光纤折射率越接近，反射光强度越小。显然，传感器处于空气中比处于液体中时的反射光强要大，因此，该传感器可用于液位报警。若以探头在空气中的反光强度为基准，当探头接触水时反射光强变化–6dB ~ –7dB，当探头接触油时反射光强变化–25dB ~ –30dB。

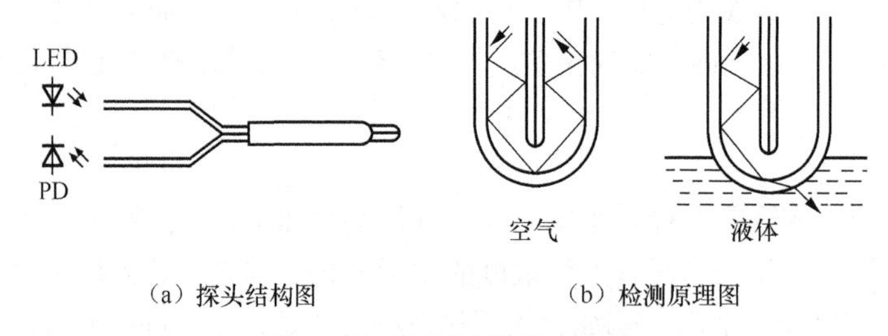

（a）探头结构图　　（b）检测原理图

图 9.41　球面光纤液位传感器

（2）单光纤液位传感器

单光纤液位传感器如图 9.42（a）所示。这是传光型传感器，采用强度调制技术。将单根光纤的端部抛光成 45°的圆锥面，当光纤处于空气中时，入射光大部分能在端部满足全反射条件而返回光纤。当传感器接触液体时，由于液体的折射率比空气大，使一部分光不能满足全反射条件而折射入液体中，返回光纤的光强度减小。利用 X 形耦合器，即可构成具有两个探头的液位报警传感器。若在不同的高度安装多个探头，就能连续监测液位的变化，如图 9.42（b）所示。

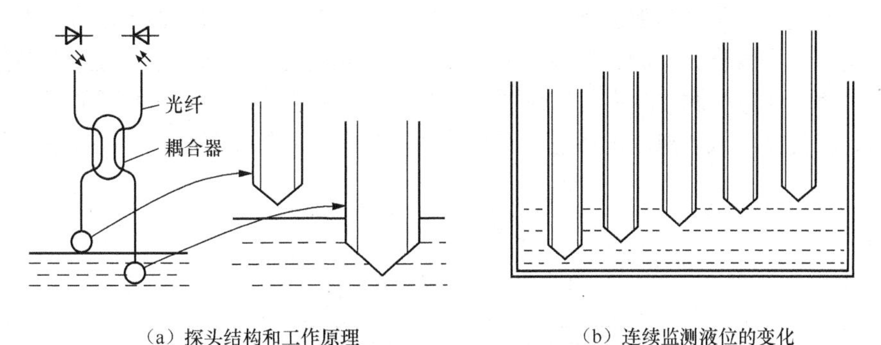

图 9.42 单光纤液位传感器

3．光纤压力传感器

光纤压力传感器如图 9.43 所示。这是功能型传感器，采用强度调制技术。光纤压力传感器利用的是光纤微弯损耗效应：当光纤不弯曲时，光束以大于临界角的角度在纤芯中传播，为内全反射；当光纤弯曲时，在弯曲处光束以小于临界角的角度入射到界面，在纤芯中传输的光有一部分散射到包层中，部分光逸出。光纤弯曲的程度不同，光损耗的程度也不同，可以实现对力、位移和压强等物理量的测量。这种检测原理在 10μm 的动态范围内，可检出相当于 0.1nm 微位移的压力。

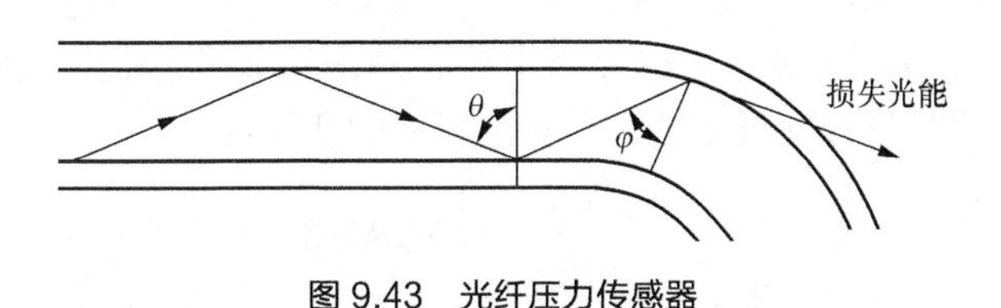

图 9.43 光纤压力传感器

4．光纤位移传感器

光纤位移传感器如图 9.44 所示。这是传光型传感器，采用强度调制技术。在图 9.44 中，光纤位移传感器设计成反射型。光源发出的光进入发送光纤，然后照射到反射物上；反射物上反射的光一部分进入接收光纤。当光纤与反射物的距离 $\delta(x)$ 发生变化时，进入接收光纤的光强度也随之变化，由此可测量位移。

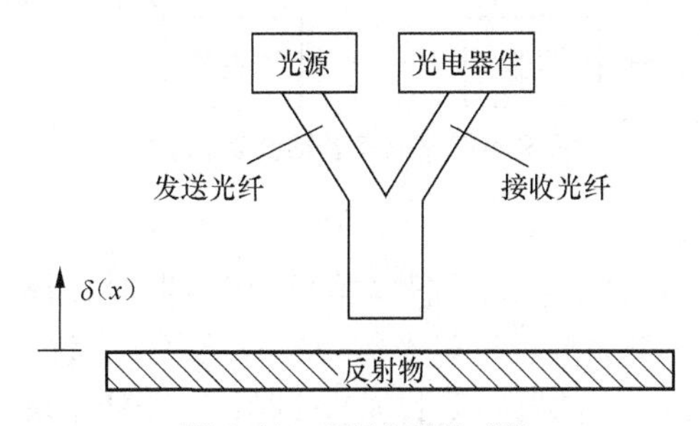

图 9.44 光纤位移传感器

5．光纤温度传感器

光纤温度传感器如图 9.45 所示。这是传光型传感器，采用强度调制技术。半导体的吸收光谱与材料的透过率有关，而透过率却随温度的不同而不同。半导体材料的透过率随温度的上升而减小，即其吸收波长随温度的上升而增大。这个性质反映在半导体的透光性上则表现为：当温度升高时，其透射率曲线将向长波方向移动。若采用发射光谱与半导体的吸收波长相匹配的发光二极管作为光源，则透射光强度将随着温度的升高而减小，通过检测透射光的强度或透射率，即可检测温度变化。在图 9.45 中，光纤中的入射光线经探头顶部的反射膜反射后返回，在光路中放入对温度敏感的半导体薄片吸收光，则出射光强度将随温度的变化而变化。

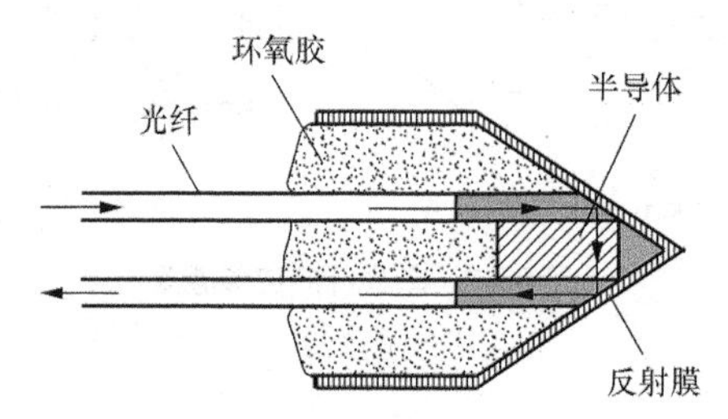

图 9.45　光纤温度传感器

6．光纤多普勒流速传感器

光纤多普勒流速传感器如图 9.46 所示。这是传光型传感器，采用频率调制技术。光源发出的频率为 f_0 的激光经分束器分为两束，其中一束被声光调制器调制成 f_0-f_1 频率，射入探测器，起参考光的作用；另一束频率为 f_0 的光沿光纤投射到被测流体上，当流体以速度 v 运动时，根据多普勒效应，其散射光的频率发生 Δf 的变化，频率成为 $f_0 \pm \Delta f$ ，然后射入探测器。这两束频率分别为 f_0-f_1 和 $f_0 \pm \Delta f$ 的光共同作用在光电探测器上，混频后产生差拍（差频是周期变化的），经频谱分析仪处理，可求出频率的变化 Δf 。

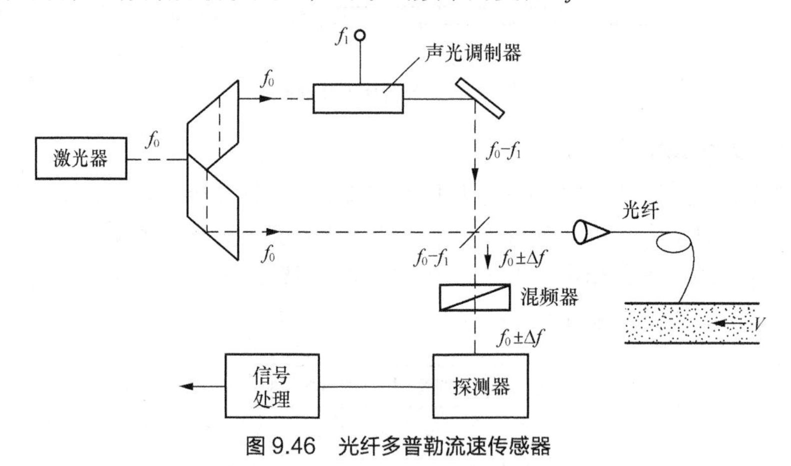

图 9.46　光纤多普勒流速传感器

7．光纤加速度传感器

光纤加速度传感器如图 9.47 所示。这是功能型传感器，采用相位调制技术。激光器发出的激光束通过分光板后分为两束光，透射光作为参考光束，反射光作为测量光束。传感器是一种简谐振子的结构形式，当传感器感受到加速度时，由于质量块 M 对光纤的作用，从而使光纤被拉伸，引起光程差的改变。相位改变的激光束由单模测量光纤射出后，与参考光束会合，产生干涉效应。激光干涉仪的干涉条纹的移动可由光电接收装置转换为电信号，经过处理电路处理后，便可正确地测出加速度。

8．光纤图像传感器

光纤图像传感器如图 9.48 所示，它由数目众多的光纤组成一个图像单元（或像素单元），典型数目为 3000～10000 股，每一股光纤的直径约为 10μm。在光纤的两端，所有光纤都是按同一规律整齐排列的。投影在光纤束一端的图像被分解成许多像素，然后图像作为一组强度与颜色不同的光点在光纤中传送，并在另一端重建原图像。光纤图像传感器可用于工业内窥镜，将探头放入系统内部，用于检查系统的内部结构。

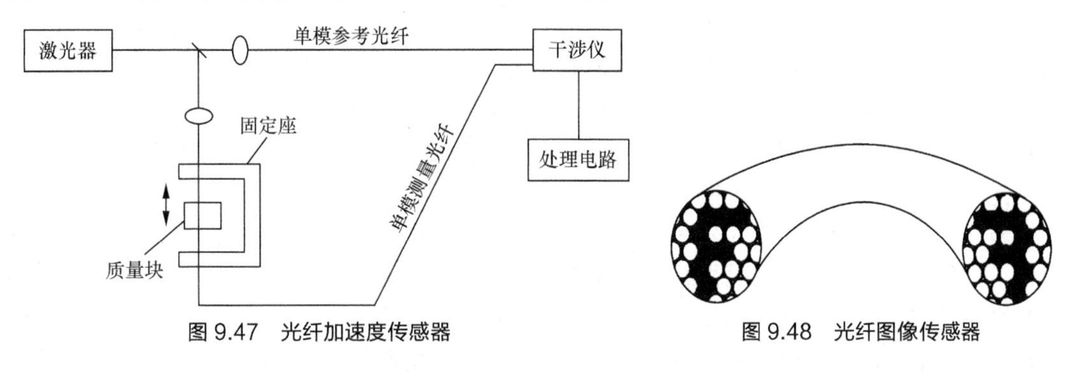

图 9.47　光纤加速度传感器

图 9.48　光纤图像传感器

本章小结

光电式传感器是以光为测量媒介，以光电器件为转换元件的传感器。光电式传感器既可以测量光信号，又可以测量非光信号，在非接触测量领域占据绝对统治地位。光电式传感器一般包括光源、光通路、光电元件和测量电路。光源的波长主要处于紫外线至红外线之间，一般多为可见光和近红外光；光源的种类有热辐射光源、气体放电光源、发光二极管（LED）和激光器。被测量引起光变化的途径有 2 种：一种是被测量直接引起光源的变化；另一种是被测量影响了光通路。光电元件是光电式传感器最主要的部件，负责将光信号转换成电信号。测量电路主要用来对光电元件输出的电信号进行处理。

光电式传感器主要有光电效应传感器、红外传感器、固态图像传感器和光纤传感器，这些传感器发展速度快、应用范围广，具有巨大的应用潜力。

基于光电效应的传感器称为光电效应传感器。光电效应分为外光电效应和内光电效应，光电器件也随之分为外光电器件和内光电器件。在光线作用下，物体内的电子逸出物体表面向外发射的物理现象称为外光电效应，基于外光电效应的光电器件有光电管和光电倍增管。内光电效应分为光电导效应和光生伏特效应。光电导效应是指电子吸收光子能量引起材料电阻率的变化，基于这种效应的器件有光敏电阻。光生伏特效应是指在光线作用下物体产生一定方向电动势的现象，基于这种效应的器件有光敏晶体管和光电池。光电效应传感器按输出量的性质可分为模拟式和开关式。模拟式传感器有被测物发光型（辐射式）、被测物透光型（吸收式）、被测物反光型（反射式）和被测物遮光型（遮光式）。开关式光电传感器可用于自动计数、光电转速表、光控开关等。

红外传感器是利用红外线的物理性质进行测量的传感器。黑体热辐射的基本规律是红外研究及应用的基础，红外辐射的规律主要包括基尔霍夫定律、斯蒂芬-玻耳兹曼定律、维恩位移定律。红外探测器是将入射的红外辐射信号转换成电信号的器件，按照探测机理可分成为热探测器和光子探测器。热探测器基于热效应，其中热释电探测器的探测效率最高，频率响应最宽，应用范围最广；光子探测器基于光电效应，是红外波段的光电效应传感器。红外探测器按照功能可分成辐射计、搜索跟踪系统、热成像系统、红外测距通信系统和混合系统。

固态图像传感器根据元件的不同，可分为 CCD 和 CMOS 两大类，本书主要介绍 CCD 图像传感器。CCD（电荷耦合器件）是一种半导体器件，其基本单元是 MOS 电容器，每个 MOS 电容器都具有光电转换和信息存储功能。按一定规律排列的 MOS 电容器的阵列构成 CCD 器件，CCD 器件能将阵列中 MOS 电容器的电荷（即信息电荷）按顺序依次传送到它处，实现图像的传递。CCD 图像传感器有线阵图像传感器和面阵图像传感器两大类，能将光学影像转变成数字信号，实现图像的获取、存储、传输、处理和复现。CCD 图像传感器可用于图像传感、信息存储、工业检测、自动控制和人工智能中。

光纤的最初研究是为了通信，光纤传感技术是伴随着光通信技术的发展而逐步形成的。光纤由纤芯、包层、涂覆层和护套构成，比头发丝还细，它利用了光传输的全反射原理，具有把光封闭在其中并沿轴向传播的特性。光纤按纤芯和包层的材料不同，可分为石英光纤和塑料光纤；按纤芯中折射率的分布不同，可分为阶跃光纤和梯度光纤；按光在光纤中的传输模式，可分为单模光纤和多模光纤。光纤传感器以光为基础，是一种把测量的状态转变为可测的光信号的装置。光纤传感器一般分为功能型和传光型两大类，光的调制有偏振调制、强度调制、频率调制、相位调制和波长调制。与传统的传感器相比，光纤传感器有环境适应性好，测量对象广泛，重量轻、体积小、可弯曲，便于复用，便于成网，结构简单、成本低，灵敏度高的优点，能用于温度、压力、应变、位移、速度、加速度、磁、电、声、流量、浓度和 PH 值等 70 多种物理量的测量。

思考题和习题

9.1　什么是光电式传感器？光电式传感器可以测量非光信号吗？

9.2　什么是光源？可见光光源和红外光源的波长分别为多少？热辐射光源、气体放电光源、发光二极管（LED）和激光器的特点是什么？

9.3　（1）什么是光的粒子性？什么是光子？光子的能量取决于什么？写出爱因斯坦光电效应方程；（2）什么是外光电效应？什么是光电子？什么是物体的红限频率？写出红限波长的公式；（3）什么是内光电效应？写出 2 类内光电效应；（4）写出 2 种利用外光电效应制成的光电器件，写出 2 种利用内光电效应制成的光电器件。

9.4　说明光电管的结构、符号和测量电路。说明光电管的伏安特性、光电特性和光谱特性。光电倍增管与光电管有什么区别？

9.5　简述光敏电阻的工作原理。说明什么是光敏电阻的暗电阻、暗电流、亮电阻、亮电流、光电流？如果光源的发光波长在可见光区，光敏电阻应该选用硫化镉、硫化铊、硫化铅中的哪一种材料？

9.6　（1）光敏二极管通常工作于正向偏置还是反向偏置状态？（2）光敏三极管通常有 2 个还是 3 个引出极？（3）光敏二极管和光敏三极管的光谱特性相同吗？哪个更灵敏？哪个的光照特性线性较好？哪个不利于弱光和强光的检测？哪个的响应速度快？

9.7　光电池适宜作为电流源还是电压源？硅光电池和硒光电池哪个适于接收可见光？当光电池作为测量元件时，需要保持温度恒定吗？

9.8　举例说明模拟式光电效应传感器和开关式光电效应传感器的应用实例。

9.9　采用光学分析仪器测量含有一氧化碳（CO）的甲烷（CH_4）气体。已知 CO 的吸收光谱带为 4.65μm 处；CH_4 的吸收光谱带为 3.3μm 及 7.2μm 处。试问：选用检测的半导体材料的禁带宽度是多少。

9.10 什么是黑体？利用基尔霍夫定律说明黑体是辐射本领最大的物体。

9.11 （1）吸收本领大的物体，其发射本领也大吗？（2）热平衡时，物体辐射的能量与吸收的能量之比，只与哪些参量有关？（3）如果物体不能发射某一波长的辐射能，那么能否吸收此波长的辐射能？（4）凡是温度高于绝对零度（–273.15℃）的物体都会自发地向外发射红外热辐射吗？（5）物体向外的总辐射能量与物体的绝对温度有什么关系？

9.12 红外热探测器主要有哪 4 种类型？其中哪一种最常用？

9.13 热探测器（基于热效应）与光子探测器（基于光电效应）相比，有什么特点？

9.14 说明热释电探测器的工作原理及 2 个应用实例。

9.15 分别列举辐射计、搜索跟踪系统、热成像系统、红外测距通信系统的应用实例。

9.16 某物体的温度约为 100℃，计算该物体的辐射峰值波长。

9.17 固态图像传感器根据元件的不同，可分为哪两大类？

9.18 CCD 的基本单元是 MOS（金属-氧化物-半导体）电容器，说明 MOS 电容器的结构和感光原理。

9.19 CCD 的含义是什么？CCD 器件如何实现图像传递？

9.20 说明线阵图像传感器的结构和器件工作过程。说明 3 类面阵图像传感器的传输和读出方式。

9.21 什么是 CCD 图像传感器的转移效率、分辨率、动态范围、暗电流和噪音？

9.22 分别列举物体尺寸检测、物体位移测量、物体轮廓测量的应用实例。

9.23 光纤由哪几部分构成？各部分的尺寸和材料有什么特点？

9.24 光纤按纤芯和包层的材料不同，可分为哪几类？按纤芯中折射率的分布不同，可分为哪几类？按光在光纤中的传输模式不同，可分为哪几类？

9.25 说明光传输的全反射原理，以及光被封闭在光纤中传播的条件。

9.26 （1）光纤纤芯的折射率 n_1 和光纤包层的折射率 n_2 哪个大？（2）当传输同一波长的光时，单模光纤的纤芯直径和多模光纤的纤芯直径哪个大？（3）折射率 n_1 和折射率 n_2 相差越大，入射光锥 $2\theta_0$ 是越大还是越小？（4）折射率 n_1 和折射率 n_2 相差越大，数值孔径 NA 是越大还是越小？

9.27 说明光纤传感器的构成，并对以电为基础的传感器和光纤传感器的构成进行对比。

9.28 与传统的传感器相比，说明光纤传感器的独特优点。

9.29 什么是功能型光纤传感器？什么是传光型光纤传感器？功能型光纤传感器如何将“传”和“感”合为一体？传光型光纤传感器为什么只“传”不“感”？

9.30 什么是光的偏振调制、强度调制、频率调制和相位调制？分别列举应用实例。

9.31 分别列举光纤电流传感器、光纤液位传感器、光纤压力传感器、光纤位移传感器、光纤温度传感器、光纤多普勒流速传感器、光纤加速度传感器和光纤图像传感器的应用实例。

9.32 光纤的 $n_1 = 1.48$，$n_2 = 1.46$。计算：（1）数值孔径 NA；（2）最大入射角 θ_0。

PART 10

第 10 章 化学传感器和生物传感器

化学传感器是将各种物质的化学成分定性或定量检测的传感器。生物传感器是以生物活性单元（如酶、抗体、核酸、细胞等）为生物敏感基元，通过生化效应感测被测量的传感器。随着对客观世界的研究越来越深入，化学传感器和生物传感器在生物医学、环境保护和工农业生产等领域的需求越来越大，但由于化学传感器和生物传感器的转换机理相对复杂，因而远不如物理传感器那样成熟和普及。本书将对化学传感器和生物传感器做简要介绍。

10.1 化学传感器

化学传感器能将各种化学物质特性（如离子浓度、气体成分、空气湿度等）的变化转换为电信号。一般来讲，化学传感器通常由接收器和换能器两部分组成。接收器是具有分子或离子识别功能的化学敏感膜，作用可以概括为吸附、离子交换和选择等，形态主要是薄膜结构。换能器的作用是将敏感膜中的化学量或物理量转换为电信号。由于化学量种类繁多，性质和形态各异，决定了化学传感器的种类很多，转换原理也各不相同。按检测对象不同，化学传感器可分为离子敏传感器、气敏传感器和湿敏传感器等。

10.1.1 离子敏传感器

1．离子敏传感器的概念

离子敏传感器是指具有离子选择性的一类传感器，能检测出溶液中离子的种类或浓度。离子敏传感器主要由敏感膜和换能器组成：敏感膜是接收器，作用是选择待测离子，敏感膜有玻璃膜、液膜和固态膜等；换能器的作用是将待测离子的活度转换为电信号，换能器有电极型、场效应管型、光导纤维型和声表面波型等。

2．离子选择性电极

（1）离子选择性电极的定义

最简单的离子敏传感器是离子选择性电极。离子选择性电极是一类利用膜电势测定溶液中离子的活度或浓度的电化学传感器，当它和含有待测离子的溶液接触时，在它的敏感膜和溶液的界面上产生与该离子活度有关的膜电势。

活度：溶液中，浓度不一定是溶液性质的真实反映。离子相互作用等原因使溶液表示出来的实际浓度称为活度（即有效浓度）。

（2）离子选择性电极的结构

离子选择性电极的结构如图 10.1 所示，电极的敏感膜（电极膜）固定在电极管的顶端，管内装有内充溶液，其中插入内参比电极（通常为 Ag-AgCl 电极），电极膜对特定的离子具有选择性响应，由待测离子含量可以确定电极膜的电位。这类电极由于具有选择性好、平衡时间短的特点，是电位分析法用得最多的指示电极。

参比电极：是指在温度、压力一定的条件下，当待测液的组成改变时，其电极电位保持一定的电极。

内充溶液：内充溶液含有与参比电极呈可逆平衡的离子，作用是保持膜内表面和内参比电极电势的稳定。

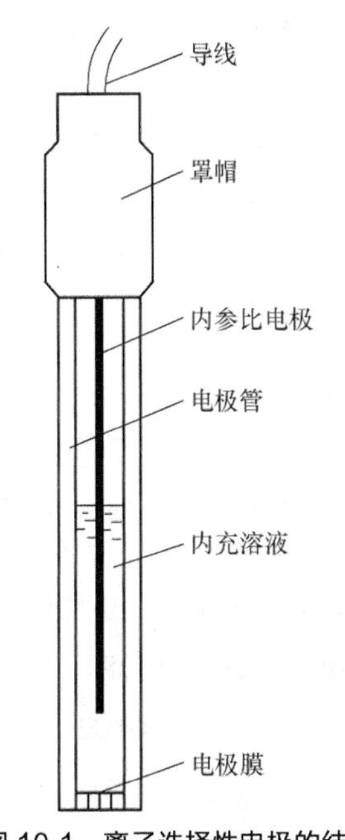

图 10.1　离子选择性电极的结构

（3）离子选择性电极的用途

离子选择性电极是一种简单、迅速、能用于有色和混浊溶液的非破坏性分析工具，可以分辨不同离子的存在形式，能测量少到几微升的样品，十分适用于野外分析和现场自动连续监测。离子选择性电极的分析对象十分广泛，已用于环境监测、水质分析、土壤分析、临床化验、海洋考察、工业流程控制、地质、冶金、农业、食品和药物分析等领域。

10.1.2　气敏传感器

气敏传感器是一种检测特定气体成分或浓度，并将其转换成电信号的传感器。气敏传感器涉及化学物质的检测原理，以及敏感材料和被检测气体的相互作用。

1．气敏传感器的分类

气敏传感器的种类很多，分类标准多样。根据传感器的气敏材料与被测气体作用机理的不同，气敏传感器主要分为半导体式、固体电解质式、电化学式和接触燃烧式等。

（1）半导体气敏传感器

半导体气敏传感器是利用半导体气敏元件同被测气体接触，使半导体性质发生变化的原理测量气体的成分或者浓度的传感器。金属氧化物半导体的气敏特性机理是比较复杂的，但现象比较清晰，就是当元件表面吸附气体时，它的电导率将发生变化。例如，气体接触到加热的金属氧化物（SnO_2、Fe_2O_3、ZnO 等）时，电阻值会增大或减小。

在气敏传感器中，最常用的是半导体气敏传感器，本书只讨论这种传感器。半导体气敏传感器具有灵敏度高、响应快、稳定性好、使用简单等特点。

（2）固体电解质气敏传感器

固体电解质气敏传感器利用被测气体在敏感电极上发生化学反应，所生成的离子通过固体电解质传递到电极，使电极间产生的电位随气体分压而变化，从而实现对气体的检测。

（3）电化学式气敏传感器

电化学式气敏传感器利用电极和电解质组成的电池中，气体与电极进行氧化还原反应，从而使两极间输出的电流或电压随气体浓度而变化制作的。

（4）接触燃烧式气敏传感器

接触燃烧式气敏传感器基于强催化剂使气体在其表面燃烧时产生热量，进而使贵金属电极的电导随气体浓度发生变化来对气体进行检测。例如，可燃性气体接触到氧气就会燃烧，使得作为气敏材料的铂丝温度升高，电阻值相应增大。

2．半导体气敏传感器

（1）半导体气敏传感器的类型

半导体气敏传感器主要有电阻式和非电阻式两类。电阻式气敏传感器是用氧化锡（SnO_2）、氧化锌（ZnO）等金属氧化物制成的敏感元件，其利用敏感元件接触气体时阻值的变化测量气体的成分或浓度。非电阻式气敏传感器也是一种半导体器件，与被测气体接触后，二极管的伏安特性或场效应管的阈值电压等会发生变化，根据这些变化测量气体的成分或浓度。电阻式气敏传感器分为烧结型、薄膜型和厚膜型，非电阻式气敏传感器分为二极管气敏传感器、MOS 二极管气敏传感器和 Pd-MOSFET 气敏传感器，如图 10.2 所示。

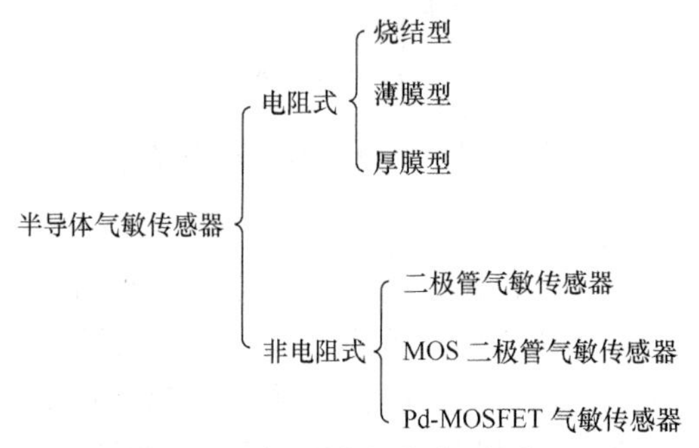

图 10.2　半导体气敏传感器的类型

（2）电阻式半导体气敏传感器

电阻式半导体气敏传感器是利用气体在半导体表面的氧化还原反应导致敏感元件阻值变化制成的。当半导体器件被加热到稳定状态时，气体接触半导体表面而被吸附，被吸附的分子首先在表面自由扩散，一部分分子被蒸发掉，另一部分残留分子产生热分解固定在吸附（化学吸附）处。气敏元件在工作时需要加热，目的是加速气体吸附、脱出的过程，提高器件的灵敏度和反应速度。此外，在加热过程中，还能烧掉附着在表面的油污、尘埃等污物，起清洁作用。在实际工作时，一般要加热到 200℃～400℃。

半导体气敏元件有 N 型和 P 型之分，当氧化型气体吸附到 N 型半导体上、还原型气体吸附到 P 型半导体上时，半导体载流子减少，电阻值增大；相反，当还原型气体吸附到 N 型半导体上、氧化型气体吸附到 P 型半导体上时，半导体载流子增多，电阻值下降。图 10.3 为气体接触到 N 型半导体时产生的器件阻值的变化。例如，SnO_2 金属氧化物半导体气敏元件，在

200℃～300℃温度时，吸附空气中的氧，形成氧的负离子吸附，使半导体中的电子密度减少，从而使其电阻值增加；又例如，当遇到能供给电子的还原型气体 CO 时，原来吸附的氧脱附，以正离子状态吸附在金属氧化物半导体表面，氧脱附放出电子，还原型气体以正离子状态吸附也要放出电子，从而使氧化物半导体的带电密度增加，电阻值下降。半导体气敏元件与被测气体作用的规则如下。

①氧化型气体＋N 型半导体：载流子数下降，电阻增加。

②还原型气体＋N 型半导体：载流子数增加，电阻减小。

③氧化型气体＋P 型半导体：载流子数增加，电阻减小。

④还原型气体＋P 型半导体：载流子数下降，电阻增加。

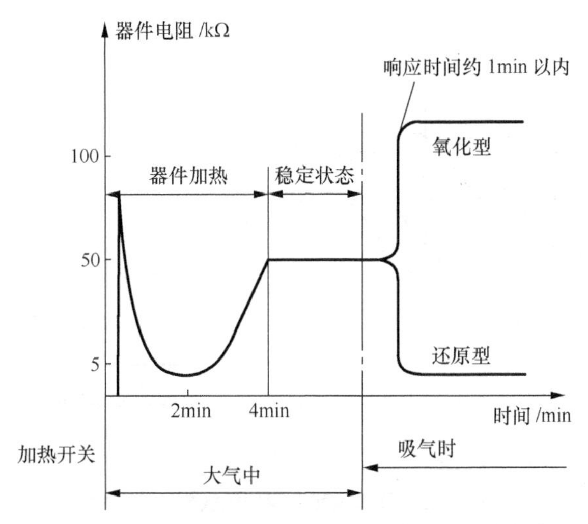

图 10.3　气体接触到 N 型半导体时产生的器件阻值的变化

空气中氧的成分大体上是恒定的，而氧的吸附量也是恒定的，气敏元件的阻值大致保持不变。如果被测气体流入这种气体中，器件表面就产生吸附作用，器件的阻值将随气体的浓度而变化，因此从浓度与阻值的变化关系即可得知气体的浓度。气敏元件的基本测量电路如图 10.4 所示，图中 E_H 为加热电源，E_C 为测量电源，1 和 2 是加热电极，3 和 4 是气敏电阻的电极。当所测气体的浓度变化时，气敏元件的阻值发生变化，引起电路中电流的变化，电阻 R_o 上的输出电压也就发生变化。

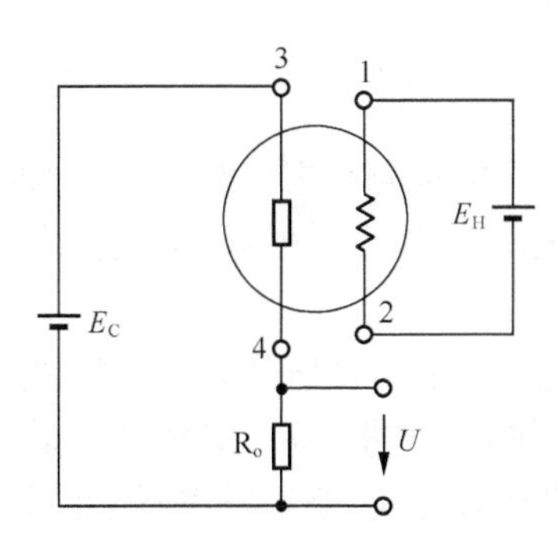

图 10.4　气敏元件的基本测量电路

半导体气敏传感器一般由敏感元件、加热器和外壳 3 部分组成，按制造工艺大致分为烧结型气敏器件、薄膜型气敏器件和厚膜型气敏器件。烧结型气敏器件是将一定比例的敏感材料和一些掺杂剂在一起研磨，然后倒入模具，埋入加热丝和测量电极烧结而成，加上外壳就构成了器件。目前最常用的烧结型气敏元件是 SnO_2，SnO_2 气敏元件对氢、一氧化碳、甲烷、丙烷、乙醇等可燃性气体都有较高的灵敏度。薄膜型气敏器件采用蒸发或溅射的方法制作，在处理好的石英基片上形成厚度在 0.1μm 以下的金属氧化物薄膜，再引出电极。实验证明，SnO_2 和 ZnO 薄膜的气敏特性较好，能在 400℃～500℃的温度范围内工作，优点是灵敏度高、响应迅速、机械强度高、互换性好、产量高、成本低。厚膜型气敏器件是将 SnO_2 和 ZnO 等材料与 3%～15%的硅凝胶混合，制成能印刷的厚膜胶，把厚膜胶用丝网印制到装有铂电极的氧化铝基片上，在 400℃～800℃的温度范围内烧结制成。用厚膜工艺制成的器件一致性好，机械强度高，适于批量生产。薄膜型气敏器件的结构如图 10.5（a）所示，厚膜型气敏器件的结构如图 10.5（b）所示。

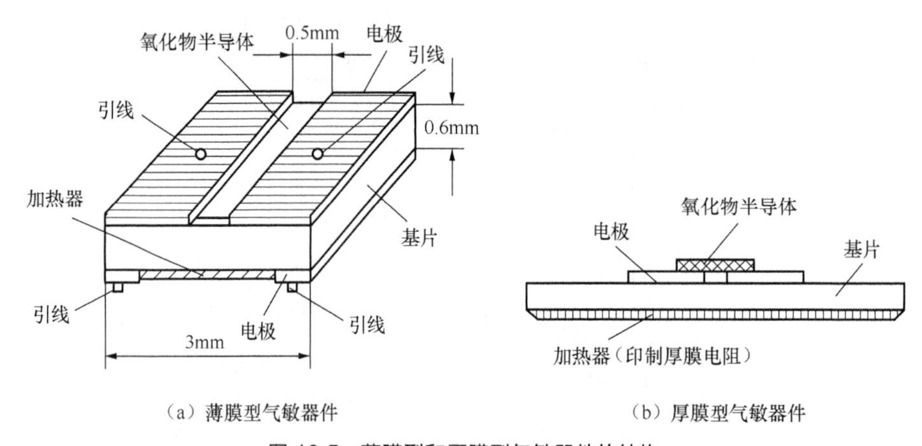

图 10.5　薄膜型和厚膜型气敏器件的结构

（3）非电阻式半导体气敏传感器

MOS 二极管型气敏传感器是利用 MOS 二极管的电容-电压关系（C-U 特性）制成的。MOS 二极管型气敏元件的制作是在 P 型半导体硅片上，利用热氧化工艺生成一层厚度为 50～100nm 的二氧化硅（SiO_2）层，然后在其上面蒸发一层钯（Pd）的金属薄膜作为栅电极。MOS 二极管的等效电容 C 随电压 U 变化。

金属钯（Pd）对氢气特别敏感。Pd 吸附氢气以后，Pd 的功函数下降，且所吸附气体的浓度不同，功函数的变化量也随之不同，这将引起 MOS 管的 C-U 特性向左平移（向负方向偏移），由此可以测定氢气的浓度。

3．半导体气敏传感器的应用

易燃、易爆、有毒、有害气体的检测和报警都可以用相应的气敏传感器实现，目前气体成分检测仪、气体报警器、空气净化器等气敏传感器已被广泛使用。

（1）有毒气气体报警器

一氧化碳、液化气、甲烷等都是有毒性气体，其浓度超过一定值时，将对人体安全造成危害。图 10.6 是有毒气体报警器的电路图，其中 QM-N10 是电阻式气敏传感器，它内部有一个加热丝和一对探测电极（A 极和 K 极）。当空气中不含有毒气体或有毒气体的浓度很低时，A、K 两极间的电阻值很大，流过电位器 RP 的电流很小，K 点为低电平，达林顿管不导通；当空气中有毒气体的浓度达到一定值时，A、K 两点间的阻值迅速下降，使得电位器 RP 上流过的电流突然增加，K 点电位升高，向电容 C_2 充电，直至 C_2 上的电压使达林顿管导通（约

1.4V），驱动扬声器发生报警。当有毒气体的浓度下降到使 A、K 两点间恢复到高阻态时，K 点电位低于 1.4V，达林顿管截止，报警消除。

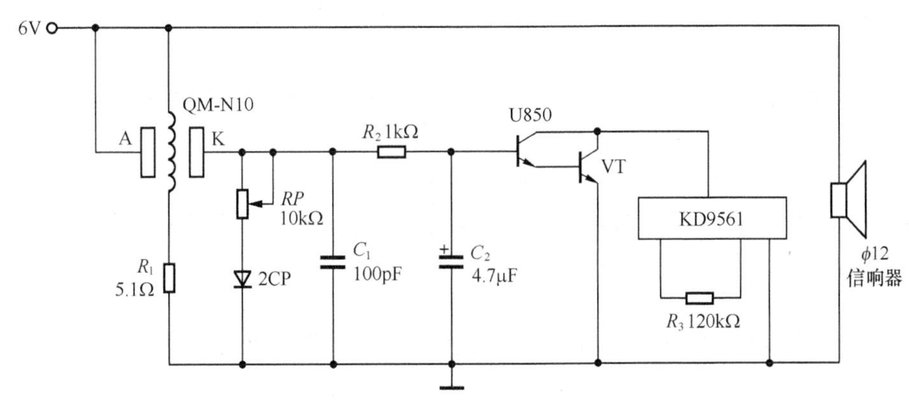

图 10.6　有毒气体报警器的电路图

（2）可燃气体浓度检测器

可燃气体浓度检测器可用于煤气、一氧化碳、液化石油气等的泄漏浓度的监测报警。图 10.7 是可燃气体浓度检测器的电路图，采用低功耗、高灵敏度的 QM-N10 型气敏检测管，它和电位器 RP 组成气敏检测电路，气敏检测信号从 RP 的中心端旋臂取出。U257B 是 LED 条形驱动器集成电路，其输出量（LED 点亮只数）与输入电压成线性关系，LED 被点亮的只数取决于输入端 7 脚电位的高低。当 IC 的 7 脚电压低于 0.18V 时，其输出端 2 ~ 6 脚均为低电平，VL_1 ~ VL_5 均不亮；当 IC 的 7 脚电压达到 0.53V 时，VL_1 和 VL_2 点亮；当 IC 的 7 脚电压达到 0.84V 时，VL_1 ~ VL_3 点亮；当 IC 的 7 脚电压达到 1.19V 时，VL_1 ~ VL_4 点亮；当 IC 的 7 脚电压达到 2V 时，VL_1 ~ VL_5 点亮。可见，可燃性气体的浓度越高，VL_1 ~ VL_5 依次被点亮的只数越多。

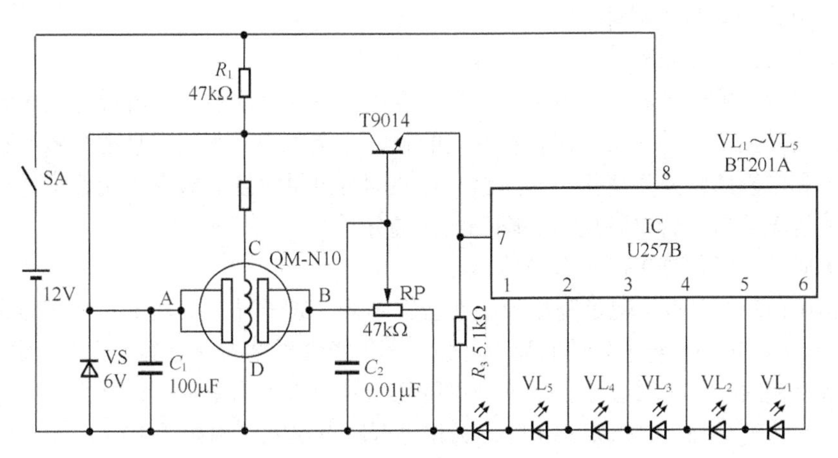

图 10.7　可燃气体浓度检测器的电路图

10.1.3　湿敏传感器

湿敏传感器是一种能将被测环境的湿度转换成电信号的装置，它主要由湿敏元件和转换电路两部分组成。湿敏元件是指对环境湿度具有响应或能转换成相应可测信号的元件，湿敏元件是最简单的湿度传感器。

1．湿度的表示方法

湿度是表示空气的干燥程度或空气中水蒸气含量的物理量，通常有绝对湿度、相对湿度和露点3种表示方法。

（1）绝对湿度

绝对湿度是指在一定温度和压力条件下，单位体积空气内所含的水蒸气质量，一般用一立方米空气中所含的水蒸气的克数表示，即

$$AH = m/V \tag{10.1}$$

式（10.1）中，AH为待测空气的绝对湿度，m为待测空气中水蒸气的质量，V为待测空气的总体积。

（2）相对湿度

相对湿度是指空气中实际所含水蒸气的分压（P）和相同温度下饱和水蒸气分压（P_{max}）的百分比，即

$$RH = \left(P/P_{max}\right)_t \times 100\% \tag{10.2}$$

式（10.2）中，RH常用 $\%RH$表示，t为温度。水蒸气分压是指空气（体积为V，温度为t）中的水蒸气在相同V、t条件下单独存在时的压力。饱和水蒸气分压是指在同一温度下，空气中所含水蒸气分压的最大值。温度越高，饱和水蒸气的分压越大。相对湿度体现了大气的潮湿程度，在实际中多使用相对湿度这一概念。

（3）露点

在一定大气压下，将含有水蒸气的空气冷却，当温度下降到某一特定值时，空气中的水蒸气达到饱和状态，开始从气态变成液态而凝结成露珠，这种现象称为结露，这一特定温度称为露点温度，简称露点。在一定大气压下，湿度越大，露点越高。

2．湿敏传感器的基本原理

湿敏传感器按照元件输出的电学量形式可分为电阻式、电容式和频率式等，常用的湿敏传感器有电阻式和电容式两种。

（1）电阻式湿敏传感器

电阻式湿敏传感器是利用湿敏电阻随湿度变化的特性制成的，其感湿特征量为电阻值。湿敏电阻是在基片上覆盖一层感湿材料制成的膜，当空气中的水蒸气吸附在感湿膜上时，元件的电阻率和电阻值都发生变化，利用这一特性即可测量湿度。根据使用感湿材料的不同，电阻式湿敏传感器可分为电解质式、陶瓷式和高分子式。

①电解质式（氯化锂）电阻湿敏传感器

氯化锂（LiCl）湿敏电阻是利用吸湿性盐类潮解，离子导电率发生变化而制成的测湿元件。在LiCl溶液中，Li^+对水分子的吸引力强，离子水合程度高。当溶液置于一定温湿场中，环境相对湿度高时，溶液吸收水分，使浓度降低，其溶液电阻率增高；反之，环境相对湿度变低时，溶液浓度升高，其电阻率下降。氯化锂湿敏电阻的结构如图10.8所示，它由引线、基片、感湿层与电极组成。

氯化锂湿敏元件的湿度-电阻特性曲线如图10.9所示，由此可知，在50%～80%相对湿度范围内，电阻与湿度的变化呈线性关系。为了扩大湿度测量的线性范围，可将多个氯化锂含量不同的器件组合使用，如将测量范围分别为（10%～20%）RH、（20%～40%）RH、（40%～70%）RH、（70%～90%）RH和（90%～99%）RH共5种元件配合使用，就可自动转换完成整个湿度范围的湿度测量。氯化锂湿敏元件的优点是滞后小，不受测试环境风速影响，检测

精度高达±5%；缺点是耐热性差，不能用于露点以下测量，器件性能重复性不理想，使用寿命短，工作电流必须使用交流电。

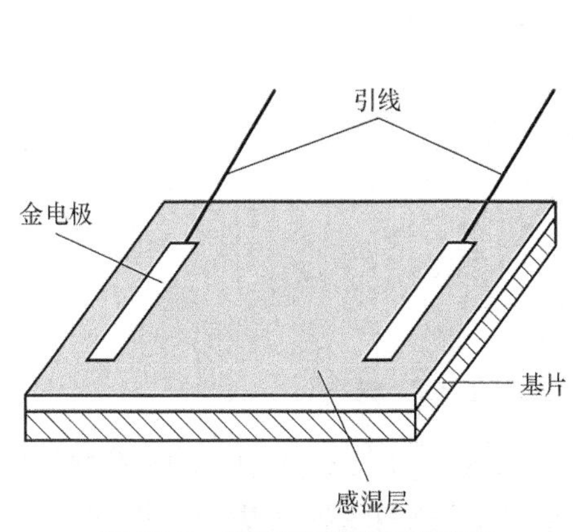

图 10.8　氯化锂湿敏电阻的结构

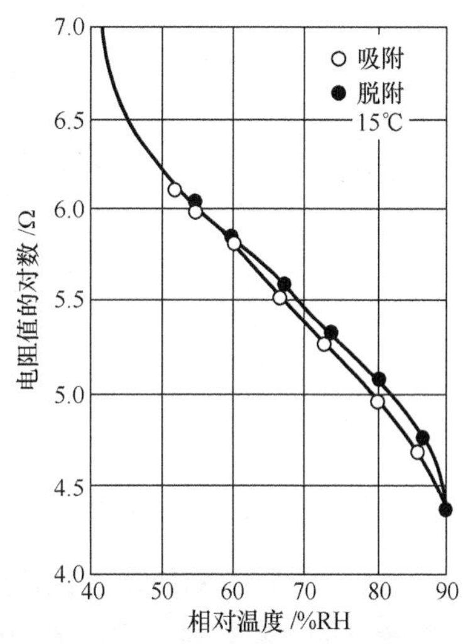

图 10.9　氯化锂湿敏元件的湿度-电阻特性曲线

②陶瓷式电阻湿敏传感器

陶瓷式电阻是利用湿度变化引起多孔陶瓷电阻率变化制成的测湿元件，利用陶瓷式电阻制成的传感器称为陶瓷式电阻湿敏传感器。通常用两种以上的金属氧化物半导体材料混合烧结成多孔陶瓷，这些材料有 $ZnO\text{-}LiO_2\text{-}V_2O_5$ 系、$Si\text{-}Na_2O\text{-}V_2O_5$ 系、$TiO_2\text{-}MgO\text{-}Cr_2O_3$ 系、Fe_3O_4 等。前三种材料的电阻率随湿度增加而下降，故称为负特性湿敏半导体陶瓷；最后一种的电阻率随湿度增加而增大，故称为正特性湿敏半导体陶瓷。陶瓷半导体材料是一种重要的电子功能陶瓷材料，简称半导瓷。

负特性湿敏半导体陶瓷的电阻率随湿度的增加而下降。由于水分子中的氢原子具有很强的正电场，当水在半导瓷表面吸附时，就有可能从半导瓷表面俘获电子，使半导瓷表面带负电。如果该半导瓷是 P 型，由于水分子吸附使表面电势下降，将吸引更多的空穴到达其表面，其表面层的电阻下降；如果该半导瓷为 N 型，由于水分子的附着使表面电势下降，如果表面电势下降较多，不仅使表面层的电子耗尽，还吸引更多的空穴达到表面层，可能使到达表面层的空穴浓度大于电子浓度，出现所谓的表面反型层，这些空穴称为反型载流子，它们同样可以在表面迁移而表现出电导特性，使 N 型半导瓷材料的表面电阻下降。由此可见，不论是 N 型还是 P 型半导体陶瓷，其电阻率都随湿度的增加而下降。图 10.10 为几种负特性半导瓷阻值与湿度的关系，其中 1 为 $ZnO\text{-}LiO_2\text{-}V_2O_5$ 系，2 为 $Si\text{-}Na_2O\text{-}V_2O_5$ 系，3 为 $TiO_2\text{-}MgO\text{-}Cr_2O_3$ 系。

Fe_3O_4 材料的电阻率随湿度增加而增大，这类材料即称为正特性湿敏半导体陶瓷。正特性湿敏半导瓷的导电机理是当水分子附着半导体陶瓷的表面使电势变负时，其表面层电子浓度下降，但这还不足以使表面层的空穴浓度增加到出现反型程度，此时仍以电子导电为主。于是，表面电阻将由于电子浓度下降而加大，也就是随湿度的增加而加大。如果对于某一种半导瓷，其晶粒间的电阻并不比晶粒内电阻大很多，那么表面层电阻的加大对总电阻并不起多大作用。不过，通常湿敏半导瓷材料都是多孔的，表面电导占的比例很大，故表面层电阻的升高必将引起总电阻值的明显升高。但是，由于晶体内部低阻支路仍然存在，正特性半导体陶瓷总电阻值的升高没有负特性材料阻值下降得那么明显。

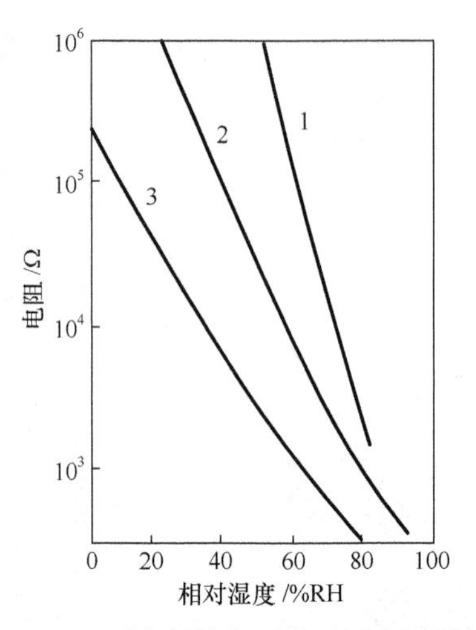

图 10.10　几种负特性半导瓷阻值与湿度的关系

在金属氧化物陶瓷材料中，由铬酸镁-二氧化钛（$MgCr_2O_4$-TiO_2）组成的多孔性半导体陶瓷是性能较好的湿敏材料，它的表面电阻率能在很大的范围内随着湿度的变化而变化，而且能在高温条件下进行反复热清洗仍保持性能不变。$MgCr_2O_4$-TiO_2 陶瓷结构如图 10.11（a）所示，在 $MgCr_2O_4$-TiO_2 陶瓷片的两面涂覆有多孔金电极。ZnO-Cr_2O_3 传感器能连续稳定地测量湿度，无需加热除污装置，是一种常用的测湿传感器。ZnO-Cr_2O_3 湿敏元件的结构如图 10.11（b）所示，是将多孔材料的金电极烧结在多孔陶瓷圆片的两个表面上，焊上铂引线，然后将敏感元件装入有网眼过滤的方形塑料盒中用树脂固定而成。

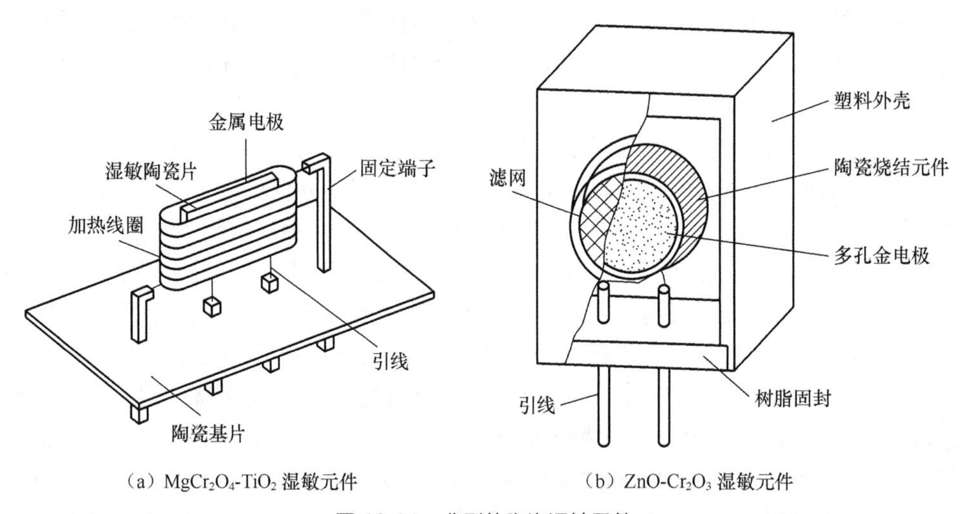

（a）$MgCr_2O_4$-TiO_2 湿敏元件　　（b）ZnO-Cr_2O_3 湿敏元件

图 10.11　典型的陶瓷湿敏元件

③高分子式电阻湿敏传感器

高分子式电阻湿敏传感器是利用高分子电解质吸湿导致电阻率发生变化进行测量的，通常由含有强极性基的高分子电解质及其盐类等高分子材料制成感湿电阻膜。当水吸附在强极性基高分子上时，随着湿度的增加吸附量增大，吸附水之间凝聚呈液态水状态。在低湿吸附量少的情况下，由于没有荷电离子产生，电阻值很高；当相对湿度增加时，凝聚化的吸附水就成为导电通道，高分子电解质的成对离子主要起载流子作用。此外，由吸附水自身离解出来的质子（H^+）及水和氢离子（H_3O^+）也起电荷载流子作用，这就使得载流子数目急剧增加，传感器的电阻值急剧下降。

高分子式电阻湿敏元件如图 10.12 所示，感湿膜由聚乙烯醇（PVA）和聚苯乙烯磺酸铵（PSS）组成，基极是厚为 0.6mm 的氧化铅，电极用 Au 做成叉指型，组件外面用发泡体聚丙烯包封构成过滤器，以防止灰尘、水和油等直接与感湿膜接触。利用高分子电解质在不同湿度条件下电离产生的导电离子数量不等使阻值发生变化，就可以测定环境中的湿度。高分子式电阻湿敏传感器测量的湿度范围大，工作温度范围为 0℃～50℃，湿滞回差小，响应时间短（<30s），温度系数小，使用寿命长。

（2）电容式湿敏传感器

电容式湿敏传感器是利用湿敏元件电容量随湿度变化的特性制成的，其感湿特征量为电容值。湿敏电容一般是用高分子薄膜电容制成的，常用的高分子材料有醋酸纤维素、尼龙、硝酸纤维素、聚苯乙烯、聚酰亚胺、酷酸醋酸纤维等。高分子电容式湿度传感器基本上是一个电容器，如图 10.13 所示，在高分子薄膜上的电极是很薄的金属微孔蒸发膜，水分子可通过两端的电极被高分子薄膜吸附或释放，高分子薄膜的介电常数将随之发生相应的变化。当周围环境的湿度发生变化时，由湿敏材料构成的电介质的介电常数发生变化，相应的电容量也会随之发生变化，只要检测到电容的变化量，就能检测周围湿度的大小。

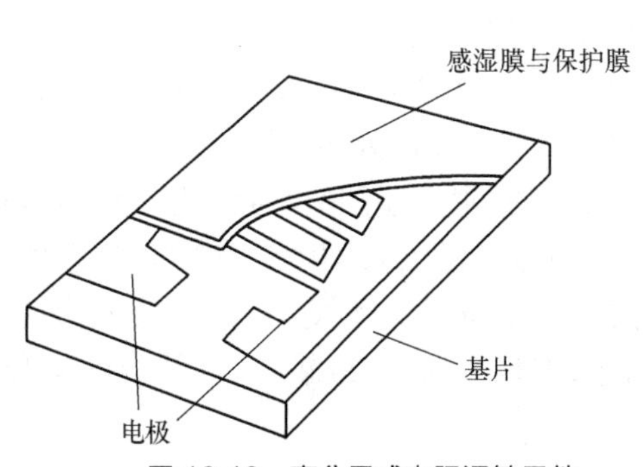

图 10.12　高分子式电阻湿敏元件

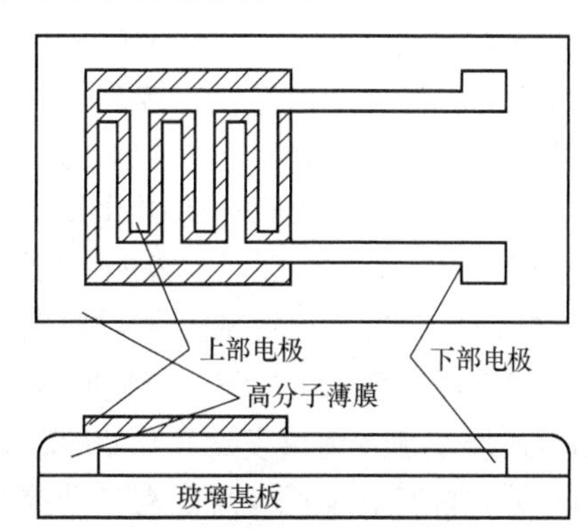

图 10.13　湿敏电容的结构

电容变化量的检测可采用由湿敏电容与电感构成的 LC 谐振电路，通过测其输出振荡频率的变化，得到待测电容的变化值。电容式湿度传感器的优点是响应速度快、线性好、重复性好、测量范围宽、尺寸小；缺点是不宜用于含有机溶媒气体的环境，元件也不能耐 80℃以上的高温。

3．湿敏传感器的应用

对于不同环境的湿度测量应选用不同的湿度传感器。例如，当环境温度在−40℃～70℃时，可采用高分子湿度传感器和陶瓷湿度传感器；当环境温度在 70℃～100℃范围和超过 100℃时，可使用陶瓷湿度传感器。又例如，在干净的环境通常使用高分子湿度传感器；在污染严重的环境通常使用陶瓷湿度传感器。

（1）直读式湿度计

直读式湿度计的电路如图 10.14 所示，图中 R_H 为氯化锂湿度传感器。由三极管 VT_1、VT_2 和变压器 T_1 等组成测湿电桥的电源，其振荡频率为 250～1000Hz。电桥的输出经变压器 T_2 和电容 C_3 耦合到三极管 VT_3，经 VT_3 放大后，再由 VD_1～VD_4 桥式整流，最后送入微安表。微安表指示出由相对湿度变化引起的电流改变。

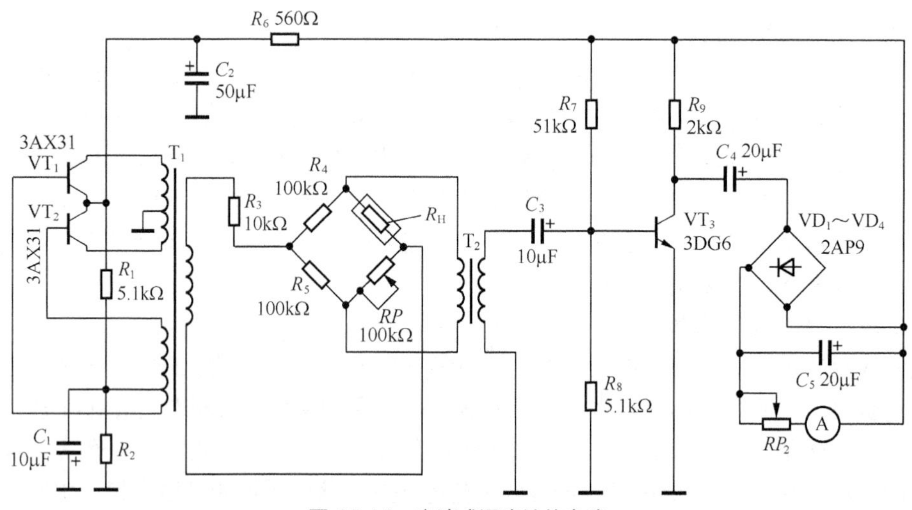

图 10.14　直读式湿度计的电路

（2）汽车后窗玻璃自动去湿电路

汽车后窗玻璃自动去湿电路如图 10.15 所示，图中 R_H 为后窗玻璃上的湿敏传感器。R_L 为嵌入玻璃的加热电阻丝，K 为继电器线圈，K_1 为其常开触点。晶体管 VT_1 和 VT_2 接成施密特触发器电路，在 VT_1 的基极上接有由电阻 R_1、R_2 及湿敏传感器电阻 R_H 组成的偏置电路。在常温常湿情况下，调节几个电阻值，因 R_H 阻值比较大，使 VT_1 导通，VT_2 截止，继电器 K 不工作，其常开触点 K_1 断开，加热电阻 R_L 无电流通过。当汽车内外温差较大，且湿度过大时，湿敏电阻 R_H 的阻值将减小，当减到某值时，R_H 与 R_2 的并联电阻阻值小到不足以维持 VT_1 导通，VT_1 截止，VT_2 导通，使负载继电器 K 通电，控制常开触点 K_1 闭合，加热电阻丝 R_L 开始加热，驱散后窗玻璃上的湿气，同时加热指示灯亮。当玻璃上的湿度减小到一定程度时，随着 R_H 的增大，施密特触发器又开始翻转到初始状态，VT_1 导通，VT_2 截止，常开触点 K_1 断开，R_L 断电停止加热，从而实现防湿自动控制。

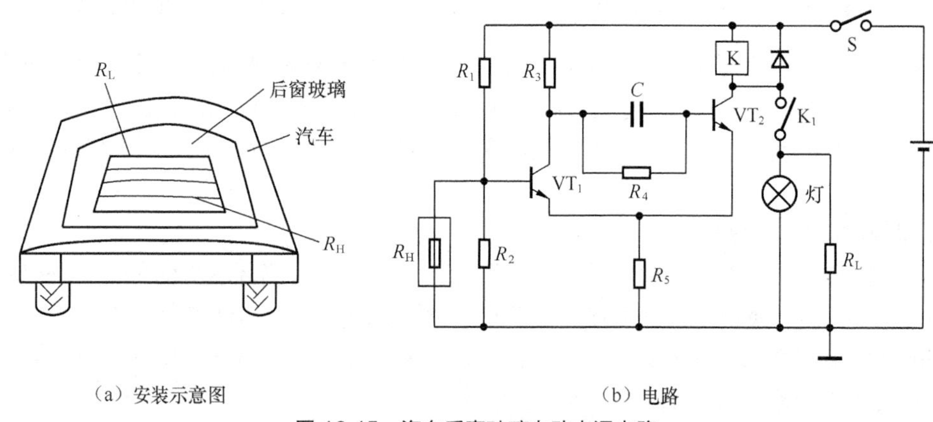

（a）安装示意图　　　　（b）电路

图 10.15　汽车后窗玻璃自动去湿电路

10.2　生物传感器

1967 年，S.J.乌普迪克等研制出了第一个生物传感器——葡萄糖传感器。到目前为止，生物传感器大约经历了 3 个发展阶段。在第一个阶段，生物传感器是由固定了生物成分的非活性基质膜和电化学电极组成，如葡萄糖氧化酶固定化膜和氧电极组装在一起构成的葡萄糖传感器。在第二个阶段，生物传感器是将生物成分直接吸附到转换器表面，无需非活性的基质膜。在第三个阶段，生物传感器是将生物成分直接固定在电子元件上，把生物感知和信号转换处理结合在一起。生物传感器目前仍处于开发阶段，具有广阔的应用前景，特别是生物医学工程的迅速发展，对生物传感器的需求更加迫切。

10.2.1 生物传感器的工作原理

生物传感器的工作原理如图 10.16 所示，在生物功能膜上（或膜中）附着有生物传感器的敏感物质。被测量溶液中待测定的物质经扩散进入生物敏感膜层，有选择地吸附于敏感物质，形成复合体，产生分子识别或生物学反应。这种变化所产生的信息可通过相应的化学或物理原理转换成电信号输出。

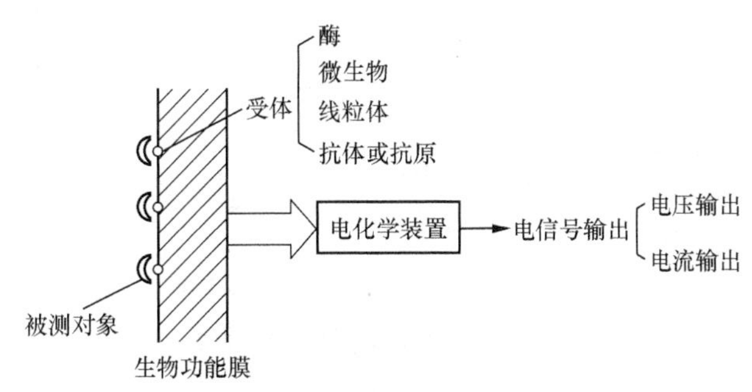

图 10.16 生物传感器的工作原理

生物传感器由分子识别部分（敏感物质）和转换部分（换能器）构成。分子识别部分是生物传感器选择性测定的基础，在生物体中能够有选择地分辨特定物质的有酶、抗体、组织、细胞等，这些具有分子识别功能的敏感物质通过识别过程可与被测目标结合成复合物，如抗体和抗原的结合、酶与基质的结合。在设计生物传感器时，选择适合于测定对象的敏感物质是极为重要的前提。换能器是研制高质量生物传感器的另一个重要环节，应根据敏感元件所引起的化学变化或物理变化来选择换能器。敏感元件中光、热、化学物质的生成或消耗等会产生相应的变化量，根据这些变化量可以选择适当的换能器。

生物传感器根据分子识别元件（即敏感物质）可分为 5 类：酶传感器、微生物传感器、细胞传感器、组织传感器和免疫传感器。显而易见，所应用的敏感物质依次为酶、微生物个体、细胞器、动植物组织、抗原和抗体。

生物传感器根据换能器（即信号转换器）可分为生物电极传感器、半导体生物传感器、光生物传感器、热生物传感器、压电晶体生物传感器等。上述换能器依次为电化学电极、半导体、光电转换器、热敏电阻、压电晶体等。

10.2.2 酶传感器

酶是蛋白质组成的生物催化剂，能催化许多生物化学反应，生物细胞的复杂代谢就是由成千上万个不同的酶控制的。酶的催化效率极高，而且具有高度专一性，即只能对待定待测生物量（底物）进行选择性催化，并且有化学放大作用。因此，利用酶的特性可以制造出高灵敏度、选择性好的传感器。

大多数酶是水溶性的，只有通过固定化技术制成酶膜，才能构成酶传感器的受体。在酶传感器中构成固定化酶有 3 种方式：把酶制成膜状，将其设置在电极附近，这种方式应用最普遍；金属或 FET 栅极表面直接结合酶，使受体与电极结合起来；把固定化酶填充在小柱中作为受体，使受体与电极分离开。

酶传感器由具有分子识别功能的固定化酶膜与电化学装置两部分构成。当把装有酶膜的酶传感器插入试液时，被测物质在固定化酶膜上发生催化化学反应，生成或消耗电极活性物质（如 O_2、H_2O_2、CO_2、NH_3 等），用电化学测量装置（如电极）测定反应中电极活性物量的变化，电极就能把被测物质的浓度变换成电信号，从被测物质浓度与电信号之间的关系就可测定未知浓度，如图 10.17 所示。

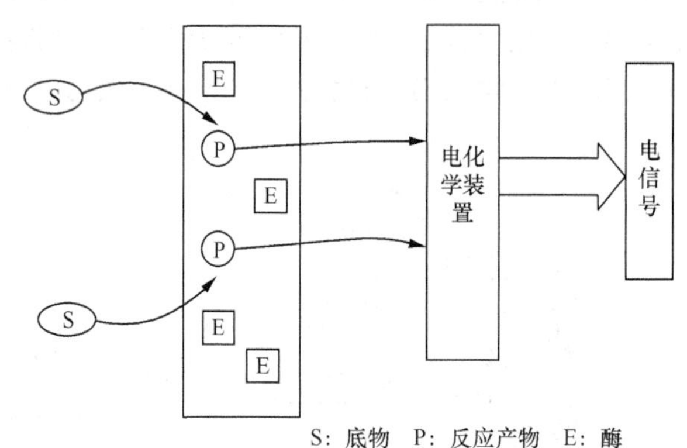

图 10.17　酶传感器的原理示意图

利用酶传感器可以测定各种糖、氨基酸、酯质和无机离子等，在医疗、食品、发酵工业和环境分析等领域都有应用。例如，酶传感器可以应用在水质的监测中。酚是一类对人体有害的化合物，经常通过炼油和炼焦等工厂的废水排放到河流和湖泊中，根据测定水中酚含量的需要，科学家利用固定化多酚氧化酶研制成多酚氧化酶传感器，这种酶传感器可快速测出水中的酚。

10.2.3　葡萄糖传感器

葡萄糖是典型的单糖类，是一切生物的良好能源，测定血液中葡萄糖的浓度对于糖尿病患者非常重要。葡萄糖因葡萄糖氧化酶（GOD）的作用被氧化，反应方程为

$$C_6H_{12}O_6 + O_2 = C_6H_{10}O_6 + H_2O_2 \tag{10.3}$$

式（10.3）表明，可以通过测量氧（O_2）的消耗量或过氧化氢（H_2O_2）的生成量来测量葡萄糖的浓度。葡萄糖传感器如图 10.18 所示，它以葡萄糖氧化酶为生物催化剂，氧电极为电化学测量装置，通过测定酶作用后氧含量的变化实现对糖量的测量。

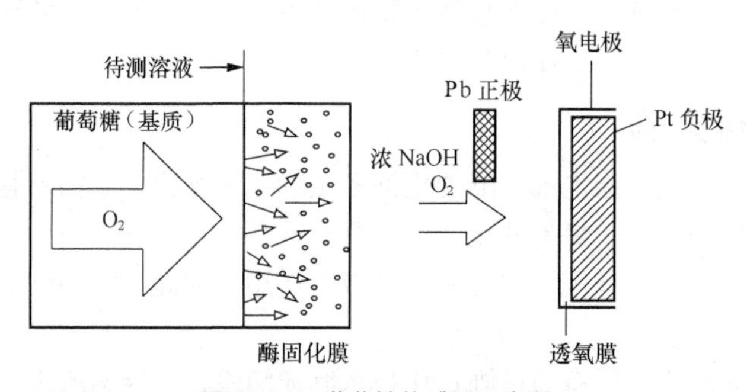

图 10.18　葡萄糖传感器示意图

从溶液中向电极扩散的氧气一部分因酶反应被消耗掉，到达电极的氧气量减少，由氧电极测定氧浓度的变化即可知道葡萄糖的浓度。氧电极是隔膜型 Pt 阴电极，透氧膜一般是 10μm 厚的特氟隆，测量时将其与 Pb 阳极浸入浓 NaOH 溶液中构成电池，溶液中的氧穿透膜后达到 Pt 电极被还原，反应方程为

$$O_2 + 2H_2O + 4e \rightarrow 4OH^- \quad (10.4)$$

这样，有阴极电流流过，氧量减小，此电流值减小。当溶液中向膜扩散的氧量达到平衡时，电流值恒定，此恒定电流值与起始的电流值之差 ΔI 与试液中葡萄糖的浓度有一定的关系，测得 ΔI 就能求出葡萄糖的浓度。

10.2.4 微生物传感器

微生物传感器是把活着的微生物菌固定在膜面上，作为生物功能元件使用。微生物传感器由固定化微生物膜及电化学装置组成，微生物膜的固定法与酶的固定法相同，一般用吸附法和包裹法两种方式。微生物的生存特性对氧气有好气性与厌气性之分，其传感器分为好气性微生物传感器和厌气性微生物传感器。

好气性微生物生存在含氧条件下，生长过程离不开氧，它吸入氧气放出二氧化碳，这种微生物的呼吸可用氧电极或二氧化碳电极测定。将微生物固定化膜与氧电极或二氧化碳电极组合在一起，构成呼吸型微生物传感器，其结构如图 10.19（a）所示。厌气性微生物的生长会受到氧的妨碍，可由其生成的二氧化碳或代谢产物测定生理状态。当测定微生物的代谢生成物时，可用离子选择电极测定，如图 10.19（b）所示。

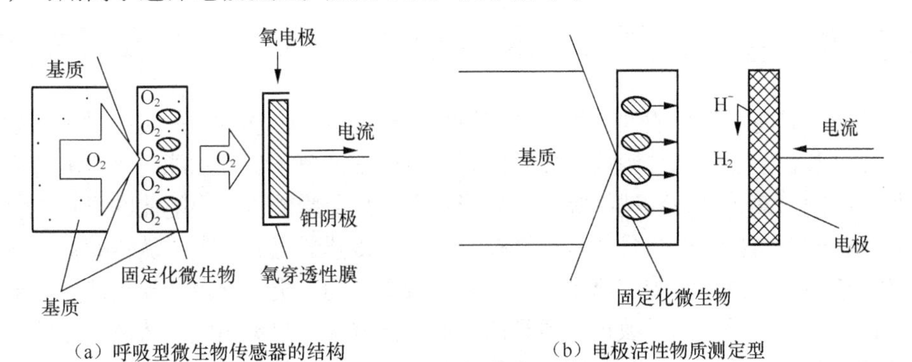

（a）呼吸型微生物传感器的结构　　（b）电极活性物质测定型

图 10.19　微生物传感器示意图

目前微生物传感器已应用于发酵工艺及环境监测等领域。例如，通过测量水中有机物的含量，即可测量江河及工业废水中有机物的污染程度；通过测定血清中的微量氨基酸（苯基丙氨酸和亮氨酸），即可早期诊断苯基酮尿素病毒和糖尿病。

10.2.5 免疫传感器

免疫传感器的基本原理就是免疫反应，它是利用抗体能识别抗原并与抗原结合的功能制成的生物传感器。一旦病原菌或其他异性蛋白质（即抗原）侵入人体，就会在人体内产生能识别抗原并将其从体内排除的物质（称为抗体），抗原与抗体结合形成复合物（称为免疫反应），从而将抗原清除。

利用固定化抗体（或抗原）膜与相应的抗原（或抗体）的特异反应，可以使生物敏感膜的电位发生变化。例如，用心肌磷质胆固醇固定在醋酸纤维膜上，就可以对梅毒患者血清中的梅毒抗体产生有选择性的反应，其结果将使膜电位发生变化。图 10.20 为这种免疫传感器的

结构原理图，图中 2、3 两室之间有固定化抗原膜，而 1、3 两室之间没有固定化抗原膜。正常情况下，1、2 室内电极间无电位差。3 室内注入含有抗体的盐水时，抗体和固定化抗原膜上的抗原相结合，使膜表面吸附了特异的抗体，而抗体是有电荷的蛋白质，从而使抗原固定化膜带电状态发生变化，因此 1、2 室内的电极间有电位差产生。

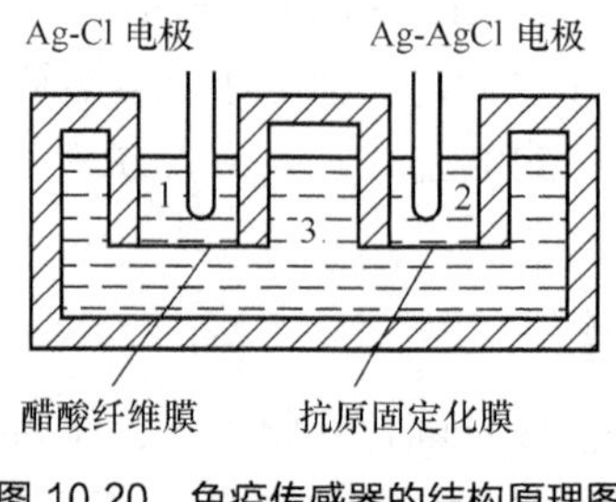

图 10.20　免疫传感器的结构原理图

根据上述原理，可以把免疫传感器的敏感膜与酶免疫分析法结合起来进行超微量测量，它是利用酶为标识剂的化学放大。化学放大就是微量酶（E）使少量基质（S）生成多量生成物（P）。当酶是被测物时，一个 E 应相对许多 P，测量 P 对 E 来说就是化学放大，根据这种原理制成的传感器称为酶免疫传感器。目前正在研究的诊断癌症用的传感器把 α -甲胎蛋白（AFP）作为癌诊断指标，它将 AFP 的抗体固定在膜上组成酶免疫传感器，可检测 10^{-9}g 的 AFP，这是一种非放射性超微量测量方法。

本章小结

化学传感器是将各种物质的化学成分定性或定量检测的传感器。一般来讲，化学传感器通常由接收器和换能器两部分组成。接收器是具有分子或离子识别功能的化学敏感膜，作用可以概括为吸附、离子交换和选择等，它的形态主要是薄膜结构。换能器的作用是将敏感膜的化学量或物理量转换为电信号。按检测对象，化学传感器可分为离子敏传感器、气敏传感器和湿敏传感器等。离子敏传感器是指具有离子选择性的一类传感器，能检测出溶液中离子的种类和浓度。最简单的离子敏传感器是离子选择性电极，它利用膜电势测定溶液中离子的活度或浓度。气敏传感器是一种检测特定气体成分和浓度，并将其转换成电信号的传感器。最常用的气敏传感器是半导体气敏传感器，有电阻式和非电阻式两种类型。电阻式半导体气敏传感器是利用气体在半导体表面的氧化还原反应导致敏感元件阻值变化制成的。非电阻式半导体气敏传感器主要是利用 MOS 二极管的电容-电压关系制成的。湿敏传感器是一种能将被测环境的湿度转换成电信号的装置。湿度是表示空气的干燥程度或空气中水蒸气含量的物理量，通常有绝对湿度、相对湿度和露点 3 种表示方法。湿敏传感器按照元件输出的电学量形式，主要分为电阻式和电容式，其中电阻式湿敏传感器又可分为电解质式、陶瓷式和高分子式。电阻式湿敏传感器是利用湿敏电阻随湿度变化的特性制成的，其感湿特征量为电阻值；电容式湿敏传感器是利用湿敏元件电容量随湿度变化的特性制成的，其感湿特征量为电容值。

生物传感器是以生物活性单元（如酶、抗体、核酸、细胞等）为生物敏感基元，通过生化效应感测被测量的传感器。自 1967 年 S.J.乌普迪克等研制出第一个生物传感器——葡萄糖传感器，生物传感器已经经历了 3 个发展阶段，目前生物传感器仍处于开发阶段，具有广阔的发展前景。生物传感器由分子识别部分（敏感物质）和转换部分（换能器）构成。分子识别部分是生物传感器选择性测定的基础，敏感物质有酶、抗体、组织、细胞等；换能器是研制高质量生物传感器的另一个重要环节，敏感物质中光、热、化学物质的生成或消耗等会产生相应的变化量，换能器可以将这些变化量转换成电信号输出。生物传感器主要有酶传感器、微生物传感器、细胞传感器、组织传感器和免疫传感器等。

思考题和习题

10.1　什么是化学传感器？按检测对象，化学传感器可分为哪几类？

10.2　什么是离子敏传感器？说明离子选择性电极的结构和用途。

10.3　什么是气敏传感器？根据传感器的气敏材料与被测气体作用机理的不同，气敏传感器主要分为哪几种类型？

10.4　什么是半导体气敏传感器？对于电阻式半导体气敏传感器，说明气敏元件与被测气体的作用规则。对于非电阻式半导体气敏传感器，可采用哪种结构？

10.5　对于半导体气敏传感器，说明有毒气体报警器的应用实例和可燃气体浓度检测器的应用实例。

10.6　什么是湿敏传感器？什么是湿敏元件？

10.7　湿度有哪 3 种表示方法？

10.8　分别说明电解质式、陶瓷式和高分子式电阻湿敏传感器的工作原理。

10.9　说明直读式湿度计的应用实例和汽车后窗玻璃自动去湿电路的应用实例。

10.10　什么是生物传感器？第一个生物传感器是什么？它是哪一年研制的？

10.11　说明生物传感器的工作原理。

10.12　分别说明酶传感器、葡萄糖传感器、微生物传感器、免疫传感器的结构和用途。

PART 11

第 11 章 传感器数字化

现代测量与控制系统对信号的检测、控制和处理已经进入数字化阶段。然而，前面章节的传感器将应变、位移、速度、加速度和压力等被测参数转换为电量，都是以电压或电流等模拟量显示出来的。一般的数字化测控技术是将上述模拟量通过 A/D 转换器转换成数字信号，然后再由其他数字设备处理，这种方法虽然简单有效，但整个测控系统增加了复杂性，降低了可靠性和精确度。为此，需要将传感器数字化。

数字式传感器是指能把被测的模拟量转换成数字量输出的传感器。数字式传感器测量精度和分辨率更高，测量范围更大，抗干扰能力更强，稳定性好，读数直观，易于与微机接口，便于信号处理。随着数字技术和计算机技术的迅速发展和日益普及，具有微处理器或嵌入式系统的测控仪器大量涌现，数字式传感器越来越受到重视。到目前为止，数字式传感器的种类还不多，本书将介绍码盘式传感器、光栅传感器、感应同步器和频率式数字传感器。

11.1 码盘式传感器

码盘式传感器建立在编码器的基础上，这种传感器能将机械转动的模拟量（角位移）转换成以数字代码形式表示的电信号。

编码器包括码盘和码尺，前者用于测角度，后者用于测长度。由于测长度的码尺实际应用较少，这里只讨论测角度的码盘。

编码器分为增量编码器和绝对编码器两大类。增量编码器又称为脉冲盘式编码器，它不能直接输出数字编码，需要增加计数系统等才能得到数字编码；绝对编码器又称为码盘式编码器，它才是真正的数字式传感器，可以直接输出数字编码。这里只讨论码盘式编码器，即码盘式传感器。

码盘式传感器的敏感元件可以是接触式、光电式和感应式等，其中光电式和感应式是非接触式编码器。下面将分别讨论接触式和光电式码盘传感器。

11.1.1 接触式码盘编码器

接触式码盘编码器如图 11.1 所示，由码盘和电刷组成，适用于角位移的测量。码盘是在绝缘材料的圆盘上按二进制规则设计导电铜箔（见图 11.1 中的黑色部分），没有铜箔的地方是绝缘的（见图 11.1 中的白色部分），它可以利用印刷电路板的工艺制造。电刷是活动触头结构，在电刷与码盘的接触处有导电和不导电两种可能性，若导电，则输出二进制码“1”，若不导电，则输出二进制码“0”。当在外力的作用下旋转码盘时，电刷与码盘的接触处就产生了某种码制的数字编码输出，只要给出电刷与码盘接触处的起始位置和终止位置，就可以确定角位移。

1．二进制码盘

图 11.1 为 4 位的二进制码盘编码器示意图。由于二进制输出的每一位都必须有一个独立的码道，因此 4 位二进制码盘有 4 圈码道。公共电源的正端接到码盘所有的导电部分，另一端接至负载。4 个电刷沿一个固定的径向安装，每个码道有一个电刷，电刷分别接至各自的负载。当码盘旋转时，4 个电刷分别输出信号，信号有“1”电平（当电刷处于图中黑色部分）和“0”电平（当电刷处于图中白色部分）两种状态。

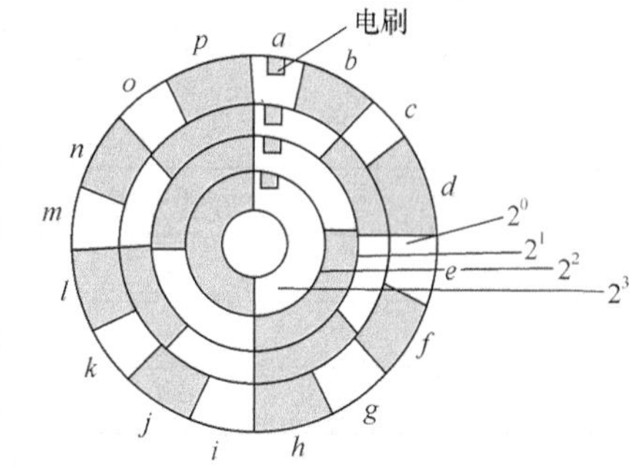

图 11.1 4 位的二进制码盘编码器示意图

（1）在图 11.1 中，最里环是二进制编码器的最高位（2^3），它一半黑色，一半白色；最外环是二进制编码器的最低位（2^0），分成 $a \sim p$ 的黑白间隔。

（2）4 位二进制码盘有 2^4 种不同的编码，其容量为 2^4。也就是说，当码盘转动一周，电刷输出 $2^4=16$ 种不同的 4 位二进制码。

（3）4 位二进制码盘所能分辨的旋转角度 $\theta_1 = 360° / 2^4 = 22.5°$。例如，当电刷在 i 块区时，输出为 1000 码，当电刷在 h 块区时，输出为 0111 码，i 块区和 h 块区的旋转角度都为 $\theta_1 = 22.5°$。可以看出，n 位二进制码盘所能分辨的旋转角度为

$$\theta_1 = 360° / 2^n \tag{11.1}$$

（4）位数越多，二进制码盘所能分辨的旋转角度越小。例如，8 位二进制码盘（选取 $n=8$）的旋转角度为 $\theta_1 = 360° / 2^n = 360° / 2^8 \approx 1.4°$，远小于 4 位二进制码盘的旋转角度。

（5）位数越多，码盘的尺寸越大。为降低尺寸，可以利用多个码盘获取所需的码道数，但这严格要求多个码盘同步。

（6）二进制的码盘若因为微小的制作误差，只要使一个码道提前或延后，就可能造成输出的粗误差。例如，从位置 0000 码变为 1111 码时，4 个电刷都要改变它们的接触状态，只有 4 个电刷同时改变接触状态，才能得到正确的结果（即由 0000 码变为 1111 码），如果其中一个电刷（如第四位）比其他电刷早一点导电，就先出现 1000 码（这显然是错误的），然后再变为 1111 码。可以看出，为了避免粗误差，对 4 个电刷的同步提出了极高的要求。

（7）为解决二进制码盘的粗误差问题，一是从编码技术着手，如采用循环码；二是从扫描技术着手，如通过双电刷扫描技术解决错码。

2．循环码码盘

循环码即格雷码。循环码码盘比二进制码盘的优点多，可以解决二进制码盘的粗误差问题。循环码码盘如图 11.2 所示，有如下特点。

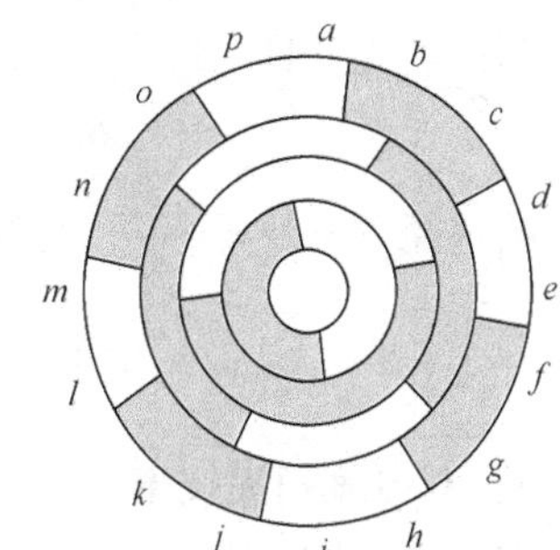

图 11.2 4 位循环码码盘编码器示意图

（1）n 位循环码与二进制码一样，都有 2^n 种不同的编码。

（2）最里环是循环码编码器的最高位，它一半黑色，一半白色。循环码编码器的第 i 码道相当于二进制编码器的第 $i+1$ 码道向零位方向旋转了 θ_1。

（3）循环码码盘具有轴对称性，其最高位相反，其余各位相同。

（4）循环码码盘转动到相邻区域时，编码中只有一位发生变化。这避免了码盘因为制作误差使码道提前或延后造成的输出误差，即解决了二进制码盘的粗误差问题。正是由于这个原因，循环码码盘获得了广泛应用。

（5）循环码码盘也有缺陷。二进制码是有权码，即每一位码代表一个固定的十进制数；而循环码是变权码，即每一位码不代表一个固定的十进制数。因此，将循环码变为十进制码的转换电路十分复杂。

4 位二进制码、循环码和十进制码的对照表见表 11.1。

表 11.1　　4 位二进制码、循环码和十进制码的对照表

电刷位置	旋转角度	二进制码	循环码	十进制码
a	0	0000	0000	0
b	θ_1	0001	0001	1
c	$2\theta_1$	0010	0011	2
d	$3\theta_1$	0011	0010	3
e	$4\theta_1$	0100	0110	4
f	$5\theta_1$	0101	0111	5
g	$6\theta_1$	0110	0101	6
h	$7\theta_1$	0111	0100	7
i	$8\theta_1$	1000	1100	8
j	$9\theta_1$	1001	1101	9
k	$10\theta_1$	1010	1111	10
l	$11\theta_1$	1011	1110	11
m	$12\theta_1$	1100	1010	12
n	$13\theta_1$	1101	1011	13
o	$14\theta_1$	1110	1001	14
p	$15\theta_1$	1111	1000	15

例 11.1　一个有 21 码道的循环码盘，其最小分辨力 θ_1 是多少？若要求一个 θ_1 角对应的圆弧长度至少为 $L = 0.001\text{mm}$，问码盘的直径为多大？

解：由式（11.1）可得，21 码道的码盘最小分辨力为

$$\theta_1 = 360° / 2^{21} = 1.717 \times 10^{-4} = 2.99 \times 10^{-6}\text{rad}$$

码盘的直径 $D = 2r = 2\dfrac{L}{\theta_1}$，已知 $L = 0.001\text{mm}$，所以码盘的直径为

$$D = 2\frac{L}{\theta_1} = \frac{2 \times 0.001}{2.99 \times 10^{-6}} \approx 669\text{mm}$$

3．双电刷扫描技术

双电刷扫描技术是在最低位码道上安装一个电刷，在其他码道上都安装两个电刷。当一个码道上安装两个电刷时，一个电刷位于被测位置的前边，称为超前电刷；另一个电刷位于被测位置的后边，称为滞后电刷。双电刷扫描技术适用于二进制码。

二进制码是由最低位向高位逐级进位的，最低位变化最快，高位变化减慢。当一个二进制码的第 i 位是 1 时，该二进制码的第 i+1 位和前一个二进制码的第 i+1 位状态相同（可从表 11.1 得到证实），故该二进制码第 i+1 位的真正输出要从滞后电刷读出。相反，当一个二进制码的第 i 位是 0 时，该二进制码第 i+1 位的真正输出要从超前电刷读出。

双电刷扫描技术的优点是，只要码盘刻划、制作的总误差不超过超前电刷与滞后电刷之间的距离，就不会产生粗误差，这时整个编码器的精度只由它的最低位决定。

双电刷扫描技术的缺点是，读数头的数量增加了一倍。当编码器的位数较多时，双电刷扫描技术元件的安装将变得复杂和困难。

11.1.2 光电式码盘编码器

由于接触式码盘编码器的实际应用受到电刷的限制，目前应用最广的是光电式码盘编码器。光电式码盘编码器用光电元件代替了接触电刷，最大特点是非接触式的，因此精度高、可靠性好、性能稳定、体积小。目前大多数关节式工业机器人都用它作为角度传感器。

1．光电式与接触式编码器的对比

（1）光电式编码器的码盘通常是一块光学玻璃。玻璃上刻有透光区域和不透光区域，分别相当于接触式编码器码盘上的导电区和不导电区。

（2）光电式编码器没有电刷。光电式编码器码盘的一侧是光源，另一侧是光电元件。光源照射码盘，透过码盘的光被光电元件接收，即光电式编码器利用光源发光、光电元件接收光，代替了接触式编码器电刷与码盘的接触。

2．光电式编码器的结构和工作原理

光电式编码器的结构如图 11.3 所示，由光源、透镜、码盘、狭缝和光电元件组构成。

（1）光源产生的光经过透镜后成为一束平行光。

（2）平行光投射到码盘上，码盘有透光区域和不透光区域，只在透光区域有平行光穿过并射向狭缝。

（3）狭缝的作用类似于电刷，光透过狭缝达到光电元件组。

（4）光电元件的数量与码盘的码道数相同，即一个码道对应一个光电元件。

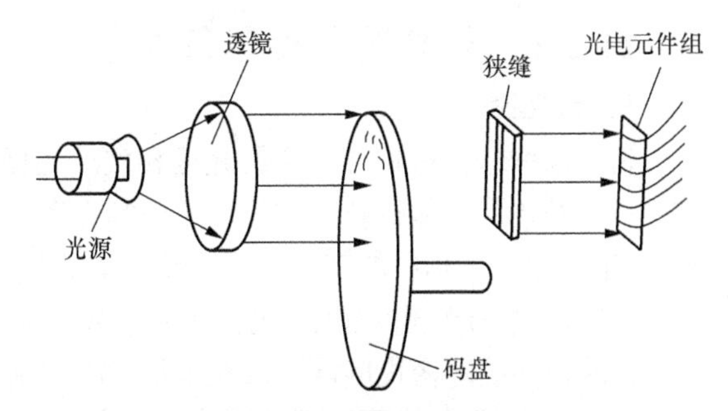

图 11.3 光电式编码器的结构

（5）有的光电元件感受到光照时，输出高电平；有的光电元件不能感受到光照时，输出低电平。由此，光电元件输出与码盘上的码型相对应的数字编码。

（6）光电式编码器与接触式编码器一样，也可以采用循环码和双电刷扫描技术。

11.1.3 码盘式编码器的应用实例

光学码盘测角仪的工作原理如图 11.4 所示，码盘在旋转轴的带动下旋转，该仪器能够确定角位移。光源形成的均匀狭长的光束照射在码盘上，测量时根据码盘所处的转角位置，位于狭缝后面的一排光电器件输出相应的电信号。电信号经放大、鉴幅、整形后，还需要当量变换，最后显示译码。纠错电路和寄存电路在需要时可以采用。

码盘式编码器所能分辨的旋转角度 θ_1 不一定是整齐的数。例如，一个 14 位的码盘，所能分辨的旋转角度 $\theta_1 = 360°/2^{14} = 1'19''$。显示器总是希望以度、分、秒的方式显示，为此需要采用“当量变换”电路。“当量变换”电路能将以数字编码方式输出的角位移变换为以度、分、秒表示的角位移。“当量变换”电路所计的数值最后经译码输出显示。

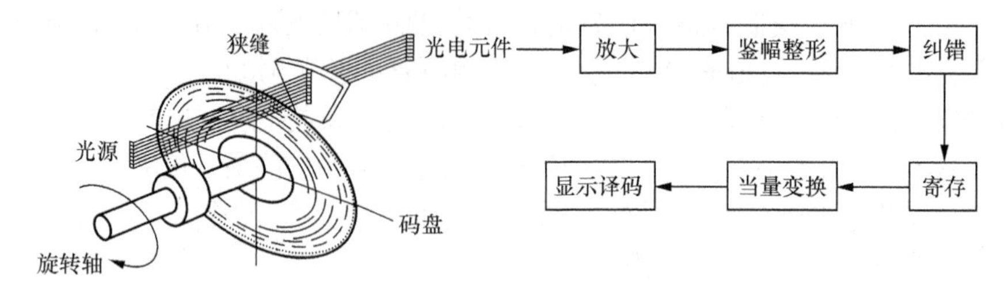

图 11.4　光学码盘测角仪

11.2　光栅传感器

光栅是由很多等间距的透光缝隙和不透光的刻线均匀相间排列构成的光学器件。光栅分为物理光栅和计量光栅，物理光栅利用了光的衍射现象，计量光栅利用了光的莫尔条纹现象。物理光栅和计量光栅都可以用于精密测量，但前者的刻线更密、精度更高，后者的应用则更广泛。本节只介绍计量光栅。

计量光栅按应用分为透射光栅和反射光栅，按原理分为幅值光栅（黑白光栅）和相位光栅（闪耀光栅），按用途分为测量线位移的长光栅和测量角位移的圆光栅。本节只讨论黑白透射式计量光栅，它利用光栅莫尔条纹现象，把光栅作为测量元件，主要用于线位移和角位移的测量，在高精度数控机床、光学坐标镗床、仪器精密定位、检测仪表和大规模集成电路的制造设备等领域应用比较广泛。

11.2.1　长光栅和莫尔条纹

1．长光栅

长光栅按基体材料分为金属光栅和玻璃光栅，主要用于长度或直线位移的测量。长光栅是在一块长条形基体材料上，均匀地刻制许多等间距的细小线纹，刻线相互平行，如图 11.5 所示。图中，a 为刻线的宽度（不透光），b 为缝隙的宽度（透光），$W=a+b$ 称为光栅的栅距（也称光栅常数）。通常，$a=b=W/2$。长光栅的栅线的疏密程度常用每毫米长度内的刻线数（又称栅线密度）表示，目前常用光栅的栅线密度为 25、50、100、125、250 线/mm。

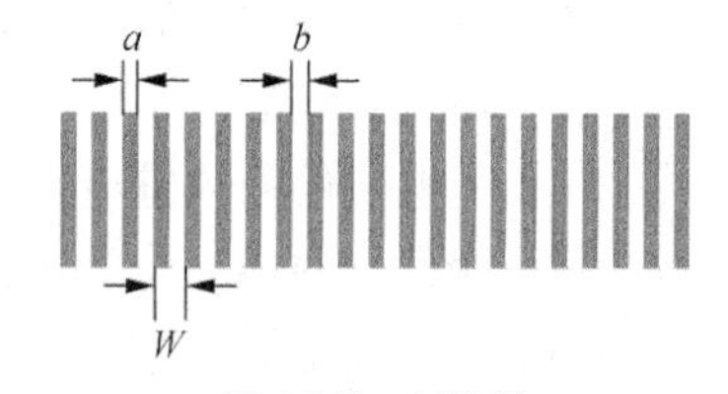

图 11.5　长光栅

光栅传感器中的光栅由主光栅（也称标尺光栅）和指示光栅组成，指示光栅一般比主光栅短得多，通常刻有与主光栅相同密度的线纹。

2．莫尔条纹

若将主光栅和指示光栅叠合在一起，并且使它们的刻线（也称栅线）之间成一个很小的角度 θ，就在近乎垂直于栅线的方向上出现了明暗相间的条纹，这种条纹叫做莫尔条纹（也称横向莫尔条纹），如图 11.6（a）所示。在图 11.6（a）中，两块光栅的刻线相交处形成横向莫尔条纹的亮带（a 线、c 线），而在一块光栅的刻线与另一块光栅的缝隙相交处形成横向莫尔条纹的暗带（b 线）。例如，在 a 线和 c 线上，两个光栅的刻线彼此重合，当 $a=b=W/2$ 时，从缝隙中通过光的一半，透光面积最大，形成条纹的亮带；在 b 线上，两光栅的刻线彼此错开，形成条纹的暗带，当 $a=b=W/2$ 时，b 线上是全黑的。当夹角 θ 减小时，条纹间距 B 增大，

调整夹角 θ 可获取所需的条纹间距 B。

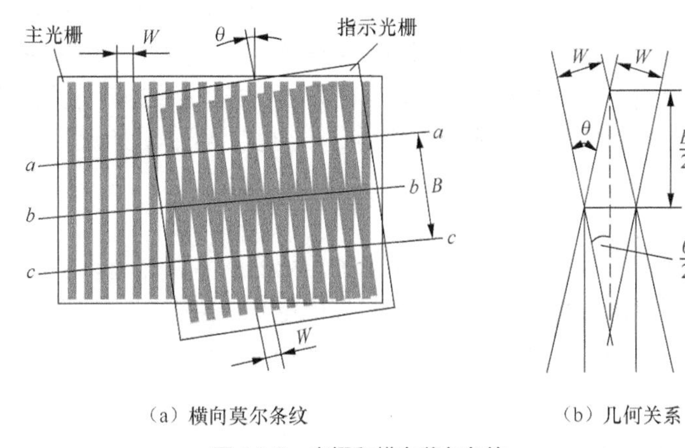

（a）横向莫尔条纹　　（b）几何关系

图 11.6　光栅和横向莫尔条纹

横向莫尔条纹（a 线、b 线、c 线）与两光栅（主光栅和指示光栅）刻线夹角的平分线保持垂直。由图 11.6（b），可以给出横向莫尔条纹的间距 B 与栅距 W 和夹角 θ 之间的关系。条纹间距 B 为

$$B=\frac{W/2}{\sin(\theta/2)}\approx\frac{W/2}{\theta/2}=\frac{W}{\theta} \tag{11.2}$$

由式（11.2）可见，横向莫尔条纹的间距 B 由夹角 θ 决定，即当光栅的栅距 W 给定时，夹角 θ 越小，条纹间距 B 越大。

莫尔条纹具有以下特点。

（1）对位移的光学放大作用：即把极细微的栅线放大为很宽的条纹，便于测试，提高了测量的灵敏度。

（2）连续变倍的作用：放大倍数可通过夹角 θ 的连续变化得到，从而获得任意粗细的莫尔条纹。

（3）对光栅刻线的误差均衡作用：光栅的刻线误差是不可避免的。由于莫尔条纹是由大量栅线共同组成的，光电元件感受的光通量是其视场覆盖的所有光栅光通量的总和，具有对光栅的刻线误差的平均效应，从而能消除短周期的误差。

11.2.2　长光栅传感器的结构和工作原理

1．长光栅传感器的结构

长光栅传感器由光源、主光栅、指示光栅和光电元件组成，如图 11.7 所示。其中，主光栅和指示光栅能形成莫尔条纹现象。

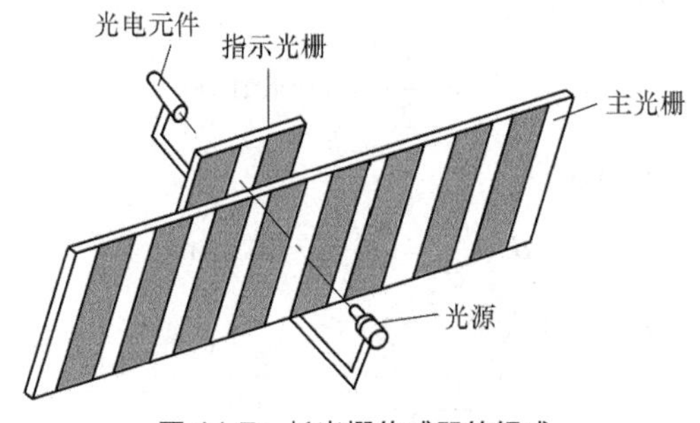

图 11.7　长光栅传感器的组成

（1）光源

光源通常为钨丝灯泡和半导体发光器件。钨丝灯泡的输出功率和工作范围较大（–40℃~+130℃），但与光电元件相组合的转换效率低。半导体发光器件（如砷化镓发光二极管）转换效率高，响应特征快速。砷化镓发光二极管与硅光敏三极管相结合，转换效率最高可达 30%左右。砷化镓发光二极管的脉冲响应速度约为几十纳秒，可以使光源工作在触发状态，从而减小了功耗和热耗散。

（2）光栅副

主光栅和指示光栅组成了光栅副，它是光栅传感器的主要部分。在长度计量中，主光栅的有效长度即为测量范围。指示光栅的有效长度比主光栅短得多，但两者一般刻有同样的栅距，使用时两光栅互相重叠，两者之间有微小的空隙。

（3）光电元件

光电元件的作用是把光信号转换成电脉冲信号。

2．长光栅传感器的工作原理

图 11.8 为透射式光栅传感器。其中，灯泡是传感器的光源部分，光敏三极管是光电元件，隔热镜片用来防止灯泡的热量对光路的影响。主光栅一般固定在被测物体上，且随被测物体一起移动，其长度取决于测量范围；指示光栅相对于光电元件固定。当主光栅相对于指示光栅移动时（沿着主光栅刻线的垂直方向），莫尔条纹会沿着这两个光栅刻线夹角的平分线的平行方向移动，光栅每移动一个 W，莫尔条纹也移动一个间距 B，通过测量莫尔条纹移过的数目，即可得出光栅的位移量。

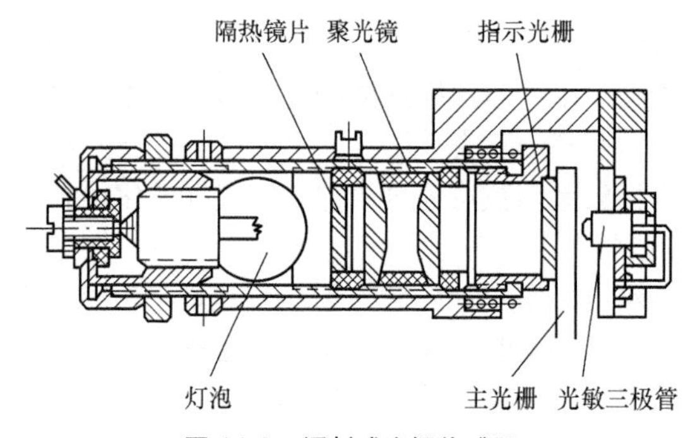

图 11.8　透射式光栅传感器

例 11.2　长光栅的栅线密度为 125 线/mm，主光栅和指示光栅刻线的夹角 $\theta = 0.01\text{rad}$。求：（1）莫尔条纹的间距 B；（2）莫尔条纹对位移的光学放大倍数；（3）若采用 4 只光敏二极管接收莫尔条纹信号，光敏二极管响应的时间为 10^{-6}s，此光栅允许的最快运动速度。

解：（1）栅线密度为 125 线/mm，栅距为

$$W = \frac{1}{125} = 0.008\text{mm}$$

由式（11.2）可得，莫尔条纹的间距为

$$B = \frac{W}{\theta} = \frac{0.008}{0.01} = 0.8\text{mm}$$

（2）莫尔条纹对位移的光学放大倍数为

$$\frac{B}{W} = \frac{0.8}{0.008} = 100$$

即放大 100 倍。

（3）光栅运动速度与光敏二极管响应时间成反比，即光栅允许的最快运动速度为

$$v=\frac{W}{t}=\frac{0.008}{10^{-6}}=8\text{m/s}$$

11.2.3 长光栅传感器的测量电路

由于光栅的遮光作用，透过光栅的光强度随莫尔条纹的移动而变化。固定在指示光栅一侧的光电转换元件的输出，可以用光栅位移量 x 的正弦函数表示，只要测量波形变化的周期数 N（等于莫尔条纹的移动数），就可知道光栅的位移量 x。图 11.9 为莫尔条纹测量位移的原理图。被测物体一般固定在主光栅上，主光栅与指示光栅形成莫尔条纹，然后通过光转换元件将光信号转变为电信号。由于透过光栅的光强度随莫尔条纹的移动而变化，且变化规律为正弦波规律，所以光电元件的输出为正弦波电压，经过整形变换为方波形式，最后转化为脉冲的输出。通过计量脉冲数即可知道莫尔条纹的移动数 N。

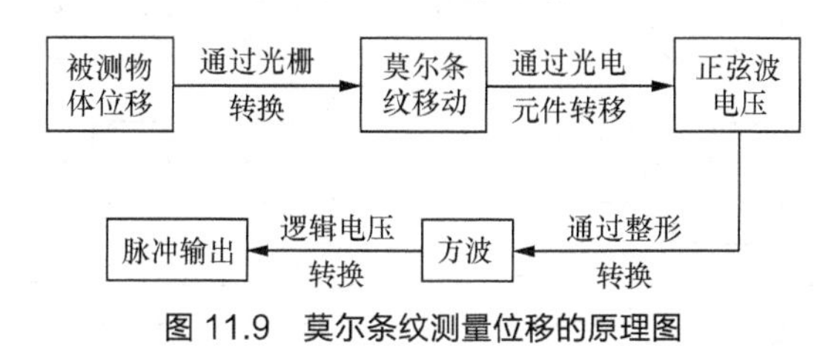

图 11.9 莫尔条纹测量位移的原理图

上面的测量电路实现了位移量由非电量转换为电量。但由于位移是向量，因而对位移量的测量除了需要确定大小之外，还应确定其方向。为了辨别位移的方向，并进一步提高测量的精度，下面讨论辨向原理和细分技术。

1．辨向原理

设主光栅随被测工件正向移动 10 个栅距后，又反向移动 4 个栅距，相当于正向移动了 6 个栅距。可是，单个光电元件由于缺乏辨向功能，从正向移动的 10 个栅距得到 10 个脉冲信号，又从反向移动的 4 个栅距得到 4 个脉冲信号，总计得到 14 个脉冲信号。显然，这种测量结果是错误的，因为这种测量缺乏辨别方向（即辨向）的能力。

为了能够辨向，需要有相位差为 $\pi/2$ 的两个电信号。辨向电路如图 11.10（a）所示，在相隔 $B/4$ 间距的位置上，放置光电元件 1 和光电元件 2，得到两个相位差为 $\pi/2$ 的电信号 u_1 和 u_2（波形是消除直流分量后的交流分量），经过整形后得两个方波信号 u_1' 和 u_2'。

光电元件 1 和 2 的输出电压波形如图 11.10（b）所示。当光栅沿 A 方向移动时，u_1' 经微分电路后产生的脉冲，正好发生在 u_2' 的“1”电平时，与门 Y_1 输出一个计数脉冲；而 u_1' 经反相并微分后产生的脉冲，与 u_2' 的“0”电平相遇，与门 Y_2 被阻塞，无脉冲输出。在光栅沿 $\bar{A}$ 方向移动时，u_1' 的微分脉冲发生在 u_2' 为“0”电平时，与门 Y_1 无脉冲输出；而 u_1' 的反相微分脉冲则发生在 u_2' 的“1”电平时，与门 Y_2 输出一个计数脉冲，说明 u_2' 的电平状态作为与门的控制信号，控制在不同的移动方向时 u_1' 所产生的脉冲输出。这样，就可以根据运动方向正确地给出加计数脉冲或减计数脉冲，再将其输入可逆计数器，可以实时显示出相对于某个参考点的位移量。

2．细分技术

由前面讨论的光栅测量原理可知，以莫尔条纹的数量确定位移量，其分辨率为光栅的栅距。为了提高分辨率和测量比栅距更小的位移量，可以采用细分技术。所谓细分，就是在莫尔条纹信号变化的一个周期内，发出若干脉冲，以减小脉冲当量。例如，在一个周期内发出 n

个脉冲，就可使测量精度提高 n 倍，而每个脉冲相当于原来栅距的 $1/n$。由于细分后计数脉冲的频率提高了 n 倍，因此也称之为 n 倍频。

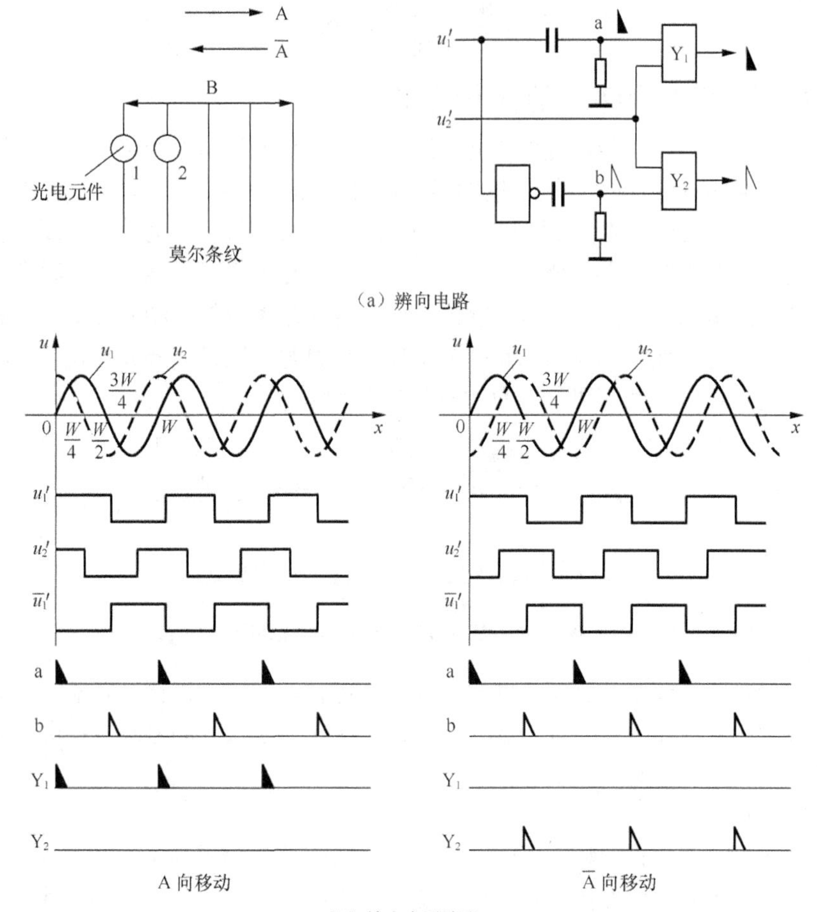

（a）辨向电路

（b）输出电压波形

图 11.10　辨向原理

细分方法有机械细分和电子细分两类。下面介绍细分法中常用的四倍频细分法，这种细分法也是其他细分法的基础。

（1）机械细分

机械细分又称为位置细分。在相差 $B/4$ 的位置上，安放 4 个光电元件，可实现四倍频细分。但这种方法不可能得到很高的细分数，因为在一个莫尔条纹的间距内不可能安装太多的光电元件。机械细分有一个优点，就是对莫尔条纹产生的信号波形没有严格要求。

（2）电子细分

在相差 $B/4$ 的位置上，安装 2 个光电元件，可以得到 2 个相位相差 $\pi/2$ 的电信号。若将这 2 个信号反相，就可以得到 4 个依次相差 $\pi/2$ 的信号，从而可以在移动一个栅距的周期内得到 4 个计数脉冲，实现四倍频细分。

11.2.4　圆光栅

刻划在玻璃圆盘上的光栅称为圆光栅，圆光栅用来测量角度或角位移。圆光栅按栅线刻划方向分为径向光栅和切向光栅，如图 11.11 所示。径向光栅的栅线的延长线全部通过圆心，如图 11.11（a）所示，栅线长为 154/2-126/2=14mm，栅线的中心位于直径为 140mm 的圆上。

切向光栅如图 11.11（b）所示，栅线的延长线全部与光栅盘中心的一个小圆（直径为零点几到几毫米）相切，切向光栅适用于精度要求较高的场合。

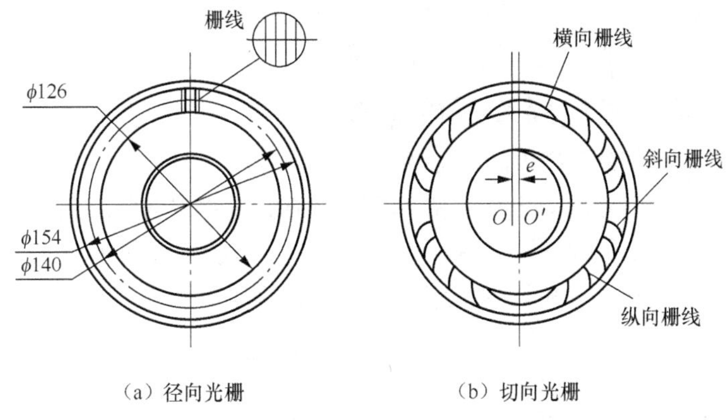

图 11.11　圆光栅

圆光栅的参数多使用整圆上的刻线数或栅距角（也称节距角）表示，圆光栅的两条相邻栅线的中心线之间的夹角称为节距角。一般在整圆上，径向光栅和切向光栅的栅线数为 5 400～64 800。此外，圆光栅只有透射光栅。

11.2.5　光栅传感器的应用实例

由于光栅传感器测量精度高，动态范围广，可进行非接触式测量，易实现系统的自动化和数字化，光栅传感器不仅应用于长度和角度的测量，而且已扩展到与长度和角度有关的其他物理量的测量（如速度、加速度、振动、质量、表面轮廓等）。目前光栅传感器在机械工业中得到了广泛的应用，特别是在量具、数控机床的闭环反馈控制、工作母机坐标测量等方面，光栅传感器都起着重要作用。

图 11.12 为光栅式测长仪的工作原理图。光源为发光二极管，由主光栅和指示光栅形成了莫尔条纹，当两块光栅相对移动时，便可接收到周期性的光通量，光敏三极管把这种周期性的光信号变为周期性的电信号输出。电信号经过放大器放大、移相电路分相、整形电路整形、倍频电路细分、辨向电路辨向后，进入可逆计数器，最后由显示器显示。

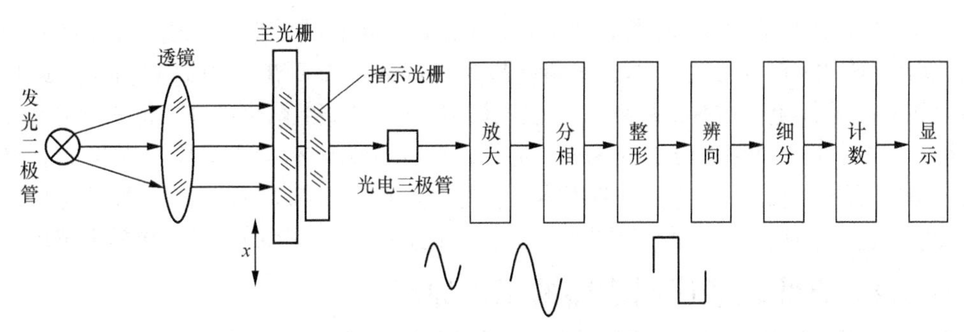

图 11.12　光栅式测长仪的工作原理图

11.3　感应同步器

感应同步器是应用电磁感应原理将位移量转换成数字量的传感器。感应同步器具有 2 个平面型的绕组，通过 2 个绕组之间的电磁感应，检测相互之间的位移量。感应同步器可分为两大类：测量直线位移的直线式感应同步器；测量角位移的旋转式感应同步器。直线式感应同步器测量精度较高，并且能够测量 1m 以上的大位移，广泛应用于坐标镗床、坐标铣床及其他机床的定位、数控和数显。旋转式感应同步器常用于精密机床和测量仪器的分度装置等，也用于雷达天线、火炮和无线电望远镜的定位跟踪。

11.3.1 直线式感应同步器的结构

1. 载流线圈 1 使线圈 2 产生感应电动势

感应同步器是应用电磁感应定律将位移量转换成电量的传感器。感应同步器的基本结构如图 11.13 所示，由 2 个平面矩形线圈组成，其中一个线圈（线圈 1）通有电流 i，通过这 2 个平面矩形线圈的相对运动，可以检测线圈的相对位移量。

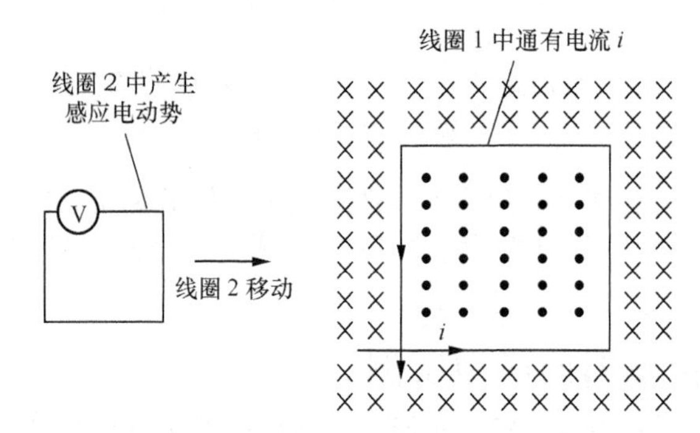

图 11.13 载流线圈 1 使线圈 2 产生感应电动势

在图 11.13 中，线圈 1（即载流线圈）中通有电流 i，载流线圈 1 产生的磁场使移动的线圈 2 产生了感应电动势。根据电流 i 的方向，载流线圈 1 内的磁场方向为由纸内穿出（图中为"点"），载流线圈 1 外的磁场方向为穿向纸内（图中为"叉"）。当线圈 2 向线圈 1 移动时，由于线圈 2 处在载流线圈 1 产生的磁场中，线圈 2 中产生了感应电动势，线圈 2 称为感应线圈。载流线圈 1 产生的磁场在空间不同点的大小和方向（即"点"和"叉"）都是不同的，因此线圈 2 中产生的感应电动势随移动位置的不同在不断地变化。

2. 直线式感应同步器的基本结构

直线式感应同步器的基本结构是绕组，绕组由定尺和滑尺两部分组成，如图 11.14 所示。定尺是均匀分布的连续绕组，定尺的长度一般为 250mm，节距 $W_2 = 2(a_2 + b_2)$，节距的长度一般为 2mm。滑尺上分布有断续绕组，为正弦绕组和余弦绕组两个部分（正弦绕组是 1-1′，余弦绕组是 2-2′），彼此相距 π/2 或 3π/4。通常，滑尺的节距 W_1 等于定尺的节距 W_2。定尺和滑尺采用相同的工艺方法制造，一般用热压法在基体上粘贴绝缘层和铜箔，然后通过光刻和化学腐蚀工艺刻出所需的平面绕组图形。在滑尺上还粘有一层铝膜，以防止静电感应。

11.3.2 直线式感应同步器的工作原理

当两个线圈（载流线圈和感应线圈）相对运动时，用图 11.15 说明感应线圈中产生的感应电动势的大小变化。在图 11.15（a）中，感应线圈的一半与载流线圈相交，感应线圈中产生的感应电动势为 0；在图 11.15（b）中，感应线圈与载流线圈的相交部分增大，感应线圈中产生的感应电动势也增大；在图 11.15（c）中，感应线圈完全处于载流线圈中，感应线圈产生的感应电动势最大；在图 11.15（d）中，感应线圈与载流线圈的相交部分减小，感应线圈产生的感应电动势也减小；在图 11.15（e）中，感应线圈的一半与载流线圈相交，感应线圈产生的感应电动势为 0。可以看出，当载流线圈和感应线圈相对移动时，感应线圈中产生的感应电动势在发生变化。

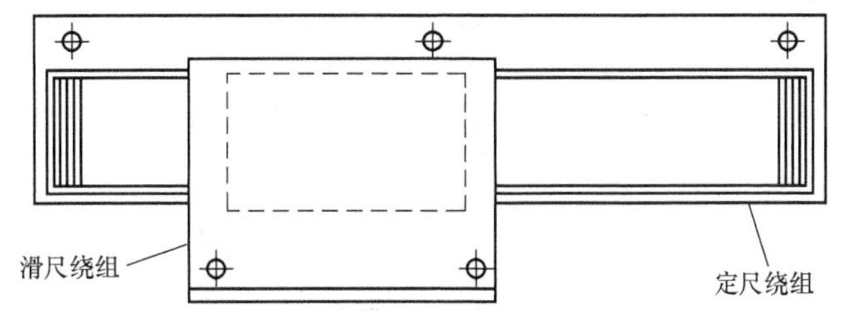

（a）线位移感应同步器示意图

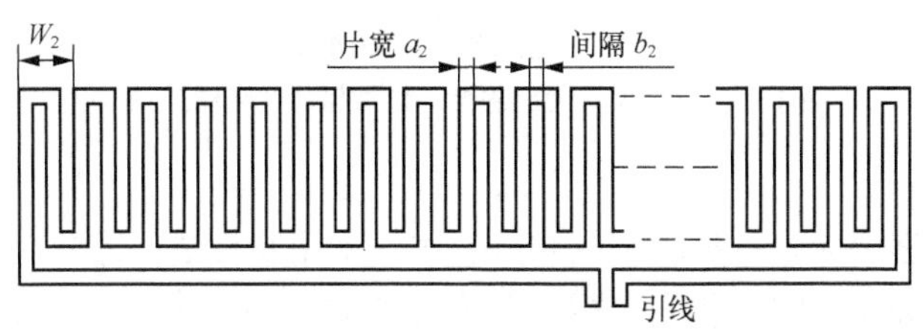

（b）定尺绕组

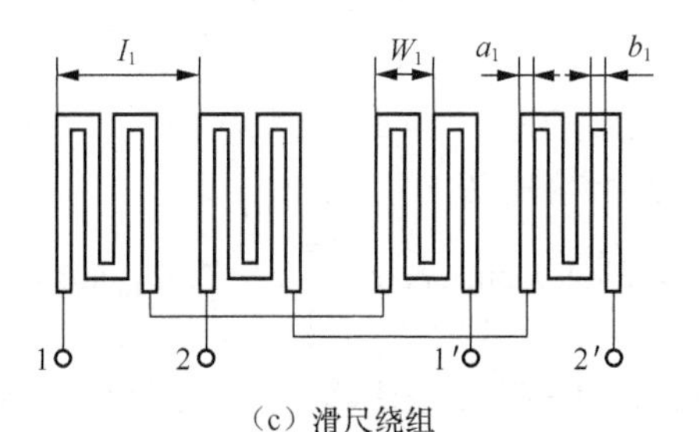

（c）滑尺绕组

图 11.14　直线式感应同步器的基本结构

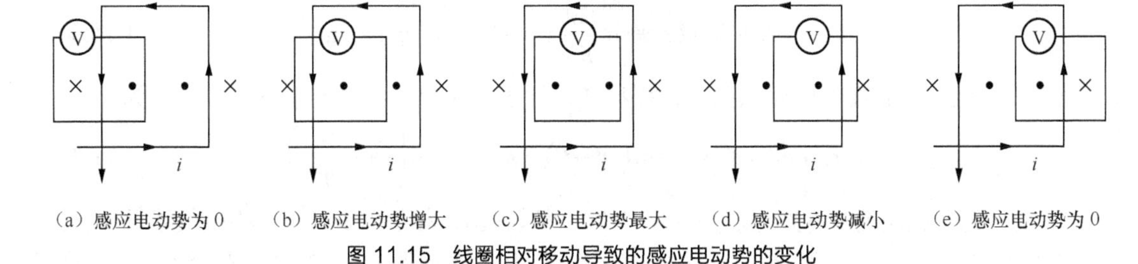

（a）感应电动势为 0　（b）感应电动势增大　（c）感应电动势最大　（d）感应电动势减小　（e）感应电动势为 0

图 11.15　线圈相对移动导致的感应电动势的变化

在感应同步器中，滑尺上的两个绕组间的距离 L_1 应满足 L_1=（n/2+1/4）W_1，即滑尺上的正弦绕组和余弦绕组在空间错开 1/4 节距。工作时，当在滑尺两个绕组中的任一绕组加上激励电压时，由于电磁感应，在定尺绕组中会感应出相同频率的感应电压。设正弦绕组上的电压为 0，余弦绕组上加激磁电压，定尺绕组与滑尺绕组简化为图 11.16，由滑尺余弦绕组产生的感应电动势为曲线 1。同理，由滑尺正弦绕组产生的感应电动势为曲线 2。图中，当滑尺的位置在 A 点时，称为感应同步器的零位点。由曲线 1 和曲线 2 可以看出，输出的感应电动势的曲线是定尺与滑尺相对位置的正弦函数。

对于不同的感应同步器，若滑尺绕组激磁，定尺绕组中的输出信号主要有鉴相法和鉴幅法两种处理方法。

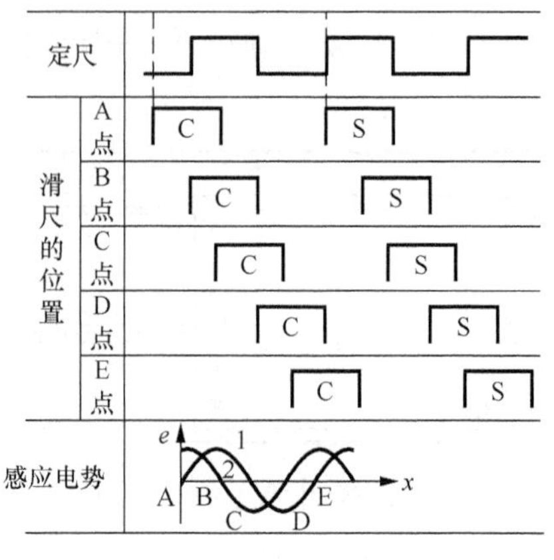

S—正弦绕组，C—余弦绕组

图 11.16　定尺与滑尺的相对位置与感应电动势的变化

1．鉴相法

鉴相法就是根据感应电动势的相位测量位移。采用鉴相法，需要在滑尺的正弦绕组和余弦绕组上分别加上频率和幅值相同、相位差为$\pi/2$的激磁电压u_s和u_c，即

$$u_s = U_m \sin \omega t \tag{11.3}$$

$$u_c = U_m \cos \omega t \tag{11.4}$$

由前面分析已经看出，输出的感应电动势是定尺与滑尺相对位置的正弦函数。余弦绕组单独激磁时，定尺绕组中的感应电动势为

$$e_c = K\omega U_m \sin \omega t \cos \frac{2\pi}{W_2} x = K\omega U_m \sin \omega t \cos \theta \tag{11.5}$$

式（11.5）中，K是耦合系数；$\theta = \frac{2\pi}{W_2} x$是位移所形成的正弦函数的相位角。同理，正弦绕组单独激磁时，定尺绕组中的感应电动势为

$$e_s = -K\omega U_m \cos \omega t \sin \frac{2\pi}{W_2} x = -K\omega U_m \cos \omega t \sin \theta \tag{11.6}$$

正弦绕组和余弦绕组同时激磁时，根据叠加原理，定尺绕组中的总感应电动势为

$$e = e_c + e_s = K\omega U_m \sin(\omega t - \theta) = K\omega U_m \sin\left(\omega t - \frac{2\pi x}{W_2}\right) \tag{11.7}$$

式（11.7）为鉴相法的基本方程。由式（11.7）可以看出，相位差θ正比于相对位移量 x。相对位移量x每经过一个节距W_2，总感应电动势e变化一个周期（$\theta = 2\pi$）。只要测出θ，就可以求得相对位移量x，因此这种方法称为鉴相法。

例 11.3　感应同步器采用鉴相法进行测量。已知定尺节距W_2=0.5mm，正弦绕组的激磁电压$u_s = 5\sin 500t$，余弦绕组的激磁电压$u_c = 5\cos 500t$，定尺上的感应电动势为$2.5\times10^{-2}\sin\left(500t - \frac{\pi}{3}\right)$，定尺上的感应电动势变化 12 个周期。计算定尺的位移量及测量误差。

解：定尺上的感应电动势变化 12 个周期，对应的定尺位移量为

$$12W_2 = 12\times 0.5 = 6\text{mm}$$

又由式（11.7）可得，θ为

$$\theta = \frac{2\pi}{W_2} x = \frac{\pi}{3}$$

已知定尺节距 W_2=0.5mm，所以 θ 对应的位移量为

$$x = \frac{W_2\theta}{2\pi} = 0.083\text{mm}$$

由于感应同步器是数字传感器，只能计入感应电动势的周期变化，因此测量误差为 0.083mm。

2．鉴幅法

鉴幅法就是根据感应电动势的幅值测量位移。采用鉴幅法，需要在滑尺的正弦绕组和余弦绕组上分别加上频率和相位相同、幅值不等的激磁电压 u_s 和 u_c，即

$$u_s = -U_m \cos\varphi \cos\omega t \tag{11.8}$$

$$u_c = U_m \sin\varphi \cos\omega t \tag{11.9}$$

在定尺绕组上产生的感应电动势分别为

$$e_s = -K\omega U_m \cos\varphi \sin\theta \sin\omega t \tag{11.10}$$

$$e_c = K\omega U_m \sin\varphi \cos\theta \sin\omega t \tag{11.11}$$

根据叠加原理，在定尺绕组上产生的总感应电动势为

$$e = e_c + e_s = K\omega U_m \sin(\varphi - \theta) \sin\omega t \tag{11.12}$$

式（11.12）为鉴幅法的基本方程，感应电动势 e 的幅值为 $K\omega U_m \sin(\varphi-\theta)$。由式（11.12）可以看出，调整激磁电压 φ 值，使 $\varphi = \frac{2\pi x}{W_2} = \theta$，则定尺绕组上产生的总感应电动势为 0，此时激磁电压的 φ 值反映了感应同步器的相对位置 θ。鉴幅法检查 e 的幅值是否为 0，若不等于 0，则通过调整 φ 值使 e 的幅值为 0，最后测出 φ 值，φ 值即为 θ 值。

实际设计一个电路时，每当 Δx 超过一定值（例如 0.01mm），就使 Δe 的幅值超过某一预先设定的门槛电平，并发出一个脉冲，利用这个脉冲去自动改变激磁电压幅值，使新的 φ 值跟上新的 θ 值。这样，就把位移量转换为数字量，实现了对位移的数字测量。

11.3.3 旋转式感应同步器

旋转式感应同步器如图 11.17 所示，由转子绕组和定子绕组构成。转子绕组相当于直线式感应同步器的定尺，定子绕组相当于直线式感应同步器的滑尺。旋转式感应同步器的直径一般有 50mm、76mm、178mm 和 302mm 等几种，径向导体数（极数）一般有 360、720 和 1080 等几种。旋转式感应同步器在极数相同的情况下，同步器的直径越大，精度就越高。由于转子是绕转轴旋转的，必须特别注意其引出线，通常采用导电环直接耦合输出，或者通过耦合变压器将转子初级感应电势经气隙耦合到定子次级上输出。

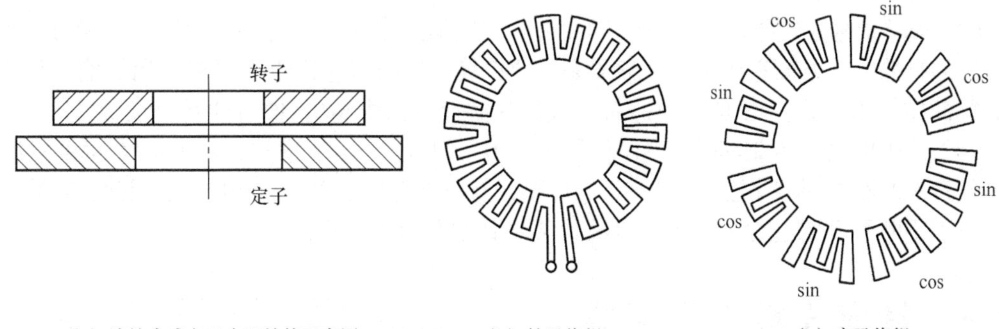

（a）旋转式感应同步器结构示意图　　（b）转子绕组　　（c）定子绕组

图 11.17　旋转式感应同步器

11.3.4 感应同步器的测量系统

图 11.18 为鉴相法位移测量系统的原理方框图，它的作用是将代表位移量的相位变化转换为数字量。该测量系统由位移-相位转换、模-数转换和计数显示 3 部分组成，其中，位移-相位转换是通过感应同步器将位移量转换为电的相位移，模-数转换是通过鉴相器等将电的相位移转换为数字量。

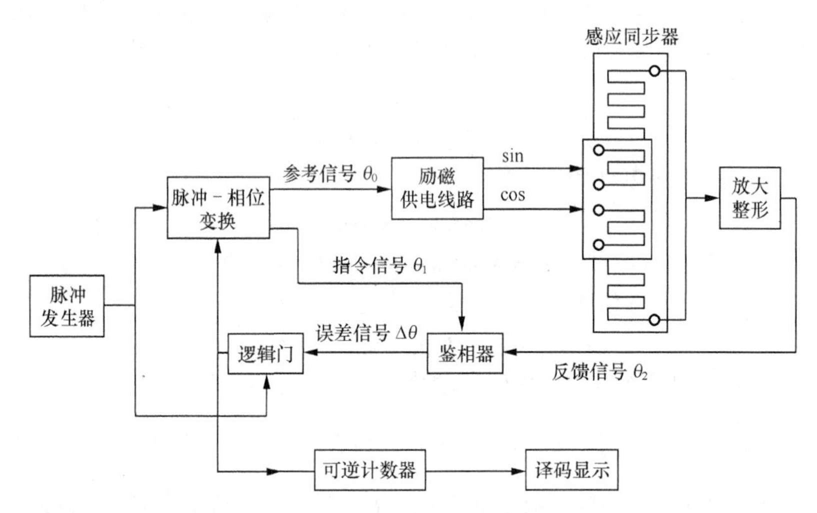

图 11.18 鉴相法位移测量系统的原理方框图

在图 11.18 中，脉冲发生器输出一定频率的脉冲序列，经脉冲-相位变换器进行 N 分频后，输出参考信号方波 θ_0 和指令信号方波 θ_1。参考信号方波 θ_0 经过激磁（也称励磁）供电线路，转换成振幅和频率相同、相位相差 90° 的正弦和余弦电压，分别给感应同步器滑尺的正弦绕组和余弦绕组激磁。感应同步器定尺绕组中产生的感应电压经放大和整形后，成为反馈信号方波 θ_2。指令信号方波 θ_1 和反馈信号方波 θ_2 同时送给鉴相器，鉴相器既可以判断 θ_1 与 θ_2 相位差的大小，也可以判断指令信号 θ_1 和反馈信号 θ_2 哪个相位是超前的。位移量用可逆计数器计数，并译码显示出来。

鉴相法位移测量系统的工作过程如下。

（1）开始时，$\theta_1=\theta_2$。

（2）当感应同步器的滑尺相对于定尺平行移动时，定尺绕组中的感应电压相位 θ_2（即反馈信号的相位）发生变化，此时 $\theta_1\neq\theta_2$，由鉴相器判别后，将相位差 $\Delta\theta=\theta_2-\theta_1$ 作为误差信号，输出给门电路。

（3）误差信号 $\Delta\theta$ 控制门电路开门的时间，门电路允许脉冲发生器产生的脉冲通过。通过门电路的脉冲，一方面送给可逆计数器去计数；另一方面作为脉冲-相位变换器的输入脉冲，在此脉冲作用下，脉冲-相位变换器将修改指令信号的相位 $\Delta\theta$，使 θ_1 随 θ_2 而变。

（4）当 θ_1 再次与 θ_2 相等时，误差信号 $\Delta\theta=0$，门被关闭。当滑尺相对于定尺继续移动时，误差信号 $\Delta\theta$ 又去控制门电路的开启，门电路又有脉冲输出，去计数和显示。因此，在滑尺相对于定尺不断移动的过程中，就可以将位移量计数并显示出来。

11.4 频率式数字传感器

频率式数字传感器能直接将被测非电量转换成与之对应的振动频率信号，易于进行数字显示。频率式数字传感器一般有如下两种类型。

（1）利用电子振荡器原理，使被测量的变化改变振荡器的振荡频率，常用的振荡器有 *RC* 振荡电路和石英晶体振荡电路。

（2）利用机械振动系统，使被测量的变化改变振动系统的固有振动频率，常用的振动系统有振弦式、振筒式、振膜式和振梁式等。管、弦、钟、鼓利用谐振可以奏乐，这早已为人们所熟知，而将振弦、振筒、振膜和振梁等弹性振体的谐振特性成功地用于传感技术，却是近几十年的事。

11.4.1 RC 振荡器式频率传感器

大多数传感器的输出信号是模拟信号。RC 振荡器的电参量是电阻、电容和电感等，这些电参量也是模拟的。RC 振荡器式频率传感器是利用电阻、电容和电感等模拟电参量的改变来改变振荡器的振荡频率，从而输出相应的频率信号。

图 11.19 为温度-频率传感器，它是 RC 振荡器式频率传感器的一种类型。热敏电阻 R_T 为 RC 振荡器的一部分，该电路是由运算放大器和反馈网络构成的一种 RC 文氏电桥正弦波发生器。这是利用热敏电阻 R_T 测量温度，电阻 R_2 和 R_3 的作用是改善其线性特性，使流过热敏电阻 R_T 的电流尽可能小，这样可以减小热敏电阻 R_T 自身发热对测量温度的影响。当外界温度 T 变化时，热敏电阻 R_T 的阻值也随之变化，RC 振荡器的频率因此而改变。RC 振荡器的振荡频率由下式决定。

$$f = \frac{1}{2\pi}\sqrt{\frac{R_2 + R_3 + R_T}{R_1 R_2 C_1 C_2 \left(R_3 + R_T\right)}} \tag{11.13}$$

式（11.13）中，热敏电阻 R_T 与温度 T 的关系为

$$R_T = R_0 e^{B\left(\frac{1}{T} - \frac{1}{T_0}\right)} \tag{11.14}$$

式（11.14）中，R_T 和 R_0 分别是热敏电阻在温度 T（K）和 T_0（K）时的电阻值，B 为热敏电阻的温度常数。

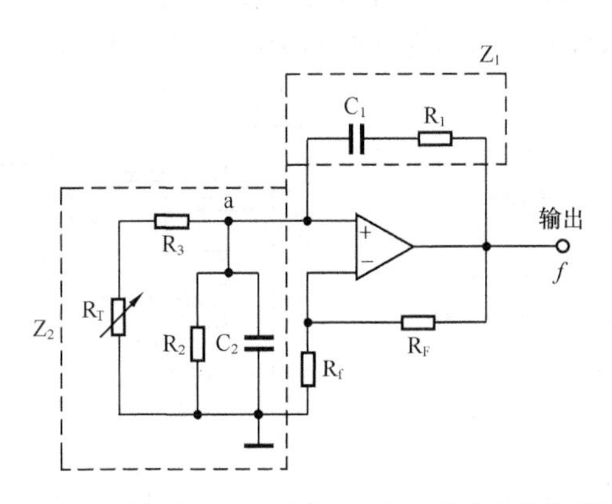

图 11.19 基于温度-频率的 RC 振荡器式频率传感器

基于这类电参量变化而改变振荡频率的方法是可以推广的，几乎所有模拟信号传感器都可以输出频率信号。

11.4.2 振弦式频率传感器

振弦式频率传感器是以被拉紧了的钢弦作为敏感元件，其振动频率与拉紧力的大小、弦

的长度等有关。就像弦乐器，改变弦的粗细和长度，就可以改变它们的发声频率。当弦的长度确定后，弦的振动频率的变化可以表示拉力的变化，即输入是力，输出是频率。振弦式频率传感器灵敏度高，测量精度高，结构简单，体积小，功耗低，惯性小，应用广泛。

图 11.20 为压力-频率传感器，它是振弦式频率传感器。振弦是一根弦丝或弦带，其上端用夹紧机构夹紧，并与壳体固连；其下端用夹紧机构夹紧，并与膜片的硬中心固连。振弦夹紧时，加一定的预紧力。磁铁线圈组件用于产生激振力和检测振动频率，磁铁线圈可以是 1 个，也可以是 2 个。当磁铁线圈是 1 个时，线圈既是激振线圈，也是拾振线圈。当线圈中加脉冲电流时，固定在振弦上的软铁片被磁铁吸住，对振弦施加激励力；当线圈中不加脉冲电流时，软铁片被释放，振弦以某一固有频率自由振动，从而在磁铁线圈组件中感应出与振弦频率相同的感应电势。由于空气阻尼的影响，振弦的自由振动逐渐衰减，需要在激振线圈中加上与振弦固有频率相同的脉冲电流，以使振弦维持振动。

通过测量振弦的固有频率，就可以测出被测压力的大小。振弦的最低阶固有频率为

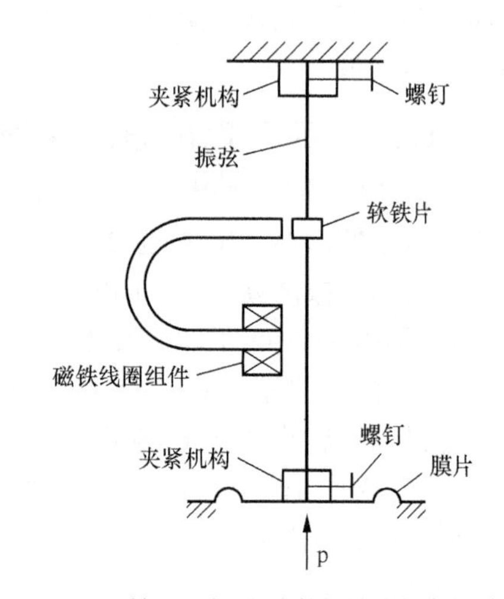

图 11.20 基于压力-频率的振弦式频率传感器

$$f_0 = \frac{1}{2L}\sqrt{\frac{T_0 + T_p}{\rho_0}} \tag{11.15}$$

式（11.15）中，T_p是由被测压力 p 转换的作用于振弦上的张紧力，T_0是振弦的初始张紧力，L 是振弦的长度，ρ_0是振弦单位长度的质量。

图 11.21 为压力振弦式频率传感器的两种激励方式，其中图 11.21（a）为间歇式激励方式，图 11.21（b）为连续式激励方式。在连续式激励方式中，线圈 1 是激振线圈，线圈 2 是拾振线圈，线圈 2 的感应电势经放大后，一方面作为输出信号，另一方面又反馈到激振线圈 1。只要放大的信号满足振弦系统振荡所需的幅值和相位，振弦就会维持振动。

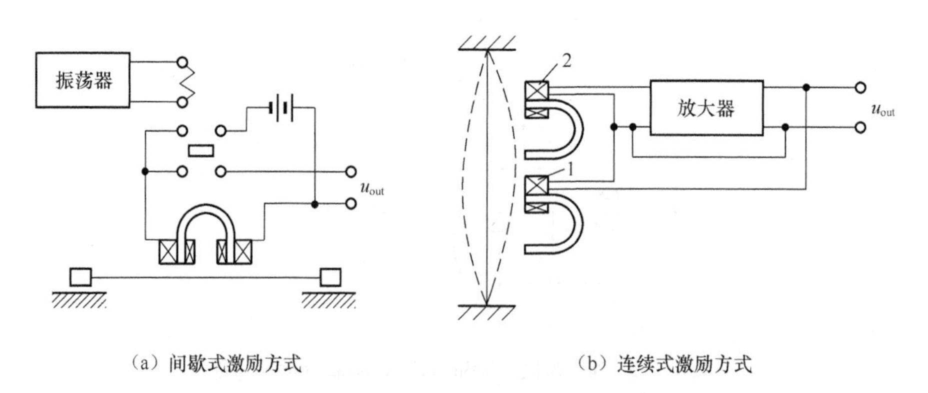

（a）间歇式激励方式 （b）连续式激励方式

图 11.21 压力振弦式频率传感器的两种激励方式

11.4.3 振筒式频率传感器

振筒式频率传感器是利用振动筒的固有频率测量有关数据。振筒式频率传感器迟滞误差极小，长期稳定性好（年稳定性可达±0.006%），分辨率高（可达 0.01%），主要用于测量气

体的压力和密度等，精度比一般模拟量输出的压力传感器高 1～2 个数量级。目前，振筒式压力传感器已经装备在超声速飞机上，在 100m/s² 振动加速度的作用下，满量程输出误差仅为 0.0045%，可测量大气参数，并可获得飞行的高度和速度等数据。

图 11.22 为振筒式压力传感器的原理示意图，它由传感器本体和激励放大器两部分组成。其中，传感器本体由振动筒、激振线圈和拾振线圈组成。振动筒与外壳间为真空，当通入振动筒的被测压力不同时，振动筒的等效刚度不同，因此振动筒的固有频率（谐振频率）不同，通过测量振动筒的固有频率，就可以测出被测压力的大小。

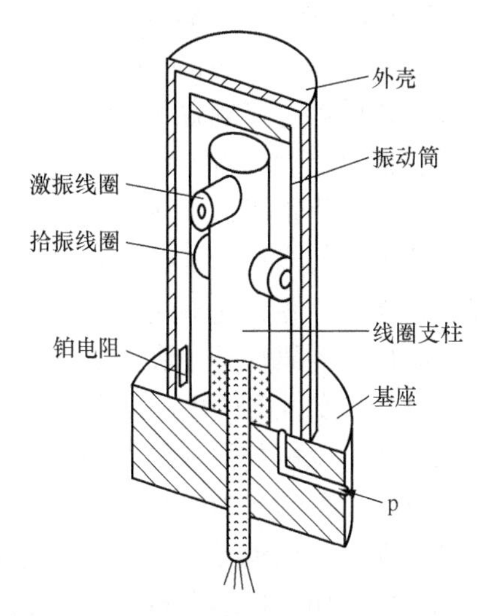

图 11.22　振筒式压力传感器的原理示意图

振动筒的固有频率为

$$f = f_0\sqrt{1+C_{mn}p} \tag{11.16}$$

式（11.16）中，f_0 是压力为 0 时振动筒的固有频率，C_{mn} 是与谐振筒的材料、物理参数和振动振型波数等有关的系数，p 是被测压力。

11.4.4　频率输出谐振式传感器的测量方法

用于检测频率的谐振式传感器，其输出频率就是传感器系统输出的方波信号的频率。信号频率的检测方法有 2 种：频率测量法和周期测量法。

1．频率测量法

频率测量法是测量 1s 内出现的脉冲数，该脉冲数即为输入信号的频率。传感器的矩形脉冲信号被送入门电路，“门”的开关受标准时钟频率的定时控制，即用标准时钟信号作为门控信号。1s 内通过“门”的脉冲数，就是输入信号的频率。

由于计数器不能计算周期的分数值，如果门控时间为 1s，则传感器的误差为 ± 1Hz。要想提高分辨率，就必须延长测量时间，但这又会影响传感器的动态性能。因此，100Hz～15kHz 内的频率不宜用频率测量法，100kHz 以上的频率适宜用频率测量法。

2．周期测量法

周期测量法是测量重复信号完成一个循环所需的时间。与频率测量法不同的是，周期测量法的测量电路是用传感器的输出作为门控信号，输入信号是频率较高的标准频率信号（如 12MHz 标准频率信号）。

周期测量法在频率较低时测量时间短，分辨率高。因此，频率较低的常规谐振式传感器，总是采用周期法测量。

本章小结

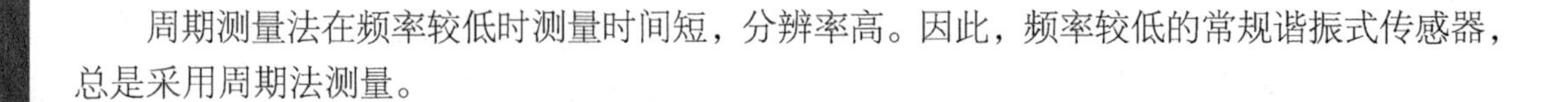

现代测量与控制系统对信号的检测、控制和处理已经进入数字化阶段，同样也希望将传感器数字化。数字式传感器是指能把被测的模拟量转换成数字量输出的传感器。目前数字式传感器的种类还不多，本书介绍了码盘式传感器、光栅传感器、感应同步器和频率式数字传感器。

码盘式传感器是建立在编码器的基础上，能将机械转动的模拟量（角位移）转换成以数字代码形式表示的电信号。码盘式传感器有接触式和光电式等。接触式码盘编码器由码盘和电刷组成，可以采用二进制码盘，但二进制码盘的粗误差不易克服。克服粗误差问题可以采用循环码或双电刷扫描技术，循环码即格雷码，循环码在编码中只有一位发生变化，由此解决了二进制码盘的粗误差问题；双电刷扫描技术是在码道上（不包括最低位码道）安装两个电刷，由此解决了二进制码盘的粗误差问题。光电式码盘编码器用光电元件代替接触电刷，最大特点是非接触式的。光电式编码器的码盘是一块光学玻璃，玻璃上的透光区域相当于接触式码盘的导电区，不透光区域相当于接触式码盘的不导电区。光电式编码器利用光源发光、光电元件接收光，代替了接触式编码器电刷与码盘的接触。

光栅是由很多等间距的透光缝隙和不透光的刻线均匀相间排列构成的光学器件。计量光栅是利用光的莫尔条纹现象，把光栅作为测量元件，分为测量线位移的长光栅和测量角位移的圆光栅。长光栅传感器由光源、主光栅、指示光栅和光电元件组成。将主光栅和指示光栅叠合在一起，出现了明暗相间的条纹，这种条纹叫做莫尔条纹，莫尔条纹间距为$B=W/\theta$，即主光栅和指示光栅的夹角θ越小，条纹的间距 B 越大。光电元件的作用是把光信号转换成电脉冲信号。长光栅传感器的测量电路能实现位移量由非电量转换为电量，对位移量的测量除了需要确定大小之外，还应考虑辨向和细分技术。刻划在玻璃圆盘上的光栅称为圆光栅，圆光栅用来测量角度或角位移，圆光栅按栅线刻划方向分为径向光栅和切向光栅。

感应同步器是应用电磁感应原理将位移量转换成数字量的传感器。感应同步器具有 2 个平面型的绕组，通过 2 个绕组之间的电磁感应检测相互之间的位移量。感应同步器分为测量直线位移的直线式感应同步器和测量角位移的旋转式感应同步器。直线式感应同步器的 2 个绕组是定尺和滑尺，定尺是均匀分布的连续绕组；滑尺上分布有断续绕组，有正弦绕组和余弦绕组两个部分。若感应同步器的滑尺绕组激磁，定尺绕组中的输出信号主要有鉴相法和鉴幅法两种处理方法。旋转式感应同步器由转子绕组和定子绕组构成，转子绕组相当于直线式感应同步器的定尺，定子绕组相当于直线式感应同步器的滑尺。

频率式数字传感器能直接将被测非电量转换成与之对应的振动频率信号，容易进行数字显示。频率式数字传感器一般有 2 种类型：一种是利用电子振荡器原理，使被测量的变化改变振荡器的振荡频率，如 RC 振荡电路；另一种是利用机械振动系统，使被测量的变化改变振动系统的固有振动频率，如振弦式和振筒式振动系统。RC 振荡器式频率传感器是利用电阻、电容和电感等模拟电参量的改变来改变振荡器的振荡频率，从而输出相应的频率信号，温度-频率传感器就是 RC 振荡器式频率传感器的一种类型。振弦式频率传感器是以被拉紧了的钢弦作为敏感元件，其振动频率与拉紧力的大小、弦的长度等有关，即输入是力，输出是频率，压力-频率传感器就是振弦式频率传感器。振筒式频率传感器是利用振动筒的固有频率测量有关数据，主要用于测量气体的压力和密度等。频率输出谐振式传感器的测量方法有 2 种：频率测量法和周期测量法。

思考题和习题

11.1　什么是接触式码盘编码器？说明二进制码盘的结构和工作原理，以及二进制码盘产生粗误差的原因。

11.2　循环码码盘与二进制码盘相比有哪些优点？为什么可以解决二进制码盘的粗误差问题？

11.3　什么是双电刷扫描技术？为什么可以解决二进制码盘的粗误差问题？

11.4　一个有 14 码道的循环码盘，用度、分、秒表示最小分辨力 θ_1。

11.5　光电式与接触式编码器相比，是怎样构成的？说明光电式编码器的结构和工作原理，给出光学码盘测角仪的应用实例。

11.6　什么是光栅？物理光栅和计量光栅有什么区别？长光栅和圆光栅的用途分别是什么？

11.7　什么是莫尔条纹？莫尔条纹具有什么特点？

11.8　长光栅的栅线密度为 100 线/mm，莫尔条纹的间距 B=10mm。求：（1）主光栅和指示光栅刻线的夹角 θ；（2）莫尔条纹对位移的光学放大倍数。

11.9　说明长光栅传感器的结构和工作原理。长光栅传感器的测量电路是怎样解决辨向和细分技术的？

11.10　画出光栅式测长仪的工作原理图，并说明各部分的用途。

11.11　直线式感应同步器有哪 2 个绕组？这 2 个绕组有什么不同？

11.12　分别说明直线式感应同步器的鉴相法和鉴幅法两种处理方法。

11.13　什么是旋转式感应同步器？它有哪 2 个绕组？

11.14　画出鉴相法位移测量系统的原理方框图，并说明鉴相法位移测量系统的工作过程。

11.15　什么是 RC 振荡器式频率传感器？给出温度-频率类型的应用实例。

11.16　什么是振弦式频率传感器？给出压力-频率类型的应用实例。

11.17　什么是振筒式频率传感器？给出振筒式压力传感器的应用实例。

11.18　对于频率输出谐振式传感器，什么是频率测量法和周期测量法？

PART 12

第12章 传感器集成化、智能化和网络化

传感器技术一个里程碑式的发展是20世纪60年代出现的硅传感器技术。硅传感器结合了硅材料优良的机械性能和电学性能，其制造工艺与微电子集成工艺相容，使传感器技术开始向微型化、集成化、智能化和网络化的方向迅速发展。

以硅传感器为主的MEMS传感器近20年来发展非常迅速。MEMS是微机电系统（Micro-Electro-Mechanical System）的英文缩写，是由微传感器、微执行器、信号处理和控制电路、通信接口和电源等部件组成的一体化的微型器件系统。由MEMS技术制作的微传感器采用与集成电路类似的生成技术，尺寸非常小，典型尺寸在微米级。

集成传感器是用标准的生产硅基半导体集成电路的工艺制造的。传感器的集成化有两个方面的含义：其一是将传感器与其后级的放大电路、运算电路、温度补偿电路等集成在同一块芯片上，使其具有体积小、反应快、抗干扰、稳定性好等优点；其二是将多个相同的敏感元件或各种不同的敏感元件集成在同一块芯片上，例如，CCD图像传感器就是将许多相同的光敏元件集成在同一个平面上。

智能传感器是一种以微处理器为核心单元，具有检测、判断和信息处理等功能的传感器。传感器的智能化主要有两种形式：其一是采用微处理器或微型计算机扩展和提高传统传感器的功能，但传感器和微处理器为两个分立的功能单元；其二是借助半导体技术，将传感器与信号放大调理电路、接口电路和微处理器等制作在同一块芯片上，形成大规模集成的智能传感器。

传感器网络是由一组传感器以一定方式构成的有线或无线网络，其目的是协作地感知、采集和处理网络覆盖区域中感知对象的信息，并对其进行发布。传感器网络综合了传感器技术、嵌入式技术、分布式信息处理技术和通信（有线和无线）技术等。

随着物联网时代的到来，集成化、智能化和网络化的传感器不仅融入了物联网之中，也成为实现物联网的基石。现在世界开始进入“物”的信息时代，“物”的准确信息的感知和获取离不开传感器。传感器的终极目标是构建物联网感知层，实现物联网。

12.1 微机电系统（MEMS）及MEMS传感器

微机电系统（MEMS）的概念是20世纪80年代出现的，MEMS已从初期的探索和研究阶段，迅速发展为目前的量产、实用和开辟新应用阶段。压阻式压差传感器是采用微机械加工技术最先使用的集成传感器。随着集成电路工艺的不断完善和MEMS理论的进一步成熟，现代传感器已经在工作原理、结构设计以及制造工艺上对传统的传感器有了很大的突破。

MEMS 是微电路和微机械按功能要求在芯片上的集成，尺寸通常在毫米或微米级，是一个独立的智能系统，主要由传感器、执行器和微能源三大部分组成。MEMS 是以半导体制造技术为基础发展起来的，采用了半导体技术中的光刻、腐蚀和薄膜等一系列的现有技术和材料，因此从制造技术本身来讲，MEMS 的基本制造技术是成熟的。但是，MEMS 更侧重于超精密机械加工，并涉及微电子、材料、力学、化学、机械学等诸多学科，它的领域也扩大到微尺度下的物理学、化学、光学、医学、电子工程、材料工程、机械工程、信息工程和生物工程等。概括起来，MEMS 是一种典型的多学科交叉的前沿性研究领域，MEMS 技术具有微型化、智能化、多功能、高集成度和适于大批量生产等特点。

12.1.1 微传感器的材料

微传感器敏感结构采用的材料首先是硅，这主要是从物质特性的理解程度、制造工艺的成熟程度、集成化的难易程度等方面考虑的。硅是用来制造集成电路的主要材料，由于在电子工业中已经有许多“硅制造极小结构”的经验，硅也成为微机电系统常用的材料。半导体硅材料不仅是大规模集成电路的材料，同时也是传感器使用的主要敏感材料。

1．半导体硅材料

目前从电子工业的发展来看，尽管有各种各样的新型半导体材料不断出现，但 90%以上大规模集成电路的制作采用了硅。硅的物质特性也有一定的优点。例如，单晶体的硅遵守胡克定律，几乎没有弹性滞后的现象，几乎不耗能，运动特性非常可靠。微传感器采用的硅材料包括单晶硅、多晶硅、非晶硅、硅-蓝宝石、碳化硅等。

（1）单晶硅

单晶硅是硅的单晶体，为立方晶格。单晶硅硬而脆，具有金属光泽，能导电，但导电率不及金属，具有半导体性质。单晶硅是各向异性材料，不同的方向具有不同的物理性质，即物理性质取决于晶向。单晶硅具有优良的力学性质，材质纯、内耗小、功耗低，理论上的机械品质因数高达 10^6，弹性滞后和蠕变非常低，长期稳定性好。单晶硅具有很好的导热性，为不锈钢的 5 倍，而热膨胀系数仅为不锈钢的 1/7。单晶硅的电阻应变灵敏系数高，在同样的输入下可以得到比金属应变计更高的信号输出，一般为金属的 10～100 倍。

单晶硅的生产工艺按晶体生长的方法划分，可分为直拉法（CZ）、区熔法（FZ）和外延法。单晶硅是制造半导体硅器件的原料，其中，直拉法生长的单晶硅主要用于半导体集成电路、晶体管、传感器、硅光电池等；区熔法生长的单晶硅主要用于电力电子器件、射线探测器、高压大功率晶体管等；外延法生长单晶硅薄膜。

（2）多晶硅

多晶硅是许多单晶（晶粒）的聚合物，这些晶粒排列无序，不同的晶粒有不同的单晶取向，而每一晶粒内部有单晶的特征。多晶硅有灰色金属光泽，硬度介于锗和石英之间，室温下质脆，切割时易碎裂，具有半导体性质。多晶硅可作拉制单晶硅的原料，多晶硅与单晶硅的差异主要表现在物理性质方面。例如，在力学性质的各向异性方面，多晶硅不如单晶硅明显；在电学性质方面，多晶硅的导电性也不如单晶硅显著。

（3）非晶硅

非晶硅是单质硅的一种形态，多用于制作温度传感器和光电传感器。

（4）硅-蓝宝石

硅-蓝宝石材料是一种在蓝宝石衬底上应用外延生长技术形成的硅薄膜。蓝宝石衬底有许多优点：蓝宝石衬底的生产技术成熟、器件质量较好；蓝宝石的稳定性好，能够运用在高温生长过程中；蓝宝石的机械强度高，易于处理和清洗。因此，大多数工艺一般都以蓝宝石作为衬底，可以制作出耐高温、耐腐蚀、抗辐射的传感器。

（5）碳化硅

碳化硅衬底的导热性能要比蓝宝石衬底高出 10 倍以上，有利于做成面积较大的大功率器件。但是，相对于蓝宝石衬底而言，碳化硅的制造成本较高。

2．其他材料

除了硅材料以外，在微传感器中应用较多的其他材料如下。

（1）化合物半导体材料，如砷化镓（GaAs）、砷化铟（InAs）、碳化硅（SiC）等。

（2）石英晶体材料。

（3）功能陶瓷材料，如压电陶瓷、热释电陶瓷等。

（4）功能高分子材料，如压电高分子材料、热电高分子材料、光敏高分子材料等。

12.1.2 微传感器的加工工艺

对于微细加工来说，传统的机械加工将无能为力，这是因为微传感器的微细加工一般在微米级以下。微传感器的微细加工技术是由微电子技术发展而来的，其核心是制成层与层之间差别较大的微小的三维敏感结构。在硅集成电路工艺基础上发展起来的微细加工技术，能将加工尺寸缩小到光波长数量级，且能批量生产微型低成本传感器。微传感器的加工工艺主要有光刻技术、蚀刻技术、薄膜技术、键合技术、半导体掺杂和 LIGA 技术等。

1．光刻技术

光刻技术是将设计好的图形转换到硅片上的一种技术，是加工制造半导体集成电路和集成传感器微图形结构的关键技术。对于微机械，这些图形是各个零件及其组成部分。只有利用光刻技术，利用光或微粒子射线而非机械刀具，才能制造出临界尺寸在亚微米范围内的结构。光刻技术包括电子束光刻、X 射线光刻、离子束光刻等。

2．蚀刻技术

一般而言，蚀刻技术是将不需要的薄膜利用化学溶液或其他方法去除掉。蚀刻技术是实现集成电路图形转移的主要技术手段。微机电系统的发展对蚀刻技术提出了更高的要求，如需要蚀刻深达几百微米的孔。蚀刻技术分为湿式蚀刻和干式蚀刻，湿式蚀刻包括各向同性蚀刻和各向异性蚀刻；干式蚀刻包括以物理作用为主的离子溅射蚀刻、以化学反应为主的等离子体蚀刻等。

3．薄膜技术

薄膜是指衬底上的一层薄层材料，其厚度一般为数埃（10^{-10}）至数微米，薄膜的材料可以是金属、半导体和绝缘体。在硅微机械结构中利用各种材料制成的薄膜，可作为敏感膜、介质膜和导电膜等。

4．键合技术

在微机械加工中，在不使用粘接剂的情况下，将分别制作的硅部件连接在一起的技术称为键合技术。键合技术主要包括：硅-硅直接键合技术，即在 1000℃的高温下依靠原子间的力把两个平坦的硅面直接键合在一起；静电键合技术，主要用于硅和玻璃之间的键合，即在 400℃的温度下，在硅与玻璃之间施加电压产生静电引力，使两者键合成一个整体。

5．半导体掺杂

半导体常用的掺杂技术主要有两种，分别为扩散和离子注入。扩散是指将一定数量和种类的杂质掺入硅片或其他晶体中，以改变其电学性质；离子注入是先使待掺杂的原子（或分子）

电离，再加速到一定能量使之注入晶体中，然后经过退火处理，使杂质激活达到掺杂的目的。

6．LIGA 技术

LIGA 是光刻、电铸和注塑的缩写，LIGA 工艺是一种基于 X 射线光刻技术的 MEMS 加工技术，主要包括 X 光深度同步辐射光刻、电铸制模和注模复制 3 个工艺步骤。由于 X 射线有非常高的平行度、极强的辐射强度、连续的光谱，LIGA 技术能够制造出高宽比达到 500、厚度大于 1500μm、结构侧壁光滑且平行度偏差在亚微米范围内的三维立体结构。这是其他微制造技术无法实现的。LIGA 技术被视为微纳米制造技术中最有生命力、最有前途的加工技术，可实现在硅、聚合物、陶瓷和金属材料上加工制作。

12.1.3 硅电容式集成压力传感器

早期的电容式压力传感器的敏感元件是金属材质的。随着 MEMS 加工技术的成熟，利用硅替代金属来制作敏感膜片，因为硅不仅有一定的机械强度，而且刚性良好不易变形，同时也是一种十分理想的弹性体。

图 12.1 所示为硅电容式集成压力传感器差动输出结构的示意图，图中的膜片是硅材料的敏感膜片，核心部件是一个对压力敏感的电容器 C_p 和固定的参考电容 C_{ref}。敏感电容 C_p 位于感压的硅膜片上，参考电容 C_{ref} 则位于压力敏感区之外。感压的硅膜片采用化学腐蚀法制作在硅芯片上，硅芯片的上、下两侧用静电键合技术分别与硼硅酸玻璃固接在一起，形成有一定间隙的电容器 C_p 和 C_{ref}。

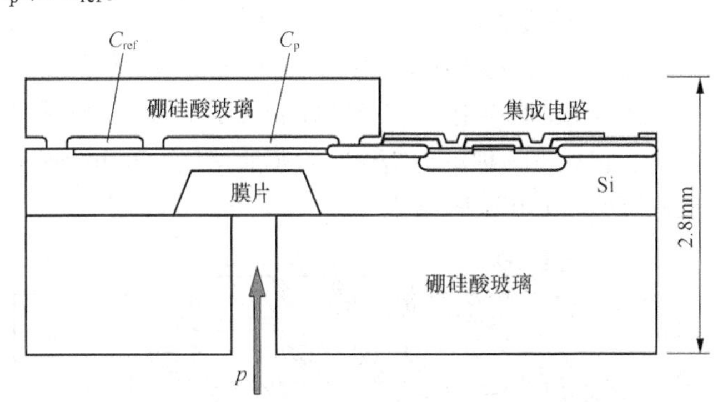

图 12.1 硅电容式集成压力传感器的示意图

硅材料的敏感膜片可以是边长为 1×10^{-3}m 的方膜片，其厚度主要由压力测量范围和所需的灵敏度确定。例如，对于 $0\sim10^5$Pa 的测量范围，设计膜的厚度约为 20μm，电容的初始间距约为 1μm，初始电容 C_{p0} 约为 8.84pF，电容的改变量 ΔC_p 非常小。因此，该硅电容式集成压力传感器必须将敏感电容器、参考电容和后续的信号处理电路尽可能地靠近或制作在一块硅片上，才有实用价值。图 12.1 所示的压力传感器就是将压力敏感电容 C_p、参考电容 C_{ref} 和测量电路制作在一块硅片上，构成了集成式硅电容式压力传感器。

12.1.4 硅微机械三轴加速度传感器

单轴加速度计已不能满足技术进步的需求，加速度传感器正朝着多轴的方向发展，用来检测 3 个方向的加速度。起初是将 3 个单轴加速度计组装在一起，构成三轴加速度计，但组装的结构在性能上存在许多缺陷，需要研制单片集成的硅微加速度计。

一种硅微机械三轴加速度传感器的外形结构如图 12.2（a）所示，尺寸为 6mm×4mm×1.4mm，它有 4 个敏感质量块，采用表面加工和体加工相结合的加工工艺。质量块连接敏感梁，敏感梁具有非常小的刚度，能够感知加速度。

具有差动式输出的硅电容器原理图如图 12.2（b）所示，电极 1 和电极 2 是固定电极，质量块是活动电极。质量块与电极 1 形成了电容 C_1，质量块与电极 2 形成了电容 C_2。基于惯性原理，被测加速度使质量块产生位移，电容 C_1 和 C_2 将产生变化。由电容 C_1 和 C_2 组成适当的检测电路，可以解算出被测加速度。将质量块、检测电路制作在一块硅片上，就构成了差动式硅电容式集成电容传感器。

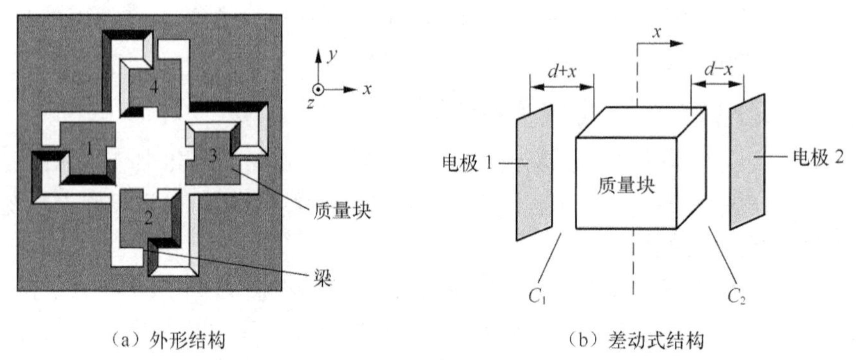

（a）外形结构　　（b）差动式结构

图 12.2　硅微机械三轴加速度传感器的原理图

12.1.5　硅电容式微机械陀螺

陀螺是一种测量角度或角速度的仪器。传统的陀螺体积大、价格高，以 MEMS 技术为基础的微机械陀螺体积小、价格低、易于批量生产，越来越受到人们的重视。

一种硅电容式微机械陀螺的结构示意图如图 12.3 所示，它的平面外轮廓尺寸为 1mm×1mm，厚度为 2μm。它利用一种对称结构将敏感质量块（Proof mass）支撑在连接梁上，通过支撑梁与驱动电极（Drive）和敏感电极（Sense）连接在一起。

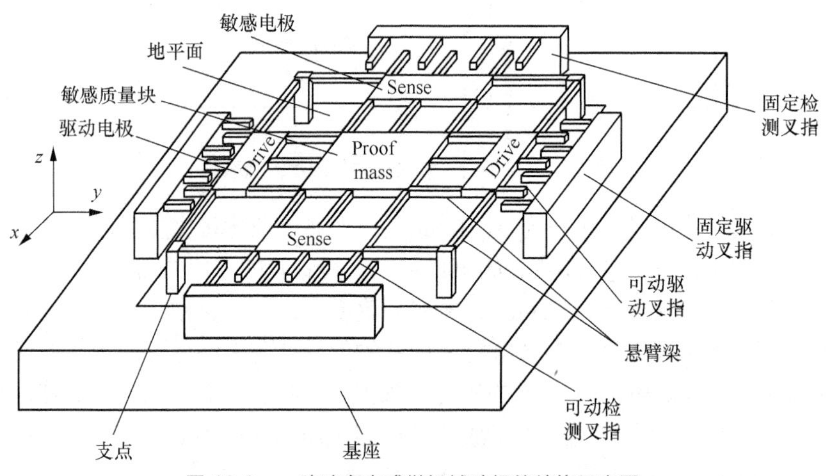

图 12.3　一种硅电容式微机械陀螺的结构示意图

微机械陀螺的工作原理基于柯氏效应。柯氏效应最早用来表述由于地球自转引起的物体运动方向发生偏折的自然现象，微机械陀螺的基本原理与其相同，但旋转体不再是地球而是陀螺仪本身。微机械陀螺的基本原理是利用柯氏力进行能量的传递，将谐振器的一种振动模式激励到另一种振动模式，后一种振动模式的振幅与输入角速度的大小成正比，测量后，一种振动的振幅可实现角速度的测量。

工作时，在敏感质量块上施加直流偏置电压，在可动叉指和固定叉指之间施加适当的交流激励电压，从而使敏感质量块产生沿 y 轴方向的固有振动。当陀螺感受到绕 z 轴的角速度时，由于柯氏效应，敏感质量块将产生 x 轴方向的附加振动，敏感电极通过测量附加振动的幅值，就可以得到被测的角速度。通常振动陀螺的驱动模态和检测模态是相互耦合的，由于采用了相互解耦的弹簧设计思路，很大程度上解决了耦合的问题，陀螺的灵敏度很高。

硅电容式微机械陀螺的结构非常薄，驱动电极（Drive）和敏感电极（Sense）的电容量约为 6.5fF（10^{-15}F），这在一定程度上限制了性能。但由于整体结构具有对称性，其性能依旧比较理想。实测结果表明，在常规的大气情况下，敏感结构具有 0.37°/s 的分辨力。如果采用先进的加工手段使膜片结构的厚度增大，或将敏感结构置于真空，将进一步提高陀螺的性能。

12.2 智能传感器

尽管传感器技术已经得到长足的发展，但就传感器本身而言，还达不到许多测量的要求。计算机技术、信息技术和外围相关技术的发展，把传感器的发展推到了一个更高的层次，以期获得具有自学习、自诊断、自校准、数字双向通信等功能的智能传感器。

智能传感器（intelligent sensor 或 smart sensor）不仅仅是一个简单的传感器，它带有微处理器，具有采集、处理和交换信息的能力，是集成化传感器与微处理器相结合的产物。

12.2.1 智能传感器的功能和特点

从使用的角度，传感器的准确性、稳定性和可靠性是至关重要的。长期以来研究工作大都集中在硬件方面，虽然不断利用新材料研制敏感器件，改进传感器芯片的制造工艺，提高芯片的质量，以及通过外电路补偿改善传感器的线性度、稳定性和输出漂移，但传感器都没有根本性的突破。20 世纪 70 年代，微处理器举世瞩目的成就带来了数字化的革命，对仪器仪表的发展起到了巨大的推动作用。随着系统自动化程度的提高和复杂性的增加，对传感器的综合精度、稳定性、可靠性和响应要求越来越高，由于传统传感器的功能单一、不能满足多种测试要求，所以将微处理器智能技术用于传感器。20 世纪 80 年代末期，人们又将微机械加工技术应用到传感器，从而产生出新概念的智能传感器。从功能上来说，智能传感器是具有一种或多种敏感功能，能够完成信号探测、变换处理、逻辑判断、功能计算、双向通信，内部可实现自检、自校、自补偿、自诊断等部分功能或全部功能的器件。

1．智能传感器的功能

智能传感器的功能是通过模拟人的感官和大脑的协调动作，结合长期以来测试技术的研究和实际经验提出来的。智能传感器的出现对原来硬件性能的苛刻要求有所减轻，而靠软件帮助传感器大幅度提高性能。智能传感器的主要功能如下。

（1）自补偿和计算功能。多年来，非线性、温度漂移、响应时间、噪音、交叉耦合干扰、缓慢的时漂等的补偿问题都没有从根本上得到解决。智能传感器的自补偿和计算功能为传感器的非线性和温度漂移等补偿开辟了新的道路。

（2）自检、自诊断和自校功能。普通传感器需要定期检验和标定，以保证足够的准确度。智能传感器在电源接通时进行自检，诊断测试以确定组件有无故障。智能传感器可以在线进行校正，微处理器利用存储在 EPROM 内的计量特性数据进行对比校对。

（3）双向通信功能。微处理器和基本传感器之间具有双向通信功能，构成闭合工作模式。这是智能传感器的关键标志，不具备双向通信功能就不能称为智能传感器。这样，在控制室可对基本传感器实施软件控制，基本传感器又可通过数据总线把信息反馈给控制室。

（4）信息存储和记忆功能。智能传感器具有信息存储和记忆功能，可以存储工作日期、校正数据等各种信息。

（5）复合敏感功能。敏感元件对声、光、电、热、力等周围自然现象的测量一般通过直接和间接测量两种方式；而智能传感器具有复合功能，能够同时测量周围多种物理量和化学量，给出较全面反映物质运动规律的信息。例如，美国加利弗尼亚大学研制的复合液体传感器，可同时测量介质的温度、流速、压力和密度；美国 EG&G IC Sensors 公司研制的复合力学传感器，可同时测量物体某一点的三维振动加速度、速度和位移等。

2．智能传感器的技术特点

（1）智能传感器的集成化。大规模集成电路的发展，使敏感元件、信号处理器和微控制器都集成到同一芯片上，成为集成智能传感器。集成智能传感器的主要优点为：较高的信噪比，传感器的弱信号先经集成电路信号放大再远距离传送，可大大改进信噪比；改善性能，由于传感器与电路集成在同一芯片上，对传感器的零漂、温漂和零位可以通过自校单元定期自动校准，还可以采用适当的反馈方式改善传感器的频响。

（2）微机械加工技术。智能传感器的制造基础是微机械加工技术，再采用不同的封装技术，近几年又发展了一种 LIGA 工艺用于制造传感器。

（3）软件。智能传感器一般具有实时性很强的功能，动态测量时经常要求在几微秒内完成数据的采集、计算、处理和输出。智能传感器的一系列功能都是在程序支持下进行的，如功能的多少、基本性能、方便使用、工作可靠等一定程度上依赖于软件设计。这些软件主要有五大类，包括标度换算、数字调零、非线性补偿、温度补偿、数字滤波技术。

（4）人工智能材料的应用。人工智能材料是继天然材料、人造材料和精细材料之后的第四代功能材料，它有 3 个基本特征：能感知条件环境的变化（传感器功能）；进行自我判断（处理器功能）；发出指令或自行采取行动（执行器功能）。生物体是典型的人工智能材料。人工智能材料除具有一般功能材料的属性（电、磁、声、光、热等）和能对周围环境进行检测的硬件功能外，还能依据反馈的信息，进行自调节、自诊断、自恢复、自学习的软调节和转换功能。

12.2.2　智能传感器的构成和实现

从构成上看，智能传感器是一个典型的以微处理器为核心的检测系统，如图 12.4 所示。智能传感器可以集成在一起设置，形成一个整体，封装在一个表壳内，也可以远距离设置，特别是在测量现场环境比较差的情况下，这有利于电子器件和微处理器的保护，也便于远程控制和操作。

1．非集成化实现

非集成化智能传感器是将传统的经典传感器、信号调理电路、带数字总线接口的微处理器组合为一个整体，构成一个智能的传感器系统，其框图如图 12.5 所示。其中，信号调理电路将传感器的输出信号放大并转换为数字信号，然后送入微处理器，再由微处理器通过数字总线接口挂接在现场数字总线上。这是一种实现智能传感器系统的最快途径与方式。例如，美国罗斯蒙特公司和 SMAR 公司生产的电容式智能压力（差）变送器系列产品，就是在原有传统非集成化电容式变送器的基础上，附加一块带数字总线接口的微处理器组装而成。

2．集成化实现

微电子和大规模集成电路工艺的日臻完善，促进了微机械加工技术的发展，形成了与传统传感器制作工艺完全不同的现代传感器技术。集成化智能传感器是采用微机械加工技术和大规模集成电路工艺，利用硅作为基本材料制作敏感元件、信号调理电路和微处理器单元，并将它们集成在一块芯片上，其外形如图 12.6 所示。美国 Honeywell 公司研制的 ST3000 系列全智能变送器，是将硅敏感元件技术与微处理器的计算、控制能力结合在一起，通过软件进行多信息数据融合处理，改善了稳定性，提高了精度。目前集成化智能传感器多用于压力、力、振动冲击加速度、流量、温湿度的测量。

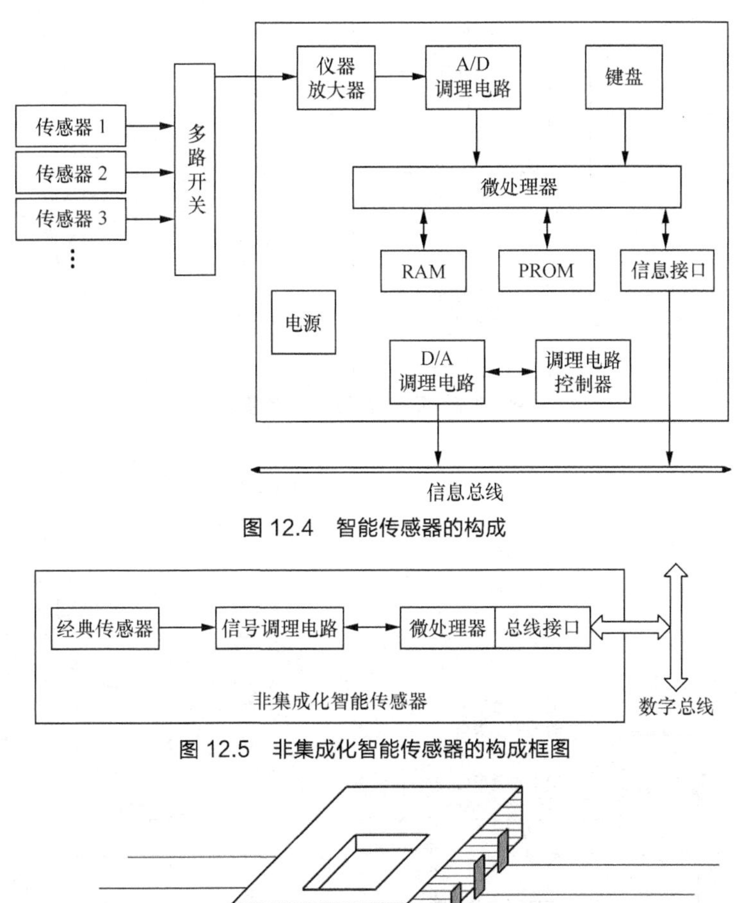

图 12.4　智能传感器的构成

图 12.5　非集成化智能传感器的构成框图

图 12.6　集成化智能传感器的外形

3．混合实现

智能传感器的混合实现是根据需要，将系统各个集成化环节，如敏感单元、信号调理电路、微处理器单元、数字总线接口，以不同的组合方式集成在两块或 3 块芯片上，并装在一个外壳里，如图 12.7 所示。

12.2.3　智能传感器的典型实例

1．光电式智能压力传感器

图 12.8 所示的光电式智能压力传感器使用了一个红外发光二极管和两个光敏二极管，通过光学方法测量压力敏感元件（膜片）的位移。二极管的非线性和膜的非线性可由微处理器修正，这就是智能化传感器的设计途径。

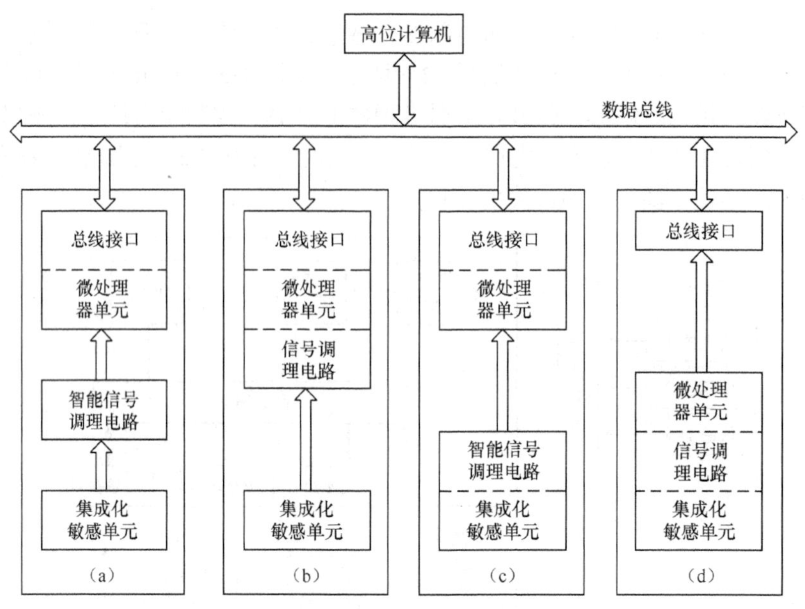

图 12.7　混合实现的智能传感器

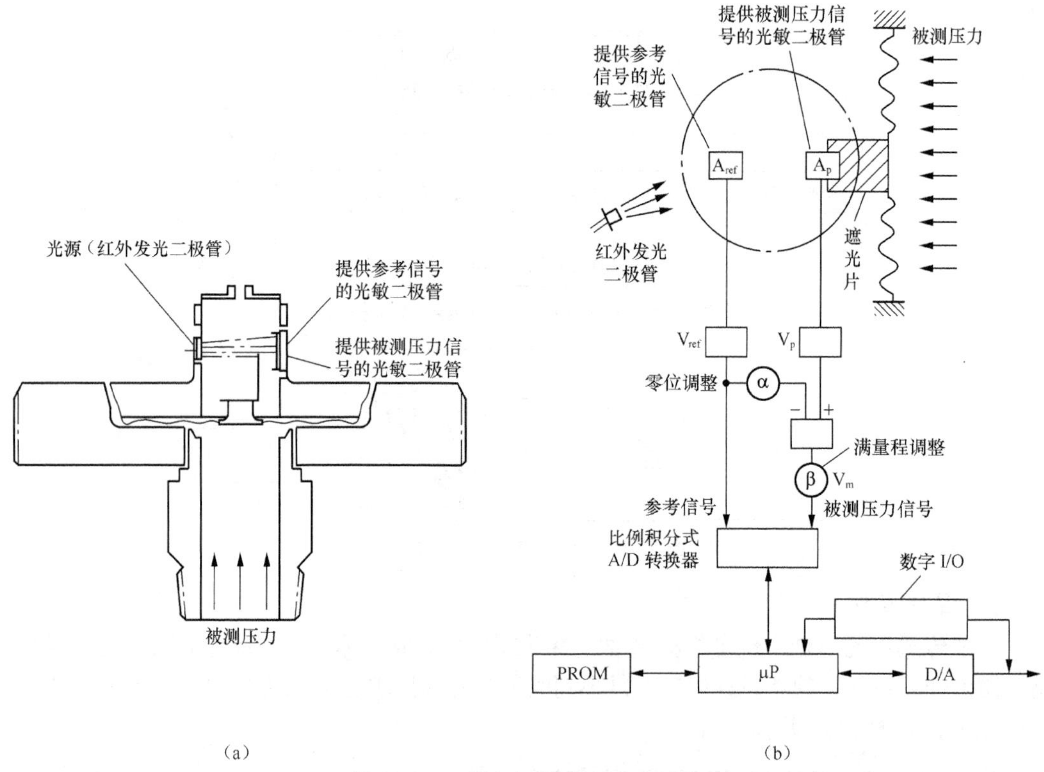

图 12.8　一种光电式智能压力传感器

在图 12.8 中，两个光敏二极管受同一光源（红外发光二极管）的照射。提供参考信号基准的光敏二极管和提供压力信号的光敏二极管制作在同一芯片上，受温度和老化的影响相同，可以消除温漂和老化带来的误差。随着感压膜片的位移，固定在膜片硬中心、起窗口作用的遮光板将遮挡一部分射向测量二极管的光，而起提供参考信号作用的二极管则连续检测光源的光强。测量二极管产生的电压信号为 V_p，起提供参考信号作用的二极管产生的电压信号为 V_{ref}。

$$V_p = CHA_p \quad (12.1)$$

$$V_{ref} = CHA_{ref} \quad (12.2)$$

式（12.1）和式（12.2）中，C 为光强度，H 为二极管的光敏系数，A_p 为测量二极管的受光面积，A_{ref} 为提供参考信号作用的二极管的受光面积。

二极管有非线性特性，膜也有非线性特性，在标定时将这些非线性特性存入存储器中，测量时通过微处理器的运算可实现非线性补偿。该智能化传感器的综合精度在 0～120kPa 的测量范围内可达 0.05%，重复性为 0.005%，可输出模拟信号和数字信号。

2．质量流量传感器系统

（1）微机械柯氏质量流量传感器

一种基于柯氏效应的微机械质量流量传感器如图 12.9 所示，其中图 12.9（a）为三维视图，图 12.9（b）为 AA　的横截面图。该传感器的基本结构包括一个 U 型微管和一个玻璃基片，U 型微管的根部与玻璃底座键合在一起，并用一个硅片将它们封装起来。当 U 型微管内流过质量流量时，由于柯氏效应，U 型微管产生关于中心对称轴的一阶扭转“副振动”，该“副振动”与流过的质量流量（kg/s）成比例。测量元件通过检测 U 型微管的“合成振动”，就可以直接得到流体的质量流量。

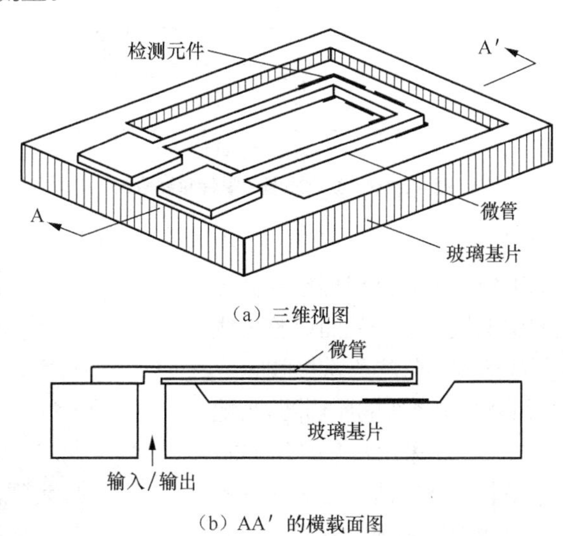

图 12.9　基于柯氏效应的微机械质量流量传感器

（2）质量流量传感器系统

智能质量流量传感器系统如图 12.10 所示。在流体的测量过程中，实时性要求越来越高，图 12.10 所示的智能质量流量传感器系统以一定的解算模型对测量过程进行动态校正，从而提高了测量过程的实时性。

在图 12.10 中，基于系统同时直接测得的流体的质量流量和密度，就可以实现对流体体积流量的同步解算；基于系统同时直接测得的流体的质量流量和体积流量，就可以实现对流体质量数和体积数的累计计算，从而实现罐装的批控功能；基于直接测得的流体的密度，就可以实现对两组分流体（如油和水）各自质量流量、体积流量的测量，这在原油生产中有十分重要的价值。

3．智能天线伺服跟踪系统

天线是发射和接收电磁波的无线电设备，没有天线也就没有无线电通信。当天线用来捕捉天空中微弱的电磁波时，为了提高信号的接收质量，一些高增益的天线配有天线伺服系统。伺服系统是精确跟随或复现某个过程的反馈控制系统，在很多情况下，伺服系统专指输出量是机械位移、位移速度或加速度的反馈控制系统，其作用是使输出的机械位移或转角准确地跟踪输入的机械位移或转角。例如，车用卫星接收机的天线有一套伺服跟踪系统，在伺服跟踪系统的控制下，天线的朝向随着车的移动始终向着卫星，从而达到稳定接收的目的。伺服系统最初用于船舶自动驾驶、火炮控制和指挥仪中，后来逐渐推广到很多领域，特别是自动车床、天线位置控制、导弹和飞船制导等。带有伺服跟踪系统的卫星通信天线如图 12.11 所示。

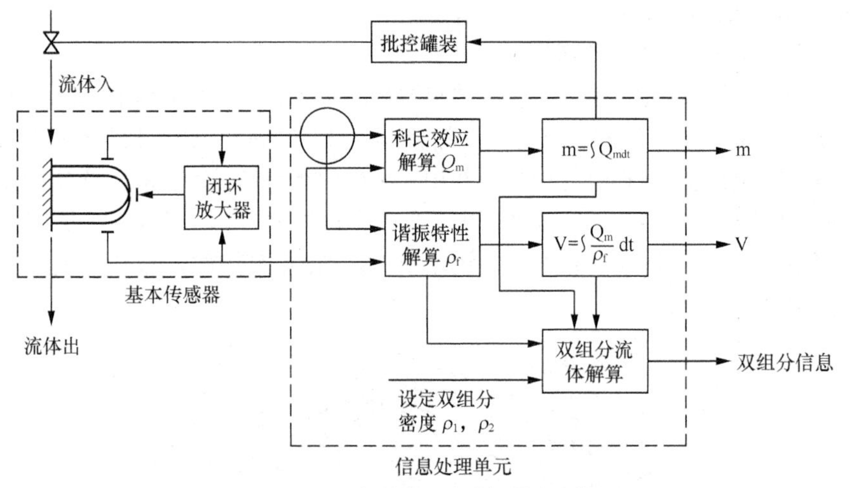

图 12.10　智能质量流量传感器系统

（1）天线伺服跟踪系统

天线伺服系统的基本工作原理就是根据接收信号的强弱变化控制俯仰和方位电机转动，从而调整天线的俯仰和方位角度，使天线达到信号的正常接收。

图 12.12 为一种天线伺服跟踪系统的原理图。当地面天线跟踪空中飞行器时，该系统采用两个差分 GPS 进行跟踪定位，其中一个安装在飞行器上，对飞行器的位置进行报道；另一个放在天线的固定支架上，测出天线的位置。机载 GPS 接收机将数据发送到地面，经过地面接收机与微控制单元（MCU）的串行口相连，提取飞行器的经度、纬度和高度信息，确定飞行器的位置；地面 GPS 接收机则提取地面天线的位置信息。飞行器位置与地面天线位置的连线，可以给出飞行器的方位角，这个方位角由 MCU 解算出来，显示在 LED 屏上，并驱动电机控制天线的转台。地面天线上有电子罗盘（CAMPASS），它能随时随地给出天线的方位角。天线的转台有两个自由度，一级转台的轴线垂直于地面，主要用于控制天线的旋转，其转动来自经度和纬度的信息；二级转台的轴线平行于地面，主要控制天线的俯仰，其运动来源于高度的信息。该天线伺服跟踪系统可用于控制无人机。

图 12.11　带有伺服跟踪系统的卫星通信天线

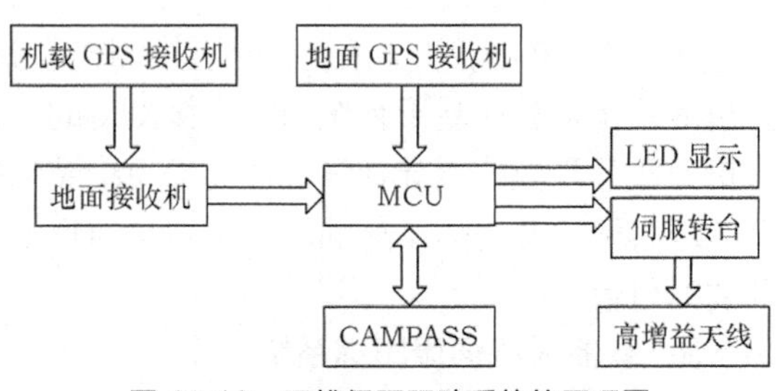

图 12.12　天线伺服跟踪系统的原理图

（2）天线伺服系统的硬件设计

天线伺服跟踪系统的硬件都采用模块化设计，如图 12.13 所示。其中，倾角传感器用来实时测量天线的俯仰角和天线基座相对于水平面的倾角。

倾角传感器可以采用美新半导公司生产的 MXD2020E 双轴加速度传感器，该传感器既可以测量动态加速度，也可以测量静态加速度。MXD2020E 加速度传感器集微机械结构和混合信号处理电路于单一的 CMOS 芯片，基于热传导原理设计，其内部的微结构中不存在可移动的质量块，这使它得以排除其他加速度传感器都存在的粘连、颗粒问题，并能承受大于 50 000g 的冲击。

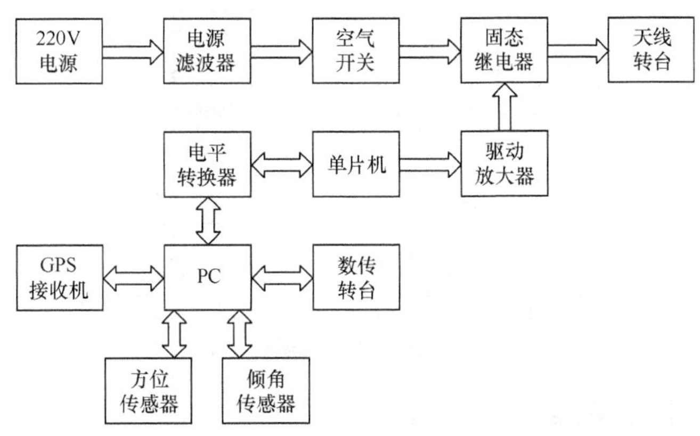

图 12.13 天线伺服跟踪系统的硬件设计

（3）天线伺服系统的软件设计

采用上位机和下位机共同控制天线伺服跟踪转台。上位机进行数据采集、数据分析和数据处理，然后通过串行口发送指令给下位机。

上位机数据采集的软件设计如图 12.14 所示。PC 通过对传感器信号、GPS 信号、电子罗盘信号的数据进行分析和处理，对单片机发出控制指令。

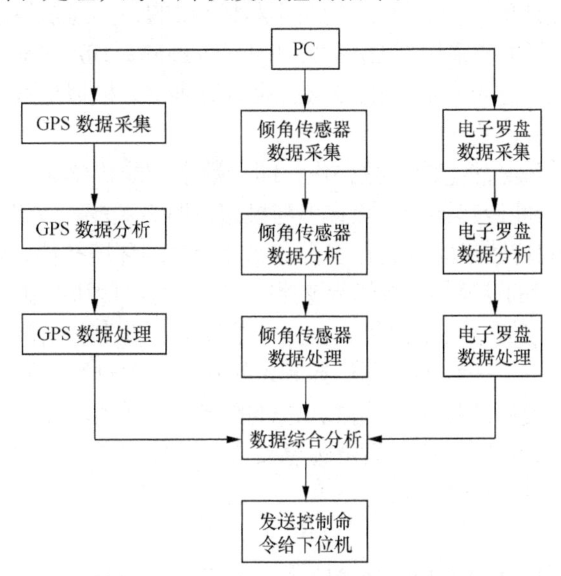

图 12.14 上位机数据采集的软件设计

下位机的软件设计如图 12.15 所示。下位机主要读取加速度传感器的信号，确定加速度的大小，再通过 RS-232 接口发送到上位机。另外，下位机还要接收上位机的控制指令，解码后延时 200ms，通过 I/O 口控制继电器。

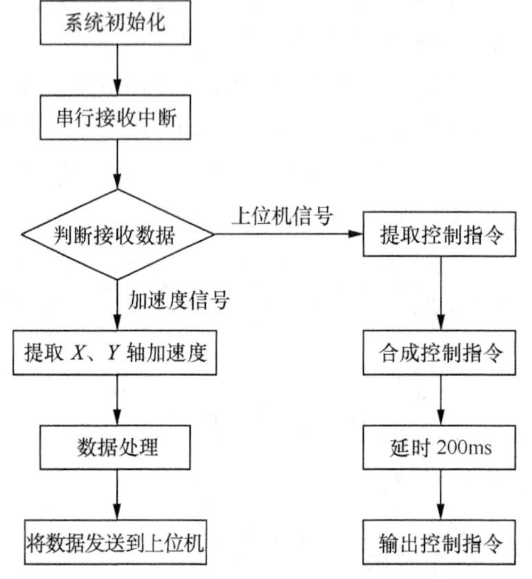

图 12.15　下位机的软件设计

12.2.4　智能传感器的发展前景

智能传感器是美国宇航局 1978 年首先提出的，它的核心思想是利用微计算机技术使传统的传感技术智能化。20 世纪 80 年代初，美国 Honeywell 公司推出了世界上第一个实用的智能化传感器。智能传感器将硅微机械敏感技术与微处理器的计算、控制能力结合在一起，建立起一种新的传感器概念。智能化传感器目前多用于压力、应力、应变、加速度和流量的传感器中，并将逐渐扩展到化学、电磁、光学和核物理等领域。可以预见，越来越多的智能传感器将会在各个领域发挥作用。

智能传感器中的微处理器控制系统本身都是数字式的，其通信规程目前仍不统一，有多种协议。现在的过渡阶段主要采用了 HART（Highway Addressable Remote Transducer，寻址远程传感器数据线）协议，这是一种智能传感器的通信协议，模拟与数字可以同时进行通信，这样不同生产厂家的产品具有通用性。

今后智能传感器系统必然走向全数字化，即全数字智能传感器（包括数字式传感器、数字处理和数字通信）。智能传感器能消除许多与模拟电路有关的误差源（如无需 A/D 和 D/A 变换器），每个传感器的特性都能得到补偿，再配合相应的环境补偿，就能够获得测量的高重复性，从而极大提高测量的准确性。智能传感器的实现，对测量和控制技术将是一个重大进展。

未来将有更多的传感器系统全部集成在一个芯片上，其中包括微传感器、微处理器和微执行器。将数字接口与更高一级的计算机控制系统相连，通过利用专家系统中得到的算法，可对微传感器部分提供更好的校正和补偿。这样的智能传感器功能会更多，精度和可靠性会更高，智能化的程度也会不断提高。智能传感器代表着传感技术今后发展的大趋势，这已是全球仪器仪表界共同关注的研究内容。

12.3　多传感器信息融合技术

多传感器信息融合指的是对不同知识源和多个传感器所获得的信息进行综合处理，消除多传感器信息之间可能存在的冗余和矛盾，利用信息互补降低不确定性，以形成对系统环境相对完整一致的理解，从而提高智能系统决策和规划的科学性、反应的快速和正确性，进而降低决策的风险。多传感器信息融合技术已成为智能信息处理的一个重要研究领域，同时也对现代化信息战争具有十分重要的意义。

12.3.1 多传感器信息融合的基本原理

多传感器信息融合是 20 世纪 80 年代兴起的技术。多传感器信息融合实际上是对人脑综合处理复杂问题的一种功能模拟，它的基本原理就是像人脑综合处理信息的过程一样，充分利用多个传感器资源，通过对各种传感器及其观测信息的合理支配与使用，将各种传感器在空间和时间上的互补与冗余信息依据某种优化准则组合起来，产生对观测环境的一致性解释和描述。

多传感器信息融合技术将各种传感器进行多层次、多空间的信息互补和优化组合处理，在这个过程中要充分利用多源数据，进行合理支配和使用。信息融合的最终目标则是基于各传感器获得的分离观测信息，通过对信息多级别、多方面组合，导出更多有用信息。这不仅利用了多个传感器相互协同操作的优势，也综合处理了其他信息源的数据，从而提高了整个传感器系统的智能化。

目前信息融合技术已发展成为多方关注的共性关键技术，出现了许多热门研究方向，机动目标跟踪、分布监测融合、多传感器跟踪与定位、分布信息融合、目标识别与决策信息融合、态势评估与威胁估计等领域都有理论及应用研究，相继出现了一批多目标跟踪系统和有初步综合能力的多传感器信息融合系统。

12.3.2 多传感器信息融合的层次和结构

1．多传感器信息融合的层次

多传感器信息融合一般可以分为 3 层：数据级融合、特征级融合和决策级融合。

（1）数据级融合

数据级融合又称为像素级融合，是最低层次的融合。它是在采集到的传感器的原始信息层次上（未经处理或只做很小的处理）进行融合，是在各种传感器的原始测报信息未经预处理之前就进行的信息综合和分析。数据级融合的优点是保持了尽可能多的信息；缺点是处理的信息量大，所需时间长，实时性差。

（2）特征级融合

特征级融合是融合的中间层次，兼顾了数据层和决策层的优点。它利用从传感器原始信息中提取的特征信息进行综合分析和处理，也就是说，每种传感器提供从观测数据中提取的有代表性的特征，这些特征融合成单一的特征向量，然后运用模式识别的方法进行处理。特征级融合对通信带宽的要求较低，但由于数据的丢失，其准确性有所下降。

（3）决策级融合

决策级融合是将多个传感器的识别结果进行融合。这一层融合是在高层次上进行的，融合的结果是为指挥控制决策提供依据。决策层融合的优点是具有很高的灵活性，系统对信息传输带宽要求较低，能有效融合反映环境或目标各个侧面的不同类型信息，具有很强的容错性，通信容量小，抗干扰能力强，对传感器的依赖性小，融合中心处理代价低。

2．信息融合的结构

多传感器信息融合的结构模型主要有 3 种形式：集中式、分布式和混合式。

（1）集中式

在集中式结构中，所有传感器将原始信息传输到融合中心，由中央处理设施统一处理。

集中式融合的优点是信息损失最小，缺点是数据互连较困难。它只有当接受到来自所有传感器的信息后，才对信息进行融合，所以通信负担重、融合速度慢、系统生存能力差。

（2）分布式

在分布式结构中，每个传感器的信息进入融合中心以前，先由它自己的数据处理器进行处理，融合中心依据各局部检测器的决策，并考虑各传感器的置信度，然后在一定准则下进行分析综合，做出最后的决策。在分布式多传感器信息融合系统中，每个节点都有自己的处理单元，不必维护较大的集中数据库，都可以对系统进行自己的决策，融合速度快、通信负担轻，不会因为某个传感器的失效而影响整个系统正常工作。因此，它具有较高的可靠性和容错性。但由于信息压缩导致信息丢失，因而会影响融合精度。

（3）混合式

在混合式结构中，同时传输探测信息和经过局部节点处理后的信息，保留了上述两类结构的优点，但在通信和计算上要付出高昂的代价。在分级融合中，信息从低层到高层逐层参与处理，高层节点接收低层节点的融合结果。分级式结构又分为有反馈结构和无反馈结构，在有反馈时，高层信息也参与低层节点的融合处理。

12.3.3 多传感器信息融合实例

1973 年，美国研究机构在国防部的资助下，开展了声纳信号理解系统的研究，这可以被看作是最早的关于信息融合方面的研究。从那以后，信息融合技术便迅速发展起来。1988 年，美国国防部把信息融合技术列为 20 世纪 90 年代重点研究开发的 20 项关键技术之一。1991 年，美国已有 50 多个数据融合系统引入军用电子系统中。如今，多传感器信息融合技术的应用领域广泛，不仅应用于军事，在民事应用方面也有很大的空间。

1．在军事领域的应用

军事应用是多传感器信息融合技术诞生的奠基石。世界上的主要军事大国都竞相开始投入大量人力、物力、财力进行信息融合技术的研究，安排了大批研究项目，并已取得大量研究结果。到目前为止，美、英、德、法、意、日、俄等国已研制出上百个军用信息融合系统，比较典型的有：TCAC 战术指挥控制、BETA 战场利用和目标截获系统、ASAS 全源分析系统、DAGR 辅助空中作战命令分析专家系统、PART 军用双工无线电/雷达瞄准系统、AMSVI 自动多传感器部队识别系统、TRWDS 目标获取核武器输送系统、AIDD 炮兵情报数据融合、ANALYST 地面部队战斗态势评定系统等。

多传感器信息融合系统瞄准未来信息化战场需求，着眼于提高信息采集和信息融合能力，突破以往多传感平台只限于单平台多传感部件的概念，将各种雷达、电子对抗、部队侦察、技术侦察和航天侦察装备作为战场多传感平台系统，以综合集成的方式提高整个传感器系统的智能化。现代科学技术在军事领域的广泛应用，使现代战争突破了传统模式，发展成为陆、海、空、天、电磁五位一体的立体战争。在现代战术系统中，依靠单一的传感器提供信息已无法满足作战需要，必须运用多传感器提供观测信息，实时进行目标发现，优化综合处理来获得状态估计、目标属性、态势评估、威胁估计等作战信息。

2．在民事领域的应用

在民事应用领域，多传感器信息融合技术主要用于智能处理和工业化控制，其中智能处理主要体现在移动机器人方面。

移动机器人是机器人领域中的一个重要研究分支，它是一个集环境感知、动态决策与规划、行为控制与执行等多种功能于一体的综合系统。智能化是移动机器人的发展方向，而传感器技术的发展是实现移动机器人智能化的重要基础。移动机器人多传感器信息融合技术弥补了使用单一传感器所固有的缺陷，现已成为移动机器人智能化研究的关键技术。

（1）移动机器人的感知系统

移动机器人在正常工作时，不仅要对自身的位置、姿态、速度和系统内部状态等进行监控，还要能够感知所处的工作环境，从而使机器人相应的工作顺序以及操作内容能够自然地适应工作环境的改变。

目前应用于移动机器人的传感器可分为内部传感器和外部传感器。内部传感器用于监测机器人系统的内部状态参数，如电源电压、车轮位置等，内部传感器主要有里程计、陀螺仪、磁罗盘及光电编码器等。外部传感器用于感知外部环境信息，如环境的温度和湿度、物体的颜色和纹理，障碍物与机器人的距离等，外部传感器主要包括视觉传感器、激光测距传感器、超声波传感器、红外传感器、接近传感器等。

（2）移动机器人多传感器信息融合的实现

不同的传感器集成在移动机器人上，构成了多传感器信息融合的感知系统。目前移动机器人采用的多传感器信息融合方法主要包括：加权平均法、Kalman 滤波、扩展 Kalman 滤波、Bayes 估计、Dempster-Shafer 证据推理、模糊逻辑、神经网络以及基于行为方法和基于规则方法等。应用这些方法可以进行数据层、特征层以及决策层的融合，也可以实现测距传感器信息、内部航迹推算系统信息、全局定位信息之间的信息融合，进而准确、全面地认识和描述被测对象与环境，从而使移动机器人做出正确的判断与决策。

12.4 传感器网络化

随着通信技术和计算机技术的飞速发展，人类社会已经进入了网络时代。智能传感器的开发和大量使用，导致分布式控制系统对传感信息的交换提出了新的要求，单独的传感器数据采集已经不能适应现代控制技术和检测技术的发展，取而代之的是由分布式数据采集系统组成的传感器网络。传感器网络是由一组传感器以一定方式构成的有线或无线网络，其目的是协作地感知、采集和处理网络覆盖区域中感知对象的信息，它综合了传感器技术、嵌入式技术、分布式信息处理技术和通信（有线/无线）技术。

现在信息技术正朝着物联网的方向发展，物联网是将一切物体的信息都联系在一起的网络技术，传感器网络化是实现物联网的基石。物联网由感知层、网络层和应用层 3 层组成，传感器是实现物联网感知层的两大支柱之一（另一个支柱是射频识别）。传感器网络化是传感器发展的必由之路，也是网络向物体信息延伸的必由之路。

12.4.1 传感器网络的发展历史

传感器单独使用的场合越来越少，更多的传感器系统是将传感器与网络紧密结合在一起成为网络传感器。网络传感器的发展方向是从有线形式发展到无线形式，从现场总线形式发展到无线传感器网络形式，最终融入互联网，形成物联网。

1. 第一代传感器网络

第一代传感器网络出现在 20 世纪 70 年代，是由传统的传感器组成的测控系统，采用点对点传输的接口规范。例如，工业控制系统开始统一使用二线制 4～20mA 电流和 1～5V 电压标准进行信号传输。这种系统曾经在测控领域广泛应用，但由于布线复杂、成本高昂、抗干扰差，已经逐渐淡出市场。

2．第二代传感器网络

第二代传感器网络是基于智能传感器的测控网络。到 20 世纪 80 年代，微处理器的发展和与传感器的结合，使传感器具有了计算能力，随着节点智能化的不断提高，现场采集的信息量不断增加，传统的通信方式已成为智能传感器发展的瓶颈。在分布控制系统中，数据通信标准 RS232、RS422、RS485 等开始采用。但是，智能传感器与控制设备之间仍然采用传统的模拟电压或电流信号进行通信，没有从根本上解决布线复杂和抗干扰差的问题。

3．第三代传感器网络

第三代传感器网络是基于现场总线的智能传感器网络。20 世纪 80 年代末到 90 年代初，现场总线技术的推出，将智能传感器的通信技术提升到一个新的阶段。现场总线是连接智能化现场设备和主控系统之间全数字、开放式、双向通信网络。现场总线技术利用数字通信代替了传统的 4～20mA 模拟信号，有效降低了系统的成本和复杂度，分层的体系结构实现了分布式智能。现场总线的种类较多，比较成功的例子有 CAN、Lonworks、Profibus、HART、FF 等，它们各有特点和不同领域的应用价值。但是，每种现场总线都有自己的通信标准，互不兼容，这给系统的扩展和维护带来了不利影响。

现场总线控制系统可认为是一个局部控制网络，基于现场总线的智能传感器只实现了某种现场总线的通信协议，还没有实现真正意义上的网络通信协议。只有让智能传感器直接与计算机网络进行数据通信，才能对网络上的任意节点进行远程访问、信息实时发布与共享，这才是网络传感器的发展目标和价值所在。

4．第四代传感器网络

第四代传感器网络是无线传感器网络。无线传感器网络采用大量多功能传感器，自组织无线接入网络。无线传感器网络是一种独立出现的计算机网络，它的基本组成单位是节点，这些节点集成了传感器、微处理器、无线接口和电源。

本书第 1 章已经介绍了无线传感器网络。无线传感器网络作为一种新型的网络技术，已经得到军事部门、工业界和学术界的广泛关注，它可以在任何时间、地点和环境下获取大量详实可靠的信息，是信息感知和采集的一场革命。

12.4.2 现场总线

现场总线是将传感器、各种操作终端和控制器等用于过程自动化和制造自动化的现场设备互连的现场通信网络。现场总线技术将专用的微处理器植入传统的测控仪表，使其具备了数字计算和通信能力，再采用双绞线、同轴电缆和光纤等作为总线，按照规范的通信协议，在位于现场的多个微机化测控仪表之间、远程监控计算机之间实现数据共享，形成适应现场实际需要的控制系统。现场总线改变了电流和电压模拟测控信号变化慢、信号传输抗干扰能力差的缺点，改善了集中式控制可能造成的全线瘫痪的局面，提高了信号的测控和传输精度，丰富了控制信息内容，同时为远程传送创造了条件。现场总线适应了产业控制系统向分散化、智能化、网络化发展的方向，促使了传统控制系统结构的变革，形成了新型的网络集成式全分布控制系统。

1．现场总线的特点

现场总线打破了传统模拟控制系统一对一的设备连线模式，采用了总线通信方式，控制功能可不依靠控制室的计算机，直接在现场完成，实现了系统的分散控制。

（1）增强了现场级的信息采集能力

现场总线可从现场设备获取大量丰富信息，能够很好地满足自动化和系统的信息集成要求。现场总线是数字化的通信网络，它不单纯取代了4～20mA信号，还可实现设备状态、故障和参数信息传送。现场总线系统除完成远程控制外，还可完成远程参数化工作。

（2）开放式、互操纵性、互换性、可集成性

不同企业只要使用同一种总线标准，就具有互操纵性、互换性，因此设备具有很好的可集成性。系统为开放式，允许其他厂商将自己专长的控制技术，如控制算法、工艺方法、配方等集成到通用控制系统中。

（3）系统可靠性高、可维护性好

基于现场总线的自动化监控系统采用总线连接方式替换一对一的I/O连线，对于大规模I/O系统来说，减少了由接线点造成的不可靠因素。同时，系统具有现场级设备的在线故障诊断、报警和记录功能，可完成现场设备的远程参数设定、修改等参数化工作，也增强了系统的可靠性。

（4）降低了系统和工程成本

对于大范围、大规模I/O分布式系统来说，现场总线节省了大量的电缆、I/O模块及电缆，降低了系统及工程成本。

2．几种具有代表性的现场总线技术

目前国际上现有的总线及总线标准超过200种，具有一定影响和已占有一定市场份额的总线有如下几种。

（1）基金会现场总线（FF）

基金会现场总线的前身是以美国Fisher-Rosemout公司为首，联合Foxboro、横河、ABB、SIEMENS等80多家公司制定的ISP协议和以Honeywell公司为首，联合欧洲等地150多家公司制定的World FIP协议。1994年，两大团体合并成立FF基金会。基金会现场总线分低速H1和高速H2两种通信速率，H1通信速率为31.25Kbit/s，通信间隔为1900m；H2通信速率可为1Mbit/s和1.5Mbit/s两种，通信间隔分别为500m和750m。目前，FF总线的应用领域以过程自动化为主，主要用于化工、电力厂实验系统、废水处理、油田等行业。

（2）Lonworks总线

Lonworks总线由Echelon公司推出并由它与摩托罗拉、东芝公司共同倡导，于1990年正式公布。其通信速率从300kbit/s到1.5Mbit/s不等，直接通信间隔可达2 700m。Lonworks总线应用广泛，主要包括楼宇自动化、家庭自动化、保安系统、数据采集、SCADA系统等，国内主要应用于楼宇自动化。

（3）Profibus总线

Profibus总线由德国SIEMEMS公司为主的10多家公司共同推出，1996年3月被批准为欧洲标准，由Profibus-DP、Profibus-PA、Profibus-FMS组成Profibus系列。DP用于分散外设间的高速数据传输，适合于加工自动化领域应用；PA适用于过程自动化；FMS即现场信息规范，适用于纺织、楼宇、电力等。Profibus传输速率为9.6kbit/s到12Mbit/s，传输间隔12Mbit/s为100m，1.5Mbit/s为400m。

（4）CAN总线

CAN总线是控制局域网的简称，最早由德国BOSCH公司推出，用于汽车内部丈量与执行部件之间的数据通信。由于得到Motorola、Intel、Philip、Siemens、NEC等公司支持，CAN广泛应用于离散控制领域，通信速率最高可达1Mbit/s/400m，直接传输间隔最远10km/5kbit/s，

具有较强的抗干扰能力。

3．现场总线的应用实例

传统锅炉运行热效率低，浪费能源，污染环境。锅炉自动化改造的任务非常迫切，利用现场总线可以使锅炉的控制达到最佳状态。

（1）锅炉控制系统的工艺流程

锅炉控制系统的工艺流程如图 12.16 所示。燃料和空气按照一定比例进入锅炉内燃烧，生成热量传给蒸汽系统产生饱和蒸汽，再经过过热器使饱和蒸汽成为有一定温度和压力的过热蒸汽，然后汇聚到过热联箱，经主汽阀供负荷设备使用。燃烧过程产生的烟气除了将饱和蒸汽变成过热蒸汽外，还通过省煤器预热锅炉的给水，然后通过除尘器和引风机处理，达到国家排放标准，最后进入大气。

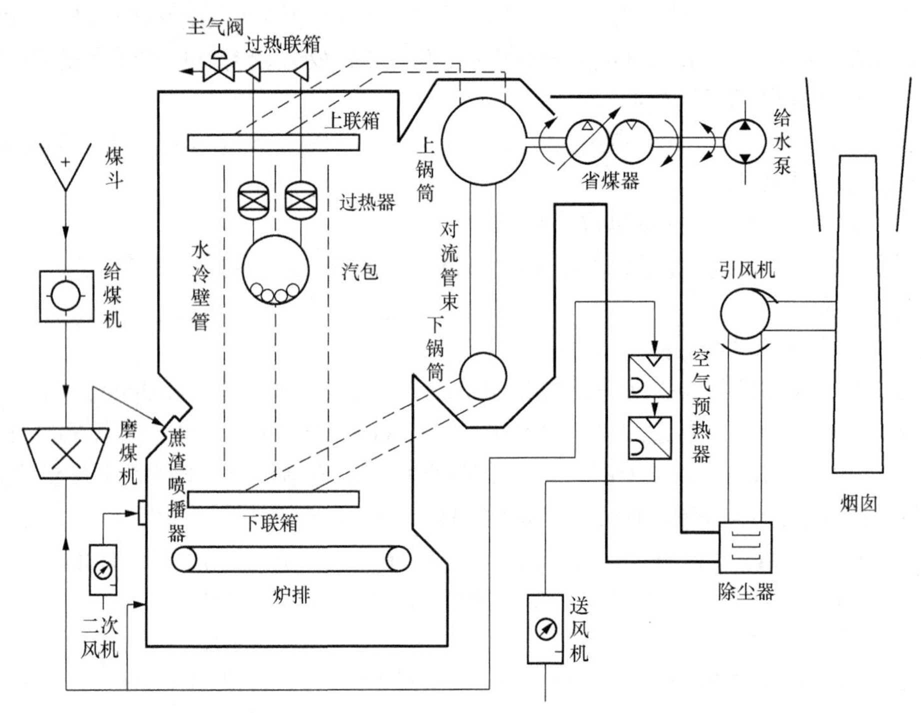

图 12.16　锅炉控制系统的工艺流程

（2）基于现场总线的锅炉控制系统

基于现场总线的锅炉控制系统如图 12.17 所示。采用 CAN 总线，每个锅炉均有传感器和执行机构，分控室和中心控制室都有锅炉监控器、仪表和一体化操作站。

（3）锅炉控制系统的原理框图

锅炉控制系统的原理框图如图 12.18 所示。锅炉现场有测温热电阻、测温热电偶、压力传感器、流量传感器、液位传感器、含氧量传感器等。

（4）锅炉控制系统的技术特点

锅炉控制系统的技术特点为：采用现场总线技术，实现多级分层控制，信息共享；各子系统的计算机自行控制，降低了成本；系统稳定、可靠、精度高、维护成本低，有互换性；工作站集中在中央控制室，便于设备和人员集中管理。

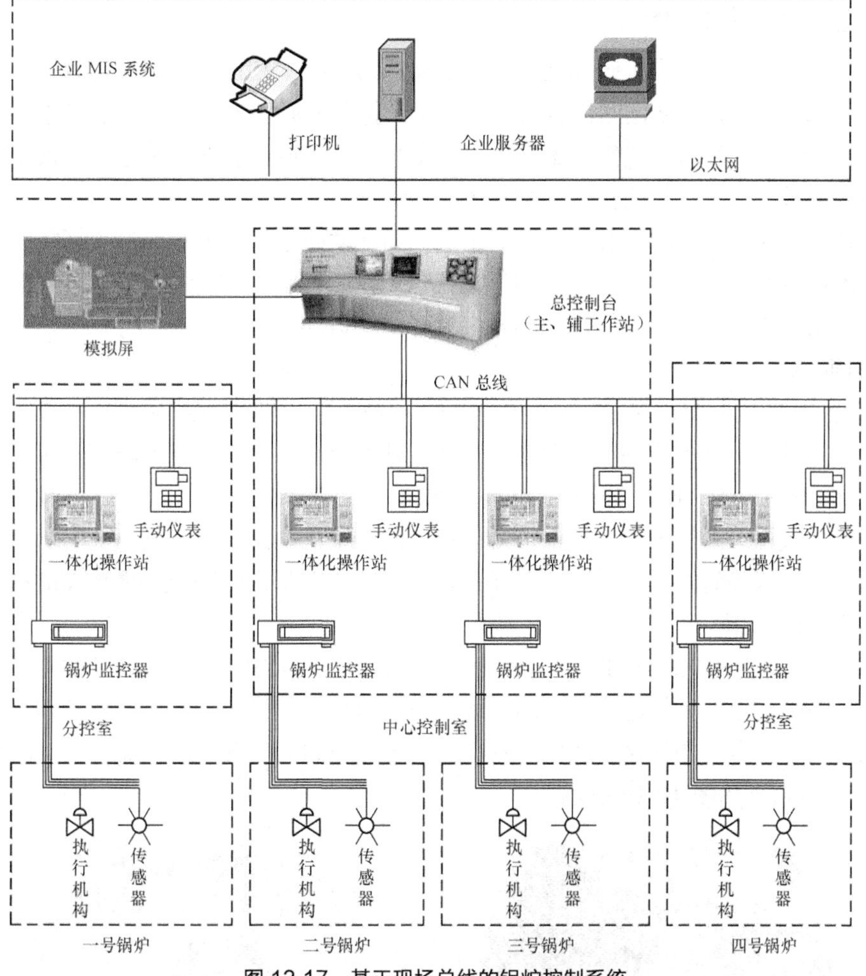

图 12.17　基于现场总线的锅炉控制系统

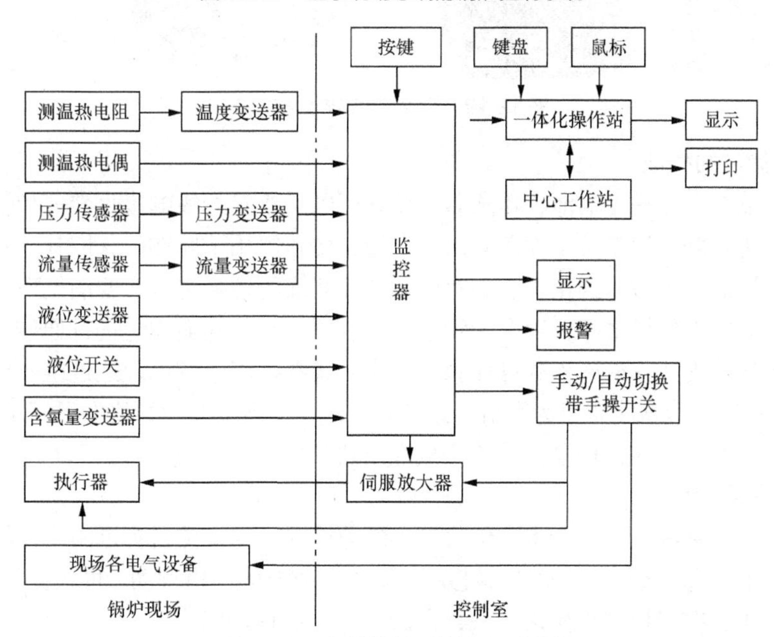

图 12.18　锅炉控制系统的原理框图

12.4.3 智能微尘

在微机电加工技术、自组织网络技术、低功耗通信技术和低功耗集成传感器技术的共同支持下，具有微型化和网络化的传感器——智能微尘（Smart Dust）出现了。智能微尘是以无线方式传递信息的一种超微型传感器，具有低成本、低功率（手机功率的 1/1000）等特征，能够收集大量数据，并进行适当的计算处理。

智能微尘让拥有智能的无线传感器缩小成如同沙粒或尘埃的大小，每个智能微尘可以是一个无线传感器网络中的节点，然后利用双向无线通信装置将这些信息在相距可达 1000 英尺的智能微尘间往来传送，可以探测周围诸多的环境参数。

1．智能微尘的产生

20 世纪 90 年代中期，美国加州大学伯克利分校提出了智能微尘的概念。伯克利分校制作了第一批智能微尘，这批样品的配置包括一个微处理器、一个无线电装置和一个光敏元件。

2001 年 10 月，第二批智能微尘问世。它比第一代体积更小，同时还加了一个接口，可以接入磁强计和气压计等传感器。第二批智能微尘比火柴盒稍大，可以支持 8 个以上传感器。

2003 年，由多个微型电子机械系统组成的智能微尘雏形出现在美国西雅图的移动通信展览会上，全长仅 5mm。

人们认为，智能微尘的尺寸可以小到 1mm 以下。近几年由于硅片技术和生产工艺的飞速发展，集成有传感器、计算电路、双向无线通信技术和供电模块的微尘器件的体积已经缩小到了沙粒般大小，但它却包含了从信息收集、信息处理到信息发送所必需的全部部件。智能微尘的外观和大小如图 12.19 所示。

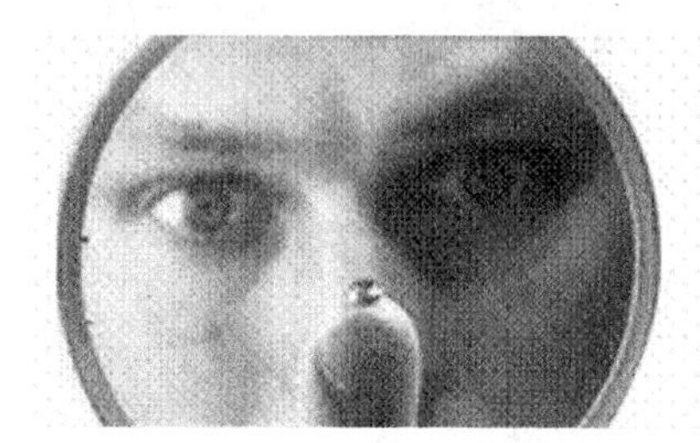

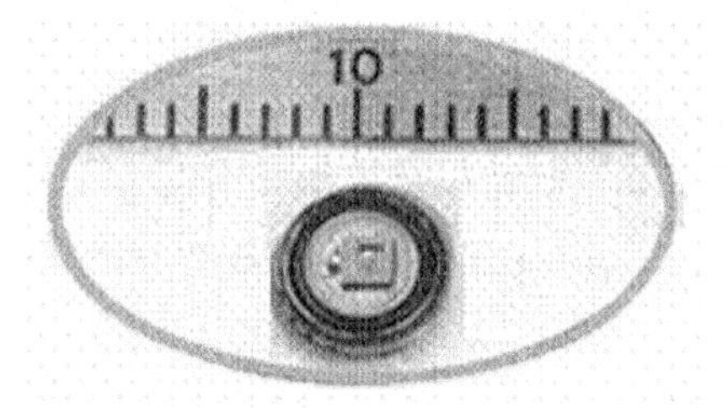

图 12.19　智能微尘的外观和大小

2．智能微尘的构成

每一粒智能微尘都是由电池、传感器、微处理器、双向无线电接收装置和软件组成的。其中，电池为传感器提供正常工作所必需的能源；传感器用于感知、获取外界的信息；微处理器负责组织协调各个节点的工作，如对感知部件获取的信息进行必要的处理和保存，控制感知部件和电源的工作模式等；双向无线电接收装置负责与其他微尘进行通信；软件给传感器提供必要的软件支持，如嵌入式操作系统、嵌入式数据库系统等，通过编程实现各种不同的功能。目前绝大多数智能微尘为微机电系统（MEMS），智能微尘最终的目标是把无线部件、网络部件、传感器部件和处理器部件都集成在单块芯片上。

3．智能微尘的应用

智能微尘监测系统具有获取多方位信息、隐蔽性强、与探测目标近距离接触等优势，可以部署在战场上。这种无线远程传感器芯片能够跟踪敌方的军事行动，可大量装置在宣传品、子弹或炮弹壳中，在目标地点撒落下去，形成严密的监视网络。

智能微尘还可以监控病人、小孩或老年人的生活。在病人、小孩或老年人的生活环境中布满各种各样的智能微尘，可以定期检测人体内的葡萄糖水平、脉搏或含氧饱和度，并将信息反馈给本人或医生。例如，嵌在手镯内的微尘会实时发送老人或病人的血压情况，地毯下的压力微尘将显示老人的行动及体重变化，门框上的微尘将了解老人在各房间之间走动的情况，衣服里的微尘将送出体温的变化。

智能微尘是未来高新技术之一，其构成的监测网络可以部署在地球的任何地方，对任何目标都可以进行低能耗、低带宽、长时间的监测。仅依靠微型燃料电池或太阳能电池，智能微尘就能够工作多年。成熟的智能微尘产品甚至可以悬浮在空中几个小时，搜集、处理和发射信息。智能微尘技术潜在的应用价值非常大，可以监视重型油轮内机器的震动、感应工业设备的非正常振动、检测杂货店冷冻仓库的效率信息、监控超市的商品消耗量、监测城市的交通流量、监控动物的种群迁徙、监测各种家用电器的用电情况等。

12.4.4 传感器网络化的终极目标——物联网

物联网是一个层次化的网络。物联网大致分为 3 层，从下到上依次为感知层、网络层和应用层。物联网的体系结构如图 12.20 所示。物联网与传统网络的主要区别在于，物联网扩大了传统网络的通信范围，不仅局限于人与人之间的网络通信，还将网络的触角伸到了物体之上。感知层在物联网的实现过程中，用于完成物体信息全面感知的问题，与传统网络相比，体现出了“物”的特色。

感知层是物联网的感觉器官，用来识别物体、采集信息，能够解决人类社会和物理世界数据获取和数据收集的问题。感知层利用最多的是传感器和射频识别（RFID），感知层的目标是利用诸多技术形成对客观世界的全面感知。

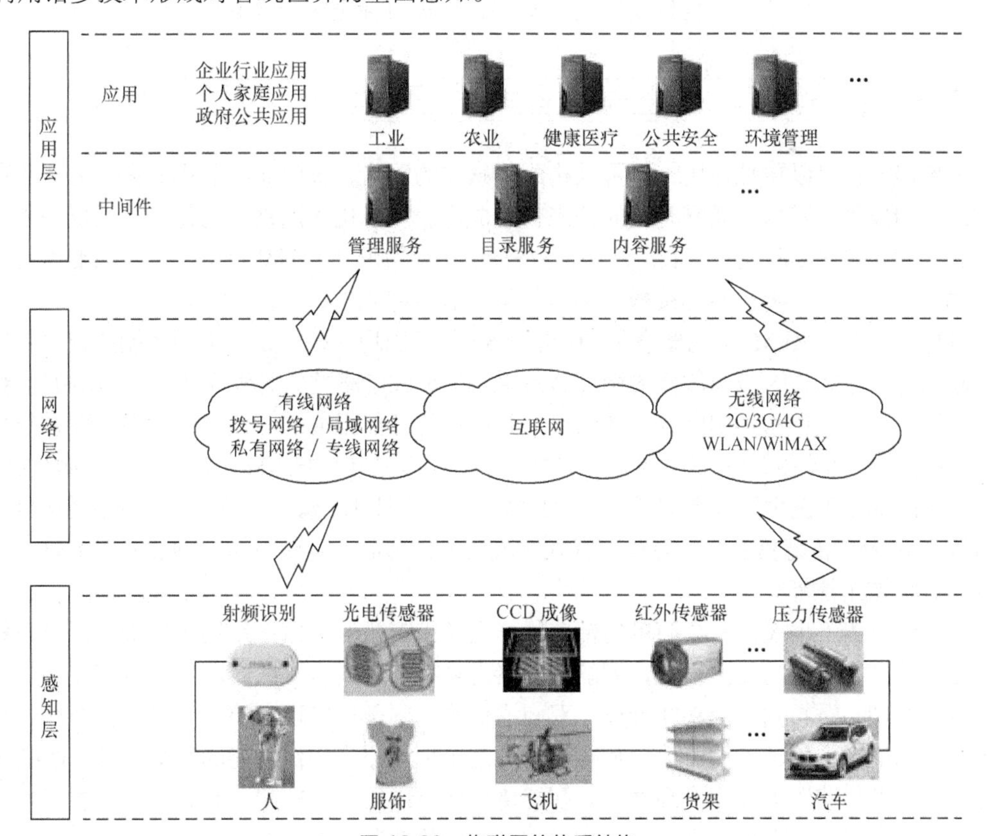

图 12.20　物联网的体系结构

感知层主要包含两个作用。其一是用于数据采集和最终控制的终端装置，这些终端装置主要由传感器和 RFID 电子标签构成，负责完成信息获取；其二是信息的短距离传输，这些短距离传输负责收集终端装置采集的信息，并将信息在终端装置和网关之间双向传送。实际上，感知层的上述两个部分有时交织在一起，同时发生、同时完成，很难明确区分。

在利用信息的过程中，首先要解决的就是获取准确可靠的信息，而传感器是获取自然和生产领域准确可靠信息的主要途径与手段。传感器能够探测外界信号、物理条件（如光、热、湿度）和化学组成（如烟雾）。人类从外界获取信息，必须借助于感觉器官，而单靠人类自身的感觉器官研究自然现象和生产规律，显然是远远不够的。可以说，传感器是人类感觉器官的延长，因此传感器又称为电五官。传感器的应用在现实生活中随处可见。自动门是利用人体的红外波来开关门；手机的照相机和数码相机是利用光学传感器捕获图像；电子称是利用力学传感器测量物体的重量。此外，水位、温度、湿度、光强度、压力、位移、速度、方向和土壤成分等的测量也需要传感器完成。目前传感器已经渗透到工业生产、宇宙开发、海洋探测、环境保护、资源调查、医学诊断和生物工程等各个领域，从茫茫的太空，到浩瀚的海洋，几乎每一个现代化项目都离不开各种各样的传感器。传感器可以监视和控制生产和生活过程中的各个参数，使设备工作在最佳状态，使人们生活的质量达到最好。

随着物联网时代的到来，世界开始进入“物”的信息时代，“物”的准确信息的获取，同样离不开传感器。传感器不仅可以单独使用，还可以由传感器、数据处理单元和通信单元等构成传感器的网络，使传感器向微型化、集成化、智能化和网络化的方向发展。微机电系统、现场总线控制系统、无线传感器网络和智能微尘等都是传感器微型化、集成化、智能化和网络化的实现方法，它们共同构建物联网感知层，终极目标是实现物联网。

本章小结

传感器不仅可以单独使用，还可以构成传感器的网络，传感器朝着集成化、智能化和网络化的方向发展。随着物联网时代的到来，集成化、智能化和网络化的传感器不仅融入了物联网，也成为实现物联网的基石。现在世界开始进入“物”的信息时代，“物”的准确信息的感知离不开传感器。传感器的终极目标是构建物联网感知层，实现物联网。

微机电系统（MEMS）的概念是 20 世纪 80 年代出现的，它是以半导体制造技术为基础发展起来的。由 MEMS 技术制作的微传感器采用与集成电路类似的生成技术，是由微传感器、微执行器、信号处理和控制电路、通信接口和电源等部件组成的一体化的微型器件系统。微传感器敏感结构采用的材料首先是硅，包括单晶硅、多晶硅、非晶硅、硅-蓝宝石、碳化硅等。微传感器的加工工艺主要有光刻技术、蚀刻技术、薄膜技术、键合技术、半导体掺杂和 LIGA 技术等。MEMS 传感器的实例有硅电容式集成压力传感器、硅微机械三轴加速度传感器、硅电容式微机械陀螺等。

智能传感器不仅仅是一个简单的传感器，它还带有微处理器，是集成化传感器与微处理器相结合的产物。从功能上来说，智能传感器是具有一种或多种敏感功能，能够完成信号探测、变换处理、逻辑判断、功能计算、双向通信等，内部可实现自检、自校、自补偿、自诊断等部分功能或全部功能的器件。智能传感器的出现对原来硬件性能的苛刻要求有所减轻，而靠软件帮助传感器大幅度提高性能。智能传感器可以集成在一起，封装在一个表壳内；也可以相互远离设置，以便于远程控制和操作。智能传感器的实例有光电式智能压力传感器、智能质量流量传感器系统、智能天线伺服跟踪系统等。

传感器网络是由一组传感器以一定方式构成的有线或无线网络，其目的是协作地感知、采集和处理网络覆盖区域中感知对象的信息，并对其进行发布。传感器网络综合了传感器技术、嵌入式技术、分布式信息处理技术和通信（有线和无线）技术等。传感器网络已经经历了 4 代的发展，其中第三代传感器网络是基于现场总线的智能传感器网络；第四代传感器网络是无线传感器网络。现场总线是将传感器、各种操作终端和控制器等用于过程自动化和制造自动化的现场设备互连的现场通信网络，目前国际上现有的总线及总线标准超过 200 种，具有一定影响和已占有一定市场份额的总线有 FF、Lonworks、Profibus、CAN 总线等。智能微尘可以构成无线传感器网络中的一个节点，它是以无线方式传递信息的一种超微型传感器，采用了微机电加工技术、自组织网络技术、低功耗通信技术和低功耗集成传感器技术等，在相距可达 1000 英尺的智能微尘间进行无线通信，可以探测周围诸多的环境参数。

物联网由感知层、网络层和应用层 3 层组成，传感器是实现物联网感知层的两大支柱之一（另一个支柱是射频识别）。传感器网络化是传感器发展的必由之路，也是网络向物体信息延伸的必由之路。

思考题和习题

12.1　什么是微机电系统（MEMS）？

12.2　微传感器敏感结构采用的材料是什么？微传感器的加工工艺主要有哪些？

12.3　列举硅电容式集成压力传感器、硅微机械三轴加速度传感器、硅电容式微机械陀螺的应用实例。

12.4　智能传感器的功能是什么？有哪些技术特点？

12.5　智能传感器的构成有哪几种方式？

12.6　列举光电式智能压力传感器、智能质量流量传感器系统、智能天线伺服跟踪系统的应用实例。

12.7　智能传感器的发展前景是什么？

12.8　什么是多传感器信息融合技术？基本原理是什么？

12.9　多传感器信息融合的层次和结构是什么？

12.10　列举多传感器信息融合的应用实例。

12.11　简述传感器网络的发展历史。

12.12　现场总线的特点是什么？列举 4 种具有代表性的现场总线技术，给出现场总线技术的应用实例。

12.13　什么是智能微尘？有哪些应用？

12.14　物联网大致分为哪 3 层？

12.15　传感器在感知层中的作用是什么？

12.16　为什么物联网是传感器发展的必由之路？

参考文献

[1] 何道清，张禾，谌海云. 传感器与传感器技术. 2 版. 北京：科学出版社，2008.
[2] 陈裕泉，葛文勋. 现代传感器原理及应用. 北京：科学出版社，2007.
[3] 樊尚春. 传感器技术及应用. 2 版. 北京：北京航空航天大学出版社，2010.
[4] 王化祥，张淑英. 传感器原理及应用. 3 版. 天津：天津大学出版社，2007.
[5] 贾伯年，俞朴，宋爱国. 传感器技术. 3 版. 南京：东南大学出版社，2007.
[6] 何友，王国宏等. 多传感器信息融合及应用. 2 版. 北京：电子工业出版社，2007.
[7] 刘爱华，满宝元. 传感器原理与应用技术. 2 版. 北京：人民邮电出版社，2010.
[8] 张洪润，张亚凡，邓洪敏. 传感器原理及应用. 北京：清华大学出版社，2008.
[9] 黄贤武，郑筱霞. 传感器原理与应用. 2 版. 北京：高等教育出版社，2004.
[10] 宋雪臣，单振清. 传感器与检测技术. 2 版. 北京：人民邮电出版社，2012.
[11] 刘君华. 智能传感器系统. 西安：西安电子科技大学出版社，2010.
[12] Creed Huddleston. 智能传感器设计. 张鼎译. 北京：人民邮电出版社，2009.
[13] 中华人民共和国国家标准 GB7665—2004 传感器通用术语. 北京：中国标准出版社，2005.
[14] 国家质量技术监督局计量司. 通用计量术语及定义解释. 北京：中国计量出版社，2001.
[15] 现代测量与控制技术词典委员会. 现代测量与控制技术词典. 北京：中国标准出版社，1999.
[16] 康华光. 电子技术基础. 4 版. 北京：高等教育出版社，1999.
[17] 曹汉房. 数字电路与逻辑设计. 5 版. 武汉：华中科技大学出版社，2010.
[18] 樊昌信，曹丽娜. 通信原理. 6 版. 北京：国防工业出版社，2011.
[19] 张肃文. 高频电子线路. 4 版. 北京：高等教育出版社，2004.
[20] 谢希仁. 计算机网络. 5 版. 北京：电子工业出版社，2009.
[21] 黄玉兰，梁猛. 电信传输理论. 北京：北京邮电大学出版社，2004.
[22] 黄玉兰. 电磁场与微波技术. 北京：人民邮电出版社，2007.
[23] 黄玉兰. 射频电路理论与设计. 北京：人民邮电出版社，2008.
[24] 黄玉兰. ADS 射频电路设计基础与典型应用. 北京：人民邮电出版社，2010.
[25] 黄玉兰. 物联网-射频识别（RFID）核心技术详解. 北京：人民邮电出版社，2010.
[26] 黄玉兰. 物联网-ADS 射频电路仿真与实例详解. 北京：人民邮电出版社，2011.
[27] 黄玉兰. 物联网核心技术. 北京：机械工业出版社，2011.
[28] 黄玉兰. 物联网概论. 北京：人民邮电出版社，2011.
[29] 黄玉兰. 物联网-射频识别（RFID）核心技术详解. 2 版. 北京：人民邮电出版社，2012.
[30] 黄玉兰. 电磁场与微波技术. 2 版. 北京：人民邮电出版社，2012.
[31] 黄玉兰. 物联网射频识别（RFID）技术与应用. 北京：人民邮电出版社，2013.
[32] 黄玉兰. 射频电路理论与设计. 2 版. 北京：人民邮电出版社，2014.